實用人因工程學 第6版

Practical Human Factors Engineering

李開偉　編著

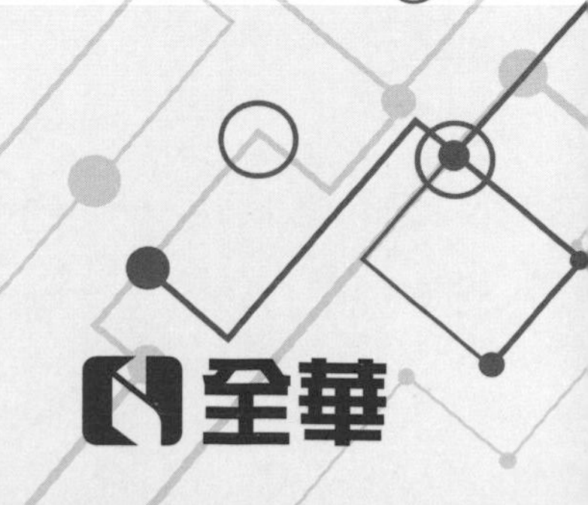

六版序

人因工程是一門實用科學，其領域涵蓋了工程、設計、生理學、心理學、行爲科學、管理科學等。應用人因工程的目標在於追求更安全、更舒適、更有效率、更美好的工作與生活。人因工程的知識已廣泛的應用在產品、空間、設施、工作、與環境的設計上。

「實用人因工程學」於民國八十八年出版，當時的書名是「人因工程 - 基礎與應用」，經過了五次的改版之後本書才有今日的風貌。由於知識的爆炸，新知識不斷的產生，書籍的改版與更新成了知識傳播非常重要的一環。此次修訂是本書的第六次修訂，雖然作者與全華公司編輯部的同仁努力的編排與校稿，書中文字與圖表的呈現仍難盡善盡美。如若發現誤謬之處，懇請讀者與各界先進能夠不吝指正。

李開偉 謹識

中華大學工業管理系

2021年12月

Contents

CHAPTER 1 人因工程概論

CHAPTER 2 人體測計與應用

CHAPTER 3 人體的力學特徵

CHAPTER 4

生理系統與工作設計

CHAPTER 5

肌肉骨骼傷害 (I)

CHAPTER 6

肌肉骨骼傷害 (II)

CHAPTER 7

防滑設計

CHAPTER 8

體溫調節與大氣環境

CHAPTER 9

感覺與人員訊息處理

CHAPTER 10

視覺與照明

CHAPTER 11

聽覺設計與噪音問題

CHAPTER 12

控制與輸入設計

CHAPTER 13

視覺顯示設計

CHAPTER 14

事故、人爲失誤與產品安全

APPENDIX

01

人因工程概論

1.1 人因工程的定義

人因工程的英文是ergonomics或human factors。ergonomics一字最早出現於19世紀中葉，當時波蘭科學家Jastrzbowski將希臘字的ergon及nomos兩個字合成一個字，ergon的意思是工作，而nomos的意思則是法則，因此ergonomics依字面直接翻譯成中文應該是「工作法則」。1949年英國的科學家Murrel也以ergonomics來描述「在工作環境中探討人員與物件之間互動的科學」。human factors則是美國的科學與工程界習慣使用的名詞，human factors engineering也常被使用，而中文的人因工程事實上即是由這個名詞直譯而來的。在中國大陸，人因工程也被稱為「人類工效學」，即是強調此學問在工作分析與改善方面的角色。

工作法則
在工作環境中探討人員與物件之間互動的科學

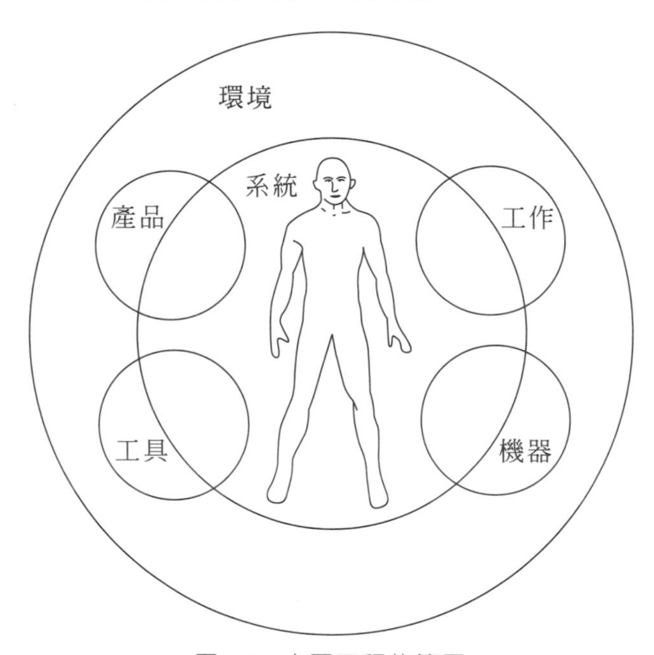

圖1.1　人因工程的範圍

Chapanis(1985)曾將人因工程下了一個貼切的定義，此定義經筆者略為修訂如下：人因工程旨在發掘人類行為、能力、限制和其他特性等知識，並將這些知識應用於產品、工具、機器、系統、工作和環境的設計與改善，使得人們在工作與生活中與事(工作)、物(產品、工具、機器)與環境(系統與空間環境)

人因工程
發掘人類行為、能力、限制和其他特性等知識，並將這些知識應用於產品、工具、機器、系統、工作和環境的設計與改善，使得人們在工作與生活中與事(工作)、物(產品、工具、機器)與環境(系統與空間環境)均有和諧之關係

均有和諧之關係；不但要避免人員傷害、疲勞等不安全、不健康的事情發生，更要提升效率、舒適與人員的主觀滿意度。圖1.1顯示人是人因工程議題之核心，因此人的基本特徵、行為與限制(包括生理與心理方面)的調查是人因工程所探討的主要議題。瑞典學者Grandjean曾以「適合人員的工作安排(fitting the task to the man)」來解釋人因工程的概念；而工具、機器是工作中會經常與人員產生互動的物件，它們的設計自然也是工作安排時無法迴避的問題。除了工作、工具與機器之外，各種的工、商業與消費性產品的設計也是人因工程領域所探討的主題。而產品、工具、工作、與機器與人之間可能單獨的發生互動關係，也可能形成一個系統，不論人與產品、工具、工作、機器的接觸是單純或是系統化的行為，這些互動都必然是在特定的環境中發生，因此與環境有關的議題也是人因工程界所關心的。

人因工程
適合人員的工作安排

1.2 人因工程的起源

在石器時代，人類以石材來製作各種所需的工具與器皿，後來各種金屬陸續被發現，石器即被揚棄，而工具與器皿的製作也日趨精良而較適合人使用。然而在人類幾千年的歷史中，這種變化是很緩慢的。自從十九世紀工業革命以來，人類即不斷的經由能源與機器的開發來提升生產力效率、創造更美好的生存環境。在十九世紀末，Frederick Taylor即提出應以科學化的方法來尋求最佳工作法的原則，此原則配合工人的選任、訓練及財務上的誘因可顯著地提高人員的工作效率。Taylor在1898年從事礦砂搬運工作之分析時，發現傳統以同樣的鏟子來鏟各種不同礦砂的作法並不恰當，在一連串的實驗之後，他發覺當每鏟鏟起礦砂之量相當於100 N時，工人的日工作量可達到最大。依此結果他針對礦砂類別設計了不同規格的鏟子並訓練工人使用，在配合財務的激勵下，原本需400到600人擔任的礦砂搬運工作僅需140人即可完成，Taylor以實驗的方式來分析工作並據以設計適當工具的作法給後人很大的啓示。

除了Taylor之外，Gilbreth夫婦(Frank & Lillian) 倡導的動作分析對人因工程的發展也有很大的貢獻。動作分析是將工作中人的活動區分為延伸、對準、抓取、移動、放下等元素，再修正或刪除不必要或沒有效率的動作元素，以提高工作效率。Gilbreth以攝影的方式來記錄並分析砌磚工人的動作分析目前也是普遍應用的人因工程方法。在外科手術的研究中，Gilbreth發現外科醫生動手術時要花很多時間來找所需要的各式工具，他認為找工具對醫生來說是沒有效率的動作，若是由助理人員代勞必可提高工作效率。因此，透過助理人員與醫療工具的安排，醫生只要動口與伸手即可取得需要的工具，這種改變大大的縮短了外科手術需要的時間，外科手術時間的縮短不僅減少醫生的體力負荷，同時也提高了手術的成功率。

人因工程組織的成立對於這個學門的建立影響也很大。在1913年德國人Rubner成立了一個工作生理研究機構(Work Physiology Institute)。在1915年，英國政府成立「工業疲勞研究委員會」(Industrial Fatigue Research Board)來從事與勞工疲勞有關議題之調查，這個機構後來改名為工業健康研究委員會(Industrial Health Research Board)，這個機構為第一個以人因工程為研究主題的官方組織。在美國，哈佛疲勞實驗室 (Harvard Fatigue Laboratory) 成立於1920年。從1942年以後歐洲國家學者提出了許多應用解剖學、生理學、心理學、工程方法在職業環境與工作設計等方面的研究。在1949年，英國的人因工程學會(Ergonomic Society)成立。美國的人因工程學會(Human Factor & Ergonomic Society) 成立於1957年。另外，在1986年美國另外一個組織國際工業人因與安全研究基金會 (International Foundation of Industrial Ergonomics and Safety Research) 也成立了。中華民國人因工程學會則成立於民國八十二年。這些機構均以人因工程專業知識的鼓勵研究、溝通、整合、與推廣為成立之宗旨。

在二十世紀的上半世紀，人因工程界的研究主要可分為兩個方面，第一方面是從事以人體生理與解剖特徵為基礎並應用於工作設計上之研究，這方面的研究大多集中於歐洲學術界，另一方面的研究則以人的心理及社會方面的特徵與工作間之關係作為探討的主題，這方面的研究則以北美的學者為主。人因工程的研究可分為理論研究與應用研究兩個層面，理論研究主要是以人的特徵(包括人體尺寸、生理、心理等)之調查為主。例如，人體資料庫的建立、生物力學及工作生理學之分析與模式之建立均可提供設計與改善之依據，理論研究的結果與實務之間往往有些落差，因此應用方法的開發與檢討則是應用研究的主要目的。例如，人因工程現場工作檢核表的開發與應用程序的建立即可將許多理論研究的結果應用在解決現場工作的問題上。

歐美國家已有人因工程師(ergonomist或human factor engineer)這項專業，服務的產業涵蓋了電腦、通訊、航太、運輸及製造業。人因工程師的主要工作包括產品、製程、作業及環境等項目之設計與評估及職業安全衛生管理與風險管制等工作。根據一項調查，在美國許多員工人數在1500人以上的大企業均聘有專職的人因工程師，而中小型企業會聘用人因工程師的則以公司主要業務直接與人因工程問題有關者，例如與使用者行為與人機介面有關的設計服務。國內人因工程的起步較晚，在大專院校中提供人因工程課程的科系以工業工程、工業管理、工業設計、及職業安全與衛生為主。企業中具有人因工程背景的人員則分布在工業工程、產品設計、職業安全衛生、及教育訓練等部門。

1.3 人機系統

人機系統

人與機器間互動的行為

在圖1.1中人和產品、工具、機器等項目間的互動可更具體的歸納為「人機系統」(man-machine system)的概念。所謂人機系統是指人與機器間互動的行為，這種互動可以一個封閉的迴路來表示。圖1.2顯示在人機系統裡，人需要以某些動作來操作機器，操作之目的在於將大腦分析與決策的訊息輸入機器，而機器則依輸入的指令進行運轉。運轉的狀態與結果則經由某種方式(如顯示器)來顯示，機器顯示的訊息再經由人的感覺器官接收，並將這些訊息經由感覺神經傳至中樞神經(大腦及脊髓)，中樞神經將傳入之訊息分析、整合並做成決策，而決策之訊息再經由運動神經傳至肌肉組織以進行操作與控制之動作。在人機系統中，機器的訊息輸入、顯示、人員的感官接收與機器操控等問題統稱為人機介面(man-machine interface)問題。

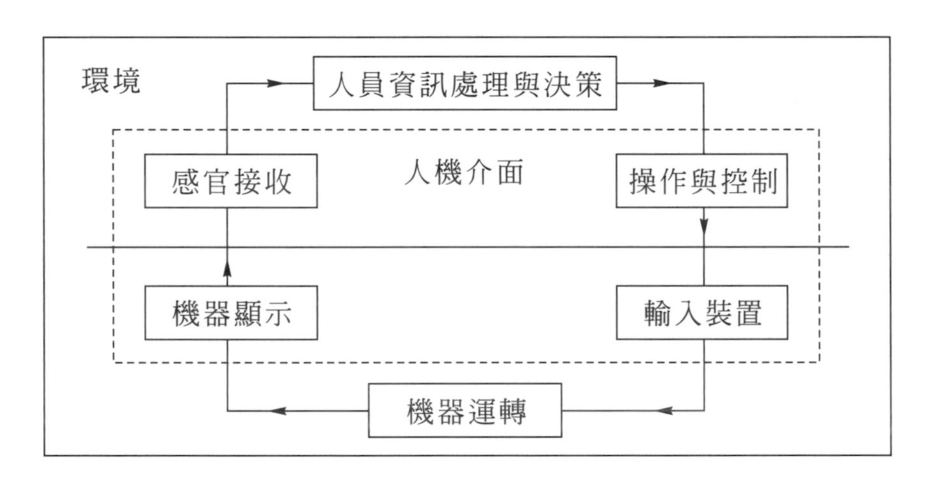

圖1.2 人機系統與人機介面

人機系統可分為三種

1. 人力系統
2. 機械系統
3. 自動系統

人機系統依人與機器所分別扮演的角色不同而可分為三種系統(Sanders & McCormick, 1993)：

1. 人力系統(manual system)：系統中人員以體力來完成工作，所使用的機具以簡單的非動力工具(如鐵鎚、鉗子等)為主。

2. 機械系統(mechanical system)：機器提供動力來完成工作，人員則負責機器之操作、控制及監視。

3. 自動系統(automated system)：機器不僅提供動力，也會自行控制。人員的所扮演的角色則是機器的設定、資料輸入、監視及機器的保養與維修。

在工業發展的過程中，人機系統最早是以人力系統為主，在各種機器逐漸被發展出來後，機械系統逐漸的取代人力系統。在電腦誕生後，隨著硬體與軟體的逐步更新，自動系統又逐漸的取代了機械系統成為產業發展的主流。雖然人機系統可分為以上三種，這只是粗略而非絕對的區分。例如使用傳統手工具是人力系統，使用電動工具可歸為機械系統，然而操作電動手工具因工具之重量與震動而需很大的力量，此時機器雖然提供動力，人的體力仍是完成工作不可或缺的。此外，由人力到機械以至於自動化這個發展的過程也頗為冗長，在大量機械被使用的同時，仍然有許多工作必需以體力來完成，而在許多企業引進自動化系統後，大量的人力的需求仍然存在。當然，人的工作型態必需隨著這種發展而逐步調整。

1.4 人的特徵

人的基本特徵包括外表、生理及心理方面(見圖1.3)。人體外表方面的特徵包括人體尺寸、重量及肌力等項目。生理特徵是由骨骼、肌肉、神經、心臟血管、呼吸、皮膚、內分泌、淋巴、消化、泌尿及生殖等系統組成，而這些系統中與人員在工作環境中之能力、行為方面有直接關連性者包括骨骼、肌肉、神經、心臟血管、呼吸等五個系統。心理特徵則可以人的認知、訊息處理及心智活動來描述。這些系統之組成與功能概述如下：

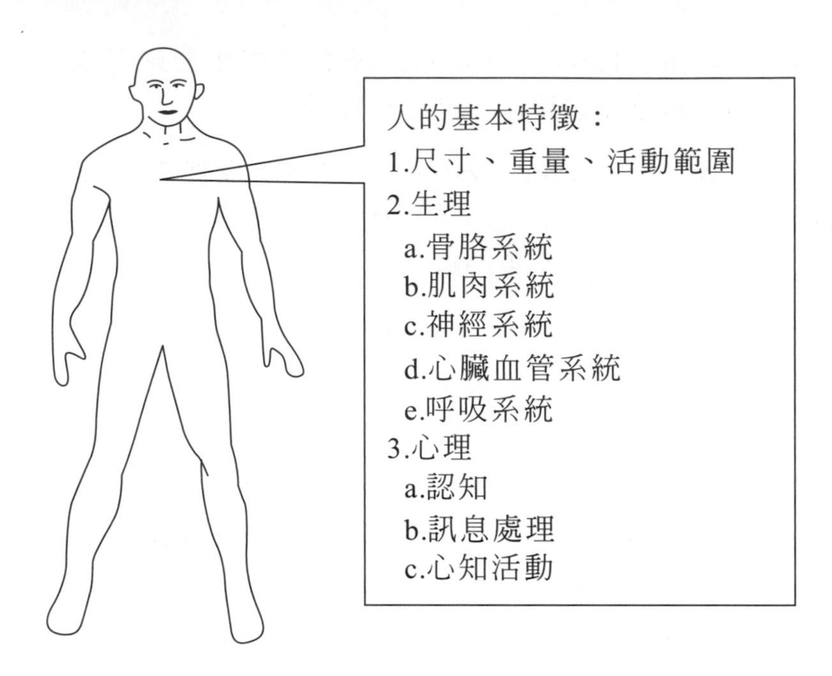

圖1.3　人體的特徵

1.4-1　外表特徵

人體的各種尺寸直接的反應了每個人外表的特徵，這些特徵(包括高、矮、胖、瘦等)讓許多人感受到其穿著及在居家與工作場所中各種的方便與不便。例如，身材較一般人高大或矮小者在購買衣服、鞋子時就會感受到其選擇性較一般人少，在工作場所中要穿著工作衣褲與防護具會遇到較多尺寸不合的狀況。高樓緩降機是建築法規規定高樓必須具備的逃生工具，高樓緩降機繩索與滑輪機構的設計不僅應考慮體重較重者之重量，同時也應該把可能攜行孩童之重量列入考慮，否則緩降機不但無法讓人逃生反而會造成傷亡的悲劇。人體測計學即是以科學的方法來調查人體的各部尺寸、重量、體積等資料，並以統計的方式呈現以供設計所需。

1.4-2　骨骼系統

人體骨骼系統包括206塊骨骼、與骨骼相連的韌帶、軟骨及關節組織。其主要功能有支持身體重量、運動、保護(如腦骨及肋骨)及血球生成。骨骼與骨骼之間以軟骨、韌帶及關節組織相接，關節組織依其可活動之程度區分為不動關節、微動關節與可動關節三大類。可動關節依其構造則可分為單軸、雙軸及三軸關節三種，這三種關節容許不同向度之肢體活動。

1.4-3 肌肉系統

人體的肌肉包括骨骼肌、平滑肌及心肌。在人因工程的範疇裡，我們只探討骨骼肌的特徵。骨骼肌之主要功能包括：運動、維持姿勢、支持軟組織(如內臟)、控制呼吸、食道及排棄物之出入口、血液流量控制及調節體溫等。肌肉的特性可分別由力學及生理學方面來討論。身體各部位肌力的強度直接的會反應在人的工作行為上，例如，許多電動工具因為工具本身的重量與震動的問題需要很大的力量才能操作，肌力不足的人不僅無法順利的操作甚至有可能造成意外。肌肉在生理學方面的特性可由新陳代謝活動來討論。肌肉內的新陳代謝活動可分為有氧過程與無氧過程兩種，無氧過程會產生一種會讓肌肉產生疲勞感覺的物質—乳酸，若乳酸持續的在肌肉內累積，體力活動將無法持續太久。

1.4-4 神經系統

神經可分為中樞神經(central nerve system，CNS)，周邊神經(pheripherial nerve system，PNS)及自主神經系統(autonomic nerve system，ANS)三個系統。中樞神經其主要功能在於獲得身體內部與外部之感覺訊息，整合該訊息及傳遞運動訊息至身體各部肌肉，中樞神經包括腦及脊髓，此部份佔所有神經系統之98%。周邊神經則分為感覺神經與運動神經，感覺神經把體內或外部的訊息傳到中樞神經，運動神經則將中樞神經的命令傳遞到身體周邊的組織。在中樞神經內感覺神經與運動神經之訊息整合、協調則依靠中間神經細胞來完成。

1.4-5　心臟血管系統

心臟血管系統包括心臟血液和血管，血管可分為動脈與靜脈兩種，動脈將血液由心臟輸送至週邊微血管，而靜脈則將微血管內血液輸送回心臟，完成循環迴路，心臟血管系統輸送營養物質、溶解氣體和激素到全身之組織，並由周邊組織輸送激素物質到排泄之場所，除了輸送物質外血液並具有調節體液之ph值、調節體溫、抵抗病菌入侵(白血球)及有外傷時阻擋血液外流(形成血塊)，並延緩微生物在發炎組織散佈之功能。

1.4-6　呼吸系統

人體新陳代謝的有氧過程需要氧氣並排放二氧化碳，氧和二氧化碳的輸送必須靠心臟血管與呼吸系統之配合才能完成。呼吸系統包括肺和把空氣輸送至肺之鼻、咽喉、氣管、支氣管等通道，呼吸系統把氧氣輸送至體內而將二氧化碳排出體外，除了氣體呼吸系統交換外，可藉著改變血液中之二氧化碳的濃度來調節體內之ph值，而肺和呼吸道具有體溫調節之功能。

1.4-7　感覺與訊息處理

感覺神經在周邊組織與各感覺器官相連以接收各種感覺訊息。感覺器官包括眼睛、耳朵、鼻子、舌、皮膚及肌腱等。眼睛接收視覺訊息，耳朵為聽覺與平衡覺的接收器，鼻子為嗅覺器官，舌頭為味覺器官，肌腱可感受運動覺，而皮膚則可感受溫度、壓力等觸覺訊息。

1.5 人因工程之應用

工業革命以來，由於新的機器設備與生產技術不斷地被開發出來，人的工作型態也面臨不斷地改變。工作空間的設計是人員工作中所面臨最直接的問題，工作空間的設計是指人在工作中直接接觸到的物體，包括桌、椅、工具、機器、零件、半成品等之尺寸、位置等項之安排。工作空間設計直接影響人員的工作效率、體力與心智之負荷與人員對工作的滿意度。作業面及座椅的設計是工作空間設計的基本問題也是常常被忽略的問題，長時間使用不符合人體尺寸的作業面與桌椅會造成頸、肩、下背及腿部的酸痛。因此，將人體的尺寸等資料運用在工作空間設計上是合理工作設計的基礎。

合理的工作安排一直是管理上的主要議題，而「合理」的定義則衆說紛紜。就人因工程的角度而言，合理是指工作的需求(work demand)不應該超過人的能力限度(operator's capacity)，人的能力限度需要心智(mental)與體力(physical)兩個層面活動的組成。對白領階級的工作而言，心智活動是功能性的而體力活動則屬於支援性的角色。對藍領階級的工作而言，體力活動扮演功能性的角色而心智活動則屬於支援性的。

合理的工作安排

工作的需求不應該超過人的能力限度

人的能力限度可以從心智與體力兩個方面來探討，人的體力限度又可從生理與生物力學兩個方面來討論。就生理方面來說，當我們從事體力活動時，心跳及呼吸會隨著活動劇烈程度的提高而增加，但心跳與呼吸的加快有上限存在，此上限即為體力的一個限度，這個限度主要是由呼吸及心臟血管系統的循環來決定。當建築物承受的應力超過設計強度時樑柱即會產生龜裂的破壞現象，此乃力學上的行為；人體也是一樣，作業人員的下背痛是人因工程界所探討的主要議題之一，下背痛發生的主因之一，即是當人員進行人工物料處理時其腰部承受很大的壓力，以致於椎間盤脫出並壓迫神經所致。因此，腰部椎間盤可程受最大壓力是生物力學上的一個限度。雖然體力限度可從生理與生物力學兩個方面來討論，然而兩者之間並非獨立的。當局部肌肉產生疲勞的現象時，肌力強度往往會降低即是一例。以人體尺寸、肢體活動、體力與生理負荷等方面為主要考量的人因學可歸類為實體人因學(physical ergonomics)。

人員的心智活動主要是由以感覺器官由外界接收刺激，周邊神經將刺激所代表的訊息輸送到中樞神經進行記憶、分析、與經驗比對、決策等過程組成。感覺器官對於外界刺激之感受有其限度：當音量太小時耳朵聽不到，音量太大時耳朵又可能受到傷害，眼睛也是如此。神經系統對訊息的辨認、記憶、分析、經驗比對及決策等過程同樣的有限度。這些限度是進行人機系統設計時必須列入考慮的。以人類信息處理、感覺、心智活動為主的人因學可歸類為認知人因學(cognitive ergonomics)。

人因工程的問題雖然可分別由人體測計、生理學、生物力學、感覺與認知、人員訊息處理等諸多方面著眼，然而這些方面通常彼此盤根錯節，若由單方面考量來處理問題往往會頭痛醫頭、腳痛醫腳、治標而未能治本。此外，環境的變化也與人員的活動有很密切的關係，當體力活動的水準提高時，由新陳代謝所釋放出來的熱能也逐漸提高，這些熱能必須經由體表汗液的蒸發來釋放到大氣中體溫才能維持正常，而排汗功能是否能有效率的發揮必須視氣溫、空氣濕度、及風速等因子的影響，大氣環境的控制因此也是人因工程的主題之一。探討環境對人類生理與心理影響的人因學可歸類為環境人因學(environmental ergonomics)。

1.6 本書的架構

本書的撰寫是以人體的各個系統的特徵與相關應用組合為單元來進行。第二章介紹人體測計與工作空間的設計問題。第三章介紹人體的力學行為，除了肌肉骨骼系統的構造外，也介紹了與肌力、人體運動有關的器材與測試的過程。第四章生理系統與工作設計敘述呼吸、心臟血管系統與新陳代謝方面的問題，同時也討論體力活動的分析。第五章與第六章肌肉骨骼傷害(I)(II)，是探討因工作設計不良引起的肌骨骼傷害問題，筆者也介紹了與傷害有關的調查方法。防滑設計的介紹編排於第七章。第八章體溫調節與大氣環境探討了人體體溫調節的機構、新陳代謝、物理學上的熱平衡與大氣環境設計與控制的問題。第九章對人的感覺與訊息處理過程作一般性的介紹，內容包括知覺、記憶、注意力、訊息處理及人員的反應，也增加了情境知覺(situation awareness)的介紹。第十章視覺與照明介紹了眼睛的構造、視覺能力、顏色、測光學及照明設計的問題。第十一章聽覺設計與噪音問題介紹了耳朵的構造、聲音的性質與量度、聽覺能力、聽覺警報的設計及噪音的問題。第十二章控制與輸入設計介紹了人機系統中，人員對於系統或者機器進行操作時之介面設計的相關問題。第十三章視覺顯示設計則探討了視覺訊息的顯示方式及設計問題。第十四章安全資訊與警告標示介紹了事故、人為失誤產品所造成的安全問題、產品資訊設計的模式、及警告標示的設計與設置。

參考文獻

1. *Chapanis, A(1985), Some reflections on progress, Proceedings of the Human Factors Society 29th Annual Meeting, Santa Monica, CA, 1-8.*
2. *Sanders, MS, McCormick, EJ(1993), Human Factors in Engineering and Design, McGraw-Hill Inc., N.Y..*

自我評量

1. 什麼是人因工程？
2. 什麼是人類工效學？
3. 人機系統依人與機器所扮演角色之不同，可分為哪幾種？每種之特徵為何？
4. 何謂合理的工作安排？
5. 人的能力限度可以由哪些方面來探討？

02

人體測計與應用

人因工程的主要概念在於了解人體的各種特徵，並將這些特徵融入產品、工具、工作與環境的設計中。本章將介紹人體測計學(anthropometry)及其在人因工程上的應用。

2.1 人體座標與方位

矢狀面
將身體分為左右兩半的垂直平面

冠狀面(額面)
是指將身體分為前後兩半的垂直平面

橫切面
則是將身體分為上下兩半的水平面

解剖學上之標準姿勢(standard anatomical position)是指當人面對前方、身體直立、雙臂下垂、手掌向前的姿勢。依此姿勢，我們可以定義矢狀面(saggital plane)、冠狀面(coronal plane)及橫切面(transverse plane)等三個互為垂直的基本平面(見圖2.1)。矢狀面是指將身體分為左右兩半的垂直平面，冠狀面(又稱額面)是指將身體分為前後兩半的垂直平面。橫切面則是將身體分為上下兩半的水平面。由於人員的活動大多可由矢狀面清楚的觀察到， 因此許多的姿勢觀察與動作分析都是由矢狀面來進行的。

解剖學上對身體方位的名詞與一般的習慣用語並無太大的差異。前方(anterior)是指朝向腹部的方向，後方(posterior)是指朝向背部的方向。上部(superior)是指靠近頭部的方向，下部(inferior)則是接近腳部的方向。內側(medial)是接近身體中線的方向，外側(lateral)則是遠離身體中線的方向。遠端(distal)是指四肢離驅幹較遠的部位(如手掌與腳掌處)，近端(proximal)則是四肢離驅幹較近的部位(如上臂與大腿部份)。

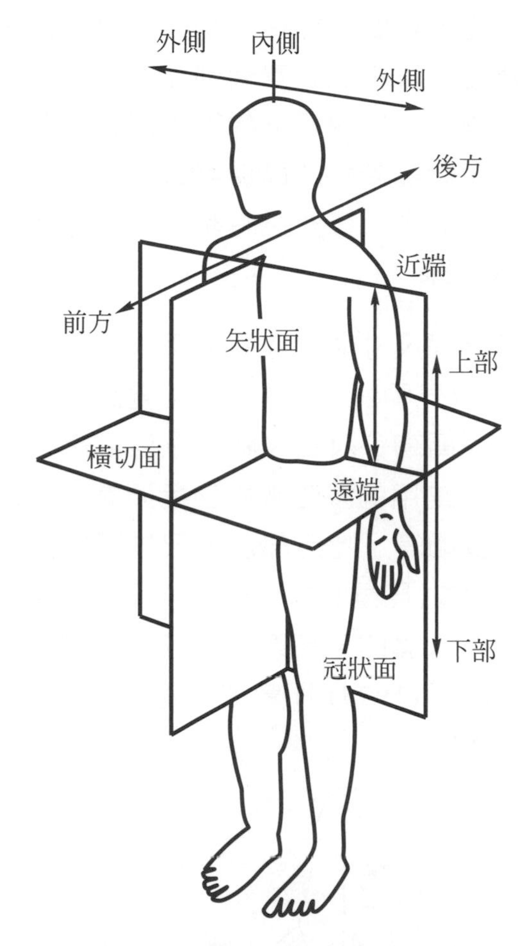

圖2.1　身體參考座標平面與方位

2.2　人體測計學

人體尺寸及各種力學性質是人因工程設計之基本資料，這些資料可以經由人體測計而得。人體測計是人體物理特徵之度量之科學，這些物理特徵包括人體尺寸、重量、體積、肌力、肢體活動範圍等項目。

靜態人體測計
受測者於靜止姿勢下量其身體尺寸資料

人體測計依活動者的受測狀態可區分為靜態人體測計(static anthropometry)及動態人體測計(dynamic anthropometry)。靜態人體測計是在受測者於靜止姿勢下量其身體尺寸資料，常見之人體姿勢包括立姿與坐姿兩種。動態人體測計是在受測者從事

動態人體測計
受測者從事特定之活動下量測所需要之數據

特定之活動下量測所需要之數據，動態人體測計一般均是因應特殊設計之需要而模擬特定人員活動而進行之量測，進行動態量測之主要原因是在許多狀況下靜態人體資料無法顯示人員活動時之狀況，例如設計機器之操控器時所考慮的不僅是人員的手臂之尺寸，更包括了人員操控時軀幹肩部之活動才能符合實際之狀況(參考圖2.2)。

常用之立姿靜態尺寸項目包括手及、身高、眼高、肩高、肘高、中指指節高(見圖2.3)。常用之坐姿靜態尺寸項目包括手及、坐高、眼高、肩高、肘高、膝高、膝窩高、臀膝長、臀膝窩長等(見圖2.4)。常用的圍度數據包括頭圍、胸圍、腰圍、臀圍、上臂圍、大腿圍等。特定部位的尺寸項目也常用於各項設計中，例如手部尺寸(見圖2.5)、腳長與腳寬(見圖2.6)、頭長與頭寬(見圖2.7)等。人體的身高與其他許多高度值之間有密切的關係，Roebock et al.(1975) 即曾提出身體各部之尺寸與身高之比例關係(參考圖2.8)。

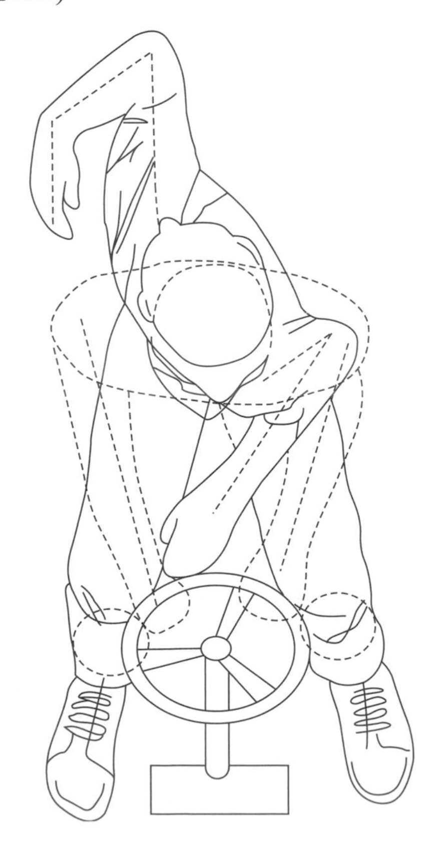

圖2.2　靜態人體資料無法顯示身體活動時之狀況

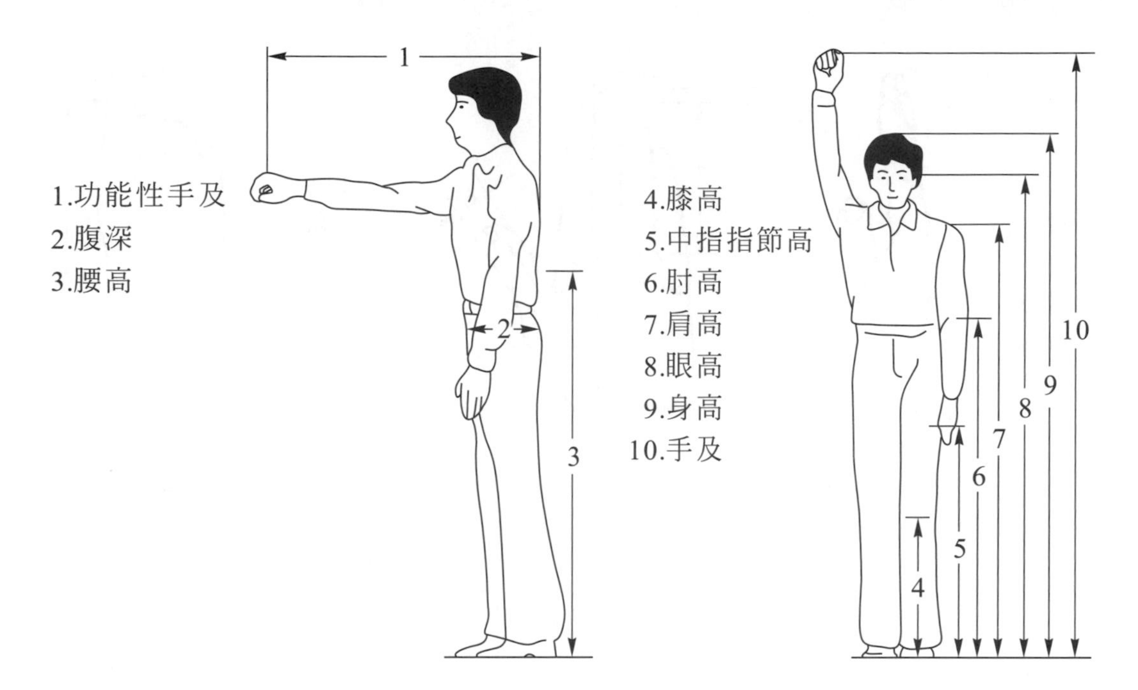

圖2.3　常用之立姿靜態尺寸

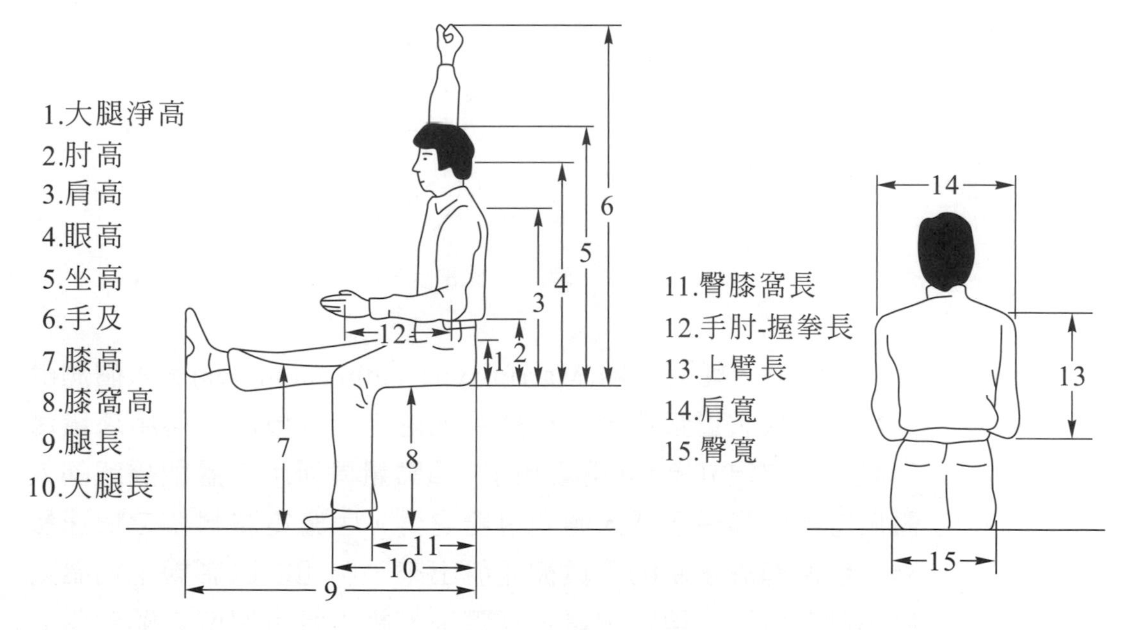

圖2.4　常用之坐姿靜態尺寸

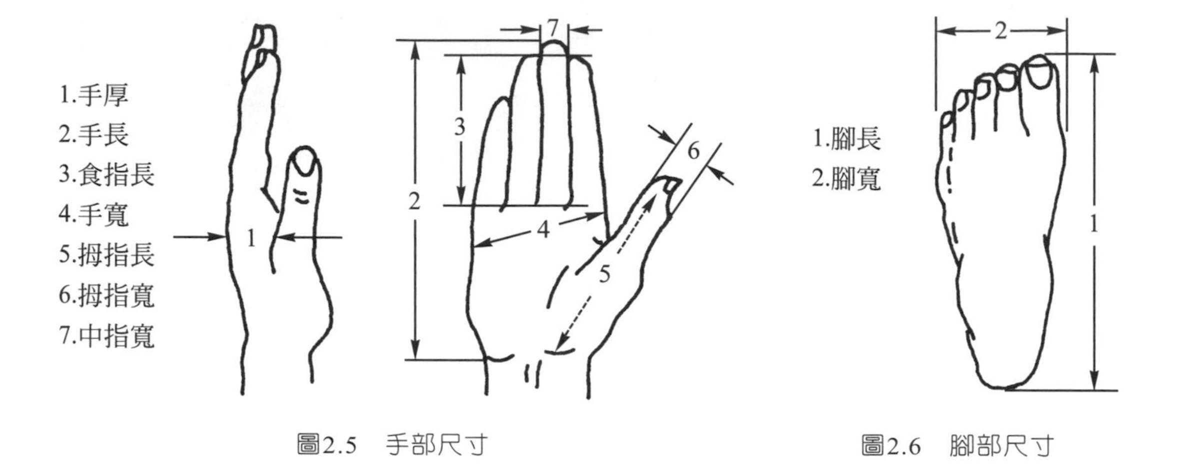

圖2.5　手部尺寸

圖2.6　腳部尺寸

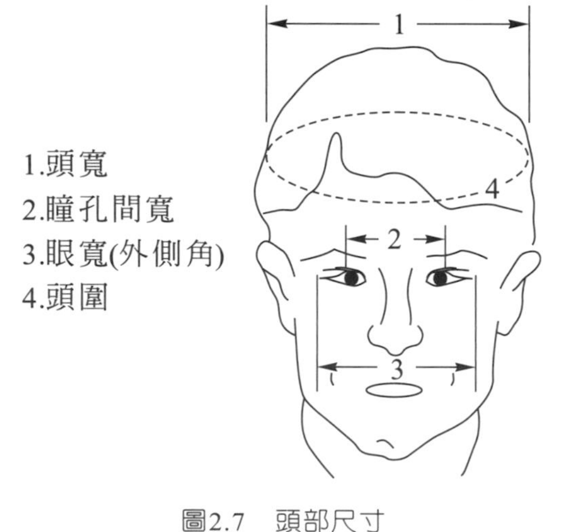

圖2.7　頭部尺寸

馬丁式人體測量器(Martin-type anthropometer)是人體測計常用之工具，這套量具內包括各式之卡尺、捲尺，可用來量測身體各部之尺寸資料(見圖2.9)，這套量具可用來量取靜態的人體尺寸。除了馬丁式人體測量器之外，因應電腦科技之快速發展，目前有許多新的工具被開發出來，例如以攝影機來拍攝人員活動之狀況，再經由電腦軟體來分析人體各部位之解剖學上參考點之空間座標，並據以計算各種尺寸是靜態與動態人體測計常用之方式。清華大學游志雲教授(楊宜學等，1994)曾以攝影機來拍攝光柵投影於受測者頭部所產生之線條，電腦軟體再依據這些線條來分析受測者頭部的形狀及尺寸(參考圖2.10)。

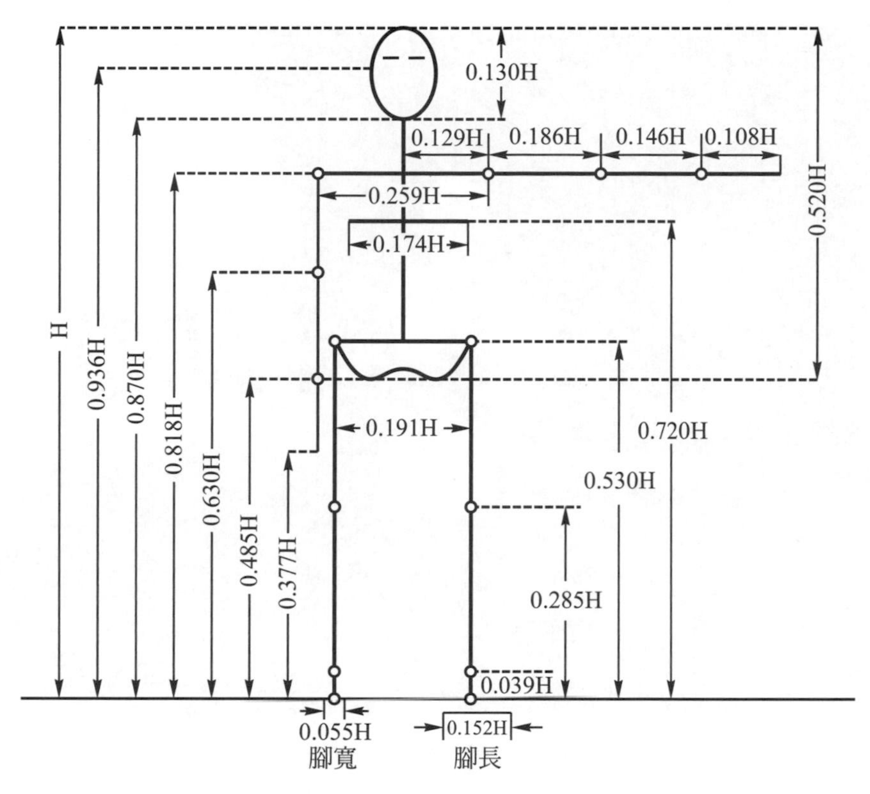

圖2.8　身體各部尺寸與身高之比例關係

資料來源：*Roebock et al, 1975*

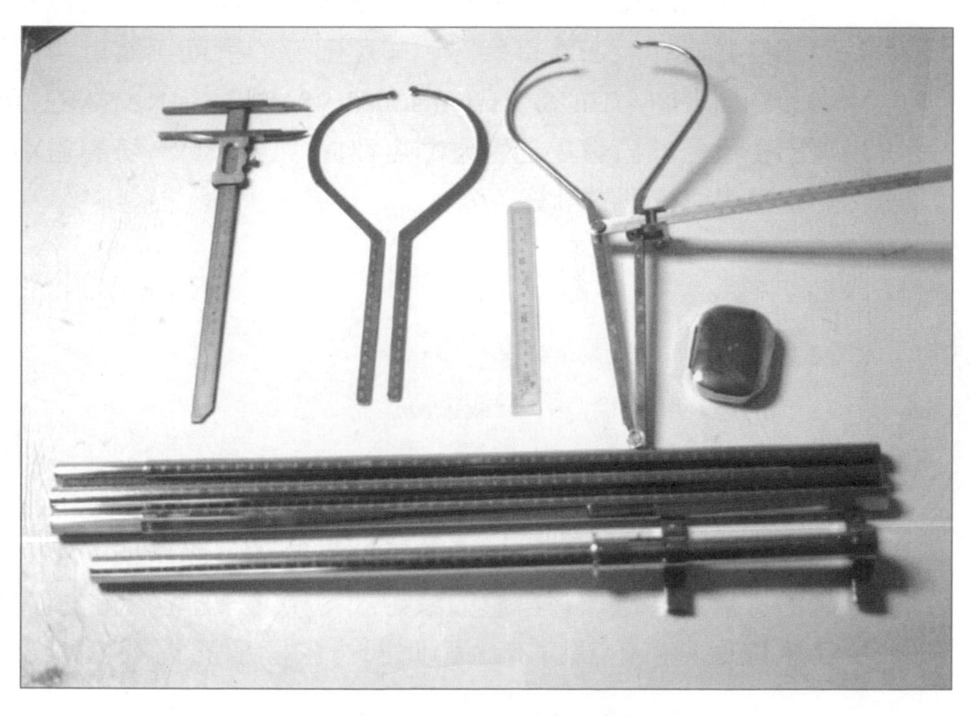

圖2.9　馬丁式人體測量器

圖2.10　以光柵投影來分析頭部形狀與尺寸

資料來源：楊宜學等，*1994*，感謝游志雲教授同意刊登並提供相片

有時身體個別部位的重量也是設計上需要參考的資料，然而這些數據卻無法直接量得。個別部位的重量與體重間也有密切的關係，Chaffin & Andersson (1984)即引用NASA的資料並提出身體各部佔體重之百分比之數據(見表2.1)。身體各別部位的重量也可依下式計算：

$$M = D \times V \tag{2.1}$$

其中　M：質量，單位爲kg或g

D：密度，單位爲kg/cm^3或g/cm^3

V：體積，單位爲cm^3

欲使用上式需先求得身體部位的體積，而體積的量測可以借助水槽來進行：將身體的特定部位浸入一半徑為的水槽中，若水位上升的的高度為，則此部份的體積即為該身體部位的體積。另外，身體部位密度則可參考表2.2中Harless(1860)與Dempster(1955)所提供之數據，其中Harless的數據是由分解五具屍體所得，而Dempster的數據則是由八具屍體所得的資料。表2.2顯示人體的密度大約為1.1，此值比水的密度略高。

表2.1　體重於身體各部位分配之百分比

群體部位佔體重之百分比		各別部位佔群體部位之百分比	
頭、頸	8.4%	頭 頸	73.8% 26.2%
軀幹	50%	胸 腰 臀	43.8% 29.4% 26.8 %
手臂(單)	5.1%	上臂 下臂 手	54.9% 33.3% 11.8%
腿(單)	15.7%	大腿 小腿 腳	63.7% 27.4% 8.9%

數據來源：*Webb Associates, 1978*

表2.2　身體各部位密度(g/cm^3)

部　位	Harless(1860)	Dempster(1955)
頭、頸	1.11	1.11
軀幹	--	1.03
上臂	1.08	1.07
下臂	1.10	1.03
手	1.11	1.16
大腿	1.07	1.05
小腿	1.10	1.09
腳	1.09	1.10

資料來源：*Miller & Nelson, 1976*

某些身體尺寸與數據可以反映身體的健康情況。身體質量指數(Body Mass Index，簡稱BMI) (又稱身高體重指數)是一個以體重除以身高的平方計算出來之值，常用單位為kg/m^2；世界衛生組織建議可用BMI來判定身體的肥胖程度，BMI指數愈高，罹患肥胖相關疾病的機率也就愈高。我國18歲以上成人體位依BMI分為：過輕(BMI<18.5)、健康體重(18.5≤BMI<24)、過重(24≤BMI<27)及肥胖(BMI≥27)。

研究顯示，體重過重或是肥胖為糖尿病、心血管疾病、惡性腫瘤等慢性疾病的主要風險因素；而體重過輕的健康問題，則會有營養不良、骨質疏鬆、猝死等健康問題。腰圍是髂嵴的上沿處的圍度，臀圍是臀部最寬處的圍度。腰圍及臀腰比可反映腹部脂肪的含量。除了BMI外，世界衛生組織建議腰圍及臀腰比(腰圍除以臀圍)也可用來衡量身體的肥胖程度。亞洲地區健康成年男性與女性的建議腰圍分別為不超過90 cm與80 cm。

皮膚表面積的量測與計算可應用於不同的領域中，例如燒燙傷後皮膚移植所需面積的估計，又如面膜等須貼附皮膚的產品開發的尺寸設計。將近一個世紀之前，Du Bois & Du Bois曾使用紙與石膏配合繃帶將受測者身體包覆，再計算所使用材料的面積來估計身體的表面積。他們提出了以身高(H cm)與體重(W kg)來估計成年人身體表面積(Body Surface Area, 或BSA cm^2)的公式，公式如下：

$$BSA = 71.84 \times H^{0.725} \times W^{0.425} \quad (2.2)$$

現代先進的科技，讓皮膚表面積的量測的方法更多元化。皮膚表面積的量測可使用3D掃描的方式量測，再以積分的方式累加計算。游志雲、林靜華與楊宜學(Yu et al., 2010)即曾使用3D掃描的方式量測了男女各135名臺灣地區成年人的身體表面積，所有受測者依身高與身體質量指數(BMI＝體重/身高^2)分成15組。結果如表2.3與表2.4所示。他們也建立了臺灣地區成年男性與女性以身高(cm)與體重(kg)預估身體表面積(cm^2)的公式：

男性：$BSA = 79.811 \times H^{0.727} \times W^{0.398}$ (2.3)
女性：$BSA = 84.467 \times H^{0.700} \times W^{0.418}$ (2.4)

表2.3　臺灣地區男性身體表面積(cm^2)

身高(cm)	BMI<18.5		18.5<BMI<27		BMI>27	
	平均值	標準差	平均值	標準差	平均值	標準差
>175.8	17,651.25	227.11	18,861.14	1212.81	21,063.03	697.59
169.9～175.8	16,256.41	571.29	17,879.63	967.52	20,698.23	492.99
164～169.9	15,362.56	184.17	17,186.94	896.18	19,011.06	274.89
158.1～164	14,536.94	302.94	15,363.25	600.67	17,730.94	394.54
<158.1	13,900.74	610.63	14,868.68	310.38	16,789.08	242.44

資料來源：*Yu et al, 2010*

表2.4　臺灣地區女性身體表面積(cm^2)

身高(cm)	BMI<18.5		18.5<BMI<27		BMI>27	
	平均值	標準差	平均值	標準差	平均值	標準差
>175.8	15,114.87	432.42	17,000.25	1159.20	18,838.69	507.29
169.9～175.8	14,359.71	334.58	15,764.99	871.22	17,836.27	582.29
164～169.9	13,241.96	632.35	14,875.89	455.48	17,596.17	593.40
158.1～164	12,649.75	432.91	14,217.07	488.10	16,588.58	158.89
<158.1	11,909.01	313.72	13,368.14	404.53	15,540.44	671.41

資料來源：*Yu et al, 2010*

韓國學者Choi等(2011)利用將手掌按壓在矽藻膠產生手印，再將手印拓在紙張上並以掃描的方式製成電子檔，然後以電腦軟體計算掃描區域面積的方式，間接量測手掌的面積。她們招募了從七歲到十八歲的受測者，包括186位男性與119位女性進行量測。量測的手掌面積分為不包括手指(圖2.11a)及包括手指(圖2.11b)兩種情況。得到的結果如圖2.12及圖2.13所示。圖2.12及圖2.13顯示由七歲的孩童到十八歲的青年，男性的手掌面積不論包括手指與否都大於女性。而兩性之間的差距從十三至十四歲開始顯著的增加。

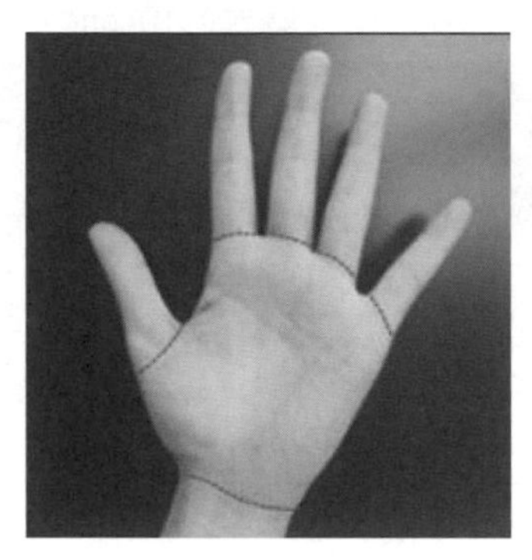

(a)不含手指

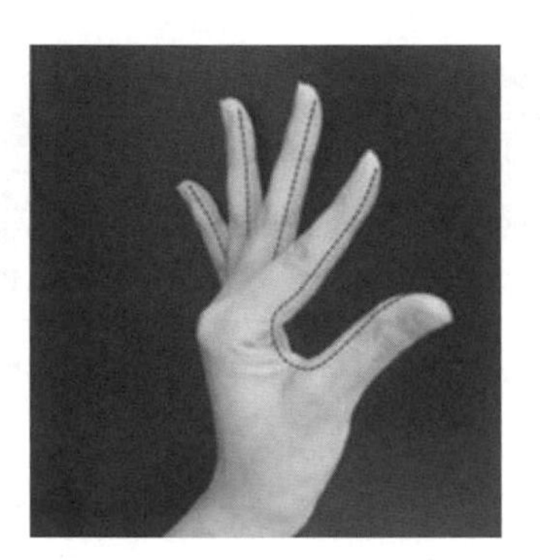

(b)含手指之手指邊界

圖2.11　手掌面積量測區域

資料來源：*Choi et al. (2011)*

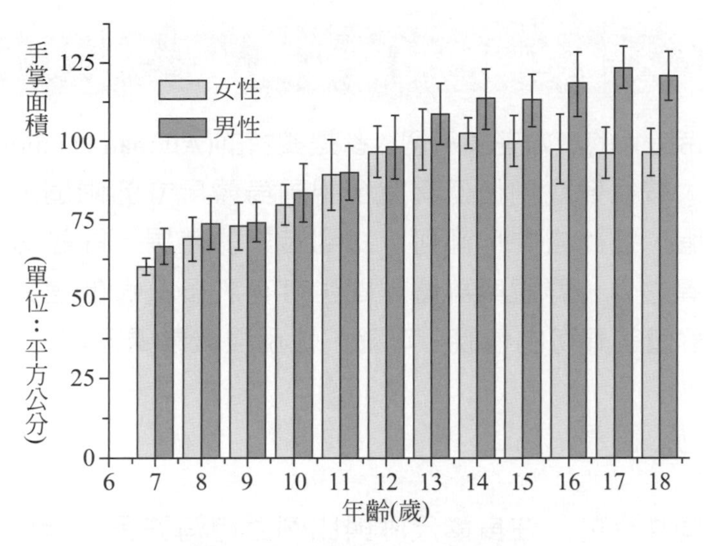

圖2.12　手掌面積(不含手指)

資料來源：*Choi et al. (2011)*

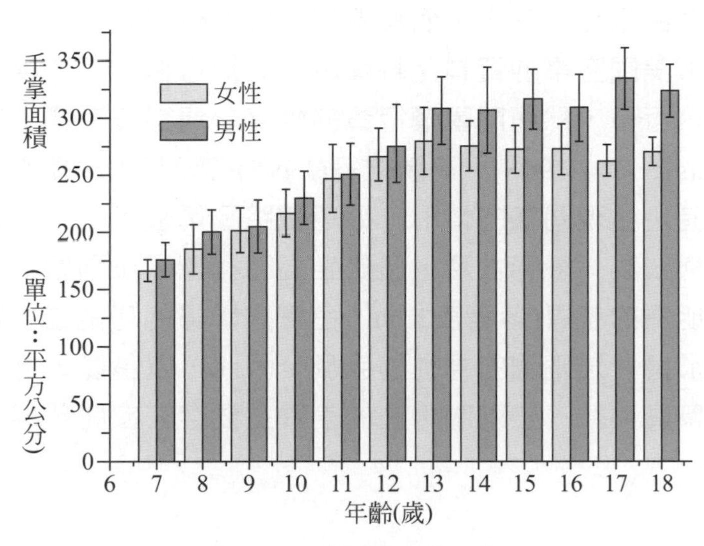

圖2.13　手掌面積(含手指)

資料來源：*Choi et al. (2011)*

2.3 人體資料的變異來源

上帝造人的奧妙在於每個人都是獨特的(All man is unique！)，地球上大概很難找到任何有完全相同身體尺寸的兩個人。即使是雙胞胎，彼此之間也都可以找到若干的差異。除了每個人的個別差異之外，群體與群體之間也存有許多共通的差異。人體資料的群體差異可由種族、年齡、性別與職業間分別討論：

1. 種　族

不同種族的人在身體尺寸與比例上均有許多差異，歐美白人的平均身高與各項尺寸均超過黃種人。美國空軍的資料顯示男性白人與黑人之間的平均身高並無差異，但是黑人的手臂與腿的長度卻是超過白人，而其軀幹部份則較白人短。日本空中自衛隊與美國空軍的資料比較顯示日本飛行員的平均身高低於美國的飛行員，然而兩國飛行員的坐高之間卻沒有顯著的差異(Wickens et al., 1998)。許勝雄等(1998)在分析火車駕駛員的人體資料時也發現同樣的情形：臺灣鐵路局駕駛員的身高顯著的較德國與法國一般男性矮，但是坐高卻和德、法兩國的男性之間沒有明顯的差異(參考表2.5)，台鐵駕駛員的功能性手及也顯著的低於德、法兩國的男性的手及。因此，以長度尺寸而言，台鐵駕駛員與德、法兩國男性的差異主要存在於腿部與手臂的尺寸上。

表2.5　臺灣鐵路局駕駛員與德、法兩國一般男性身體尺寸比較(單位：cm)

	台鐵*	德　國	法　國
身高	169.6	174.5	171.5
坐高	91.2	92.0	91.0
膝窩高	41.8	45.5	42.5
功能性手及	67.4	78.0	77.0

*身穿著制服與鞋子量測，資料來源：許勝雄等(*1998*)

2. 年　齡

每一個人成長的過程都可以區分為嬰幼兒、兒童、青少年、青年、中年與老年等不同時期，身體的各種尺寸在各個時期也都不相同。表2.6列舉了臺灣地區青少年的人體資料(杜壯，1988)。在成年之前，身體各部的尺寸都隨者年齡的成長而增加，然而中年之後(大約40歲)，身高會隨著年齡的增加而逐漸的減少。Stoudt (1981)發現年老(65到74歲)的男性的平均身高比年輕男性(18到24歲)少了6.1公分，而年老女性的身高較年輕女性少了5.1公分。坐高在40歲以後也隨著年齡的增加而減少。體重隨年齡的變化與身高並不相同，成年人的體重在60歲以前並不隨著年齡的增加而減少，Stoud(1981)的資料顯示老年男性的平均體重僅較年輕男性少0.5公斤，老年女性的平均體重卻較年輕女性多了6.3公斤。Damon et al. (1972)發現老年人的上臂圍較年輕人少，手長則不隨年齡增加而減少。Birren(1947)指出由20歲到60歲之間，手部的握力平均減少16%，Clement(1974)以30歲與80歲的受測者比較發現老年人的握力較年輕者少了40%至60%。

表2.6　臺灣地區少年的人體資料之平均值(單位：cm與kg)

項目	年齡					
	7	8	9	10	11	12
體重	21.56	23.30	26.55	29.25	32.93	37.70
身高	120.36	124.95	130.31	135.49	140.05	147.35
眼高	107.39	112.13	117.65	122.51	127.34	135.26
肩高	95.59	99.65	104.80	109.19	113.57	120.25
肘高	72.70	75.80	78.98	82.75	86.05	90.28
水平手及	56.36	58.26	61.01	63.62	66.33	69.37
肩寬	28.94	29.78	31.29	32.42	33.78	35.64
臀寬	22.86	23.44	24.67	25.82	27.13	28.10
坐高	66.11	68.15	70.62	72.66	74.30	77.84
肩高(坐)	95.59	99.65	104.80	109.19	113.57	120.25
膝高(坐)	36.23	37.76	39.75	41.61	43.54	45.95
臀膝窩長	31.91	33.83	35.27	37.20	38.82	40.95
臀膝長	38.54	40.26	42.23	44.41	46.31	49.00
肘高(坐)	17.01	17.54	18.38	18.64	19.13	19.63
頭長	16.68	16.71	16.89	17.04	17.12	17.34
頭寬	15.13	15.36	15.42	15.55	15.56	15.56
手長	13.44	13.78	14.38	14.96	15.47	16.27
手寬	6.29	6.39	6.64	6.81	7.06	7.37
腳長	18.54	19.17	20.05	20.91	21.08	22.68
腳寬	7.36	7.52	7.87	8.20	8.53	8.75

數據來源：杜壯，*1988*

表2.6　臺灣地區少年的人體資料之平均值(單位：cm與kg)(續)

項目	年齡				
	13	14	15	16	17
體重	43.38	47.43	52.26	53.22	56.34
身高	154.98	160.37	166.23	166.85	168.78
眼高	142.75	148.19	153.73	154.59	156.56
肩高	127.07	131.75	136.65	136.86	138.86
肘高	95.60	99.20	103.27	103.33	104.93
水平手及	73.12	75.41	78.08	78.65	79.31
肩寬	37.52	39.03	40.75	41.53	42.93
臀寬	29.52	30.45	31.75	32.06	33.10
坐高	81.44	84.61	87.51	89.00	90.31
肩高(坐)	53.52	56.15	58.60	59.56	60.81
膝高(坐)	48.45	49.75	51.19	50.80	51.17
臀膝窩長	42.92	44.03	45.49	45.14	45.23
臀膝長	51.89	53.24	54.91	55.04	55.55
肘高(坐)	20.87	22.23	23.39	22.40	24.72
頭長	17.46	17.72	18.02	17.94	18.17
頭寬	15.79	15.83	15.89	15.91	15.98
手長	17.24	17.97	18.40	18.37	18.50
手寬	7.74	7.99	8.26	8.34	8.58
腳長	23.66	24.24	24.76	24.53	--
腳寬	9.07	9.22	9.46	9.46	9.52

表2.7摘錄了由Kelly與Kromer(1990)整理的部份美國老年人的人體資料，其中60到69歲的數據為男性的資料，72到91歲則為男性與女性的平均值。若以60到69歲男性的資料與表2.8中的50百分位的男性資料比較可以發現老年人的許多數據(如身高、坐高、膝高、體重等)均低於一般成年人。

表2.7 美國老年人的人體測計資料之平均值與標準差(單位：cm與kg)

年齡層	60~69	72~91
樣本數	72*	130**
體重	76.6(1.1)	69.0(10.5)
身高	172.6(6.4)	171.9(8.4)
坐高	90.8(2.9)	88.3(3.1)
坐寬	36.0(2.2)	--
膝高	53.6(2.5)	53.8(2.1)
臀膝窩長	48.2(2.8)	47.2(2.5)
臀膝長	58.6(3.0)	59.1(2.4)
臀窩高	42.1(2.3)	44.0(2.1)
頭圍	57.1(1.4)	56.9(1.8)
頭寬	15.5(0.5)	15.4(0.5)
手長	18.9(0.9)	18.8(0.8)
手寬	8.5(0.4)	8.4(0.4)
腳寬	9.8(0.6)	69.0(10.5)

** Damon et al. (1972，男性)*

*** Dwyer et al. (1987，男性與女性平均值)*

3. 性　別

男性與女性身體成長的過程不同，女性成長最快速的時期是9到12歲之間，從12歲到17歲之間仍然可以看得出顯著的成長。男性成長最快速的時期是13歲到16歲之間，而顯著的成長可能延續到20歲左右。以12歲的青少年而言，女性的平均身高與體重均超過男性，但是到了16歲以後女性的身高與體重反而不及男性了。成年之後，女性大部份的身體尺寸均比男性低，Annis (1978) 指出平均而言女性的身體尺寸為男性的92%，然而女性也有部份數據超過男性，例如臀圍、大腿圍。表2.8列出了美國成年(20歲到60歲)男性與女性的部份人體測計資料。

表2.8　美國成年女性/男性的人體測計值(單位：cm)

項目	百分位			
	5th	50th	95th	標準差
體重(kg)	39.2*/57.7*	62.01/78.49	84.8*/99.3*	13.8*/12.6*
身高	152.78/164.69	162.94/175.58	173.73/186.65	6.36/6.68
眼高	141.52/152.82	151.61/163.39	162.13/174.29	6.25/6.57
肩高	124.09/134.16	133.36/144.25	143.20/154.56	5.79/6.20
肘高	92.63/99.52	99.79/107.25	107.40/115.28	4.48/4.81
坐高	79.53/85.45	85.20/91.39	91.02/97.19	3.49/3.56
眼高(坐)	68.46/73.50	73.87/79.20	79.43/84.80	3.32/3.42
肩高(坐)	50.91/54.85	55.55/59.78	60.36/64.63	2.86/2.96
肘高(坐)	17.57/18.41	22.05/23.06	26.44/27.37	2.68/2.72
膝高(坐)	47.40/51.44	51.54/55.88	56.02/60.57	2.63/2.79
膝窩高	35.1/39.46	38.94/43.41	42.94/47.63	2.37/2.49
臀膝長	44.00/45.81	48.17/50.04	52.77/54.55	2.66/2.66
頭圍	52.25/54.27	54.62/56.77	57.05/59.35	1.46/1.54
頭寬	13.66/14.31	14.44/15.17	15.27/16.08	0.49/0.54
手長	16.50/17.87	18.05/19.38	19.69/21.06	0.97/0.98
手寬	7.34/8.36	7.94/9.04	8.56/9.76	0.38/0.42
腳長	22.44/24.88	24.44/26.97	26.46/29.20	1.22/1.31
腳寬	8.16/9.23	8.97/10.06	9.78/10.95	0.49/0.53

* 估計值，摘錄自*Kromer et al.* (*1994*)

除了上述男性與女性的差異以外，女性在懷孕期間身體的變化尤其明顯，表2.9列出了英國與美國婦女懷孕期間腹深的變化，表2.10則顯示了美國婦女懷孕期間的體重增加的狀況。

表2.9　英、美兩國婦女懷孕期間腹深的變化

百分位	腹深(mm)	懷孕月份							
		2~3	4	5	6	7	8	9	10
5th	英國	195	210	225	250	275	300	315	330
	美國	210	-	-	269	-	-	339	-
50th	英國	245	260	280	300	320	345	360	375
	美國	260	-	-	328	-	-	382	-
95th	英國	290	310	335	350	360	385	405	425
	美國	310	-	-	380	-	-	434	-

資料來源：*Culver & Viano (1990)*

表2.10　婦女懷孕期間體重增加量

懷孕周數	體重增加(kg)
12~16	1.6
17~20	2.3
21~24	2.3
25~28	2.1
29~32	1.8
33~36	1.8
37~40	1.5
合計	13.4

資料來源：*Culver & Viano (1990)*

4. 職　業

不同職業的群體間的人體資料也存在許多差異，例如中年男子有啤酒肚的大多屬於白領階級，藍領階級的男性有啤酒肚的比較少，這是因為藍領工作者工作中的體力負荷較重，脂肪在體內不易累積的緣故。在美國，礦工身體與手臂的平均圍度均超過一般人(Ayoub et al, 1982)，卡車司機的平均體重與身高也超過一般人(Sanders, 1977)。

2.4 人體測計資料之應用原則

人體測計資料可經由人體資料庫進行查詢，目前國內較為詳盡之人體資料庫是由王茂駿等(IOSH86-H124)教授在勞工安全衛生研究所的贊助下所建立的，該資料庫收集了國內1200位成年人的266項靜態與42項動態資料。表2.11及2.12列出該資料庫中之我國男性與女性勞工的部份資料。若是無法從人體資料庫取得適當資料，則設計者必須自行由設計母體中取適當樣本進行人體測計。

表2.11 我國男性勞工之人體測計資料(單位：cm)

項目	平均值	標準差	百分位			
			5th	10th	90th	95th
身高	168.69	6.01	158.80	160.98	176.39	178.57
眼高	156.92	5.92	147.18	149.33	164.50	166.65
肩高	138.32	5.35	129.51	131.46	145.18	147.12
肘高	104.88	4.16	98.04	99.55	110.21	111.72
中指指節高	71.86	4.57	64.34	66.00	77.74	79.39
手及(水平)	82.13	4.84	74.17	75.93	88.32	90.08
坐高(坐)	90.28	3.19	85.03	86.19	94.37	95.53
眼高(坐)	78.54	3.07	73.49	74.60	82.47	83.58
膝高(坐)	51.59	2.81	46.98	48.00	55.19	56.21
膝窩高	42.09	2.36	38.20	39.06	45.11	45.97
臀膝長(坐)	55.23	3.09	50.14	51.27	59.19	60.31

*坐姿；數據來源：*IOSH86-H124*

表2.12　我國女性勞工人體測計資料(單位：cm)

項目	平均值	標準差	百分位			
			5th	10th	90th	95th
身高	156.32	5.32	147.58	149.51	163.14	165.07
眼高	144.98	5.24	136.36	138.27	151.69	153.59
肩高	128.00	4.76	120.17	121.90	134.10	135.83
肘高	97.33	3.71	91.22	92.57	102.08	103.43
中指指節高	69.47	3.62	63.52	64.83	74.10	75.42
手及(水平)	75.44	3.49	69.69	70.96	79.92	81.18
坐高(坐)	84.48	3.00	79.54	80.63	88.32	89.42
眼高(坐)	73.20	2.99	68.28	69.37	77.04	78.12
膝高(坐)	46.69	2.26	42.97	43.80	49.59	50.41
膝窩高	40.09	1.39	37.80	38.31	41.87	42.37
臀膝長(坐)	52.63	2.59	48.36	49.31	55.96	56.90

*坐姿；數據來源：*IOSH86-H124*

人體測計

設計上之原則：極值設計、可調設計與平均設計

人體測計資料應用於設計上之原則包括極值設計、可調設計與平均設計。所謂極值設計是指在某些狀況下必須將設計對象中最極端之狀況列入考慮，例如設計逃生用的高樓緩降機即應將體重最重者之重量列為設計之載重限度(再乘以安全係數)，如此緩降機才能供各種體型的人使用，同理大樓電梯按鍵盤上最上端之鍵盤必須讓最短小身材之使用者能夠觸及才能滿足所有使用者的需求。

可調式設計是指設計時容許針對使用者進行調整。例如工作椅、工作檯面之高度若可在適當範圍內進行調整，則可滿足較多使用者之需求。當極值設計與可調式設計均不適用時，平均設計也是常用之設計方式。一般而言使用平均值來做為設計之依據時通常僅考慮單一或少數之項目，例如設計櫃檯高度時僅考慮垂直高度。若是有許多項目必須同時考慮時，則平均設計將在許多地方無法滿足使用者，例如Hertzburg(1972)曾指出在一筆4000位美國空軍人員之人體資料庫中竟然沒有一位其10

項人體資料均落於母體平均值之30%限度之內，因此設計者使用平均值時應視不同的項目進行適度之調整。

使用人體測計資料進行設計時首先應先決定設計項目並且確認設計對象(參考圖2.14)。在確定設計對象與設計項目之後應分析設計對象與設計項目間之互動型態，這包括實際使用狀況、人員之衣著、使用之工具、裝備、使用頻率、設計項目對於設計對象之重要性、及活動狀況均應進行了解，而設計原則並應隨後決定。例如當設計特定作業之座椅時應了解使用對象為特定之個別使用者，或是不特定之群體使用者，隨後設計對象使用座椅之狀況也應加以分析，這包括使用頻率、每次使用時間、使用時手部、腿部、甚至身體之活動狀態均應加以考慮，究竟應採極值、可調、或是平均設計原則即應參考分析之結果，在實務上座椅之成本也常常和使用狀況一併考慮。完成以上步驟之後即可由人體資料庫取得相關資料，若採用極值設計或可調設計應選取適當百分位之資料，而將人體數據列入設計後有時需做必要之修正。

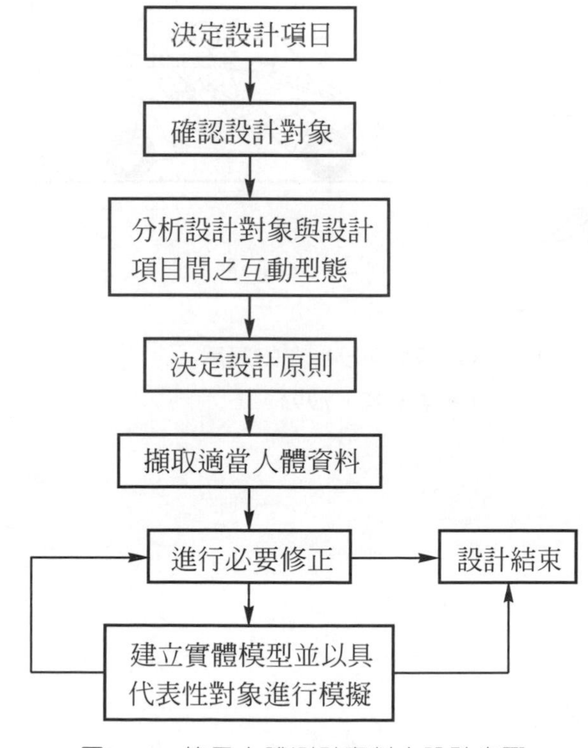

圖2.14　使用人體測計資料之設計步驟

以人體模型(manikin)來模擬實際使用情況，是發掘問題的有效方法，圖2.15顯示了人體模型與設計上的應用，這種人體模型的模擬在電腦上可配合3度空間(3D)的表現能更有效率的被執行。各種與人體有關的設計在開發出原型產品之後，都應該經過使用者的試用以測試是否有設計上的缺失，而使用者必須選取具有代表性的使用者，並配合真實的狀況進行試用才能夠發掘問題的所在。

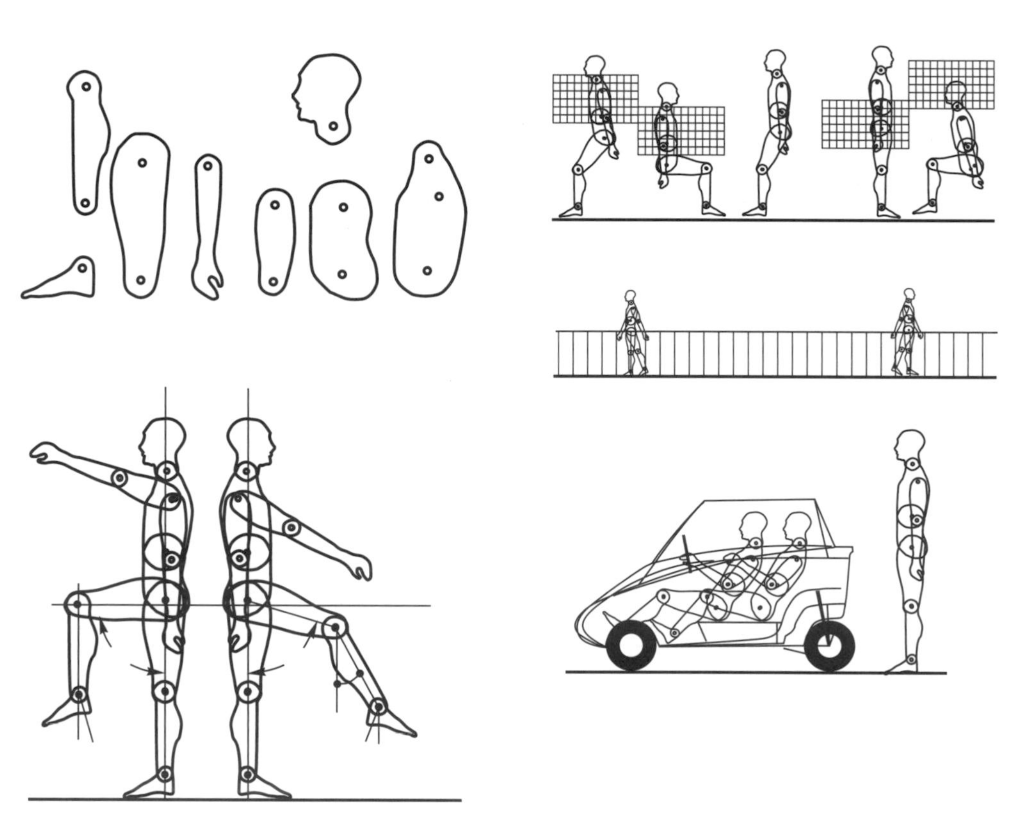

圖2.15　人體模型與設計上的應用

取自林榮泰等，*1993*

2.5 人體測計與工作空間設計

2.5-1 立姿或坐姿

人體測計資料在工業上應用之範圍很廣泛，其中主要的一項應用就是作業空間的設計。在工作場所中，主要之工作姿勢可分為立姿與坐姿兩種，而立姿與坐姿之安排受到以下幾項因子的影響：

- 人員身體穩定性之需要
- 肢體活動範圍大小
- 人員在工作區域中是否需要經常移動位置
- 腿部是否需踩踏板
- 是否需要較大的施力

一般之工作均會先考慮以坐姿來進行，因為坐姿工作較站姿工作不易疲勞且身體有較佳的穩定性。工作中需要以穩定姿勢來完成作業者，應以坐姿為宜；但是若人員作業中經常需要走動或在工作區域中移動位置，則往往必須站立作業。然而若人員肢體活動範圍較大或需出較大的力量則坐姿工作反而較站著工作困難。圖2.16顯示某電腦鍵盤裝配線上，作業員需由成捆的電線中逐條抽取並配置於鍵盤殼中，因手部抽取的動作很大，以至於雖然提供了坐椅，作業員仍需站立工作。多數的裝箱作業均安排立姿作業，主要就是因為裝箱需要大幅度的手部活動配合較大之力量。若是作業人員需腳部操作，則站立者需以單腿站立來工作，此時不僅身體移動性差，且腿部也很容易疲勞。因此坐站兩用之簡易座椅可提供身體支撐又不會防礙身體施力與機動性(見圖2.17)。

圖2.16　因手臂活動而無法坐下之作業員

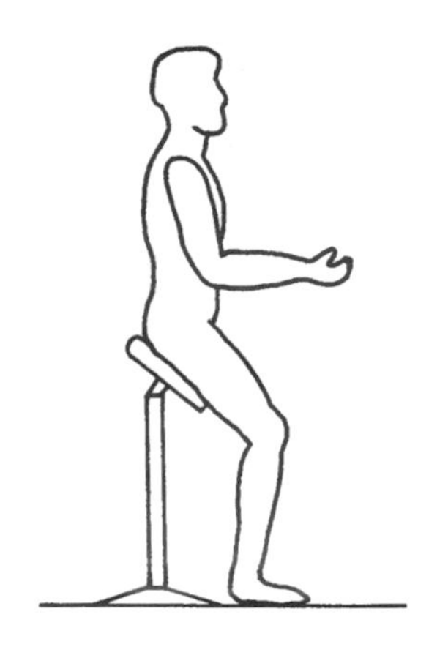

圖2.17　簡易座椅

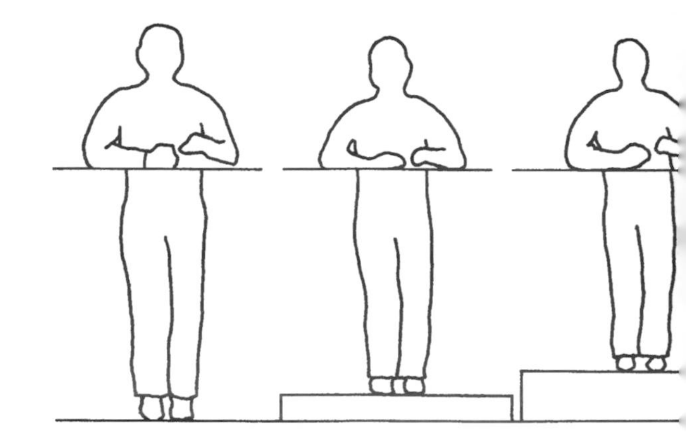

圖2.18　立姿作業面高度

2.5-2　立姿工作面高度

立姿工作面高度由肘高及工作性質來決定(如圖2.18)。對於一般性工作，工作面高度應設在手肘高，若是工作面過高，則人員需抬高手臂來工作，如此容易造成肩部的肌肉疲勞，若是工作面過低，則人員必須以彎腰及低頭姿勢來工作，這將容易造成頸部及下背之疲勞。若是人員從事精密作業，視覺及手部穩定性支撐之需求，就顯得非常重要，此時作業面應略高於肘高(Grandjean建議高於肘高10公分)。若是人員從事粗重的工作，則作業面應低於肘高(約15至20公分)，依據王茂駿等(1997)之勞工人體資料，男性、女性肘高之平均值分別為105公分及97公分。若是工作區域中，人員身高差異很大而又無法採用可調整高度的作業面，則作業面高度之肘高值應參考體型較大者之尺寸，而身體矮小者則提供適當之踏墊來彌補，臺灣地區男性與女性勞工的肘高的第95百分位分別為112與103公分。

2.5-3　坐姿作業面高度

坐姿作業面高度(如圖2.19)之設計和立姿作業面高度之設計有相同之考量，即容許作業中上臂可以自然下垂，而下臂在水平面上活動，此姿勢被許多專家確認是減少頸部及肩部不舒服的適當高度。因此，坐姿肘高是一般作業面高度之建議值。王茂駿等(1997)所建立之勞工尺寸中並無坐姿肘高的數據，而男性與女性勞工坐姿腰高的尺寸均為椅面參考點上方22 cm(22.4 cm與21.5 cm)，坐姿工作面的高度應略高於腰高之值。若是人員從事精密作業(如：精密組料裝配)及細微作業(例：小零件裝配)時，為了滿足視覺需求及手部之支撐作業面應較肘高15及5公分。工作場所中，若是人員之坐姿肘高差距很大，則應考慮體型較大者之尺寸(如95百分位的尺寸)，而較矮小者可由坐墊高度之調整及腳墊之配合使用來滿足其需求。男性與女性勞工95百分位的坐姿腰高分別為25與24 cm。

2.5-4　手部水平工作區域

手部在水平工作面上之活動區域主要係由手部在空間中之可及範圍來決定，Farley(1955)及Barnes(1963)提出之正常區域(normal area)及最大區域(maximum area)之概念，早已廣泛的被設計者接受，此二區域之定義為：

1. **正常區域**：人員在自然的姿勢下僅活動下臂時即可觸及之區域。

2. 最大區域：整個手臂延伸時，可觸及之最大區域。

最大區域是人員工作中可能與手部接觸之各種物件(如：零、配件、工具)之配置區域，正常區域是手部(如：組裝)執行工作之活動區域，而最大區域至正常區域之範圍則可作為人員在位置上需要接觸之各種物件(如：零、配件、工具控制器)之配置區域。依據王茂駿等(1997)建立之我國勞工人體尺寸數據，男性與女性之正常區域應為以手肘為圓心，分別為半徑為30及27公分之區域，然而此值僅量至手部握拳中心處，若是以手指可觸及的範圍來算，此二值應約略增加10 cm；換句話說，前述的正常區域應分別為40及37 cm。 而男性與女性之最大區域則為以肩膀為圓心，半徑分別為55及50公分之區域，此區域是當工作面位於手肘高時之建議值。需注意的是上述的工作區域的範圍均是以靜態的人體尺寸來估計的，這些值仍然可能低於實際值，因為手臂活動時身體、手肘、與肩膀的位置都可能會跟著移動。游萬來等(1998)曾以80位大學生來量測男性與女性的水平作業面區域，並以5百分位樣本的手肘範圍來估計水平工作區域，結果請參考圖2.20。

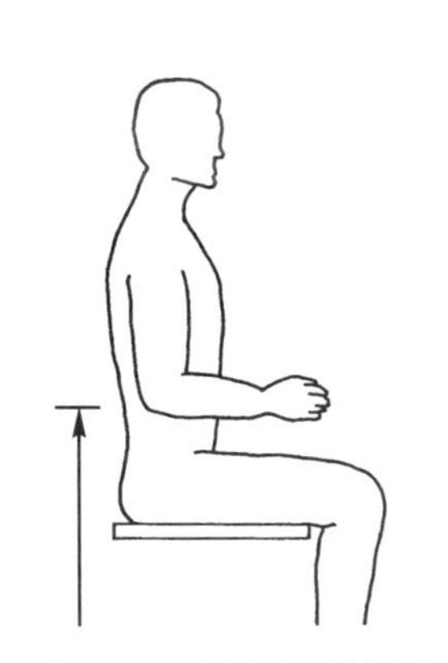

圖2.19　坐姿作業面高度

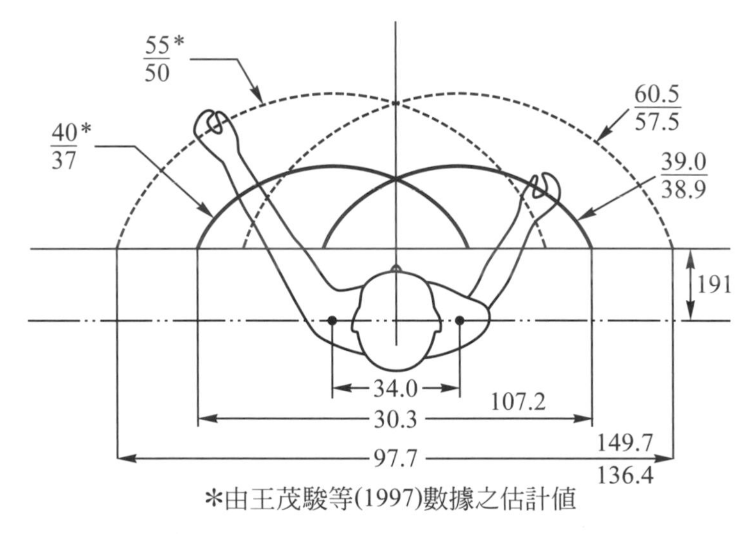

圖2.20　男性／女性水平作業面之工作區域(單位：cm)

資料來源：游萬來等，*1998*

2.5-5 座椅設計

座椅依使用目的之不同而有不同設計上之考量，本文僅考慮應用人體尺寸資料於一般工作椅之設計問題。合理之座椅面之高度應位於坐姿膝窩高，以此高度坐著時，大腿可保持水平而小腿可保持自然垂直之姿勢，如此大腿下緣承受之壓力較輕，而血液循環較不易受到影響(參考圖2.21)。我國男、女勞工之坐姿膝窩高分別為42及40公分，而鞋跟之高度也應一併考慮，若男性與女性的鞋跟平均高度分別以2.5及4公分計，則兩種性別的平均座椅面的高度應分別為44.5與44公分高。座椅高度應滿足個別之使用者，因此可調式座椅早已廣泛的被使用在工作場所。然而，一般人有調整座椅高度之經驗者並不多，主要原因包括：

合理座椅面高度

坐姿膝窩高，以此高度坐著時，大腿可保持水平而小腿可保持自然垂直之姿勢

1. 不知道如何調整
2. 不覺得需要調整
3. 無法調整(因調整機構損壞)
4. 覺得太麻煩

因此，可調式座椅若要發揮功能必須依賴設計者、製造者及使用單位之教育訓練部門共同合作才行。

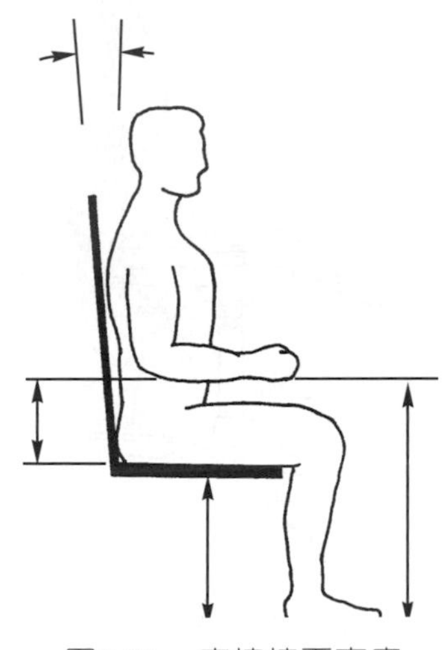

圖2.21　座椅椅面高度

除了座椅高度外，椅背之設計也很重要，椅背有提供身體支撐之功能，椅背設計之主要考量不在於身體尺寸而在於是否能發揮讓身體放鬆之功能。Keegan(1953)曾經以X-光來分析人在睡覺時的身體姿勢，他發現當脊柱與下肢之間呈135°時，是身體最輕鬆的姿勢。當坐著的時候，脊柱與下肢之間的角度是由椅背與椅面間的角度決定的。傳統之座椅椅背大多和椅面呈90°，如此之設計使得腰椎之自然型態無法維持，而椎間盤間則會承受較大之壓力。因此，許多學者均建議椅背應當略為後傾(10°至20°)，如此才能讓腰椎承受之壓力較輕，而背部肌肉也可較為放鬆。除了椅背後傾以外，椅面前傾也有助於減輕腰部椎間盤的壓力，然而椅面前傾容易造成身體下滑，如此反而會造成軀幹肌肉的緊張(以維持姿勢的穩定)，針對這個問題的妥協辦法是椅面前緣可採前傾設計，而後半部仍然以水平或是略為後斜的設計來維持身體的穩定性。圖2.22顯示了勞工安全衛生研究所(1996)所開發的高活動性人體工學工作椅的設計，該設計的主要特點即在於椅面的前半部前傾，以使使用者能保持脊柱與大腿之間105°的夾角，如此可減少腰部脊椎的負荷同時保持人員高度的機動性。椅背若能配合腰墊之使用，對於減輕腰部負荷也很有幫助，高活動性人體工學工作椅的椅背亦分為兩段，下段的腰靠背是用來維持腰部脊柱的自然曲度，上段的胸靠背則作為工作中身體間歇性後仰的支撐。

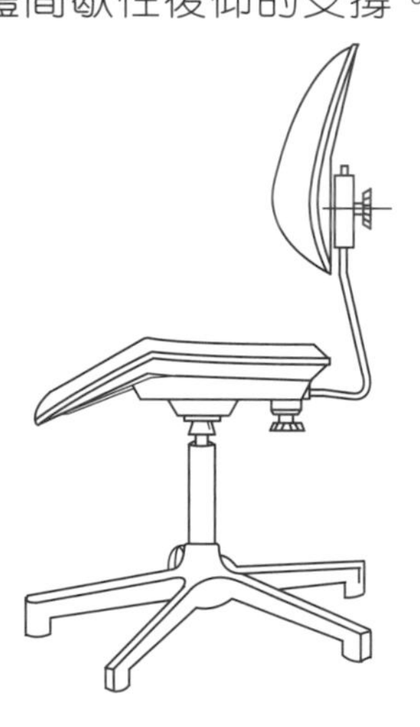

圖2.22　高活動性人體工學工作椅

資料來源：勞工安全衛生研究所，*1996*

2.5-6 安全欄杆設計

在工廠裡，有許多因為人員與機器設備接觸而造成的機械危害事故。因為這些事故所造成的傷害包括切傷、剪傷、擦傷、壓傷、撞傷、夾傷等。機械事故的危害直接的原因是不安全的機械運動，這些運動包括：

- 往復與直線運動中之機件
- 轉動機件之咬合點：例如齒輪的咬合點
- 危險機件之操作點： 例如鑽床的鑽頭旋轉處

機械危害事故的預防可以由安全欄杆的裝設著手，安全欄杆的功能在於阻擋身體的任何一部份與危險區域的任何一點發生接觸以避免危害事故的發生，欄杆裝設前應先決定欄杆的高度與到機械設備的距離，而這兩項又與危險區域(或機械設備)的高度有關。欄杆的高度、到機械設備的距離、及危險區域的高度均應考慮人員的可及範圍，英國國家標準局(British Standard Institute，BSI)以英國男性95%百分位的可及範圍為考量設計了BS. 5304的標準來規範安全欄杆的裝設(參考圖2.23與表2.13)，其中的主要考量項目危險區域高度、欄杆高度、及欄杆到危險區域之距離分別以*a*、*b*、*c*及來表示。Thompson (1989)指出安全欄杆的設計乃是典型的極值設計，其設計對象應以99%百分位的男性可及數據為基礎才能提供足夠的防護。若考量英國男性99%百分位之可及範圍，表2.13中的數據則不足以提供完整的防護需求。

安全欄杆
一種極值設計的例子

勞委會勞工安全衛生研究所(1998)依國人之人體測計資料也提出了安全欄杆裝置的建議，表2.14列出了勞工安全衛生研究所與大陸的安全欄杆裝置的建議值。

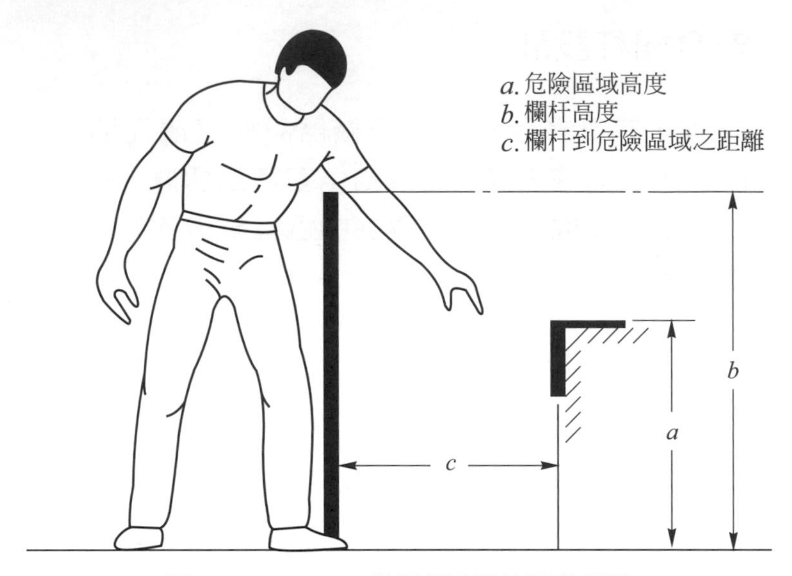

圖2.23　BS 5304對欄杆裝置的建議項目

資料來源：*Thompson, 1989*

表2.13　BS 5304(1988)對欄杆到危險區距離(c值)的建議值 (單位：cm)

危險區域高度	欄杆高度(b值)						
	220	200	180	160	140	120	100
240	10	10	10	10	10	10	10
220	25	35	40	50	50	60	60
200	–	35	50	60	70	90	110
180	–	–	60	90	90	100	110
160	–	–	50	90	90	100	130
140	–	–	10	80	90	100	130
120	–	–	–	50	90	100	140
100	–	–	–	30	90	100	140
80	–	–	–	–	60	90	130
60	–	–	–	–	–	50	120
40	–	–	–	–	–	30	120
20	–	–	–	–	–	20	110

資料來源：*Thompson, 1989*

表2.14　大陸與臺灣對安全欄杆設置之建議 (單位：cm)

危險區域的高度a	欄杆高度b													
	100		120		140		160		180		200		220	
	至危險區域的水平距離c													
	大陸	臺灣	大陸	臺灣	大陸	臺灣	大陸	臺灣	大陸	臺灣	大陸	臺灣	大陸	臺灣
240	5	7	5	10	5		5		5		5		5	7
220	40	40	40	39	35	34	35	35	30	28	25	23	15	14
200	80	67	80	61	65	49	60	45	40	31	25	27		20
180	105	89	95	78	85	60	85	51	50	32				
160	125	105	95	88	85	66	85	54	40	32				
140	125	115	95	93	85	67	75	54	10					
120	135	120	95	92	85	64	40	51						
100	135	120	95	86	85	55	20	45						
80	135	112	85	73	50	42								
60	125	100	45	54										
40	115	82	10	30										
20	105	58	—											

*資料來源：勞工安全衛生研究所(*1998*)

2.5-7 工業安全帽設計

工業用安全帽主要是保護穿戴者之頭部安全。ISO 3873國際標準建議工業用安全帽的重量應不超過400g，主要的作用是保護頭部上方的撞擊。安全帽主要包括兩個部份：帽殼(shell)及吊帶(harness)；帽殼包含帽沿，吊帶則包括頭帶(headband)、吊帶支點(cradle)、抗震帶(anti-concussion tape)、及配件(如頸帶、下巴扣帶等)。工業用安全帽在測試條件下(5kg半球錘自一米高落下)傳導至測試頭型上的力量應不超過5000牛頓。

- 頭帶：吊帶中環繞前額至後腦杓之環狀帶
- 帽高(wearing height)：頭帶下緣至頭頂的最高點
- 垂直間隙：頭或頭型頂部至帽殼內側之距離
- 水平間隙：頭帶至帽殼內側間之水平距離

ISO 3873建議工業用安全帽垂直間隙應介於25 mm至50 mm之間，水平間隙應介於5 mm至20 mm之間。測試頭型分為D、G、K三種，這三種的帽高分別不低於80 mm、85 mm、及90 mm。工業用安全帽測試時應採用木質或金屬頭型，頭型尺寸應參考圖2.24、2.25及表2.15之建議。

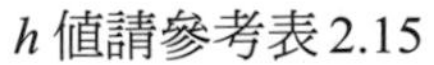

h 值請參考表2.15

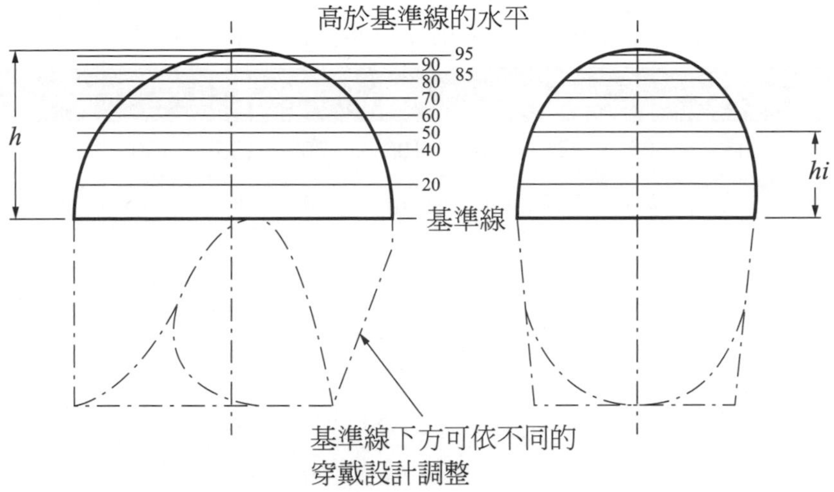

圖2.24　安全帽高度尺寸(mm)

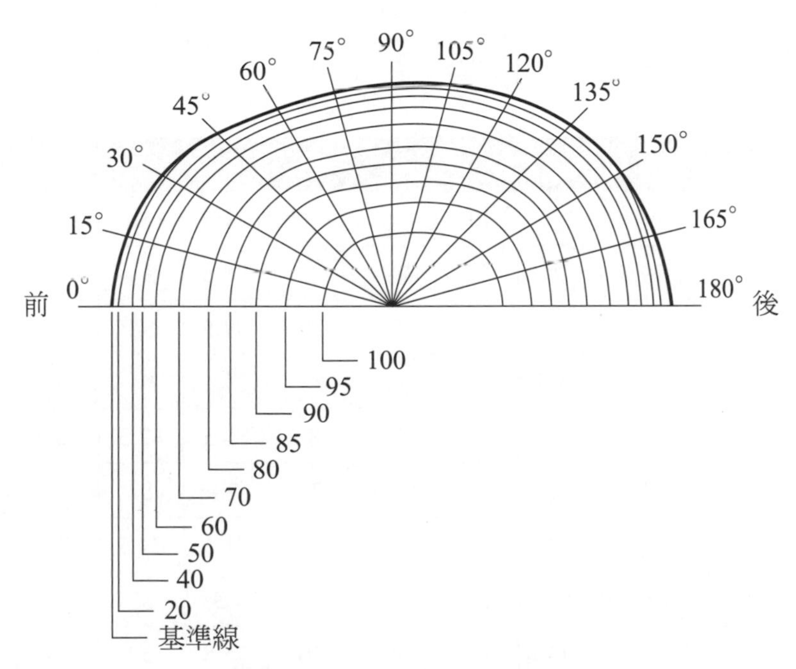

圖2.25　安全帽側面尺寸(mm)

表2.15　ISO 3873標準建議之頭型(D, G, K)尺寸(mm)

頭型D　h=94.5													
h_i	0°	15°	30°	45°	60°	75°	90°	105°	120°	135°	150°	165°	180°
0	93	91	88	81	74.5	71.5	71	74	78	84	89.5	92	93
20	91	89.5	87	81	74.5	71.5	71	74	78	84	89.5	92	92.5
40	85	85	83.5	77.5	72	68.5	69	71	75	80.5	86	87	87.5
50	81	80.5	80	74	69	66	66	69	72	77.5	82.5	83	83.5
60	75	75	74	68	63.5	61	61	63.5	67.5	72	76	77	77.5
70	64.5	64.5	64.5	60	55.5	53	53.5	56	60	64.5	68	68.5	69
80	48.5	48.5	48.5	47	44.5	43	43	43	48.5	53.5	57.5	50	58
85	39	39	39	37	37	36	36	36	41	45.5	48.5	49	49
90	23	23	23	24	24.5	25	25	25	30	33	37	37	37

頭型G　h=99													
h_i	0°	15°	30°	45°	60°	75°	90°	105°	120°	135°	150°	165°	180°
0	97.5	95.5	93	85.5	79.5	76	76	78.5	83	88.5	94	97	97.5
20	95.5	94	92	85.5	79.5	76	76	78.5	83	88.5	94	96.5	97
40	90	89	88	83	77	74.5	74	76.5	81	86	91	92	92
50	86.5	86	85	79.5	74	71.5	71.5	73.5	78.5	83.5	87.5	88.5	88.5
60	80.5	80	79.5	74	70	66.5	66	68.5	73	78	82	82	82.5
70	71	71	71	67	62.5	60	59.5	61.5	66.5	71.5	74.5	75	75
80	57.5	57.5	57.5	55	52	50	50	53	57	62	65	65	65
85	48	48	48	47	45	44	44	46	50	55.5	59	59	59
90	37	37	37	36	36.5	36	36	38	42	48	50	51	51
95	21	21	21	22	23	24	24	26	29	34	38	39.5	39.5

(接下表)

(承上表)

表2.15 ISO 3873標準建議之頭型(D, G, K)尺寸(mm)(續)

頭型K h=104													
h_i	0°	15°	30°	45°	60°	75°	90°	105°	120°	135°	150°	165°	180°
0	102.5	101	97	90	84	81.5	81	83.5	88	93	98.5	101.5	102.5
20	100.5	99	97	90	84	81.5	81	83.5	88	93	98.5	101	102
40	95	95.5	93	87	82	79	79	81.5	85	90	95	97	97.5
50	91.5	91	90	84.5	79	76.5	76.5	79	83	88	92.5	93	93.5
60	86	86	85	79.5	74.5	72	72.5	75	78.5	83	86.5	88	88.5
70	77.5	77.5	77.5	73	68.5	66	66	68.5	72	77	80	81.5	81.5
80	67	67	67	65.5	60.5	58	57.5	59.5	63	68	72	72.5	72.5
86	59.5	59.5	59.5	58	55	53	52	54	57	62.5	66	66.5	66.5
90	50	50	50	50	47	45.5	45.5	47.5	50.5	55.5	60	60	60
95	39	39	39	39	38	36.5	37.5	39	43	48	52	52.5	52.5
100	25	25	25	25.5	26	26	25	26.5	30	35	39	41	41

參考文獻

1. 王茂駿，王明楊(1997)，人體計測資料在工作環境之應用，行政院勞工委員會勞工安全衛生研究所(IOSH86-H124)。
2. 杜壯(1988)，臺灣地區少年人體計測調查研究，技術學刊，3(2)，165-173。
3. 林榮泰，紀佳芬，張世鵬(1993)，整合人體計測資料庫與電腦輔助設計系統之研究，工業工程學刊，10(3)，195-202。
4. 邱魏津(1989)，臺灣地區女子(19到23歲)人體計測調查之研究，技術學刊，4(3)，291-300。
5. 許勝雄，吳水丕，賴建榮，陳聰進(1998)，臺灣鐵路局火車駕駛人員人體測計調查，人因工程學會論文集，48-52。
6. 勞工安全衛生研究所(1996)，高活動性人體工學工作椅使用評估，研究報告。
7. 勞工安全衛生研究所(1996)，勞工頭型模式之研究，研究報告。
8. 勞工安全衛生研究所(1998)，研究報告IOSH87-H327。
9. 游萬來，宋同正，蔡登傳(1998)，手部在水平作業面上的作業區域研究，工業工程學刊，15(6)，605-613。
10. 楊宜學，葉蕙芳，陳志勇，游志雲(1994)，勞工安全衛生研究季刊，2(3)，47-56。
11. *Ayoub, MM, Bethea, N, Bobo, M, Burford, C, Caddel, D, Intaranont, K,Morrissey, S, Salan, J(1982), Mining in low coal, vol 2:Anthropometry.(OFR 162(2)-83), Pittsburgh, PA: Bureau of Mines.*
12. *Barnes, RM(1963), Motion & Time Study(5th ed), New York, Wiley.*
13. *Choi, H., Park, MS, Nam, B, Lee, J, Kim, E, Lee, H-M (2011), Palm surface area database and estimation formula in Korean children using the alginate method, Applied Ergonomics 42, 873-882.*
14. *Clement, FJ(1974), Longitudinal and cross-sectional assessment of age changes in physical strength as related to sex, social class and mental ability, Journal of Gerontology, 29, 423-429.*
15. *Culver, C, Viano, DC(1990), Anthropometry of seated women during pregancy:defining a fetal region for crush protection research, Human Factors, 32(6), 625-636.*
16. *Damon, A, Seltzer, CC, Stoudt, HW, Bell, B(1972), Age and physique in healthy white veterans at Boston, Journal of Gerontology, 27, 202-208.*
17. *Dempster, WT(1955), Space requirement of the seated operator, technical report,Wright-Patterson AFB, WADC.*

18. *Farley, RR(1955), Some aspects of methods and motion study as used in the design of work, General Motor Engineering Journal, 2,20-25.*

19. *Hertzberg, THE(1972), Engineering anthropometry . In HP Van Cott and RG Kinkada (eds), Human engieering guide to equipment design, (468-584)Washton DC: US Government Printing Office.*

20. *Keegan, JJ(1953), Alterations of the lumbar curve, Journal of Bone and Joint Surgery, 35, 589-603.*

21. *Kelly, PL, Kroemer, KHE(1990), Anthropometry of the elderly: Status and Recommendation, Human Factors, 32(5), 571-595.*

22. *Kroemer, K, Kroemer, H, Keromer-Elbert K (1994), Ergonomics - How to Design for Ease & Efficiency, Prentice-Hall International, p.p. 38.*

23. *Miller, DI, Nelson, RC(1976), Biomchanics of Sports, Lea and Febiger,Philadelphia, 48-53., 88-110.*

24. *Sanders, MS(1977), Anthropometric survey of truck and bus drivers:anthropometry, control reach and control force, Westlake Village, CA: Canyon Research Group.*

25. *Stoudt, HW(1981), The anthropometry of the elderly, Human Factors, 23(1), 29-37.*

26. *Thompson, R(1989), Reach distance and safety standards, Ergonomics, 32(9),1061-1076.*

27. *Webb Associates(1978), Anthropometric Source Book, Vol I, NASA 1024,National Aeronautics and Space Administration, Washington D.C., IV-1 - IV76.*

28. *Yu, C.Y, Lin, C.H., Yang, Y. H. (2010), Human body surface area database and estimation formula, burns 3 6, 616 – 629.*

自我評量

1. 何謂矢狀面？冠狀面？橫切面？
2. 人體的體積要如何量測？
3. 人體測計資料應用於設計的原則包括那些？
4. 決定工作應採用立姿或坐姿時，考量的因子有哪些？
5. 一般性的立姿工作，工作面的高度應該多高？
6. 探討手部在水平面工作時，何謂正常區域？ 何謂最大區域？
7. BS 5304 的標準是採用那一種設計原則？
8. 影響立姿與坐姿工作安排的因子有哪些？
9. 皮膚表面積的估計與量測，可應用在那些地方？

NOTE

人體的力學特徵

3.1 骨骼系統

人體骨骼系統包括206塊骨骼、與骨骼相連的韌帶、軟骨及關節組織。圖3.1顯示人體的骨骼系統，圖中骨骼可分為兩部份：

1. 中軸骨骼：包括頭顱、舌骨、脊椎、肋骨及胸骨。
2. 附肢骨骼：包括鎖骨、肩胛骨、肱骨、橈骨、尺骨、腕骨、掌骨、指骨、骨盆、股骨、膝蓋骨、脛骨、腓骨、跗骨、蹠骨及趾骨。

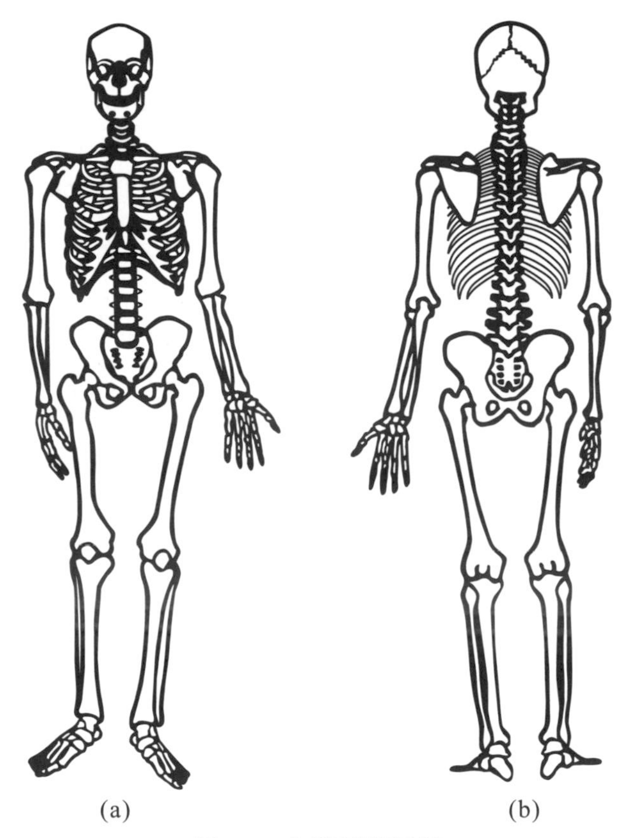

圖3.1　人體骨骼系統

骨骼與骨骼之間以關節組織相接，關節組織依其可活動之程度區分為不動關節、微動關節與可動關節三大類。不動關節依其構造可分為纖維接合、軟骨接合及骨融合三種，微動關節依其構造也可區分為纖維接合、軟骨接合二種，可動關節依其構造則可分為單軸、雙軸及三軸關節三種，這三種關節容許不同向度之肢體活動。單軸關節依構造不同又可再區分為屈戌(hinge)關節及樞軸(pivot)關節。雙軸關節又可分為滑行(gliding)、橢圓(ellipsoidal)及鞍狀(saddle)關節。三軸關節則是球窩(ball-and-socket)關節(又稱杵臼關節)，關節之分類及例子可參閱表3.1所示。

表3.1　關節分類及實例

類別	實例
不動關節	
纖維接合	頭顱骨
軟骨接合	
骨融合	頭顱骨
微動關節	
纖維接合	小腿骨間
軟骨接合	骨盆左右二半
動關節	
單軸	
屈戌	肘、膝
樞軸	橈骨／尺骨間
雙軸	
滑行	腕骨間、鎖骨／胸骨
橢圓	頭顱／頸椎
鞍狀	拇指基部
三軸(球窩)	肱骨／肩胛骨、股骨／股盆

摘自：彭英毅，*1992*

3.2 肌肉系統

骨骼肌是由不同之肌束組成，而肌束又可分為許多的肌纖維(muscle fiber)，而肌纖維則又由許多的肌原纖維(myofibril)所組成，肌原纖維在顯微鏡下可以看到由Z線區隔而成之不同肌節，肌節內則可分為外側顏色較淺之I帶，I帶間顏色較深之A帶及A帶內顏色較淺之H帶(參考圖3.2)。當肌肉收縮時，肌絲產生滑動Z線相互接近，肌節因此縮短。而肌束內由許多運動單位(motor unit)組成，所謂運動單位是指一條運動神經及其所控制數目不等的肌纖維所組成的單位。同一運動單位之肌纖維其收縮與放鬆之動作均為一致，這種現象稱為全有全無律(all-or-none law)。

運動單位

一條運動神經及其所控制數目不等的肌纖維所組成的單位

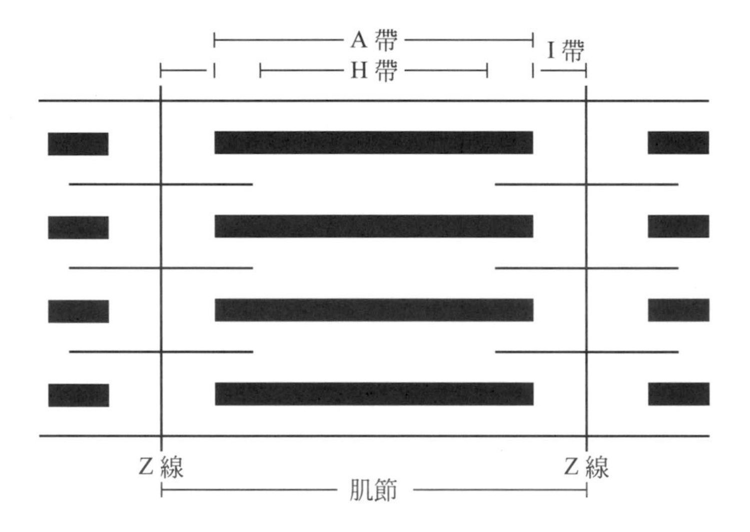

圖3.2　肌節的構造

肌纖維依收縮特性不同可分為兩種，第一種肌纖維(type-I fibers)由開始收縮到產生最大收縮力之時間較長(約需80到100 ms)，可稱為慢肌(slow-twitch muscle)。第二種肌纖維(type-II fibers) 由開始收縮到產生最大收縮力之時間較短(約40 ms)，可稱為快肌(fast-twitch muscle)。兩種肌纖維在不同部位的肌肉中所佔的比例並不一致，此比例在兩種性別之間也無顯著的差別。因為肌肉不像骨骼一般容易區分，因此需由肌束之起源

(origin)、終止(insertion)來加以區分，人體共有約700束骨骼肌，要了解所有的肌肉並不容易，在此只介紹肌肉主要分類，與常見之人員肢體活動有關之肌肉即可。人體骨骼肌可分為中軸肌群及附肢肌群。中軸肌群包括頭、頸、軀幹等部位之骨骼肌，附肢肌群則包括四肢部份之肌肉。控制人員頸、脊椎及手部活動之肌肉分別列於表3.2至表3.4。

表3.2 控制頸部活動之主要肌肉

肌肉名稱	作用
頭半棘肌	二側共同作用則伸直頭部，單側作用傾斜頭部
夾肌	二側作用則傾斜頭部，單側作用則旋轉頭部
頭最長肌	二側共同作用伸直頭部，單側作用則旋轉頭部
頸最長肌	同上
頭長肌	二側共同作用屈頭向前，單側作用旋轉頭部
頸長肌	同上

摘自：彭英毅，*1992*

表3.3 控制背部活動之主要肌肉

肌肉名稱	作用
背棘肌	伸長背
背最長肌	伸長／彎曲脊椎
腰肋肌	伸直脊椎／降肋
橫肌群	伸直／旋轉脊柱
腹直肌	屈曲脊柱／降肋
腰方肌	彎曲脊柱
外斜肌	屈曲脊柱／降肋，壓迫腹部
內斜肌	同上

整理自：彭英毅，*1992*

表3.4　控制人員手臂/手活動之主要肌肉

肌肉名稱	作用
三角肌	外展上臂
岡上肌	同　上
喙肱肌	內收／屈曲上臂
胸大肌	內收／內旋上臂
大圓肌	同　上
小圓肌	外旋上臂
岡下肌	同　上
肱二頭肌	臂屈曲／外轉
肱　肌	下臂屈曲
肱橈肌	同　上
三頭肌	下臂伸直
肘　肌	同　上
旋前肌	下臂內轉
旋後肌	下臂外轉
屈腕肌(橈側、尺側)	掌屈曲
掌長肌	同　上
伸腕肌(橈側、尺側)	掌延伸
屈指肌(深、淺)	指屈曲
伸指肌	指延伸
內收拇肌	拇指內收

整理自：彭英毅，*1992*

肌肉收縮可分為靜態收縮與動態收縮，靜態收縮是指肢體維持靜止姿態時之收縮，這種收縮也稱為**等長收縮(isometric contraction)**，而動態收縮則指肢體在活動中進行之收縮，**等張收縮(isotonic contraction)**則指肌肉內張力固定而肌肉長度會改變之收縮，此為動態收縮。在力學上，力與其所產生位移之乘積稱為功。等長收縮因為不產生位移，因此並不作功。

骨骼肌依其收縮時對動作產生貢獻的不同而可分為以下三種：

- 主動肌(prime mover)
- 抗拮肌(antagonist)
- 輔助肌(synergist)

主動肌是動作產生的主要貢獻者，它收縮時即會產生特定的動作。輔助肌則是對主動肌提供輔助性的功能以完成該動作。抗拮肌是主動肌收縮時必須放鬆的肌肉，抗拮肌通常與主動肌成對存在。肌肉在不同的動作中可能扮演不同的角色。例如，當我們要彎起下臂時(屈曲)，肱二頭肌必須收縮而肱三頭肌則要放鬆，此時前者是主動肌，後者是抗拮肌；反之，當下臂要伸直時，肱二頭肌要放鬆而肱三頭肌則要收縮，此時前者是抗拮肌，後者是主動肌。

主動與抗拮

抗拮肌通常與主動肌成對存在

3.3 基本動作型態

身體的基本動作包括屈曲、延伸、內收、外展、內轉、外轉、旋轉、側偏、橈偏、尺偏等，這些動作的定義如下：

- 屈曲(flexion)：減少身體兩部位間角度的動作
- 伸展(extension)：增加身體兩部位間角度的動作
- 內收(adduction)：肢體移向身體中線之動作
- 外展(abduction)：肢體遠離身體中線之動作
- 內轉(pronation)：下臂由手掌心朝上轉至手掌心朝下之動作
- 外轉(supination)：下臂由手掌心朝下轉至手掌心朝上之動作
- 旋轉(rotation)：以肢體的縱向軸為圓心轉動，可分為內側與外側旋轉
- 側偏(lateral deviation)：肢體向身體外側偏移

- 橈偏(radial deviation)：手掌向橈骨(或大拇指)的方向偏移
- 尺偏(ulnar deviation)：手掌向尺骨(或小指)的方向偏移

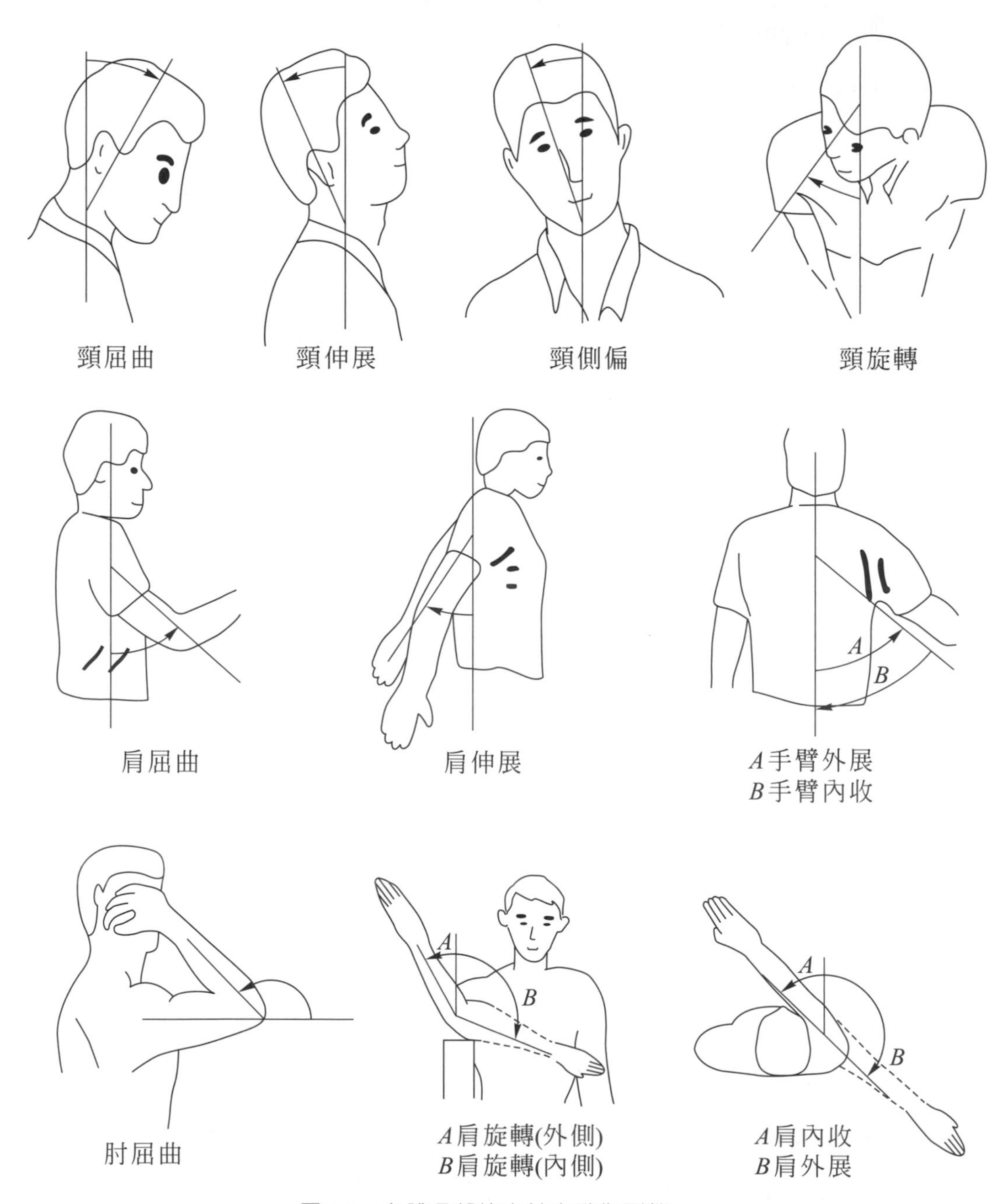

圖3.3　身體各部位之基本動作型態

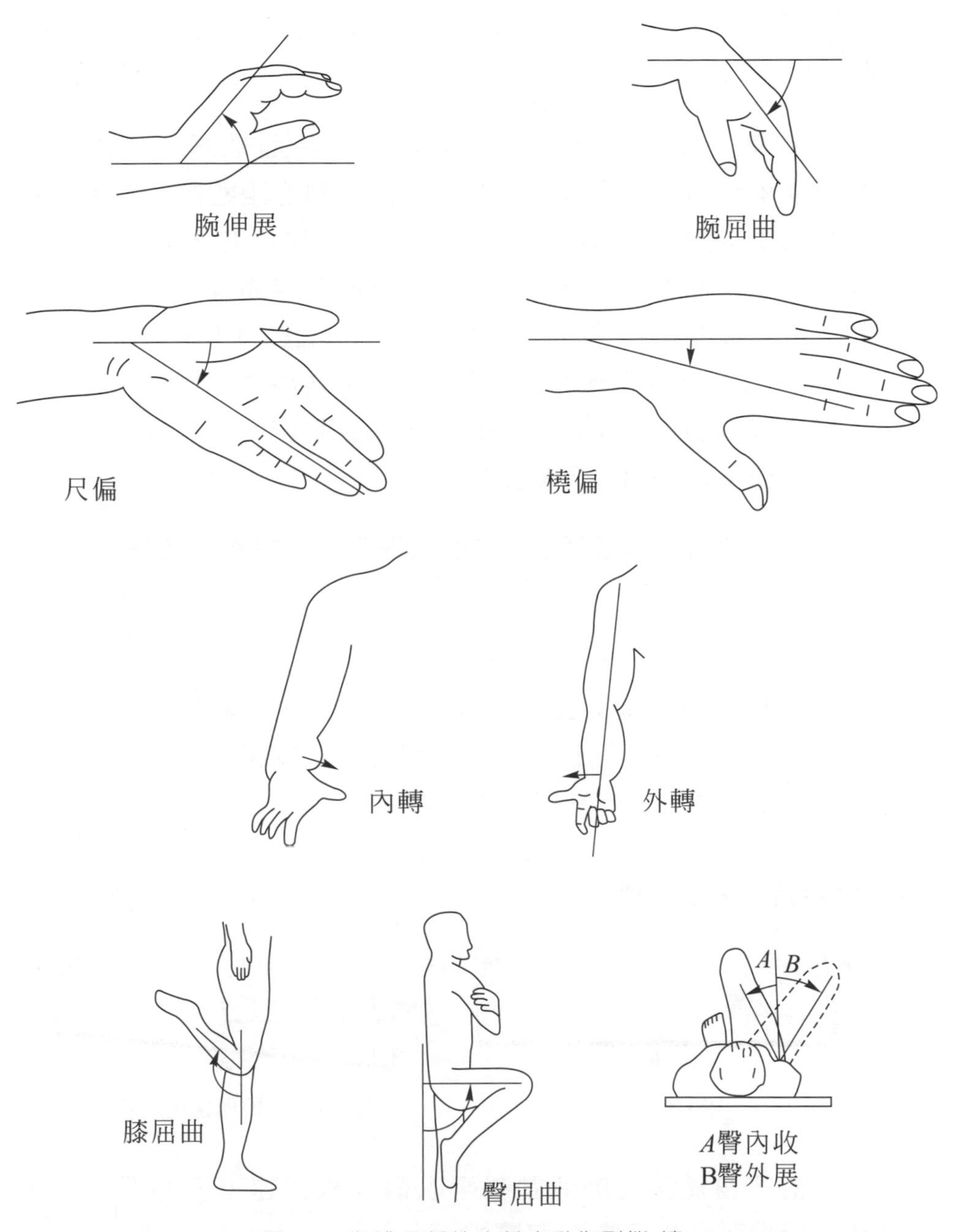

圖3.3　身體各部位之基本動作型態(續)

槓桿作用是一種基礎的物理現象。槓桿是由支點、支桿、施力及抗力組成。蹺蹺板是最常見的槓桿(參考圖3.4)。施力與抗力都是力，力是一種向量(有方向性的物理量)，常用的單位是公斤重(kgf)或牛頓(N)，兩者的關係如下：

$$1\ kgf = 9.8\ N \tag{3.1}$$

若某人體重為70公斤，則其站立時對地面的作用力是$70 \times 9.8 = 686N$。槓桿中施力與支點之間的距離為施力臂，抗力與支點之間的距離是抗力臂。由於力是向量，力到支點的距離決定於沿著力的作用線上與其垂直並且通過支點形成的線段，此線段的長度即為該距離或力臂。如圖3.4中施力臂與抗力臂均為$L/2$，但若槓桿反時針方向轉一θ角(圖3.5)則施力臂與抗力臂均變為為$(L/2)\cos\theta$，此值視θ值可能等於或小於$L/2$。當$\theta = 0$時，$\cos\theta = 1$，力臂即為$L/2$。

力矩為會使物體產生轉動的物理量，其計算方式為：

$$\text{力矩} = \text{力} \times \text{力臂} \tag{3.2}$$

當槓桿一端受力時，該端相對於支點即承受一力矩，若欲避免發生旋轉，則應有一大小相等、方向相反的力矩與之平衡，因此槓桿平衡時計算方式如下：

$$\text{施力} \times \text{施力臂} = \text{抗力} \times \text{抗力臂} \tag{3.3}$$

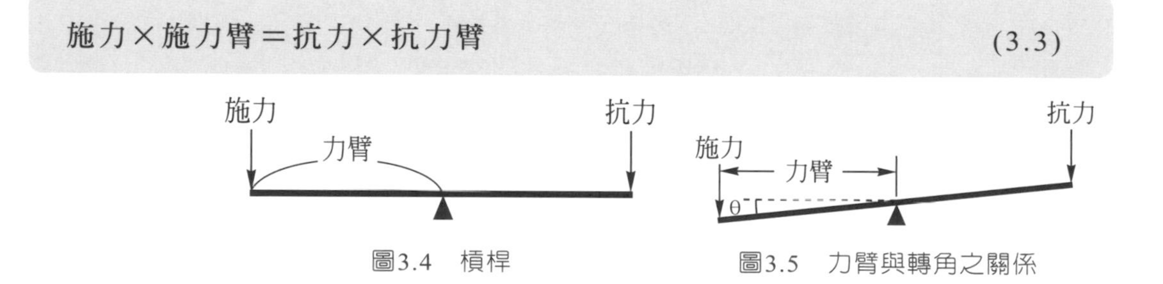

圖3.4 槓桿　　圖3.5 力臂與轉角之關係

許多身體部位的活動都可以槓桿來描述，依物理學之分類，槓桿可分為三種(參考圖3.6)：

1. 第一種槓桿：支點在施力點與抗力點之間，例如蹺蹺板。這種槓桿在人體也可發現，例如頸椎支撐頭部時頸部肌肉產生施力而頭部重量則為抗力。
2. 第二種槓桿：抗力點在支點和施力點之間，例如建築工人使用傳統的單輪推車搬運混凝土。當吾人以腳尖為支點而提起後腳跟時腿部肌肉產生施力而體重為抗力，即屬於此種槓桿。

3. 第三種槓桿：施力點在支點與抗力點之間，例如當下臂水平持物時物重與手臂重為抗力，手肘處關節為支點而二頭肌對下臂之收縮力為施力。

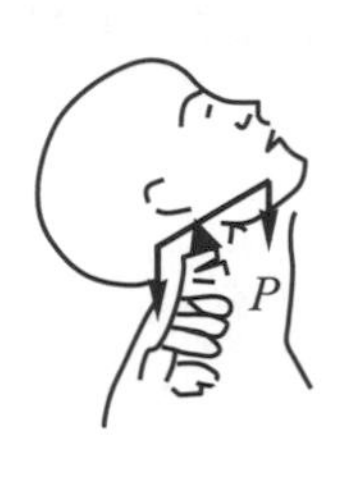

第一種槓桿

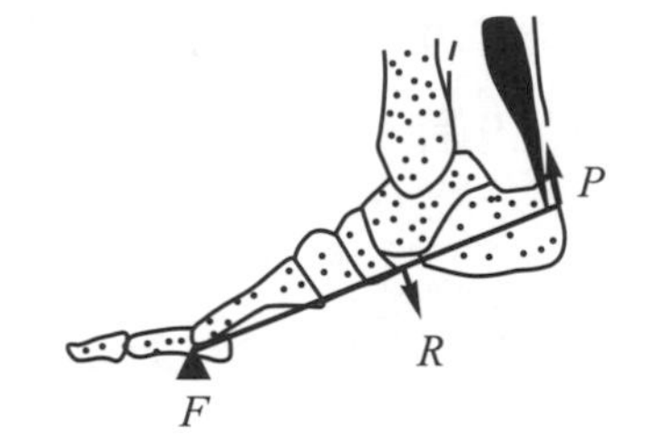

第二種槓桿

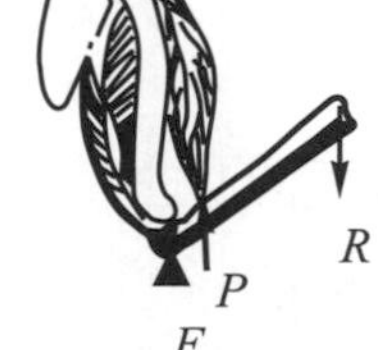

第三種槓桿

F：支點　P：施力　R：抗力

圖3.6　人體槓桿系統

在身體的槓桿中，支點通常是關節或地面等外部支撐點，抗力通常是身體與所負荷物品的重量，施力則為肌肉需要產生的力量。

槓桿系統是否為省力槓桿可由**機械效益(mechanical advantage)**來決定，所謂機械效益是指當靜態平衡時抗力與施力之比值，或是施力臂與抗力臂之比值：

機械效益
當靜態平衡時抗力與施力之比值，或是施力臂與抗力臂之比值

$$\text{機械效益} = \frac{\text{抗力}}{\text{施力}} = \frac{\text{施力臂}}{\text{抗力臂}} \tag{3.4}$$

機械效益大於1時之槓桿為省力槓桿，第二種槓桿的施力臂大於抗力臂，機械效益大於1，因此必為省力槓桿；而第三種槓桿的抗力臂大於施力臂，機械效益必小於1因此為費力槓桿。第一種槓桿則須視施力臂與抗力臂之大小來決定是否為省力槓桿。

省力槓桿
機械效益大於1之槓桿

人體之槓桿系統以第三種槓桿為主，而槓桿系統之機械效益常因姿勢的不同而改變，例如圖3.7(a)中手掌持一10 kg之物體，若以手肘為支點則此槓桿系統之機械效益M.A.為：

$$
\begin{aligned}
M.A. &= 4/36 \\
&= 1/9
\end{aligned}
$$

因為機械效益僅為1/9，若要維持靜態平衡則肱二頭肌需提供之拉力應為該物重之9倍：

$$
\begin{aligned}
F &= 10/M.A. \\
&= 10 \times 9 \\
&= 90 \text{ kgf}
\end{aligned}
$$

若上臂與下臂的角度增加，則機械效益會減少。例如在圖3.7(b)中手持同樣之物體但姿勢不同，此時之機械效益變為：

$$
\begin{aligned}
M.A. &= 4\ sin30^\circ/36 \\
&= 1/18
\end{aligned}
$$

機械效益既然降低，則槓桿變得更費力，此時要維持靜態平衡所需之肌力為：

$$
\begin{aligned}
F &= 10/M.A. \\
&= 10 \times 18 \\
&= 180 \text{ kgf}
\end{aligned}
$$

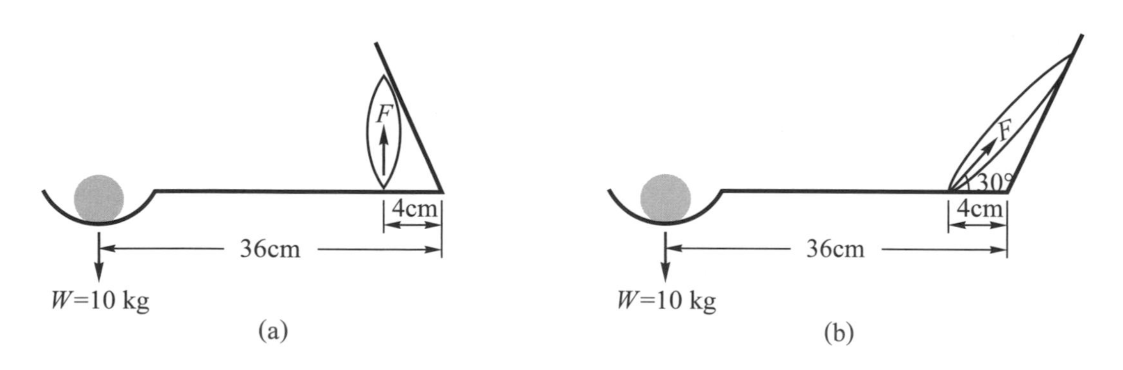

圖3.7　機械效益受姿勢影響的例子

3.4 肌力量測與基礎生物力學調查

人因工程領域中的許多知識是由各種調查與實驗的結果累積而成，因此屬於實驗性(empirical)科學，生物力學調查在人因工程上扮演很重要的角色。本節介紹基本的生物力學實驗方法與使用之儀器。

3.4-1 等長肌力之量測

肌力是我們身體的從事體力活動的能力限度的指標。所謂肌力(muscle strength)是肌肉在特定狀況下可產生之最大力量，由於肌力會受到人的意志力的影響，因此有些學者稱肌力為最大意志施力水準(maximum voluntary exertion level或maximum voluntary contraction，簡稱MVC)。肌肉之收縮分為靜態收縮與動態收縮，因此肌力也可區分為靜態肌力(static strength)與動態肌力 (dynamic strength)。靜態肌力是身體維持靜態姿勢時可產生之最大力量，而動態肌力則是身體在從事特定的活動中可產生之最大力量。靜態肌力的量測比較簡單，而且其過程也早以標準化，因此在文獻上所談的肌力量測大多以靜態肌力為主。

肌力

肌肉在特定狀況下可產生之最大力量，稱為最大意志施力水準(MVC)

靜態肌力之量測

靜態肌力量測之一般原則(Chaffin, 1975)如下：

1. 施力時間4到6秒
2. 量測器材應可
   (1) 記錄最大值與三秒鐘平均值
   (2) 避免量測中身體因局部壓力而感到不適
   (3) 輕易調整來配合各種狀況下之施力
3. 量測間受測者應有適當之休息(30秒至2分鐘)
4. 受測者應被告知

(1) 量測中可能有的風險
(2) 可以自行調整施力步調與休息時間
(3) 不必過份勉強
(4) 量測結果與數據用途

5. 若有多位受測者在場應避免受測者間相互比較
6. 避免在不良的環境(如高溫、潮濕、噪音等)中進行量測
7. 受測者姿勢與量測程序應標準化
8. 完整記錄量測結果

肌力受到身體姿勢的影響，當姿勢改變時身體的槓桿系統中的力臂也隨之改變，此時觀察到的肌力值即不相同。為了讓不同群體間的肌力值可以互相比較，肌力量測時的姿勢必須標準化。而量測靜態肌力時必須告知受測者，其肌力應該逐漸增加以達到最大肌力的方式完成(通常約須3到4秒鐘)。瞬間產生最大肌力(jerking)的方式應該避免以免造成肌肉拉傷。

常見之靜態肌力量測

常見之靜態肌力包括手臂、肩膀、腿部及背部之肌力量測。**等長手臂肌力(isometric arm strength)**量測時受測者之姿勢為由腿部至主背部均保持直立，上臂下垂下臂水平握持握桿，握桿下方以鐵鍊連接至地面，握桿與鐵鍊間裝置測力計(load cell)，以顯示受力，量測時受測者手臂上抬，同時避免肩部之移動(參考圖3.8)。**等長肩膀肌力(isometric shoulder strength)**量測時受測者身體保持直立，上臂抬至水平位置，而下臂保持垂直，量測時可用二條平行之帶子分別套住二隻手臂，二條帶子下方再連接測力計及鐵鍊，量測中受測者上臂上舉以產生等長肩膀肌力(參考圖3.9)。

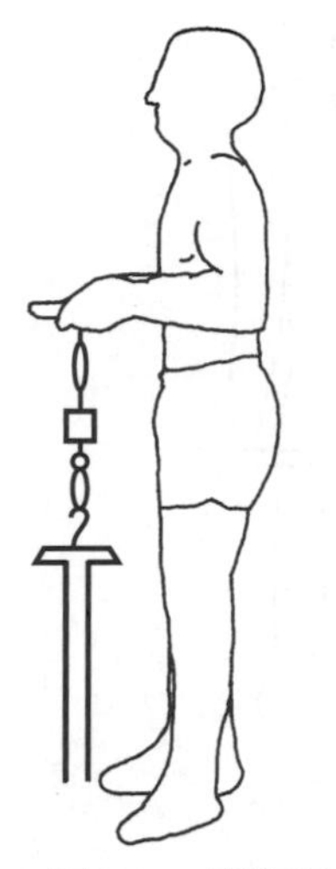

圖3.8　等長手臂肌力量測

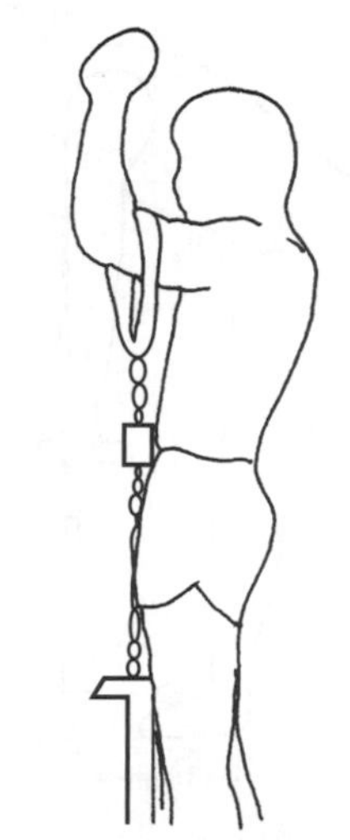

圖3.9　等長肩膀肌力量測

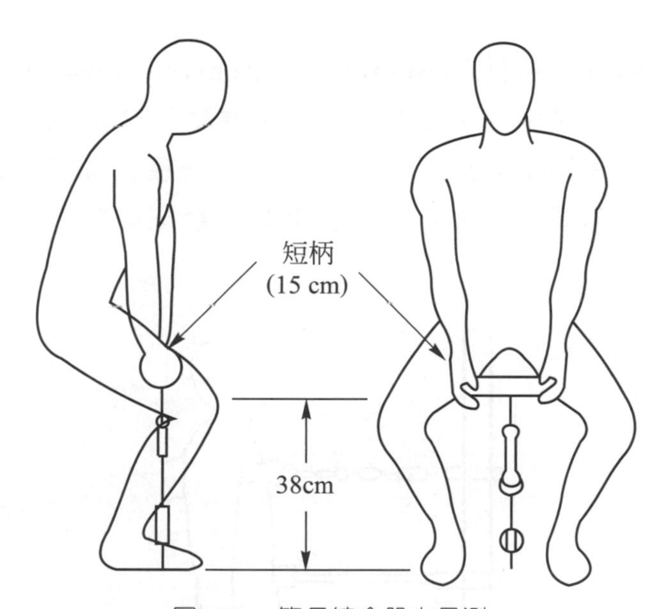

圖3.10　等長綜合肌力量測

等長綜合肌力(isometric composite strength)，又稱為**腿部抬舉肌力(leg lifting strength)**，量測時受測者以半蹲之姿勢手臂伸直握住握把，握把至地面之距離為38公分，受測者需腿部及軀幹上挺以產生等長綜合肌力(參考圖3.10)。**等長背部肌力(isometric back strength)**或**軀幹抬舉肌力(torso lifting strength)**量測時受測者雙腳打開與肩同寬，握桿置於與等長綜合肌力量測時同高之位置，受測者腿部直立並彎腰以就握桿，以身體上挺來產生最大肌力(參考圖3.11)。

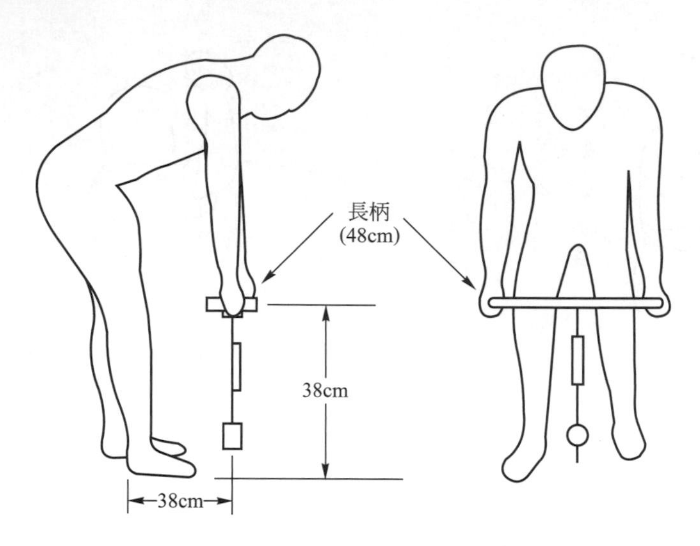

圖3.11 等長背部肌力量測

等長背部伸展肌力(isometric extension back strength)量測時受測者身體直立，腹部有一水平套環支撐，而其胸部之位置則以一具有襯墊之套環套住，套環則連接至其前方之鐵桿，量測時受測者背部往後伸展，水平測力計則可顯示其最大肌力(參考圖3.12)。

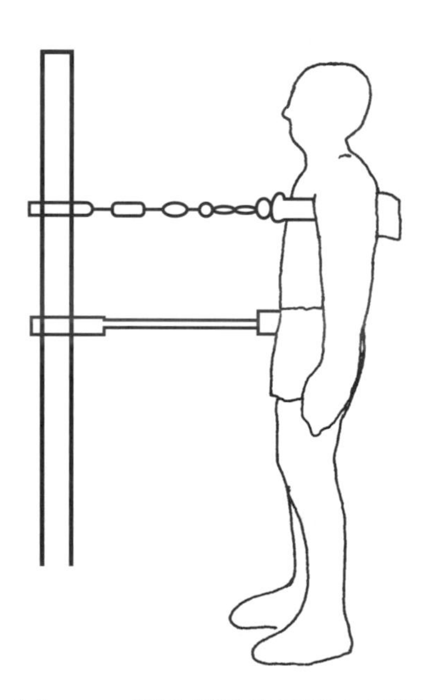

圖3.12 等長背部伸展肌力量測

3.4-2 等張肌力與耐力之評估

依據定義等張肌力是肌肉維持固定張力而長度會改變下所能產生之最大肌力值，然而依此定義要量測肌力有實際上的困難，因為肌肉長度改變時肌肉張力會因機械效益的變化隨之改變，不易量取等張肌力之值。一般等張肌力量測都以具有旋轉機構的裝置進行，量測中受測者以手或腿旋轉一搖桿。圖3.13顯示了手臂與腿部之等張肌力量測。

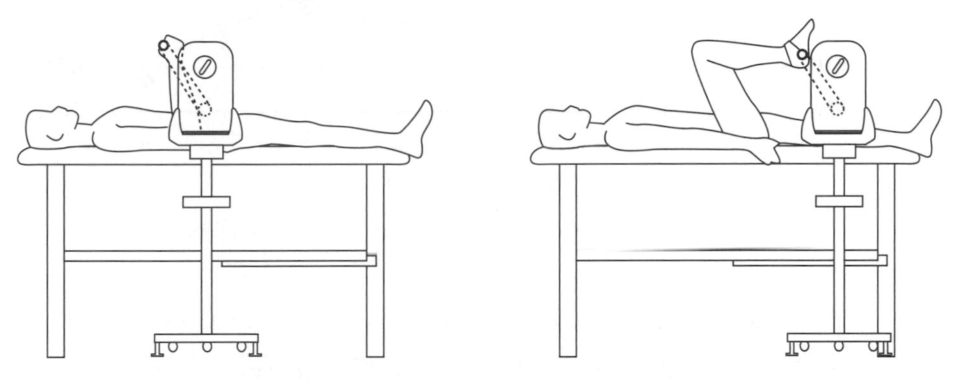

圖3.13 手臂與腿部之等張肌力量測

在持續的施力過程中，肌力會因為疲勞的關係而持續下降。在某項研究中，女性受測者持續握持8公斤重的容器(圖3.14 (a))及握持後等長手臂肌力的量測(圖3.14(b))，圖3.15顯示其等長肌力在四分鐘的握持中約下降了三分之一。當受測者剩餘的肌力無法負荷該負重時，該活動就無法再繼續。

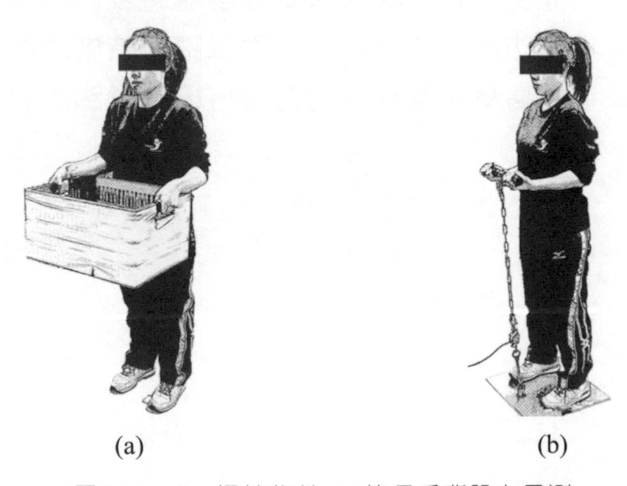

(a) (b)

圖3.14 (a) 握持物件 (b)等長手背肌力量測

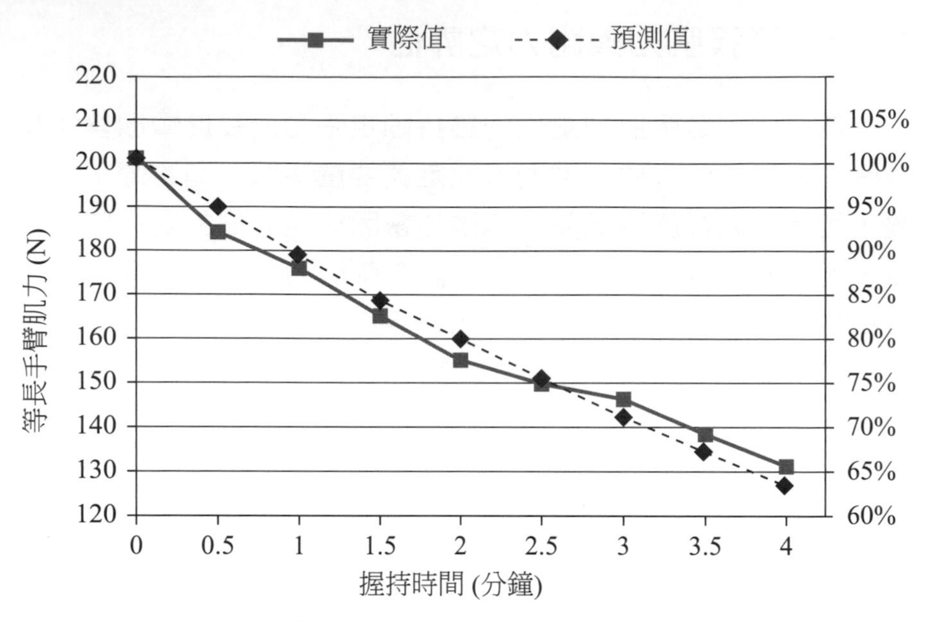

圖3.15　等長手背肌力於持續握持中之下降趨勢

耐力(endurance)(或稱耐力時間，endurance time)是我們以特定的身體部位與姿勢施力，可以持續的最長時間。耐力可在靜態與動態條件進行量測。靜態耐力隨著施力或負重的增加而遞減。一般人以最大意志施力水準施力很難持續超過一分鐘，若是以低於MVC的10%來施力，則通常可持續10分鐘以上。圖3.16顯示受測者單手提物以2.5公里/小時的速度行走時之耐力時間，當負荷超過手部提舉肌力的45%時，受測者能持續提物行走的時間不超過1分鐘。動態耐力時間則受施力水準與動作頻率的影響，明顯的例子就是騎腳踏車健身器時我們的負荷可由功率與轉速決定，功率高低決定了我們踩踏板時施力的大小，在特定的功率下升高轉速會減少我們可持續騎腳踏車健身器的時間。

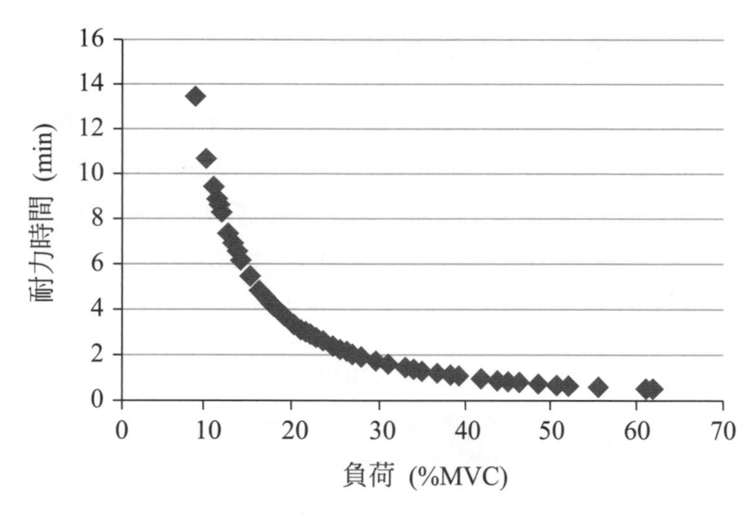

圖3.16 單手提物以2.5公里/小時的速度行走時之耐力時間

耐力量測依量測肢體部位與姿勢，有許多種不同的量測。量測肱二頭肌的耐力主要是以握持的方式進行。

靜態耐力之量測可要求受測者坐於一靠牆之凳子，其臀部及背部緊貼牆面，而下臂曲屈至90°(即和身體垂直)位置，雙手握住重量為其等長手臂肌力25%之重量，記錄其可握持之最長時間(參考圖3.17)，而動態肌力之耐力量測可要求受測者站立，上臂垂直下臂水平並握持同樣之負重，以50次/分鐘之頻率以下臂將重物上舉90°至胸前(類似舉啞鈴的動作)，然後放回至原來位置，記錄其可持續之最長時間(參考圖3.18)。

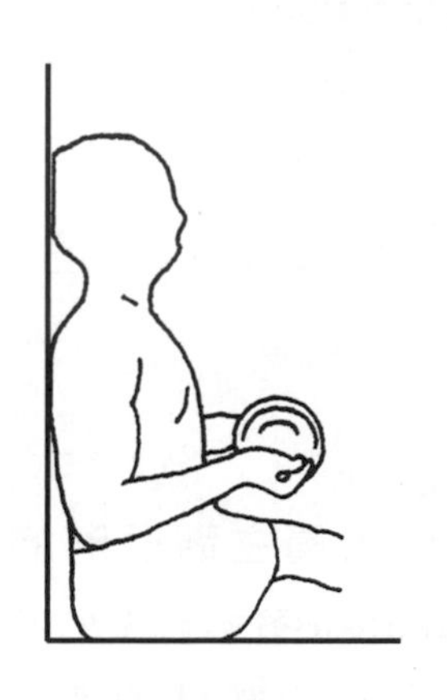

圖3.17 靜態耐力之量測

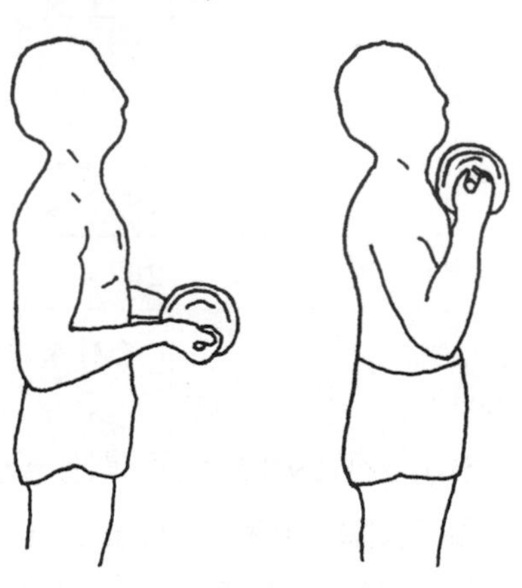

圖3.18 動態肌力之耐力量測

3.4-3 肌力負荷之主觀評估法

Borg RPE尺度

RPE量表將肌力負荷由6至20加以區分，此區分乘以10乃是反映心跳率在該負荷狀況下之水準

Borg在1970年提出之認知負荷水準 (rating of perceived exertion scale，簡稱RPE量表)是常用的肌力負荷與施力(effort)主觀評估之方法(見表3.5)，RPE量表將肌力負荷由6至20加以區分，此區分乘以10乃是反映心跳率在該負荷狀況下之水準(Borg, 1982)。

表3.5 Borg RPE量表

分數	負荷
6	感覺不到
7	非常輕
8	
9	很輕
10	
11	輕
12	
13	有點重
14	
15	重
16	
17	很重
18	
19	非常重
20	最大限度

資料來源：*Borg, 1982*

CR-10

適用分析場合包括手部的施力、手部對重量的感覺、肢體部位的疲勞或是疼痛的症狀等感覺的量化；較不適用於全身身體負荷之量化分析

Borg在1982年又提出了另外一個量化人員主觀反應的工具，稱為CR-10量表 (Category Ratio-10 scale)(參考表3.6)。使用CR-10時，受測者可以使用各個尺度之間有小數點的數值來描述自己主觀感受的水準。CR-10的數據允許各種數學運算，其適用分析場合包括手部的施力、手部對重量的感覺、肢體部位的疲勞或是疼痛的症狀等感覺的量化；CR-10較不適用於全身身體負荷之量化分析。

表3.6 Borg's CR-10 量表

(·)	最大限度	
10	極度強烈	幾乎最大
9		
8		
7	很強	
6		
5	強	重
4		
3	中等	
2	弱	輕
1	感覺很弱	
0.5	感覺非常弱	開始可感受到
0	完全沒有感覺	

3.4-4 肌電圖

肌肉活動之狀況可用肌電圖(electromygram，簡稱EMG)來分析。肌肉在收縮的過程中，由於離子之運動會在其長度方向上形成局部之電流，此局部之電流會在肌肉之不同部位產生電位差距，這種電位的差距可以使用兩個以上之電極測得，此為肌電圖之原理。而肌肉的收縮水準愈高，通常所測得之肌電水準也愈高。量測時，用狀似磁鐵似的電極貼於要量測肌肉外之皮膚，當肌肉收縮時，所造成的電位改變即會由電極接收，此電位變化再經由增幅器放大後加以分析(參考圖3.19)。以電極貼於皮膚表面來量測肌肉活動，特別適用於靠近體表之肌肉活動。對於深層之肌肉，則應該使用針狀電極刺入肌肉量測，然而因多數受測者參加以針狀刺入肌肉之實驗之意願都很低。因此針狀電極較不常用。EMG除了可分析肌肉活動狀況外也可以用來分析肌肉疲勞之程度。圖3.20顯示了以老虎鉗子扭緊鐵絲時，右臂屈指淺肌之肌電變化。

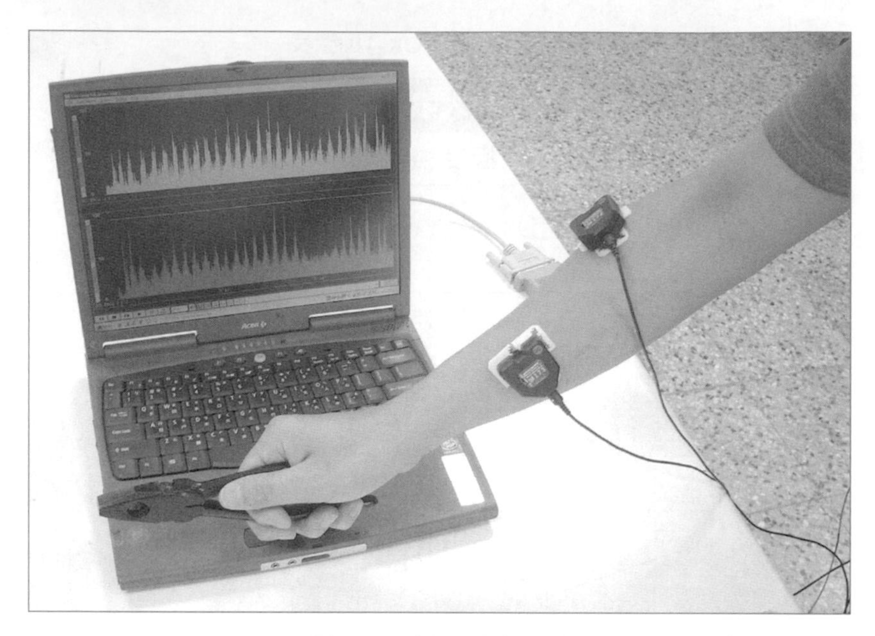

圖3.19　肌電圖之量測

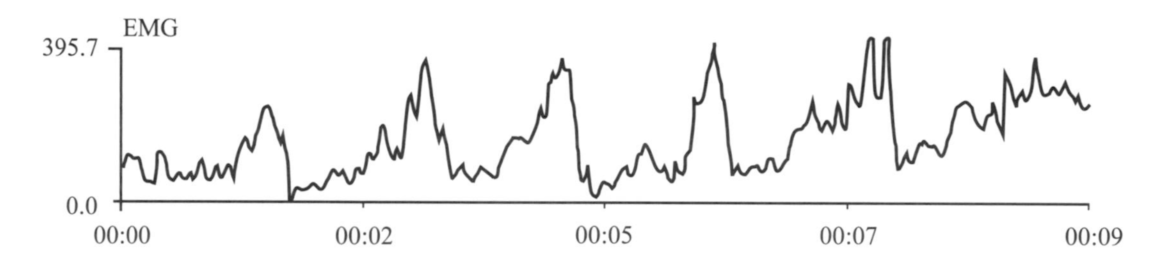

圖3.20　以鉗子扭轉鐵絲時之屈指淺肌之肌電變化(單位：mV)

由儀器直接取得之EMG值，可以反應肌肉活動水準的高低，但是並不適合用來進行相對的比較。當我們希望比較特定肌肉在使用不同工具、進行不同之動作、或是在不同的受測者間之活動水準時，EMG值應先予以標準化(normalization)。所謂EMG的標準化乃是將EMG值在特定基準值之下進行調整(Kumar, 1996)，此基準值可採用最大意志施力水準(MVC)下之EMG，這種方式所得之值稱為EMG(%MVC)：

$$EMG(\%MVC) = \left[\frac{EMG - EMG_{rest}}{EMG_{MVC} - EMG_{rest}} \right] \times 100\% \qquad (3.5)$$

其中EMG爲量測所得之EMG值

EMG_{rest}爲肌肉在放鬆狀態下之EMG

EMG_{MVC}爲在MVC狀態下之EMG值

EMG標準化之基準也可採用其他值，例如：採用肌肉在特定姿勢下之次大收縮水準(sub-maximal contraction)下之EMG，(例如產生50%MVC之EMG)或是模擬特定動態動作中量測到之最大EMG值，此時只要以此基準取代前述公式中之EMG即可，而標準化後之值可用NEMG(%)表示。經過標準化後之EMG值理論上均為介於0至100%間之值。然而在分析劇烈的動態活動時，記錄到大於100%之NEMG(%)或是EMG(%MVC)的可能性也是存在的(Winter,1996)，此乃是因為肌肉在快速長度改變的過程中激發出高於吾人選取之基準之電位水準所致。使用EMG之前必須先確認要量測之肌肉，而肌肉之選取必須由欲探討之動作中肌肉所發揮之功能來決定。

肌肉的電位訊號在穿過皮膚被電極接收時，可能會被皮膚產生之電阻干擾而減弱。因此，在貼電極片之前皮膚表面應該使用沾酒精的棉花加以擦拭，直到皮膚表面泛紅為止，以減低皮膚產生之電阻。

3.4-5　肢體角度

人體的姿勢是由各部位關節兩端的肢體間之夾角決定的，肢體間角度的量測可說是姿勢分析的基礎，角度之量測可用角度計(goniometer)來進行。角度計依照所欲量測的肢體部位而有不同之規格，大至手臂、腿部之活動小至手指之細微動作之角度均可以對應之角度計來量測，量測時應注意角度計之雙臂應和肢體的長軸相對應，而雙臂的交點應對應肢體的關節位置以減少誤差，角度計量測具有簡易、低成本之優點，但也主要適用於靜態的量測，如果要量測活動中之肢體角度就必須仰賴具有電腦軟、硬體與攝影機結合的動作分析系統。圖3.21顯示各式之角度計。

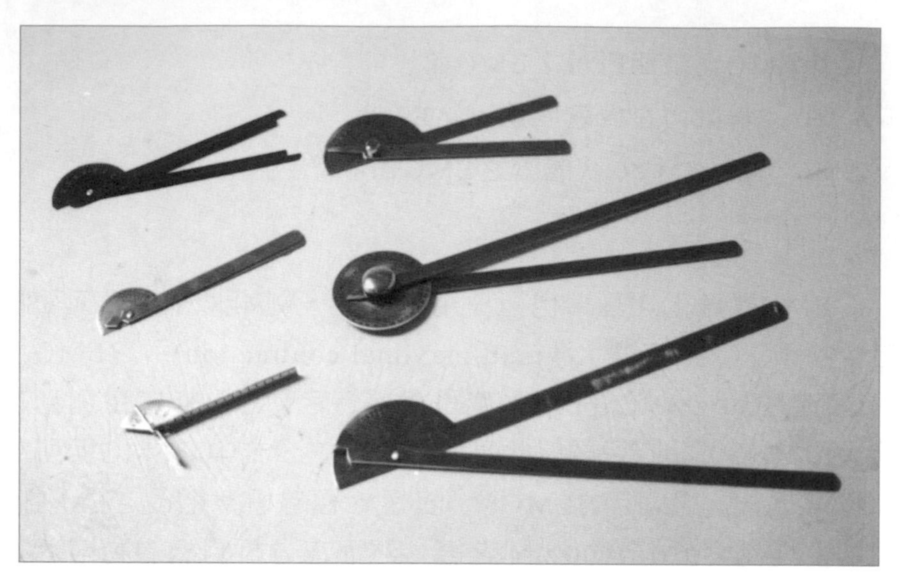

圖3.21　角度計

3.4-6　動作分析

人體的活動可用動作分析系統來調查，動作分析系統通常包括攝影機、影像處理器及電腦(含分析軟體)。若僅用一台攝影機，則只能分析二度空間之人體活動，這種狀況下，則應拍攝較能反應身體活動之平面，例如：矢狀面。使用二台或更多攝影機可分析三度空間之身體活動。在拍攝過程中，人員身體上之解剖學上之參考點(通常以關節部位為主)需加以標記，然而附著之標記常因人員活動之角度關係而被阻擋，而無法被其中一台攝影機拍攝到，此時使用第三台或更多攝影機能夠彌補該缺點，數據之精確度較高。拍攝之影像再由軟體來加以辨識及分析(參考圖3.22)。經過處理過的原始數據是各解剖參考點之空間座標值(x, y, z)，活動中一系列之座標值可經簡易之計算而得到速度及加速度，動作分析軟體都有直接計算之功能。傳統的動作分析系統均應先經座標校正(calibration)之過程，此過程乃是一建立電腦與對應攝影機之空間座標之過程。

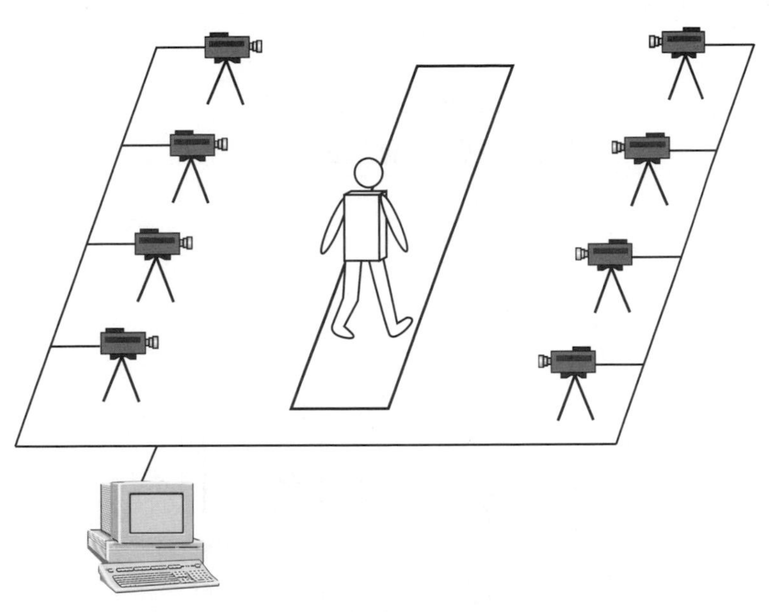

圖3.22　以攝影機進行動作分析

3.4-7　測力板

測力板(force platform)是測量活動中腳對地面作用力之主要工具，這方面之量測資料曾被用在人工物料處理、走路與滑跤、鞋與地板及人員之運動方面之研究上。測力板主要之部分為一40×60 cm之金屬平板，板下方有六個力量感應器，感應器受力後，將訊息傳送至一增幅放大器，而六個感應器之訊號再經由綜合處理器處理後，再經由類比／數位之轉換，可輸出腳對板面之三向度作用力，圖3.23顯示了由測力板取得腳對地板之方向作用之資料，此資料係以試算表讀取原始數據再繪圖而得。

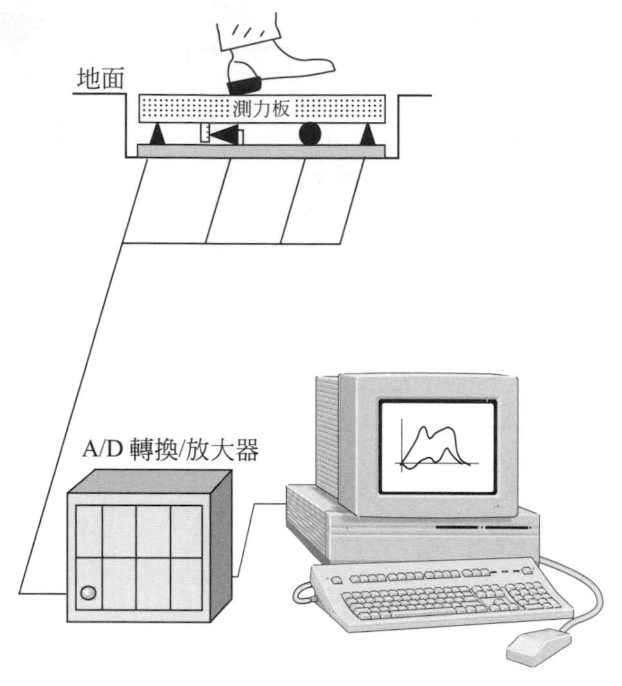

圖3.23　測力板之使用

測力板除了做科學調查以外，也可應用於其他領域。例如Wii Fit遊樂器就是應用類似測力板的裝置計算腳對板上的作用力，並將數據以無線傳輸的方式傳至遊戲主機，再將數據結合影像設計來呈現做瑜珈、體操等動作，以達到娛樂的目的。

3.5　生物力學模式

肌肉骨骼系統的行為與能力限度可以生物力學來分析。生物力學的分析通常需使用儀器設備來收集人員活動中之運動學與力學的數據並以力學的方法來進行分析。3.4節介紹了常用的儀器設備，某些設備昂貴，而生物力學實驗有時會讓受測者暴露於潛在的危害風險中，為了減少不必要的儀器設備投資與實驗，因此有必要建立生物力學模式。生物力學模式可分為靜態模式與動態模式，靜態模式僅考慮靜態平衡，而動態模式另外尚須考慮肢體運動中加速度的問題。

由於人體構造的很複雜，多數的生物力學模式須假設人體是由質地均勻的枝桿(link)所組成，每個枝桿的重量都通過其質量中心，圖3.24顯示了身體各部位質量中心的位置。

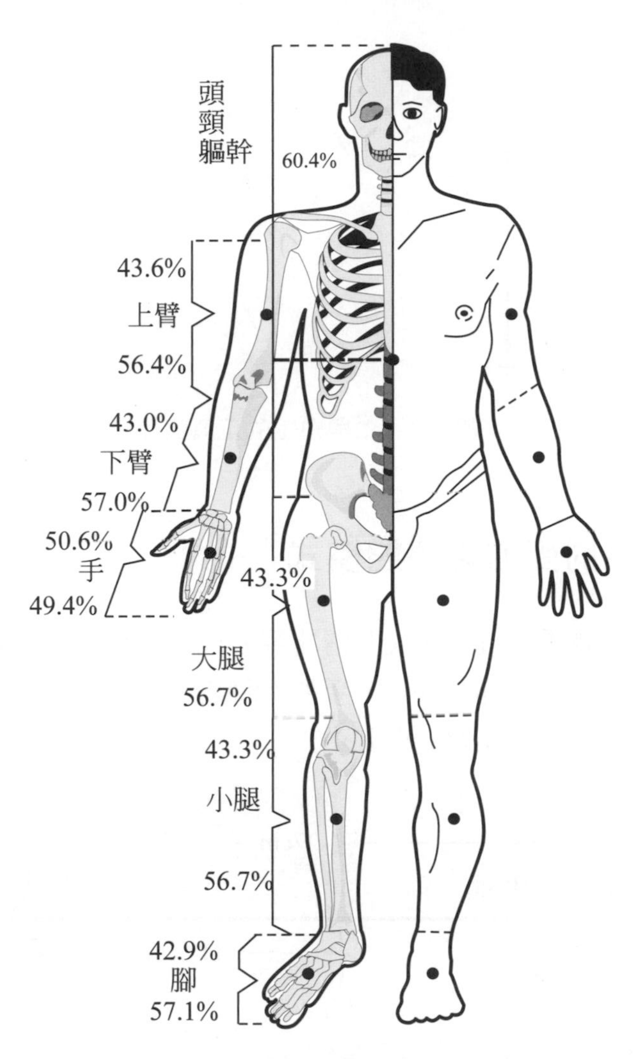

圖3.24　身體各部質量中心的位置

資料來源：*Dempster, 1955*

進行力學分析時可將每一物體視為一個單一個體，這個個體的力學行為必須符合牛頓「靜者恆靜、動者恆動」的原理。所謂的靜者恆靜是指作用在一個靜止物體上所有的合力須為零，這樣它才不會產生直線的運動，此外作用在靜止物體上所有的合力矩也須為零，這樣它才不會產生旋轉的運動。在做靜態平衡分析時，計算作用力與力矩時，可先在圖上畫出力的方

自由體

力學分析時，獨立存在的個體。靜態平衡時，作用在這個個體上的合力及合力矩都必須為零。

向。在計算合力為零時，一般以向上為正、向下為負的方式列出算式。計算合力矩為零時，一般以順時針方向為正、反時針方向為負的方式列出算式(參考圖3.25)。

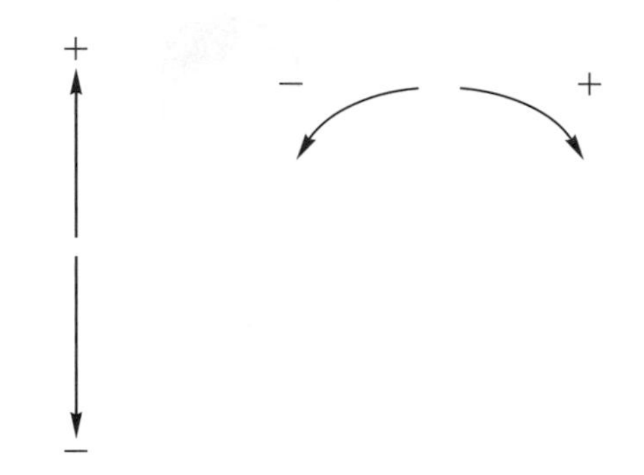

圖3.25　力與力矩的正負號

3.5-1　手肘受力之靜態模式

假設某體重60 kg者以下臂水平的姿勢握持一W kg重之物體，手肘／指尖長為45 cm，手肘/手腕長為27 cm， 則其手肘處受力若干(參考圖3.26)？

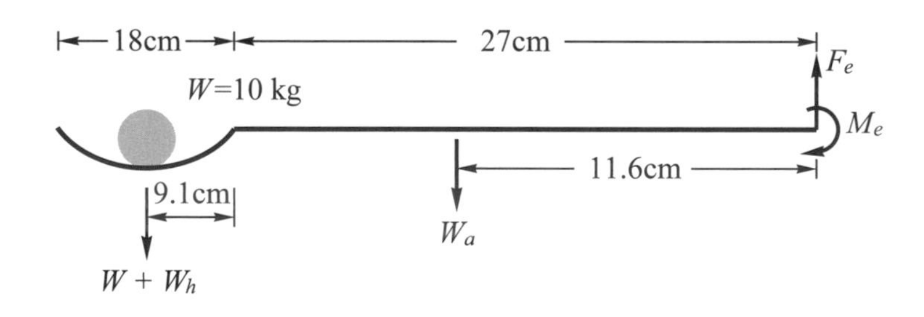

圖3.26　手肘受力之靜態模式

表2.1顯示一隻手臂之重量佔體重的5.1%，下臂與手則分別佔手臂重量的33.3%及11.8%，因此物體、下臂(不含手)、及手所產生的重力可計算如下：

物體產生之重力　$W \times 9.8\ m/sec^2 = 9.8\ W$N

下臂重(不含手)　60 kg × 5.1% × 33.3% = 1.02 kg

下臂產生之重力　$1.02\ kg \times 9.8\ m/sec^2 = 10.0\ N$

手　重　$60\ kg \times 5.1\% \times 11.8\% = 0.36\ kg$

手產生之重力爲　$0.36\ kg \times 9.8\ m/sec^2 = 3.5\ N$

若要維持靜態平衡則垂直方向受力合應等於零，因此手肘之受力 F 為：

$$\sum F = 0$$

$$-9.8W - 10 - 3.5 + Fe = 0$$

註：「－」號表示向下，「＋」號表示向上

$$F_e = 9.8W + 10 + 3.5$$

$$= (13.5 + 9.8W)\ N$$

除了 F_e 外，若要維持靜態平衡手肘也承受一順時鐘方向的力矩 M_e，M_e 需能平衡由物體、手、下臂三者重量對手肘產生之力矩。假設下臂與手的重量均通過質量中心(center of mass)，而其質量中心的位置(參考圖3.24)分別佔其長度之43%與50.6%(由近端算起)。則：

$$\sum M = 0$$

$$-(9.8W + 3.5) \times 0.36 - 10 \times 0.116 + M_e = 0$$

註：「－」號表示反時針，「＋」號表示順時針

$$M_e = (9.8W + 3.5) \times 0.36\ m + 10 \times 0.116\ m$$

$$= (2.42 + 3.53W)\ \ N \cdot m$$

若握持物體重為10 kg，則手肘受力 F_e 及力矩 M_e 分別等於：

$$F_e = 9.8(10) + 13.5$$

$$= 111.5\ N$$

$$M_e = 2.42 + 3.53\ (10)$$

$$= 37.8\ N \cdot m$$

3.5-2 肩膀受力之靜態模式

前小節討論的手部持物狀況，若已知上臂長度為35 cm下臂屈曲30°則肩膀受力的狀況如何呢？已知其肘部分別承受 F_e 之力與 M_e 之力距，而上臂的重量佔整個手臂的54.9%，故上臂的重量為60 kg×5.1%×54.9%＝1.68 kg，其產生之重力為16.5 N，肩膀受力可計算如下(參考圖3.27)：

$\sum F=0$

$-F_e-16.5+F_s=0$

註：「－」號表示向下，「＋」號表示向上

$\therefore F_s=F_e+16.5$

$=16.5+13.5+9.8W$

$=(30+9.8W)$ N

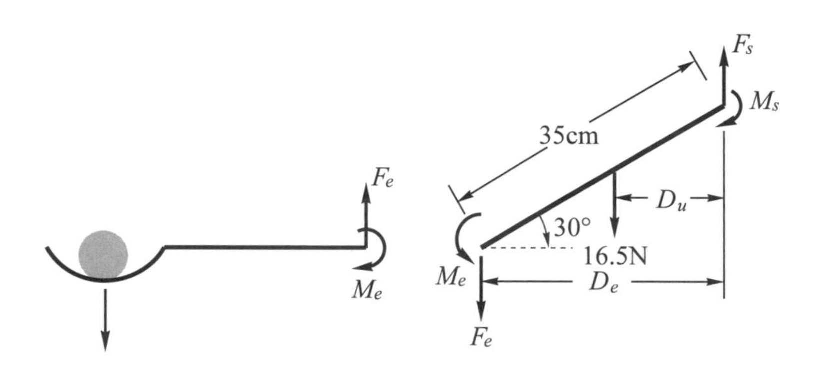

圖3.27　肩膀受力之靜態模式

同理，除了 F_s 外，若要維持靜態平衡肩膀也承受一順時鐘方向的力矩 M_s，M_s 需能平衡由 M_e、 F_e 與上臂重對肩膀產生之力矩。上臂的重量可視為通過質量中心，而其質量中心的位置佔其長度之43.6%(由近端算起，見圖3.24)，因此 M_s 可計算如下：

$\sum M=0$

$-M_e-F_e\times D_e-16.5\times D_u+M_s=0$

註：「－」號表示反時針，「＋」號表示順時針

$$M_s = M_e + F_e \times D_e + 16.5 \times D_u$$
$$= 2.42 + 3.53W + (13.5 + 9.8W) \times 0.35\cos 30°$$
$$+ 16.5 \times 0.436 \times 0.35\cos 30°$$
$$= (8.69 + 6.5W)\ \text{N} \cdot \text{m}$$

若握持物體重為10 kg，則肩膀受力及力矩分別等於：

$$F_s = 30 + 9.8\,(10)$$
$$= 128\ \text{N}$$
$$M_s = 8.69 + 6.5\,(10)$$
$$= 73.69\ \text{N} \cdot \text{m}$$

3.5-3 走路時膝蓋關節受力之靜態模式

假設某君體重為60 kg，他的前腳踏上地板時，地板對腳的作用力可以測力板來量測。在某瞬間，地板對腳的水平(F_H)與垂直(F_V)作用力分別為50 N 與250 N，請問其膝蓋關節受力與力矩為何(參閱圖3.28)？

小腿與腳的重量可以依表2.1中之比例來估計

小腿重量爲 60 kg × 15.7% × 27.4% = 2.6 kg

小腿重量產生之向下之作用力(重力)爲 2.6 kg × 9.8m/sec^2 = 25.3 N

腳的重量爲 60 kg × 15.7% × 8.8% = 0.83 kg

腳重產生之向下作用力爲 0.83 kg × 9.8m/sec^2 = 8.1 N

因為垂直方向作用力之合力必須為0，因此下式必須成立：

Fy + 小腿重量與腳重產生之向下之作用力 = F_V

$Fy = F_V$ − 小腿重量與腳重產生之向下之作用力

$= 250\ \text{N} - 25.3\ \text{N} - 8.1\ \text{N}$

$= 216.6\ \text{N}$

因為水平方向作用力之合力必須為0，因此下式必須成立：

$$
\begin{aligned}
F_x &= F_H \\
&= 50\ \mathrm{N}
\end{aligned}
$$

若已知F_x與F_y為互相垂直並且作用於同一點的兩個分力，則其合力(F)可依以下公式計算：

$$F = \sqrt{F_x^2 + F_y^2} \tag{3.6}$$

因此，其膝蓋關節受力的合力為：

$$F = \sqrt{50^2 + 216.6^2} = 222.29\ \mathrm{N}$$

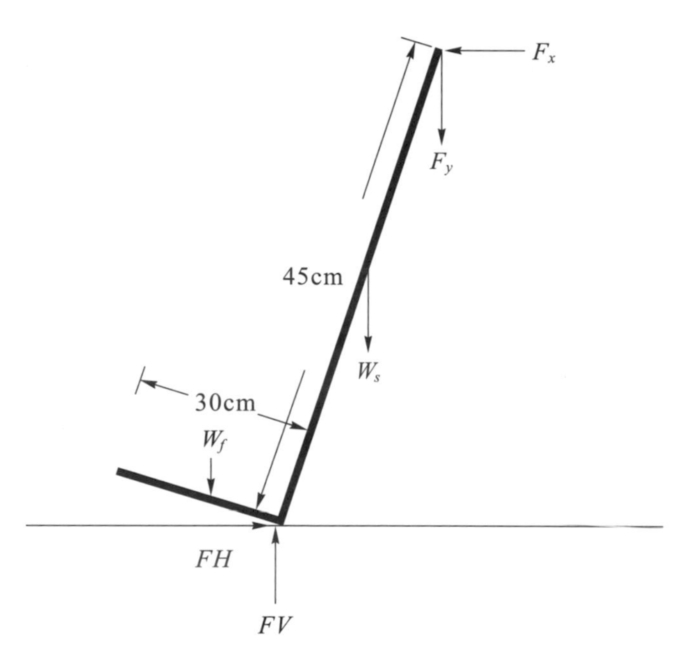

圖3.28　足部踏在地板上由測力板讀數計算膝蓋受力之值

計算出關節受力之後可以繼續計算關節所受的力矩。由於踝關節可以允許腳對小腿旋轉，計算膝蓋所受力矩時，應該以小腿為獨立的自由體即可，如此計算較為單純。圖3.29顯示了以小腿為獨立之自由體之力矩計算之圖示。

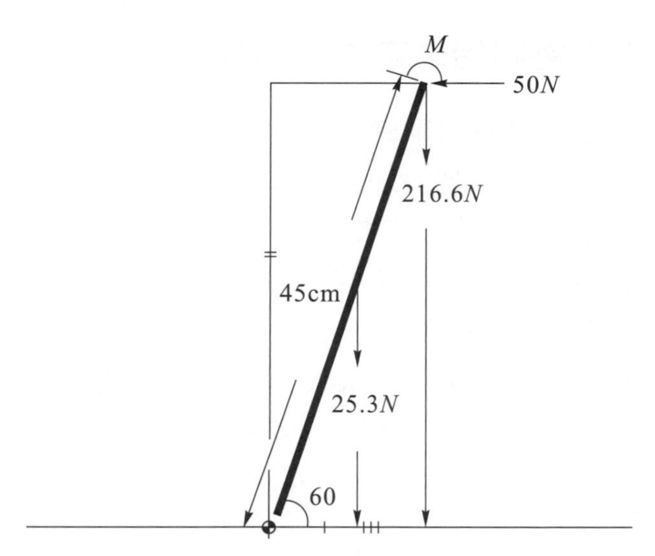

圖3.29 足部踏在地板上由測力板讀數計算膝蓋受力矩之值

假設腳跟為小腿底端與地著地處。依照牛頓的定理，該處所承受的力矩和必須為零或$\sum M_{heel}=0$

若以腳跟著地處為力矩的中心，則有三個順時針方向的力矩與一個反時針方向的力矩：

順時針方向力矩：

W_s 產生之力距 ：25.3 N × 0.45 m × 56.7% × cos60° = 3.23 N · m

F_y 產生之力距 ：216.6 N × 0.45 m × cos60° = 48.74 N · m

反時針方向力矩：

F_x 產生之力距 ：50 N × 0.45 m × sin60° = 19.48 N · m

因為 $\sum M_{heel} = 0$

所以 M + 3.23 + 48.74 = 19.48

因此， M = 19.48 − 3.23 − 48.74

= −32.49 N · m

或 M = 32.49 N · m 反時針方向

3.5-4 人工物料抬舉之生物力學模式

當人員從事物料抬舉時，腰椎承受的力量一直是許多生物力學調查的主題。圖3.30顯示了一個簡化的人工物料抬舉模式，抬舉時腰椎承受了物體重(W)、手臂重(W_a)、及驅幹(含頭、頸)重(W_t)。此外，背的肌肉也須產生很大的拉力(W_m)來維持身體的平衡。其中W為已知，W_a、W_t可以估計求得，此三者至腰椎的距離也可依質量中心的位置求得。就腰椎而言，維持靜態平衡時淨力矩為零，這可以下式表示：

$$\sum M = 0$$

$$-F_m \times D_m + W_t \times D_t + W_a \times D_a + W \times D_w = 0 \qquad (3.7)$$

$$F_m = (W_t \times D_t + W_a \times D_a + W \times D_w) / D_m$$

腰椎承受的壓力(F_c)可計算如下：

$$F_c = F_m + (W + W_a + W_t)\cos\theta \qquad (3.8)$$

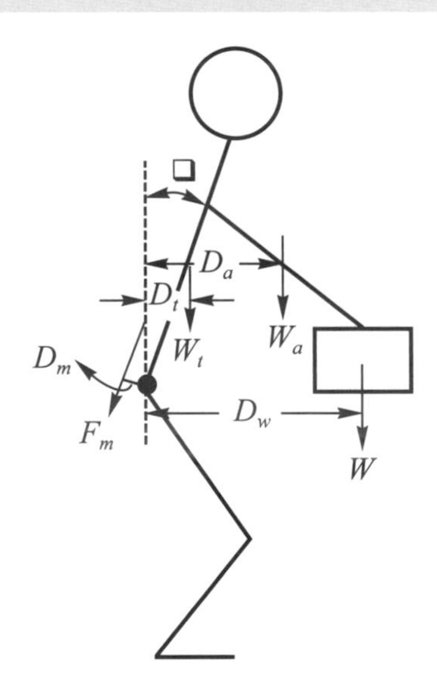

圖3.30 人工物料抬舉模式

假設某君體重60 kg則依表2.1其兩隻手臂重量為$2 \times 60 \times 5.1\% = 6.12$ kg(重力為60 N)，而軀幹加上頭、頸之重量為$60 \times 58.4\% = 35.04$ kg(重力為343.4 N)。若抬舉一20 kg(重

力為196 N)之物體並身體前傾15°，且知D_w、D_a、D_t、D_m分別為40 cm、22 cm、18 cm、及5 cm，則：

$$F_m = (343.4 \times 0.18 + 60 \times 0.22 + 196 \times 0.4)/0.05$$
$$= 3068.2\ \text{N}$$
$$F_c = 3068.2 + (196 + 60 + 343.4)\cos 15^\circ$$
$$= 3647.2\ \text{N}$$

因此腰椎承受之力相當於370 kg重之力量。

3.6 手的活動與肌力

俗語說「雙手萬能」我們日常的生活與工作中絕大部份的活動必須依靠雙手的動作才能完成。手與物體接觸的方式，依Kroemer(1986)的整理，可分為以下10種(參考圖3.31)：

1. 手指觸摸(digit touch)。
2. 掌觸(palm touch)。
3. 指腹捏握(finger palmer grip或hook grip)。
4. 指尖捏握(thumb-fingertipgrip或tip pinch)。
5. 拇指腹捏握或鉗握(thumb-finger palmer grip或plier pinch)。
6. 拇食指側捏或側捏(thumb-forefinger side grip或lateral grip或side pinch)。
7. 三指捏握或書寫握捏(thumb-two-finger grip或writing grip)。
8. 拇指尖包覆(thumb-fingertip enclosure或disk enclosure)。
9. 指掌包覆(finger-palm enclosure或collet enclosure)。
10. 力握(power grasp)。

力握

手臂施力時最主要的手部動作

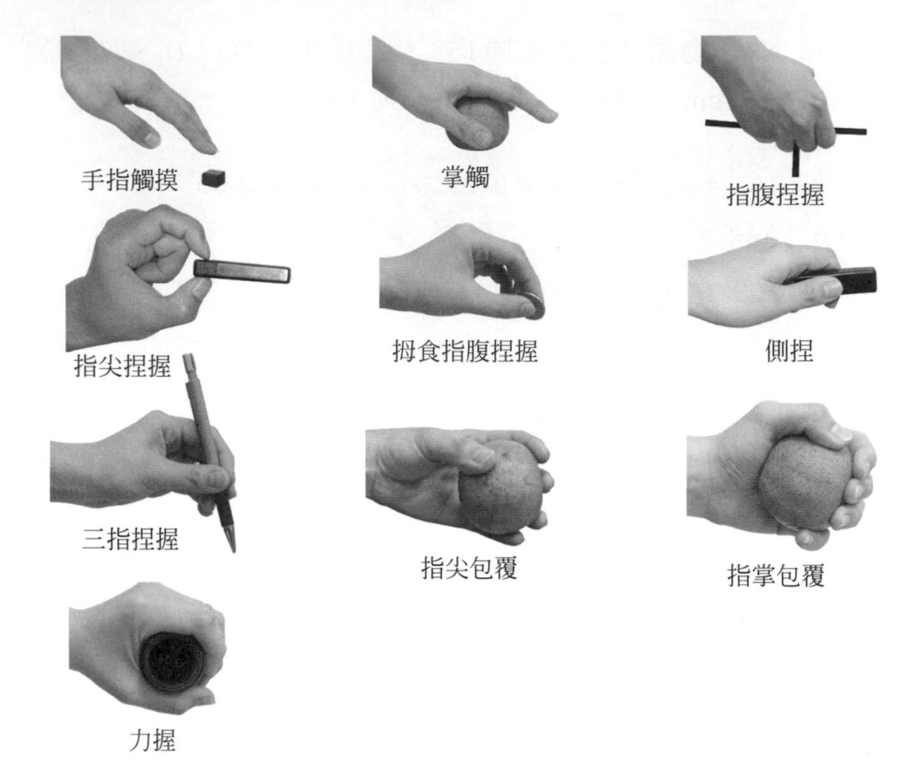

圖3.31　手部與物體接觸的方式

資料來源：*Modified with Permission form Human Factors, 28(3), 1986, Copyright 1986 by Human Factors and Ergonomics Society. All rights reserved.*

除了觸摸以外，大部份的手部活動均由拇指與其他四指的配合來完成，而第二到第五指的屈曲也是手部活動的共同特徵。Ohtsuki (1981)指出拇指外的四個手指的屈指肌力均不相同，其中中指的肌力最大，小指的肌力最小，食指與無名指則介於兩者之間，此二指之間的差距並不明顯。每一個手指的屈指肌力均會受到其他手指的屈曲的影響而減少，屈曲的手指愈多，影響愈明顯。例如，當食指與中指同時屈曲時，食指所產生的力量較其單獨屈曲時減少了的15.4%。若食、中、無名三指同時屈曲時食指的力量又較兩指屈曲時減少了9.3%，若四指同時屈曲則食指產生的力量又較三指屈曲時減少3.1%。當力握時，最大的握力僅為四指單獨屈指肌力和的73.8%(右手)與77.5%(左手)。此外，力握時，每個手指對握力的貢獻均不相同；以右手來說，第二到第五指的力量佔握力的比例依序為

24.7%，32.8%，27%及15.5%，中指與無名指的屈指肌力提供了握力的60%。

手部握力量測以力握較為常見，力握時手部握力受到握持姿勢、握把間距(grip span)之影響而有所不同，量測時應記錄握持的姿勢及握把間距。握力值可經由指針式或數字式握力計讀取(參考圖3.32)。在Fransson & Winkel (1991) 的調查中，他們發現女性在握把間距在5到6公分之間時可產生最大握力，男性產生最大握力的握把間距則在5.5到6.5公分之間。當握把間距超過這個範圍之後，每超過1公分，男性與女性的握力約減少10%。

影響握力的因子

握把間距、手腕姿勢、穿戴手套等都會影響握力

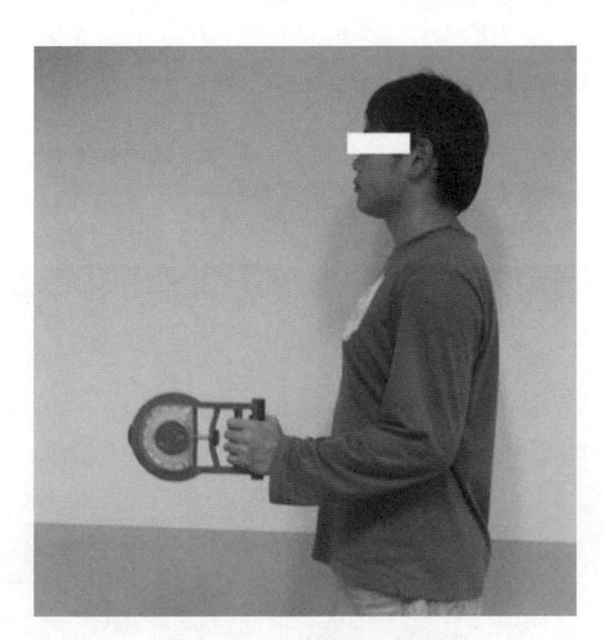

圖3.32　握力量測的例子

握力也受到手部的尺寸的影響，手掌愈大者能夠產生的握力愈大，兩性間握力的差距和手部的尺寸即有密切的關係。石裕川等(1995)之數據顯示女性的握力約為男性的45%。

握持物體時，手腕的姿勢包括自然、屈曲、伸展、橈偏、與尺偏等五種。Imrhan(1991)曾在四種捏握(側捏、三指捏握、拇-食指指腹捏握、及拇-中指指腹捏握)及五種腕部姿勢的狀況下量測30位受測者慣用手的捏握肌力。他發現腕部姿勢對捏握力有顯著的影響(參考表3.7)：在自然姿勢下的捏握力均顯著的

高於其他四種姿勢所得之值，而掌屈時的捏握力均顯著的低於其他姿勢下的值。而捏握之間的比較發現四種捏握之大小順序依次為側捏、三指對捏、拇-食指捏握、拇-中指捏握，其中前二者之值均顯著的超過後二者，而拇-食指捏握與拇-中指捏握之間的差異並不顯著。捏握力可由捏握力計量取(參考圖3.33)。

表3.7　不同形式與腕部姿勢下之捏握力(kgf)

	腕部姿勢				
	自然 >	橈偏 >	尺偏 >	伸展 >	屈曲
側　捏	9.8	8.5	7.9	7.7	6.5
三指捏握	9.6	7.4	6.9	6.8	5.5
拇-食指捏握	7.1	5.0	5.0	5.0	4.2
拇-中指捏握	6.9	5.0	4.7	4.6	3.9

資料來源：*Imrhan, 1991*；水平欄位為姿勢間之比較，垂直欄位為捏握形式間的比較，同一線相連者代表彼此間無顯著差異

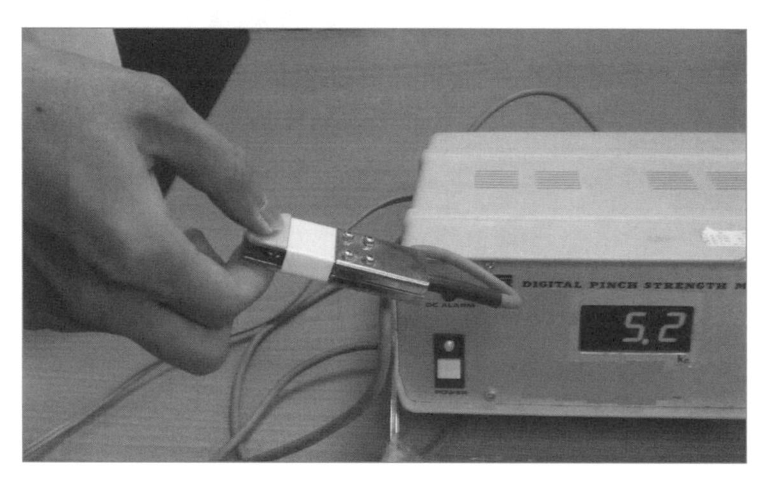

圖3.33　捏握力之量測

戴手套會影響握力值，圖3.34顯示與徒手相較，戴橡膠手套、棉線手套、及石棉手套時最大握力分別下降了19%、26%、及38%。石裕川等(1995)也提出男性與女性的右手握力分別為38.1與17.4公斤重，但是戴上綿線手套之後，其握力分別降低為32.7與15.3；若戴兩層綿線手套，則握力值又降為29.6與13.2。因此，戴手套明顯的會降低握力，手套愈厚降低的幅度愈大。當以手握住握把進行推、拉、與扭轉時，手部能產最大的握力也受到戴手套的影響，Rieley et al.(1985)提出當戴上一

層綿線手套後，以力握產生的向前與向後、水平拉力與以腕部屈曲與伸展時產生的扭距均較未戴手套時高，石裕川等(1995)也指出戴綿線手套後，手部產生的扭力較未戴手套高出8%至26%，然而他們的研究結果戴手套對推力與拉力的影響很有限。

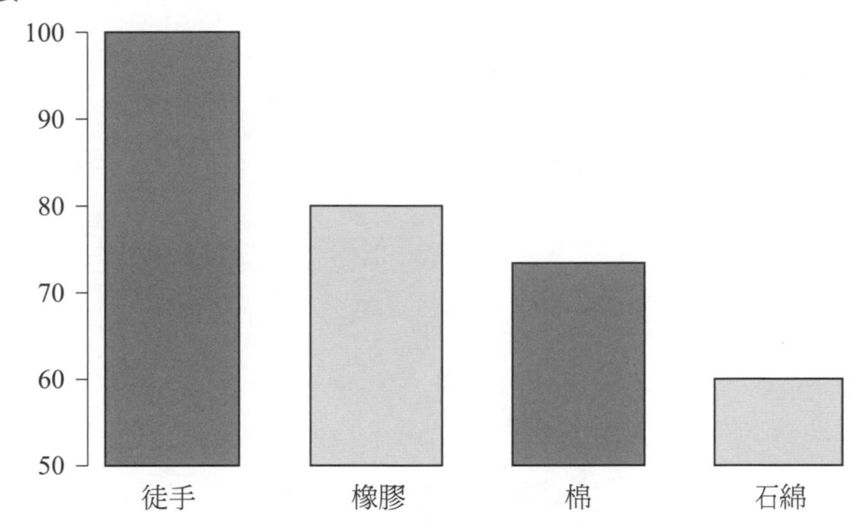

圖3.34 戴橡膠、棉線、石綿手套後最大握力與徒手握力之比較(Wang et al., 1987)

當手以力握或其他方式握持手工具或容器的握把時，手部會承受來自握把之壓力，當壓力超過一定水準之後，手部即會開始感到疼痛，會讓手部感到疼痛之最小壓力稱為壓痛閾值(Pressure-Pain Threshold，簡稱PPT)。壓痛閾值可以在受測者的手部施以逐漸增強的壓力，並記錄受測者開始感覺到疼痛時的壓力的方式量測。Fransson-Hall與Kilbom(1993)曾以表面積1平方公分之圓形鋁桿在壓力增加速度為25 kPa/sec的情形況下量測受測者手部之壓痛閾值，他們發現左手與右手間的壓痛閾值並無顯著之差距，女性的壓痛閾值低於男性。

壓痛閾值

當手以力握或其他方式握持物體時，手部會承受來自物體之壓力，當壓力超過一定水準之後，手部即會開始感到疼痛，會讓手部感到疼痛之最小壓力

圖3.35顯示了手部痛壓閾值較為敏感區域之分佈，其中對壓痛最敏感的區域為姆指尖、姆指球(手掌鄰近姆指部位)、姆-食指間之區域、及手腕近豌豆骨之部位。圖3.36，則顯示了右手手指、手掌、及姆指／姆指球等三個區域之痛壓閾值。壓痛閾值會隨著反覆的手部承受壓力而逐漸下降，Fransson-Hall與Kilbom(1993)指出連續十次的手部承受壓力下，壓痛閾值即可能降低30%。在手掌上A、B、C、D四點(參考圖3.35)之平均壓

痛閾值為考量下，受測者每日八小時工作下可接受之手部壓力值，男性與女性分別為104 kPa與37 kPa，女性能接受之壓力值僅為男性之35%。Lindstrom(1973)建議擔任重複作業人員手部承受的壓力，女性不得超過98 kPa，男性則應介於196至392 kPa 之間。

由手部承受壓力至開始感到疼痛之時間也是手部感覺之一重要因子，在承受50%之壓痛閾值之壓力下，女性平均在74秒鐘後，即會開始感到手疼，而男性則在133秒後。因此同樣壓力之下女性會較早開始感覺到手部之疼痛。

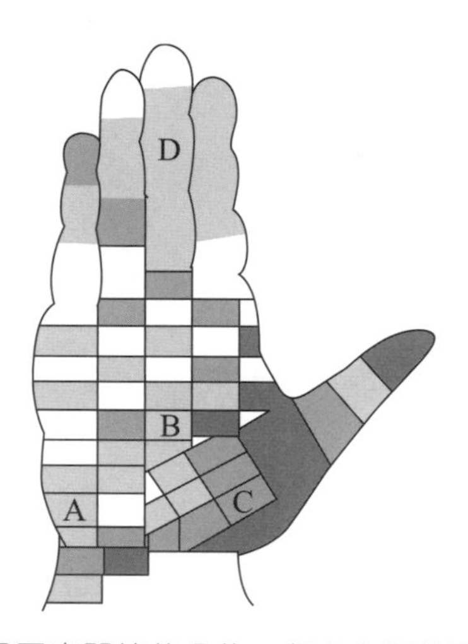

圖3.35　手部壓痛閾值的分佈，顏色愈深的區域閾值愈低

修改自：*Fransson-Hall&Kilbom,Applied Ergonomics 24,Sensitivity of the hand to surface pressure,181-189,Copyright 1993, Reprint with permission from Elsevier Science*

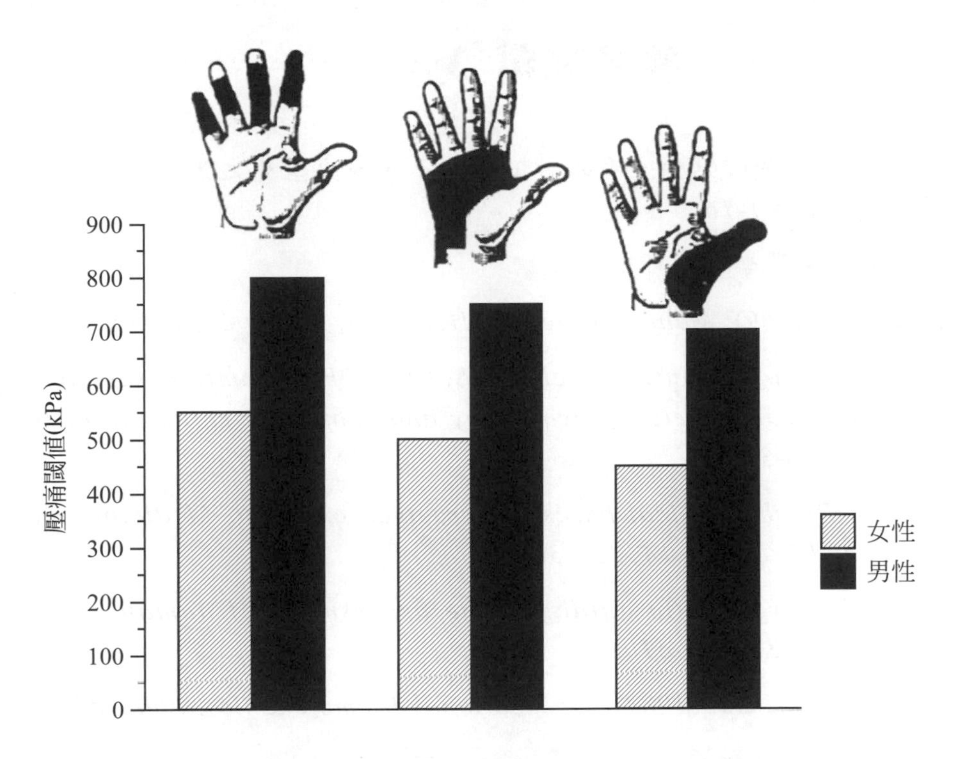

圖3.36　手指、手掌、拇指/拇指球區域的壓痛閾值

修改自：*Fransson-Hall & Kilbom,Applied Ergonomics 24,Sensitivity of the hand to surface pressure,181-189,Copyright 1993, Reprint with permission from Elsevier Science*

超過壓痛閾值的手部壓力會引起手部的疼痛，因此在手部與物體接觸的介面－包括各種機器、工具、容器的握柄或操作桿的設計應避免讓手部在操作中承受過大的壓力。增加手部握持時的接觸面積無疑的是減低壓力的直接的做法；依照特定尺寸的手形來設計握柄做法應該避免，因為這種設計僅適合特定的使用者，手部尺寸與此種設計不合的人使用時其手部反而會因不合的握柄造型受到更大的壓力。

參考文獻

1. 石裕川，傅鑫凌，王茂駿(1995)，手套對工作中不同施力型態之影響，勞工安全衛生研究季刊，3(1)，1-16。
2. 彭英毅(1992)，解剖生理學，藝軒出版社。
3. *Ayoub, MM, Mital, A(1989), Manual Materials Handling, Taylor & Francis.*
4. *Bohlemann, B, Karsten K, Knut, K, Helmut, S(1994), Ergonomic assessment of handle design by means of electromyography and subjective rating, Applied Ergonomics, 25(6), 346-354.*
5. *Borg, GAV(1982), Pyschophysical bases of perceived exertion, Medicine and Science in Sports and Exercise, 14, 377-381.*
6. *Chaffin, DB(1975), Ergonomic guide for the assessment of human static strength, AIHA Journal 35, 505-510.*
7. *Chaffin, DB, Andersson, GBJ(1984), Occupational Biome-chanics, John Wiley, N.Y..*
8. *Fransson, C, Winkel, J(1991), Hand strength:the influence of grip and grip type,Ergonomics, 34(7), 881-892.*
9. *Fransson-Hall, C., Kilbom Asa(1993), Sensitivity of the hand to surface pressure, Applied Ergonomics, 24(3), 181-189.*
10. *Imrhan, SN(1991), The influence of wrist position on different types of pinch strength, Applied Ergonomics, 22(6), 379-384.*
11. *Kromer, KHE(1986), Couping the hand with the handle, Human Factors, 28, 337-339.*
12. *Kumar, S (1996), Electromyography in Ergonomics, in Electromyography in Ergonomics, Edited by S. Kumar and A. Mital, Taylor and Francis.*
13. *Lindstrom, F.E.(1973), Modern pliers BAHCO verktyg, Enkoping, Sweden.*
14. *Ohtsuki, T(1981), Decrease in grip strength induced by simultaneous bilateral exertion with reference to finger strength, Ergonomics, 24(1), 37-48.*
15. *Rieley, MW, Cochran, DJ, Schanbacher, CA(1985), Force capability differences due to gloves, Ergonomics, 28(2), 441-447.*
16. *Winter, D(1996) , EMG Interpretation , in Electromyography in Ergonomics , Edited by S. Kumar and A. Mital, Taylor and Francis.*

17. *Borg, GA (1990), Psychophysical scaling with applications in physical work and the perception of exertion, Scan. Journal of Work Environmental Health 16 (suppl.1), 55-58.*

18. *Deeb, J.M. (1999), Muscular fatigue and its effects on weight perception, International Journal of Industrial Ergonomics 24, 223-233.*

自我評量

1. 什麼是肌肉收縮的全有全無律?
2. 人體的槓桿系統有哪三種?請分別舉例明。
3. 何謂主動肌?何謂抗拮肌?
4. 肌肉的收縮依其長度與張力是否改變可分為那兩種收縮?
5. 什麼是機械效益?
6. 何謂耐力時間?
7. 何謂Borg's RPE量表?
8. 何謂Borg's CR-10量表?
9. EMG 的值應如何加以標準化?
10. 何謂等長手臂肌力?等長肩膀肌力?等長綜合肌力?等長背部伸展肌力?
11. 影響握力的因子有那些?
12. 何謂壓痛閾值?

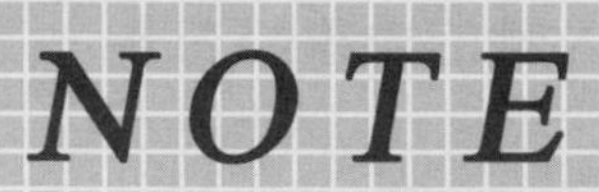

生理系統與工作設計

人體是一個很複雜的化學工廠，這個工廠由外界取得氧氣與食物、水份後可依身體活動的需要來進行新陳代謝活動。新陳代謝的結果則產生了能量，這些能量可提供給肌肉組織收縮及維持體溫所需。這些過程可以圖4.1表示。本章將介紹呼吸與心臟血管系統、新陳代謝活動、及考量代謝活動特徵的工作與休息的安排。人員的生理韻律也會影響工作的行為，4.5節中將介紹生理韻律與人員排班的問題。

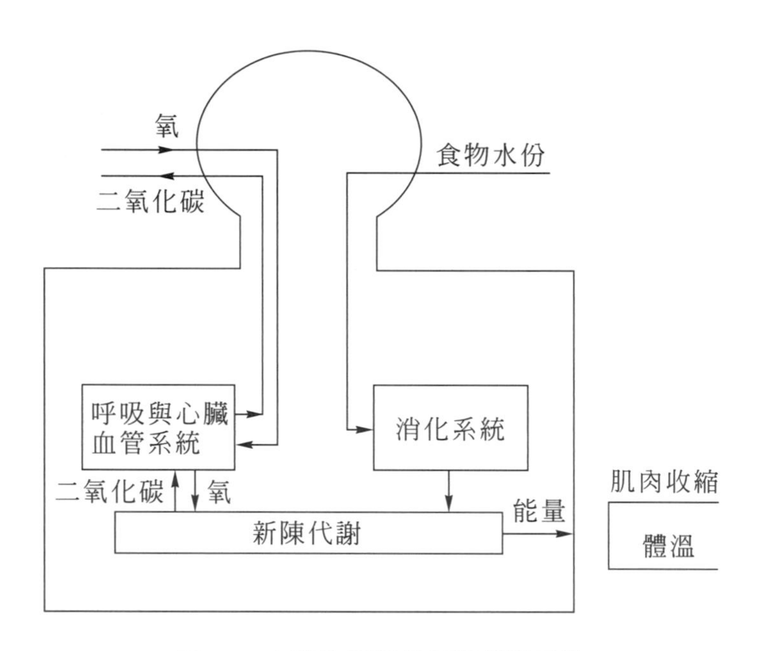

圖4.1　人體的循環與新陳代謝系統

4.1　飲食與能源

在人體的新陳代謝系統中，飲食是由外界取得能源的主要途徑。在吃東西的時候，牙齒的咀嚼可將固體食物切斷並研磨成細小顆粒。口中的唾液則可分解澱粉並潤滑食物以方便吞嚥。食物進入胃之後與胃液結合成食物糜，食物糜在胃蠕動中更進一步被胃酸與酵素分解，此時若干物質(如酒精)可直接被胃壁吸收。胃處理過的物質會進入小腸，在小腸內大部份的物質(包括脂肪、蛋白質、碳水化合物等)會被消化、吸收並經由血液與淋巴輸送至肝臟與其他組織內。食物的消化過程大約需時5到12小時左右。

脂肪提供了新陳代謝所須能量的主要部份。脂肪的主要成份是三甘油脂，三甘油脂則可進一步分解成甘油與脂肪酸。甘油可以轉變為醣類分解反應中之中間代謝物，脂肪酸則可經由氧化的過程而分解並且釋放出能量。脂肪組織分佈於皮下、肌肉、及部份內臟組織間。對男性而言，年輕人的體重中平均約有15%為脂肪，中年人體內的脂肪含量則約為22%。女性的脂肪含量較男性為高，年輕與中年女性體重中約分別有22%及34%為脂肪。每一公克的脂肪在代謝中可提供9.5 kcal的能量。

脂肪

主要成份是三甘油脂，三甘油脂則可進一步分解成甘油與脂肪酸，脂肪酸則可經由氧化的過程而分解並且釋放出能量，每一公克的脂肪在代謝中可提供9.5 kcal的能量

碳水化合物(carbohydrates)是指由碳、氫、氧三種元素組成的化合物，這些化合物通常是經由稻米、麵等穀類食物消化後所產生。組織內之碳水化合物主要是葡萄糖($C_6H_{12}O_6$)、肝醣($(C_6H_{12}O_5)_n$)。消化所產生的葡萄糖可經血液輸送至中樞神經及肌肉組織內以提供新陳代謝中所需要的能源。肝醣則大多儲存於肝臟內，代謝過程中肝醣可轉換為葡萄糖以供進一步之使用。平均而言，每一公克的碳水化合物在代謝中可提供4.2 kcal的能量。蛋白質的主要成份是氨基酸，氨基酸可經組合形成人體中酵素、紅血球、抗體、荷爾蒙等重要物質，每公克的蛋白質在代謝過程中可產生4.5 kcal的能量。

碳水化合物

由碳、氫、氧三種元素組成的化合物，組織內之碳水化合物主要是葡萄糖、肝醣，每一公克的碳水化合物在代謝中可提供4.2 kcal的能量

飲食的攝取可以視為能量輸入體內的過程。若能量的輸入與輸出能夠取得平衡，則體重可維持在固定的水準。若輸入的能量超過了輸出的能量，則多餘的能量即會儲存在體內，這就會造成體重的增加；反之，輸出的能量超過了輸入的能量，體重則會減少。每7,000至8,000 kcal之能量的增減會造成1公斤體重的增加或減少(Kromer etal, 1994)。

4.2 新陳代謝

體力活動的能量直接來源是由存在肌肉細胞內之化學物質三磷酸腺甘酸(adenosine triphosphate，簡稱ATP)經由下列公式之分解成二磷酸腺甘酸(adenosine diphosphate，簡稱ADP)及磷(P)產生的：

$$ATP + H_2O \rightarrow ADP + P + \text{能量} \quad (4.1)$$

肌肉組織中儲存之ATP之量很少，在很短暫的時間內就會消耗完畢，因此必需仰賴其他能源來讓ADP能夠再跟磷合成ATP。合成ATP的主要之途徑有三種，第一種為磷酸肌酸的分解。磷酸肌酸(Phosphocreatine，簡稱CP)為存在肌肉組織內之一種化學物質，磷酸肌酸可以經由磷的釋放以產生能量，此能量可供合成ATP之用，此反應式如下：

$$CP \rightarrow P + C + \text{能量} \quad (4.2)$$

$$\text{能量} + P + ADP \rightarrow ATP \quad (4.3)$$

磷酸肌酸分解的速度很快，是肌肉內合成ATP最快速的途徑。這個過程不需要氧的參與，屬於**無氧過程(anaerobic process)**。

合成ATP之第二種途徑也是無氧過程，這種過程是仰賴組織內之碳水化合物之分解來釋放能量，在體內碳水化合物主要是以醣類型式存在，這些碳水化合物均可轉換成葡萄糖並儲存於肝臟及肌肉中，葡萄糖可以分解產生乳酸(lactic acid)並釋放出能量，此過程可以以下化學式來表示：

$$C_6H_{12}O_6(\text{葡萄糖}) \rightarrow 2C_3H_6O_3(\text{乳酸}) + \text{能量} \quad (4.4)$$

$$\text{能量} + 3ADP + 3P \rightarrow 3ATP \quad (4.5)$$

當乳酸在體內堆積至一定水準以上，肌肉即會感到疲勞，若是乳酸無法經由循環系統排除，則肌肉的收縮就無法持久。

脂肪在組織內氧化分解並釋放能量則是合成ATP之第三種主要的途徑，反應式為：

$$C_{16}H_{32}O_6\ (\text{脂肪酸}) + 23O_2 \rightarrow 16CO_2 + 16H_2O + \text{能量} \quad (4.6)$$

$$\text{能量} + 130ADP + 130P \rightarrow 130ATP \quad (4.7)$$

這個過程需要氧氣才能發生，故為**有氧過程(aerobic process)**。

有氧過程
脂肪酸氧化後分解，並產生能量以供合成ATP之過程

一個單位的CP分解可提供合成一個單位ATP之能量；一個單位的葡萄糖分解可以提供合成三個單位ATP之能量；而一個單位脂肪酸之分解可提供合成130單位ATP之能量，因此脂肪酸之分解為提供合成ATP能源最有效率之途徑。

一般成年人體內儲存之ATP及CP可供釋放之能量約為數千卡而已，大概只夠幾秒鐘劇烈的體力活動之用。而碳水化合物之存量則約可提供2,000 kcal之能量，而儲存之脂肪則可提供高達100,000 kcal之能量。因此碳水化合物和脂肪為能源供應之主要物質。在休息或是輕度的體力活動時，有氧過程提供合成ATP主要的能源，此時正常呼吸所攝取的氧氣足供脂肪酸氧化所需。若體力活動為較高水準，無氧過程則提供活動初期所需之能量。無氧過程以碳水化合物之分解為主，因此這個機構的啓動可由血液中乳酸濃度增加來確認。當肌肉及肝臟內的碳水化合物消耗完之後，有氧過程又逐步的開始主導能量的供給。Purett(1971)發現持續中度的體力活動4到6小時之後，脂肪分解供應了60%到70%合成ATP所需之能源，體力活動持續時間愈長，脂肪提供能源的比重也就愈高。因此，長時間體力活動之能源主要是依賴有氧過程供應，氧氣的消耗因此可據以分析全身體力活動的水準。

肌肉內的無氧過程會產生乳酸，當血液中乳酸濃度增加之後，肌肉會開始感到疲勞，消除肌肉組織之疲勞必須待乳

酸經代謝排除並降至平常休息狀態之水準。血液中乳酸濃度的降低主要是經由兩種途徑來完成：大約有20%的乳酸可經更進一步的氧化最終分解為二氧化碳和水，其餘的乳酸則可在組織內轉換成葡萄糖並更進一步合成肝醣並儲存於肝臟或血液內。乳酸在血液中濃度下降的時間可能需要一個小時甚至更長的時間。當工作停止後，輕度的體力活動有助於乳酸的排除。Bonen(1975)指出休息時若體力活動水準保持在最大有氧能力的50%以下對乳酸濃度的降低頗有幫助。McLellan及Skinner(1982)則指出適當的幫助乳酸排除的體力活動水準應為最大有氧能力的10%。

4.3 呼吸與心臟血管系統

4.3-1 呼吸系統

人體新陳代謝的過程需要氧氣並排放二氧化碳，氧和二氧化碳的輸送必需靠呼吸與心臟血管系統之配合才能完成。呼吸系統包括肺和把空氣輸送至肺之鼻、咽喉、氣管、支氣管等通道，呼吸系統把氧氣輸送至體內而將二氧化碳排出體外，除了氣體交換外，呼吸系統可藉著改變血液中之二氧化碳之濃度來調節體內之ph質，而肺和呼吸道並具有體溫調節之功能。

呼吸時空氣進出肺部的過程稱為肺通氣(pulmonary ventilation)。呼吸之動作則需仰賴橫膈及內、外肋間肌之收縮來改變胸腔內之容積來吸入或排出空氣。在休息的狀態下一次呼吸中吸進呼吸系統的空氣量稱為**潮容積(tidal volume)**，成年人的潮容積約為500 ml。在正常呼吸之吸氣後，再用力吸氣，一般人最多約可再吸入3,600 ml之空氣，此體積稱為**吸氣儲備(inspiratory reserve)**。正常呼吸之呼氣後再用力呼氣，一般人最多約可再呼出1,200 ml之空氣，此體積稱為**呼氣儲備(expiratory reserve)**。在用力的呼氣直到無法再排出任何氣體為止，呼吸道及肺部內仍然有約1,200 ml的空氣存在，此體積稱為餘容積(residual volume)。吸氣儲備、呼氣儲備、及潮容積三項相加為**肺活量(vital capacity)**。肺活量加上餘容積則為肺總容量(total lung capacity)。

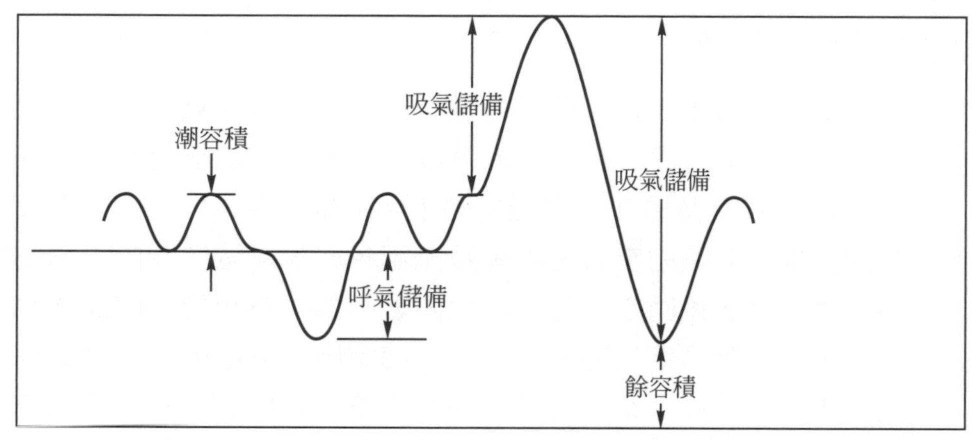

圖4.2　呼吸中肺部氣體容量

成年人每分鐘的呼吸次數(又稱呼吸率)約為12到18次，最大則可達40到50次。所謂**最大意志通氣量(maximal voluntary ventilation，縮寫為MVV)**是指受測者以最快的速度配合深呼吸之肺通氣量。成年男子之MVV值約在100到180公升/分鐘之間，成年女子則在70到120公升/分鐘之間。

4.3-2　血液循環

一般人的體重約有60%為以水份為主的液體，而這些液體中約有10%為血液。成年男性約有5至6公升的血液，女性則約為4至5公升。血液在身體各部的分佈也與體力活動的程度有關，表4.1顯示在休息的狀態下，肌肉(骨骼肌)與皮膚組織間之血液僅佔心臟輸出的15%到20%，而在重體力活動之下，肌肉與皮膚間之血液則佔心臟輸出的80%到85%，多出的血液乃是分別由消化系統、腎臟、腦部、及骨骼等組織來的。

表4.1　血液在身體各部的分佈(以心臟輸出百分比表示)

	肌肉(含皮膚)	心　肌	骨　骼	腎	消化系統	腦
休息	15～20	4～5	3～5	20	20～25	15
重體力活動	80～85	4～5	0.5～1	2～4	3～5	3～4

資料來源：*Astrand & Rodahl(1986)*

氧與二氧化碳在體內的輸送必須仰賴心臟血管系統。心臟血管系統包括心臟、動脈、靜脈及微血管，其功能為血液之輸送，而血液之循環可分為體循環和肺循環二部分。圖4.3顯示在體循環，血液由左心室經動脈流至各組織之微血管內，再由微血管經靜脈返回右心房。而肺循環方面，右心房之血液流至右心室經肺動脈進入肺部。血液在肺釋出二氧化碳並取得氧氣後，再經肺靜脈、左心房，回到左心室。心臟是血液循環系統的動力供應者，心臟收縮時會在血管內產生壓力(血壓)，因為心臟的收縮是間斷性的，因此血壓的大小也是不穩定的；當心室收縮時會在動脈內產生較大的血壓，心室舒張時動脈內的血壓就比較小。因此，量血壓時必須記錄收縮壓與舒張壓，其單位為毫米汞柱(mmHg)，例如120/80代表收縮壓為120 mmHg，舒張壓為80 mmHg。

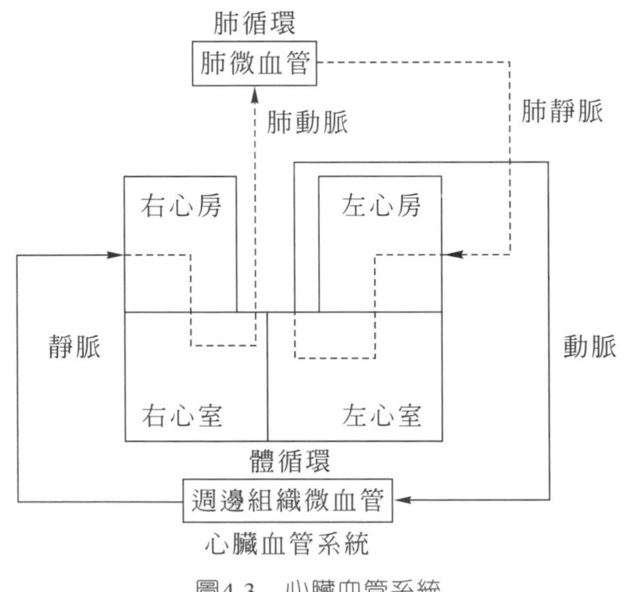

圖4.3　心臟血管系統

心臟每分鐘由左心室排出的血液量可由心輸出量(cardiac output)來決定，成年人休息時的心輸出量約為5 L/min，從事重體力活動時心輸出量可提高至25 L/min。Astrand及Rodahl(1986)由23位受測者的體力活動實驗發現在人員活動中，氧攝取量和心輸出量之間有遞增的關係(見圖4.4)。而心輸出量是心縮排血量(stroke volume)及心跳率(heart rate)兩項之乘積：

$$心輸出量(L/min) = 心縮排血量(L/次) \times 心跳率(次/min) \quad (4.8)$$

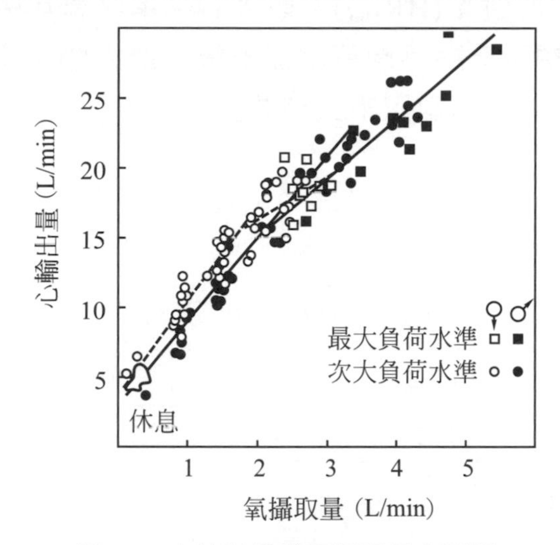

圖4.4　心輸出量與氧攝取量之關係

資料來源：*Astrand & Rodahl, 1986*

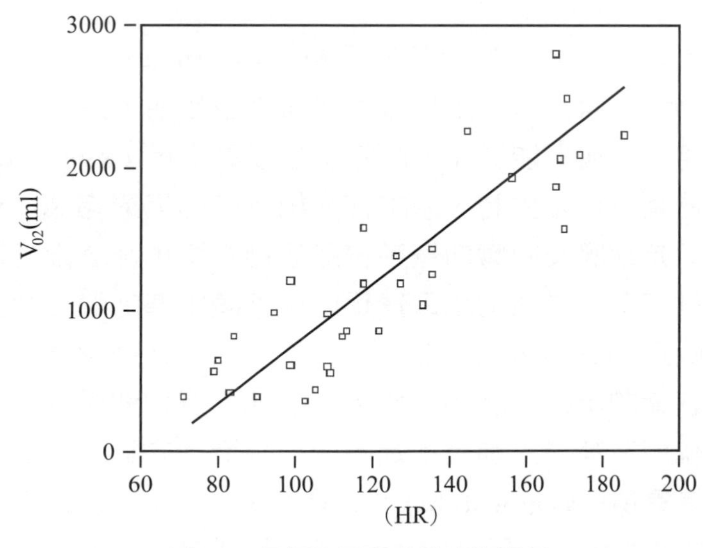

圖4.5　氧攝取量與心跳率的關係

心縮排血量是指心臟每收縮一次排入體循環之血量，心縮排血量和氧攝取量間遞增的關係僅存在於體力活動的初期，當氧攝取量到達最大有氧能力之40%時心縮排血量即達到最大水準。心跳率和氧攝取量的線性遞增關係則存在於整個體力活動的週期中(參考圖4.5)。在室溫下，長時間之體力活動中，心輸出量通常均保持在一定水準，心跳率會逐漸增加，而心縮排血量則會逐漸下降。因此，心縮排血量並不適合當做體力活動水準之指標。一般人休息時心跳率約為80次／分鐘，當體力活動增加後，心跳率也逐漸提高。每個人的心跳率均有一上限，此上限稱為最大心跳率(HR_{Max})。最大心跳率隨著年齡增加而逐漸下降，表4.2顯示年齡平均每增加十歲，最大心跳率約降低七至八下。最大心跳率也可以下式來估計：

$$HR_{Max} = 220 - \text{年齡} \tag{4.9}$$

表4.2　成年人平均最大心跳率(次/分鐘)

年齡(歲)	20～29	30～39	40～49	50～59	60～69
平均最大心跳率	190	182	179	171	164

資料來源：*Kamon & Ayoub(1976)*

4.3-3　生理能力的量度

代謝能量

在新陳代謝的活動中每消耗一公升的氧氣可產生約5 kcal的能量

氧氣之消耗可依據氧的攝取量(oxygen uptake，以V_{o2}表示)來分析，圖4.6顯示在體力活動開始的初期，活動所需的能量超過體內代謝所能供應，此時產生了氧不足(oxygen deficit)的現象。氧不足發生時，原本存在組織內的氧氣均被「借出」使用，同時呼吸及心臟血管系統的活動水準也都逐漸提高以增加氧之供應量。當氧的攝取量足以供應該水準的體力活動所需時，呼吸及心跳即達到穩定狀態。而在活動結束之後，呼吸及心跳會逐漸的降低並回到休息時的水準，這段期間呼吸及心臟血管系統即在補充先前氧不足時挪用組織內之氧，此部份補充之氧即為**氧債(oxygen debt)**。氧攝取量之變化也反應在相對應的心跳率的變化上，圖4.7即顯示了這種狀況。

氧攝取量V_{o2}會隨著體力活動的水準增加而增加，然而每個人的呼吸及心臟血管系統輸送氧氣的能力均有其上限，當氧攝取量達到上限以後即不可能再增加，此一上限即為最大有氧能力(maximal aerobic power或maximal aerobic capacity以 $V_{o2\ max}$ 表示，單位為公升/分鐘)，$V_{o2\ max}$ 是生理能力限度之重要指標之一。

$V_{o2\ max}$

氧攝取量會隨著體力活動的水準增加而增加，每個人的呼吸及心臟血管系統輸送氧氣的能力均有其上限，當氧攝取量達到上限以後即不可能再增加，此一上限即為 $V_{o2\ max}$

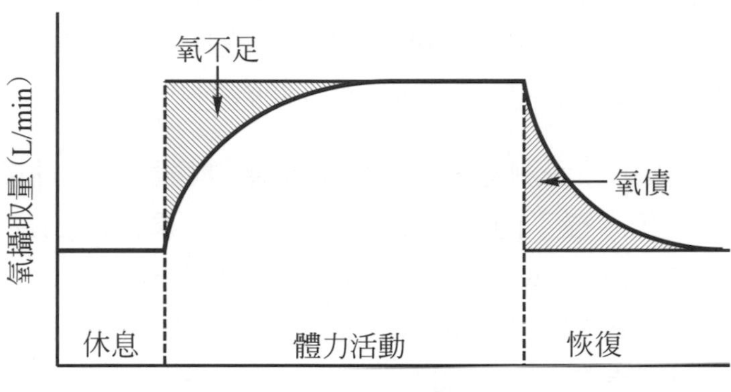

圖4.6　氧不足與氧債

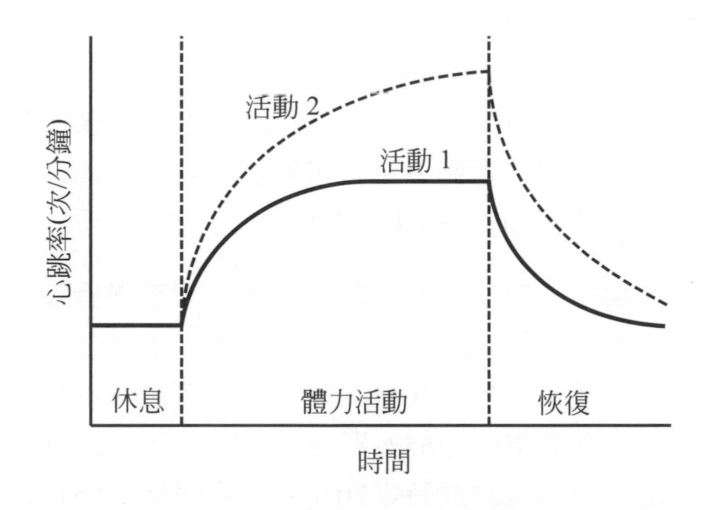

圖4.7　體力活動中心跳率的變化

測定 $V_{o2\ max}$ 時可要求受測者在實驗室中持續某水準以體力活動一段時間並記錄其 V_{o2} 值來決定。受測者活動時以口呼吸(戴呼吸罩)，呼吸之氣體經由呼吸管傳輸至具分析氣體功能的機器進行分析(參考圖4.8)。為使體力活動可加量化，一般均以可控制輸出功率的腳踏車健身器(cycle ergometer)或是跑步機

(treadmill)來進行。腳踏車健身器具有價格低廉、不需電力、容易搬動、及功率輸出較為均勻與穩定等優點，實驗時常用之踏板轉速為50到60轉/分鐘。和腳踏車健身器比較起來，跑步機有價格較為昂貴、需要電力及不易搬動等缺點。若是使用跑步機則可調整其傾斜度及轉速來控制受測者的運動量，然而即使在相同的轉速與傾斜度下，新陳代謝活動也會因人員是否扶護欄、及步幅大小的不同而有所不同；實驗中若受測者扶護欄則其代謝水準會略低於不扶護欄的狀況。在同樣的轉速下，以大步行進的能量消耗會低於以小快步行進時的狀況。

圖4.9 顯示了受測者在連續騎腳踏車健身器五分鐘後 V_{o2} 變化的情形。在六種不同功率下 V_{o2} 均在二分鐘後即到達穩定狀態。而當功率由50 watt逐漸的提高到250 watt時，V_{o2} 也逐漸提高，但功率再提高至300 watt時，V_{o2} 則維持在3.5 L/min，這表示此受測者的 $V_{o2\ max}$ 即為3.5 L/min。一般而言，受測者的 $V_{o2\ max}$ 在開始從事重體力活動(有適度的暖身活動)一、兩分鐘之內即可達到，然而在安全的考量下，研究人員多半不願意讓受測者從事體力限度水準的活動，因此 $V_{o2\ max}$ 間接的測定也是常用的方法。間接的 $V_{o2\ max}$ 測定是要求受測者在幾個次高(sub-maximal)水準的體力活動下記錄其值及心跳率，再以最大心跳率代入兩者的迴歸線(見圖4.10)來求 $V_{o2\ max}$ 。

最大有氧能力與性別、年齡均有關係。在青春期之前，男性與女性的最大有氧能力並無顯著的差異，兩種性別均在18至20歲之間到達顛峰狀態，20歲以後則逐年下降。成年人女性的最大有氧能力約為男性的65%到75%之間，而65歲時成年人的最大有氧能力約為其25歲時之70%。一般而言，65歲之男性之最大有氧能力約和25歲女性之值相當。表4.3顯示了成年男性與女性在不同年齡層的最大有氧能力的範圍。

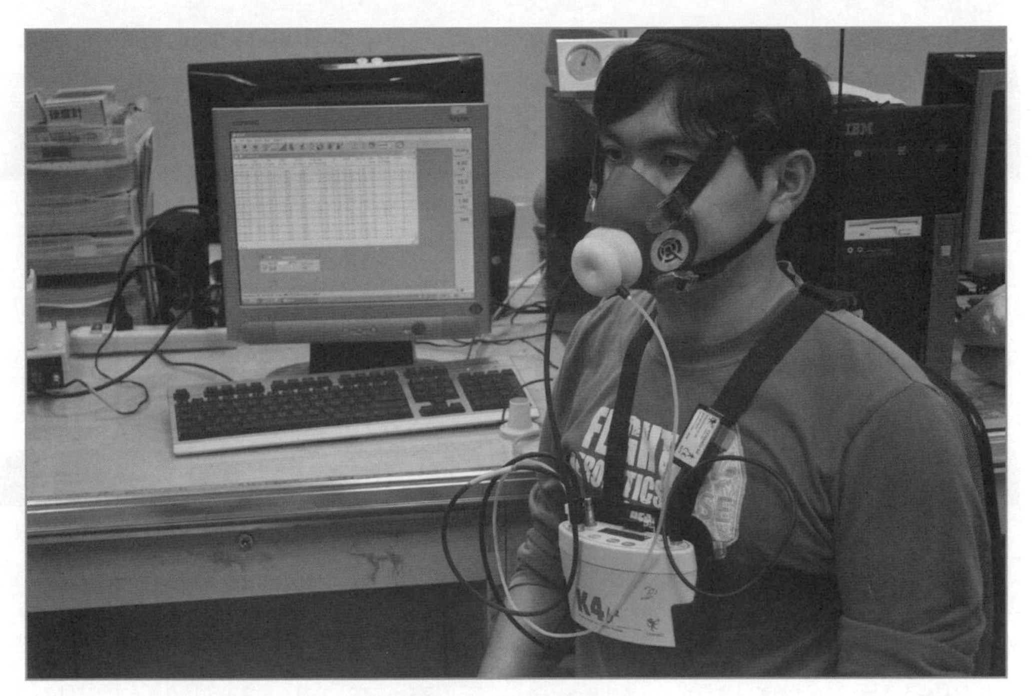

圖4.8　V_{o2} 的量測

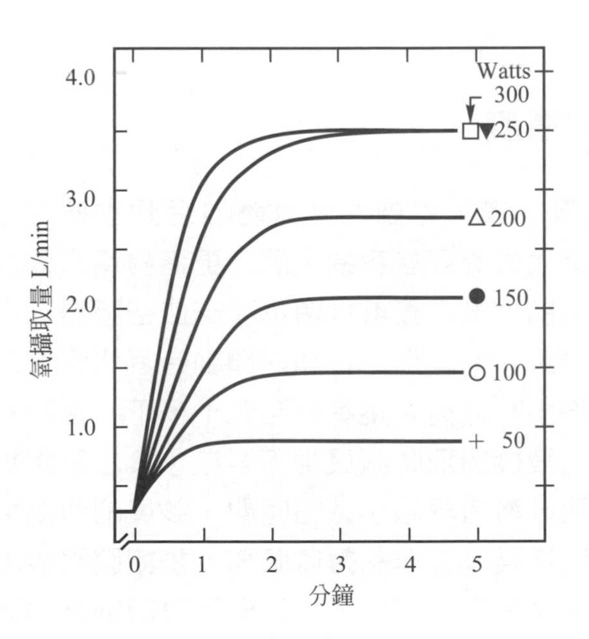

圖4.9　不同體力負荷之V_{o2}變化

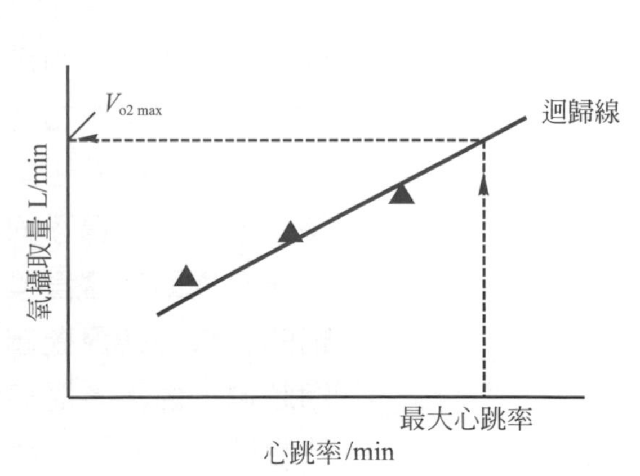

圖4.10　由氧攝取量與心跳率求 $V_{o2\ max}$

表4.3 男性與女性在不同年齡層的最大有氧能力(ml/kg/min)的範圍

年齡	偏低	略低	平均	佳	高
	女性				
20～29	＜24	24～30	31～37	38～48	49以上
30～39	＜20	20～27	25～33	34～44	45以上
40～49	＜17	17～23	24～30	31～41	42以上
50～59	＜15	15～20	21～27	28～37	38以上
60～69	＜13	13～17	18～23	24～34	35以上
	男性				
20～29	＜25	25～33	34～42	43～52	53以上
30～39	＜23	23～30	31～38	39～49	49以上
40～49	＜20	20～26	27～35	36～44	45以上
50～59	＜18	18～24	25～33	34～42	43以上
60～69	＜16	16～22	23～30	31～40	41以上

資料來源：*Kamon & Ayoub* (*1976*)

4.3-4 體力負荷的量度

心跳率和氧攝取量一樣，可做為全身體力活動水準之指標，而心跳率的測定又比氧攝取量容易，因此更適合用來監測長時間工作中體力活動的水準。圖4.11顯示了一位空服員在四個小時的飛航勤務中心跳率的變化。在開始值勤時其心跳率約為八十餘下，過了約半小時之後心跳率升至九十多下，當時其工作為協助旅客登機。飛機起飛時該員坐下等待，其心跳率約略的下降。在飛機起飛後約有兩個小時的時間，該員的心跳率均超過一百下，而該段期間其工作為餐飲服務。餐飲服務後的休息時段中，其心跳率又降到一百以下。飛機下降前的點心服務時，空服員的心跳率又升高到一百以上。因此空服員的體力活動水準可很清楚的以心跳率表現出來。

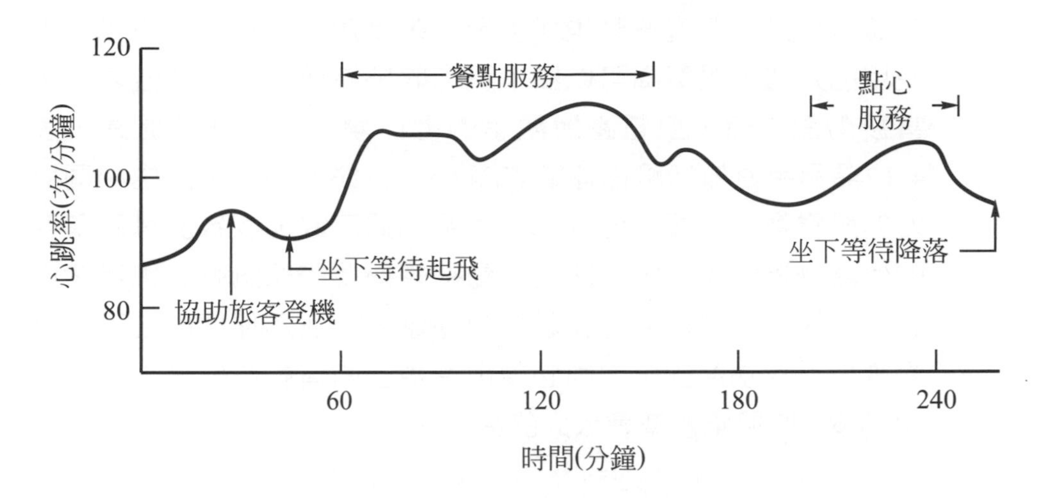

圖4.11　某空服員執勤中心跳率的變化

資料來源：*Kilbom, 1990*

4.4　工作與休息

4.4-1　疲　勞

每個人都有疲勞的經驗，引起疲勞的因子很多，包括身體機能不正常、疾病、服用藥物、不良的環境及工作負荷等，本書僅討論與工作有關的疲勞。與工作有關的疲勞通常是由體力負荷過度所引起的，這類的疲勞可稱為生理疲勞(physical fatigue)；除了體力負荷以外，許多心理方面的問題，如缺乏工作動機、情緒不穩定、感覺、知覺與神經系統使用過度等也容易引起疲勞，這類的疲勞稱為心智疲勞(mental fatigue)(Grandjean, 1985)。

生理疲勞可分為一般疲勞(general fatigue)及肌肉疲勞(muscular fatigue)，一般疲勞是指全身性身體疲累的感覺。肌肉疲勞是由於體力負荷過度，以致於新陳代謝產生的廢棄物(包括乳酸與二氧化碳)在肌肉組織裡累積所致。肌肉疲勞通常都是局部性的，所以也稱為局部疲勞(local fatigue)。肌肉疲勞的症狀包括肌肉酸痛與無力，這些症狀很容易被感覺到。除了主觀的感覺以外，肌肉疲勞也可以儀器來量測，肌電圖是許多學者使用的方法，肌電圖可以顯示肌肉收縮時所產生的電位變化，當疲勞產生時，肌電圖所顯示的電位變化之水準會提高，圖4.12顯示手臂伸指肌在連續收縮2、4及16分鐘後，產生相同肌力的肌電圖。許多學者發現，當肌肉過度收縮以致於其間儲存的代謝物質耗盡之後，即使運動神經傳遞收縮訊號時也無法再收縮，因此肌肉疲勞會引起無力的感覺。在這種情形之下，若要維持一定水準的肌力則必須徵召更多的運動單位投入，這可能是疲勞時肌電水準會放大的原因。

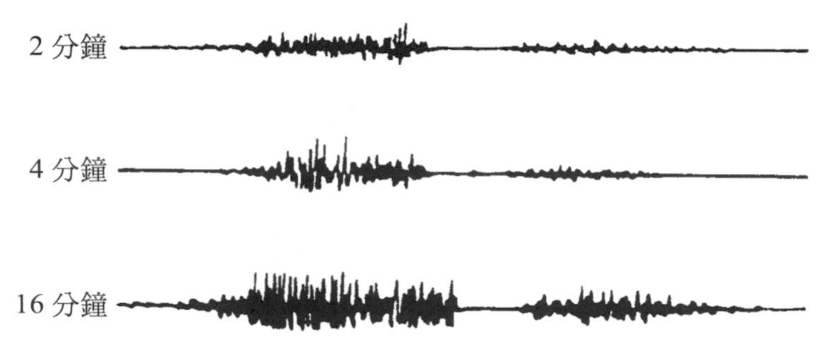

圖4.12　伸指肌在收縮2、4、及16分鐘後之肌電圖

資料來源：*Grandjean, 1985*，經*Taylor & Francis*同意轉載

疲勞產生前，肌力的最大值是MVC，疲勞現象出現後，肌力會逐漸自MVC降低(參考圖4.13)。持續的體力活動中，靜態肌力較容易量測，因此受測者以握持、或推、拉等靜態施力持續一段時間，往往能清楚的看出肌力(圖4.13)遞減的走勢，這樣的走勢可用指數函數或者冪次函數來描述。

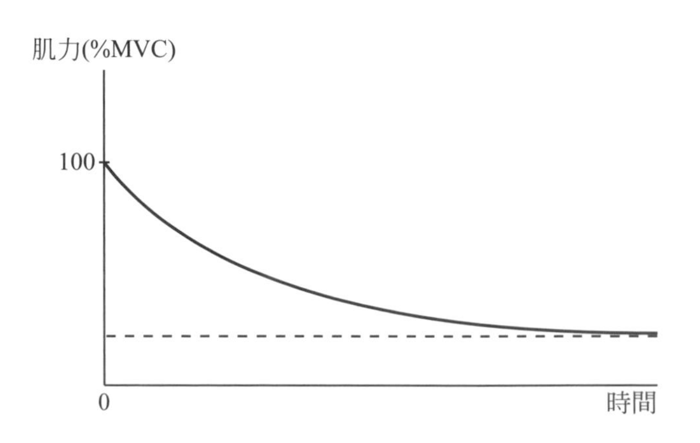

圖4.13　持續施力中肌力的逐步降低

耐力限度時間(endurance time limit)是人員從事特定水準之體力活動直到因疲勞而需停止之最長持續時間。工作時間之訂定應考慮人員之耐力限度時間，許多學者認為若要持續從事8小時的工作，合理的體力活動水準應介於最大有氧能力的20%到40%之間。耐力限度時間可依下式估計：

$ET = 10^{(0.26144 - M)/0.0712}$

式中　ET：可持續工作時間(min)

　　　M：工作能量需求(kcal/kg/min)

依此公式估計，若以最大有氧能力來工作頂多可持續4分鐘而已；若把持續時間訂為8小時則工作能量需求應為最大有氧能力的33%。對於男性與女性而言，這種工作量分別為5.0 kcal/min及3.35 kcal/min(Ayoub & Mital, 1989)。

耐力限度時間公式可讓我們計算在不需要刻意安排休息時間的條件下，再已知持續工作的時間長度下，其單位體重之能量支出水準。

例題4-1

某一勞工體重60 kg，依耐力限度時間公式$ET = 10^{(0.26144 - M)/0.0712}$來計算的話，則此人可持續4小時合理的工作負荷量應為多少？

解

$ET = 10^{(0.26144 - M)/0.0712}$公式中M的單位是kcal/kg/min

若持續4小時則代表此人持續工作時間爲4×60=240分鐘

$240 = 10^{(0.26144 - M)/0.0712}$兩邊都取log可得

$2.380 = (0.26144 - M)/0.0712$

展開可得M=0.0920 kcal/kg/min

此勞工體重爲60 kg故0.0920 kcal/kg/min×60 kg＝5.52 kcal/min

例題4-2

某一勞工體重70 kg，依耐力限度時間公式$ET=10^{(0.26144-M)/0.0712}$來計算的話，則此人可持續8小時合理的工作負荷量應為多少？若其體重降至50 kg則可持續8小時合理的工作負荷量變為多少？

解

若持續8小時則代表此人持續工作時間爲8×60=480分鐘

$480=10^{(0.26144-M)/0.0712}$

兩邊都取log可得

$2.68124=(0.26144-M)/0.0712$

展開可得M＝0.0705 kcal/kg/min

此勞工體重爲70 kg 故0.0705 kcal/kg/min×70 kg＝4.94 kcal/min

此人可持續8小時之合理的工作負荷應爲4.94 kcal/min

若體重降爲50 kg則0.0705 kcal/kg/min×50 kg＝3.53 kcal/min

此體重下可持續8小時之合理的工作負荷應爲3.53 kcal/min

Tesch(1980)研究短時間高強度的體力活動時，發現不同的肌纖維收縮時乳酸的累積速度並不相同：快肌中乳酸累積的速度較慢肌快，這種情況使得快肌的疲勞症狀比慢肌早顯現出來。

因工作負荷而產生的疲勞通常在充份的休息之後即會消失，然而若是在獲得充份的休息之前又必須開始工作，則疲勞的症狀將持續的存在，這種情形若是經常發生即會產生所謂的「慢性疲勞」(chronic fatigue)。有慢性疲勞的人會有經常性倦怠的感覺，甚至於在早晨剛起床即感覺全身疲憊與不適。慢性疲勞雖然可由長期工作負荷過重、休息不足所產生，也可能由心理與情緒方面的問題引起，例如：個人無法適應工作、工作環境、生活型態改變、家庭問題等。慢性疲勞往往是疾病的前兆，若是有頭痛、失眠、心律不整、消化系統疾病(如胃痛、胃腸潰瘍)、突然冒冷汗等症狀應儘速就醫。

4.4-2 工作與能量需求

當吾人空腹平躺時，身體的能量消耗水準稱為基礎代謝(basal metabolic)。基礎代謝水準受到體重與性別的影響，70 kg之男性每24小時之基礎代謝水準約為1,700 kcal，60 kg之女性之基礎代謝水準則約為1,400 kcal。每種工作都需要人員以特定型態的體力活動來從事，而體力活動可依新陳代謝所消耗的能量水準來加以量化。因此，工作負荷可以體力活動之能量支出水準來描述。

一般而言，能量支出水準與作業中參與收縮的肌肉數量多寡、肌肉收縮強度、及活動頻繁程度有關。使用到之肌肉愈多則能量支出愈高，通常坐姿作業較少下肢活動，因此能量支出較站姿為低；站姿作業中若需走動或踩踏板等腿部活動則能量支出又較無腿部活動之作業為高。表4.4列出了不同型態體力活動的能量支出水準。

表4.4　不同型態體力活動的能量支出水準(扣除休息狀態之能量支出)

活動	狀況或水準	能量支出 (kcal/min)
走　路	水平路面，速度為 4 km/hr	2.1
走路 (背負物體)	水平金屬路面，速度為 4 km/hr 背 10 kg物體 背 30 kg物體	 3.6 5.3
走上坡	以 11.5 m/min，坡度為16% 無額外負重 負重 20 kg物體	 8.3 10.5
爬樓梯	以17.2 m/min，梯度為30.5% 無額外負重 負重 20 kg物體	 13.7 18.4
騎腳踏車	速度為 16 km/hr	5.2
拉推車	重量為 11.6 kg以 3.6 km/hr在硬水平路面拉行	8.5
使用釜頭	雙手，35 次/min	9.5～11.5
使用鐵鎚	以 15 次/min之頻率敲打水平面	7.3

活動	狀況或水準	能量支出 (kcal/min)
使用鏟子	10 次/ min，抛至1 米高 2 米遠處	7.8
鋸　木	雙手，60 往返 / min	9.0
砌　磚	0.0041 m^3/min	3.0
使用螺絲起子	水平面	0.5
	垂直面	0.7～1.6
挖　掘	以鋤頭在黏土上挖掘	7.5～8.7
割　草	割苜蓿	8.3
家　事	烹飪	1～2
	輕微的洗滌、漿燙	2～3
	整理床舖、洗地板	4～5
	粗重的清潔工作	4～6

估計人員每日的能量支出不僅對於能量輸入的計算很重要，同時也是工作負荷設計的參考。傳統上，估計一日中能量支出水準的方式有三(Rodahl, 1960)：

1. 連續24小時記錄受測者的心跳率，並以心跳率與耗氧量的迴歸線來估計。
2. 記錄受測者24小時中各種活動及時間長短，並以每一種活動的近似能量支出水準來估計。
3. 以維持固定體重的每日飲食攝取量來計算。

Durbin & Passmore(1967)估計人們每日能量支出的水準約在1,340至5,000 kcal之間，對於沒有特別支出粗重體力負荷而有經常戶外活動的男性而言，其平均值為2,900 kcal，女性則為2,100 kcal；然而現代人戶外活動愈來愈少，以上數值對許多人而言均可能偏高。Lehmann(1953)建議以4,800 kcal做為每日能量支出的上限，這其中有2,300 kcal可用於基礎代謝、生活與休閒活動，另外的2,500 kcal則可用在工作上。Banister & Brown(1968)則認為以2,000 kcal做為體力活動能量支出的一日水準是較合理的值，這相當於4.2 kcal/min。另外有許多學者主張以4.0 kcal/min做為合理工作能量支出水準的限度(Grandjean, 1985)。

4.4-3 休息與作業績效

俗語說「休息為了走更長遠的路」。在工作中，人體的新陳代謝活動必須能維持「能量消耗」與「能量補充」的平衡，體力活動才能夠持久。能量的補充往往不是在能量消耗後立即完成的，因此工作中的休息提供了能量消耗與補充間的必要緩衝。在傳統的觀念裡，休息意味著人員的閒置，然而許多的調查均顯示適當的休息可有效的提升人員的作業績效。圖4.14中的三種狀況顯示不同休息時間的安排與人員績效的關係，在A部份人員僅在用餐時與早上各有一段休息時間，而B與C兩種狀況則除了該二時段外，又另外的安排了6次每次分別為3分鐘及1.5分鐘的短暫休息。人員的績效則以完成螺絲頭凹槽切割的件數計算。和A相比，B與C兩種狀況人員的實際工時較短，但人員的績效則反而分別提高了11.1%及6.45%。

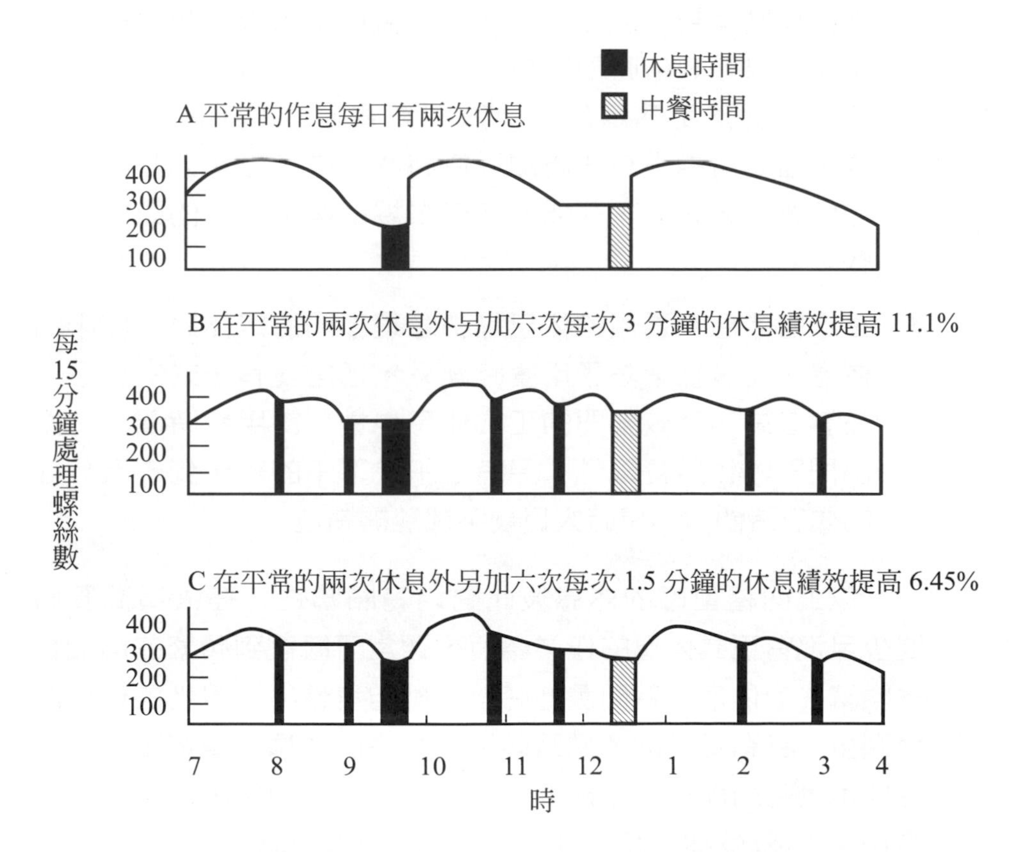

圖4.14　休息時間的安排與人員的作業績效

資料來源：*Grandjean, 1985*, 經*Taylor & Francis*同意轉載

四種休息型態
1. 自發性的休息
2. 隱藏性休息
3. 人員閒置
4. 正式的休息

依工作研究調查(Grandjean, 1985)的發現，在作業場所中可觀察到四種不同的休息型態：

1. 自發性的休息：工作中人員主動的停止作業以獲得適當的休息。這類的休息時間通常都很短，而其發生的頻率則視工作的負荷而定；負荷愈重的工作愈常發生。
2. 隱藏性休息：工作中人員為了舒緩其負荷較重的主要作業，而改為執行負荷較輕的次要作業。例如，搬運人員停止搬運而改做數量清點或整理單據等較輕鬆的作業。又如，人員暫停作業而對某些作業問題進行討論。
3. 人員閒置：這類的休息主要是因為工作中人員必須「等待」而產生的。例如，等待機器的運轉、等待物料、等待工作指派、等待其他作業的完成等。人員閒置的時間主要是由工作的排程決定的，但也和人員的靈巧度與對作業熟悉的程度有關。以輸送帶式的組裝作業來說，較熟練的作業員可以較短的時間完成作業，因此可以擁有較長的閒置時間；對於不熟練的作業員則須要較長的時間來完成作業，因此可能沒有閒置的等待時間。中、老年人動作的靈巧性較年輕人低，在這類的作業場所中能閒置的時間往往較少。
4. 正式的休息：這類的休息是由管理部門訂定休息時間中的休息。在服務業除了用餐時間外，通常沒有正式的休息。在製造業，行政部門的正式休息也僅止於用餐時間。生產部門則除了用餐以外，另有上午及下午的約十到十五分鐘的休息時間，休息時人員幾乎都離開崗位。

以上四種型態的休息彼此間均有關聯性。在人員閒置時間少且沒有正式休息的作業場所，通常可觀察到頻繁的自發性與隱藏性的休息。若閒置的時間長則自發性與隱藏性的休息就會減少。若有正式的休息時間則自發性的休息也會減少。休息型態也受到組織作業型態的影響；若是工作必須由許多人共同合作來完成(或稱群體作業)，則自發性與隱藏性的休息即不易產生；若是人員間的作業彼此互為獨立(或稱個別作業)，則自發性與隱藏性的休息比較容易產生，因為這類的休息比較不會影響組織的整體作業。疲勞也會影響人員的行為，例如在許多作業場所均可發覺人員在下午，因為疲勞的關係，會有較多的自發性及隱藏式的休息，在早上則較少。對於一般性的工作來說，工作中有15%的時間處於休息狀態(四種休息的總合)均屬合理。對於生產線上體力負荷不重、步調緊湊、反覆性較高的作業，每小時安排一至兩次，每次3到5分鐘的休息有益於工作效率的維持。對於體力負荷較重的工作則應依據工作所須消耗的能量來決定休息時間。

4.4-4 工作等級劃分

依據體力負荷之不同，工作可以區分為不同之等級。表4.5顯示美國工業衛生協會(AIHA, 1971)依能量支出，將工作區分為休息至極度重等七個等級，而能量支出可換算為相對應之耗氧量。表4.6則列出了美國勞工部建議的工作等級劃分。若依此工作等級劃分，需要特別安排休息時間之工作以中度以上的工作為主。

表4.5 美國工業衛生協會建議之成年男子之工作等級區分

工作等級	能量支出 (kcal/min)	能量支出 (kcal/day)	心跳率	耗氧量 (L/min)
休　息	1.5	720	60～70	0.3
非常輕	1.6～2.5	768～1200	65～75	0.32～0.5
輕	2.5～5.0	1200～2400	75～100	0.5～1
中　度	5.0～7.5	2400～3600	100～125	1.0～1.5
重	7.5～10.0	3600～4800	125～150	1.5～2.0
非常重	10.0～12.5	4800～6000	150～180	2.0～2.5
極度重	超過12.5	超過6000	超過180	超過2.5

資料來源：*AIHA, 1971*

表4.6　美國勞工部依體力負荷之工作等級劃分

等　級	抬舉／攜行之工作量	姿勢與其他活動
坐　姿	偶爾處理最重4.5公斤之物品	坐姿，偶爾走動站立
輕工作	最大9公斤或經常處理4.5公斤以下之物品	經常走動站立或坐姿，但需從事推拉等平臂或腿部踩踏板之活動
中度工作	最大23公斤或經常處理 12公斤以下之物品	未指明
重工作	最大46公斤或經常處理23公斤以下之物品	未指明
非常重工作	最大超過46公斤或經常處理23公斤以上之物品	未指明

資料來源：*Chaffin & Andersson, 1984*

4.4-5　休息時間的安排

人員在工作上可支出的能量受其最大有氧能力、使用肌肉比例(全身或局部)、工作姿勢、活動為間歇性或持續性、及工作環境等諸多因子影響。對許多工作而言，人可依據工作需求來調整體力支出大小與作業步調的彈性很大，然而工業化的環境中，多數的工作都必需要群體的配合才能完成，工作水準、作業步調之設計須以作業人員整體能力限度的狀況來考量，若要求生理能力較差者配合生理能力較佳者之工作，其工作時間必然無法持久。此外，站在管理的角度，合理的工作/休息時間的安排也有其必要性，否則人員經常自發性或隱藏式的休息對於組織士氣與作業管制也會有不良的影響。

從能量供需的觀點來看，工作中休息時間的安排可依Murrell(1964)公式計算：

$$RT=\frac{T(M-S)}{(M-1.5)} \tag{4.10}$$

式中　RT＝應安排休息時間(min)

T＝總工作時間(min)

S＝人員能量支出限度，一般用4 kcal/min
M＝工作能量需求(kcal/min)，$M \geqq S$
1.5 kcal/min是休息時的平均代謝水準

在Murrel公式中，工作能量需求必須大於人員能量支出限度時才須要特別的安排休息時間；若工作能量需求小於人員能量支出限度時即不需要特別的安排休息時間。若某人以8 kcal/min之水準連續工作10分鐘，則應該安排之休息為10(8－4)/(8－1.5) ≅ 6分鐘。

Spitzer(1952)也提出了休息時間之計算公式如下：

$$RT = \left(\frac{M}{4} - 1\right) \times 100\% \tag{4.11}$$

RT＝休息時間(工作時間之百分比)

若某人以7.8 kcal/min的能量支出水準來工作，則其休息時間應為其工作時間之(7.8/4－1)×100%＝95%，換句話說，應為此人安排與工作時間等量的休息時間。

Rohmert(1973 a, b)提出以工作負荷之等級與連續未中斷的工作時間來決定休息寬放(rest allowance)，其工作負荷等級之區分如表4.7所示。圖4.15顯示了決定休息寬放的方法，若某人以8 kcal/min之水準連續工作10分鐘，則其休息寬放應該是休息時間的80%，或者8分鐘。

表4.7　Rohmert休息寬放中之工作負荷等級

等　級	能量支出 (kcal/min)
輕　度	1.0～2.5
中　度	2.6～3.75
重　度	3.8～6.0
很　重	6.1～10.0
極度重	10.0以上

資料來源：*Rohmert, 1973 a, b*

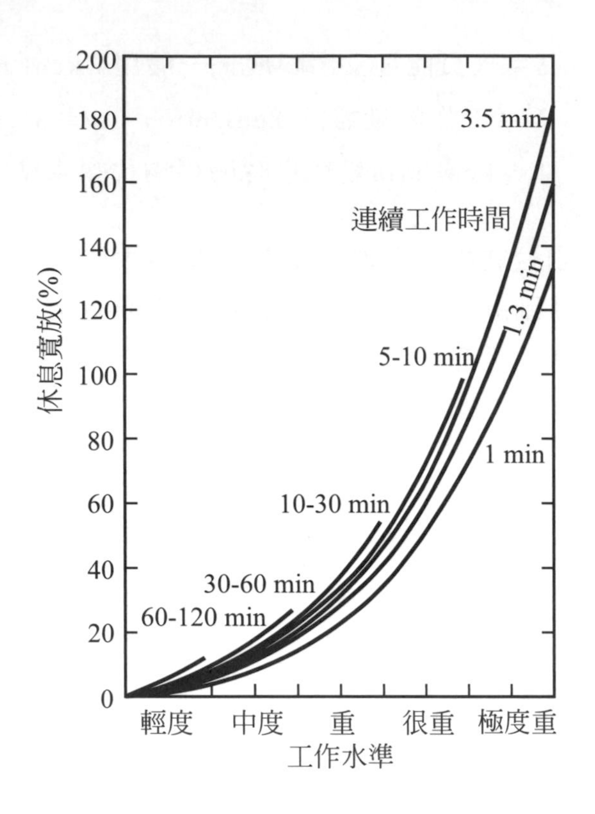

圖4.15　以工作負荷與連續工作時間決定休息寬放

資料來源：*Rohmert, 1973a,b*

▶ 例題4-3

某一勞工體重65 kg，工作負荷量為7.5 kcal/min，依Murrell及Spitzer的休息公式$RT=T(M-S)/(M-1.5)$來計算的話，則連續工作1小時後，應分別給予多少休息時間？

▶ 解

將$T=60$ min、$M=7.5$ kcal/min、S＝4.0 kcal/min代入公式

$RT=T(M-S)/(M-1.5)$

$=60(7.5-4)/(7.5-1.5)=35$分鐘

若依Spitzer公式解則

$RT=(7.5/4-1)\times 100\%=87.5\%$

60分鐘×87.5%＝52.5分鐘

> 連續工作1小時後給予35分鐘或52.5分鐘的休息時間似乎是不實際的，但問題是7.5 kcal/min的工作是重體力負荷工作，一般人很難在此負荷下持續工作1小時。比較適當的方式是安排多人或提供機具以減輕單人的工作負荷以降低M值，如此才能減少應安排休息時間。

4.5 生理韻律與人員排班

我們生活的世界充滿了各種的韻律：仰望天空有日月星辰的起落，靜觀大海可見潮起潮落；春夏秋冬、花開花謝都有特定的時節。大自然有它的規律，我們的身體也是一樣；明顯的生理韻律包括女性的生理週期與每個人的日韻律。

4.5-1 女性生理週期

女性有其特別的生理韻律，就是月經週期(menstrual cycle)。月經週期的規律性是由下視丘、腦下垂體、及卵巢的活動來控制。月經週期約需21至35天，平均值為28天，這28天的循環可以區分為五個不同的階段：

- 月經期(menstrual)
- 前排卵期(preovulatory)
- 排卵期(ovulatory)
- 後排卵期(postovulatory)
- 前經期(premenstrual)

月經週期的每個階段大約持續5到6天，內分泌與體溫隨著階段的不同而有週期性的變化，女性荷爾蒙中的雌激素在前排卵期時的分泌速率最高，而黃體激素分泌的高峰則在後排卵期達到，這兩種激素在前經期則降至最低的水準。雌激素與黃體激素的分泌可能會影響大腦的功能，然而此二種激素對中樞神經的影響卻是反向的：雌激素有刺激的作用而黃體素則有抑制的作用。體溫在排卵期前處於相對低檔，而在排卵當天達到最低，排卵之後則急速升高。

月經期中因為子宮的劇烈收縮而可能會產生疼痛、此為經痛，這段期間也容易有注意力較差、容易疲勞的現象。在排卵期，當卵子通過輸卵管時，腹部可能會感到輕微的疼痛。部份婦女在前經期會有無精打采、精神煩躁、疲勞、注意力不集中、愛吃東西等症狀，這些症狀稱為前經症候群(premenstrual syndrome)，這些症狀可以用藥物減輕。女性在月經期前後的症狀對於作業績效會有負面的影響，症狀嚴重的婦女在月經期的前一、二天幾乎無法工作，然而這種影響也可能被那段期間較高的意志力所抵消，Patkai(1985)曾在一項女祕書的工作調查中曾發現受測者在月經期的前三天的打字速度高於平時，他認為這是由於意志力影響的結果，然而受測者卻宣稱她們的工作表現與平常一樣。

4.5-2　日韻律

我們的生理系統以24小時為一週期者稱為日韻律(circadian rhythms)，日韻律可由許多的生理指標看出，例如心跳率、體溫、血壓及內分泌在夜間至清晨之間的水準均比較低，而從早上七、八點之後逐漸升高，到了傍晚時又慢慢的下降(參考圖4.16)。

在我們的生活的周遭有許多的「定時器」會提醒我們按照特定的規律來作息，例如陽光是否照射、用餐時間、手錶的時間，除了這些項目以外，社會文化對於日韻律的形成也有重要的影響。生活中的作息會依照這些定時器的提示來進行，而固定的生活模式也有助於日韻律的形成。造成日韻律的最重要的因子是睡眠，在古代，由於太陽下山之後沒有足夠的照明來供應活動所需，因此人類幾千年以來都是過著「日出而作、日落而息」的生活，日落之後的休息主要就是睡眠。人每日所需要的睡眠時間與年齡有關，嬰兒每日的睡眠時間可能高達18小時，隨著年齡的增加需要的睡眠時間逐漸縮短，一般成年人每日約需要6到8小時的睡眠，有些人可能需要10小時的睡眠才夠，而也有些人僅需睡4、5個小時即可。

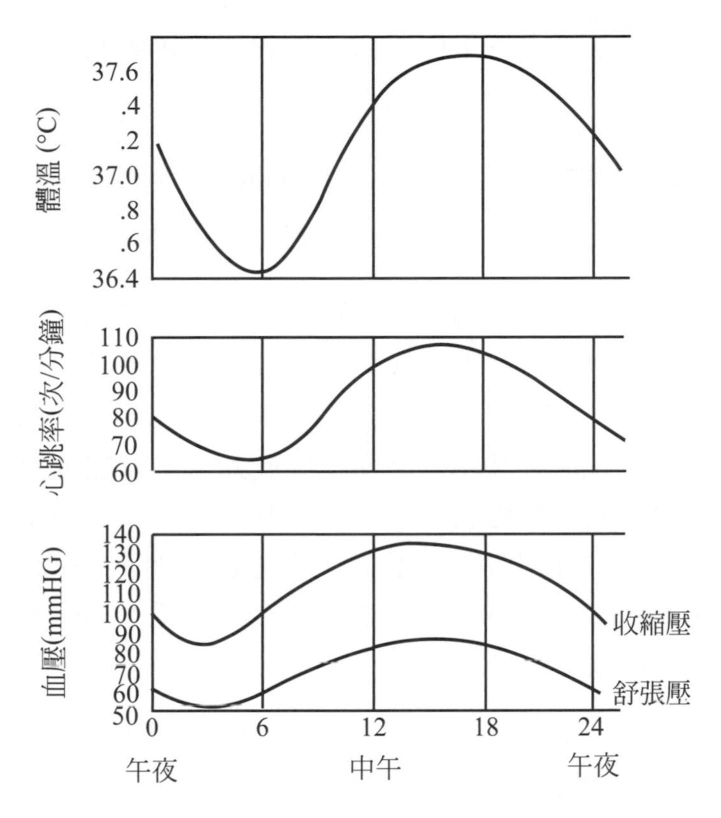

圖4.16　體溫、心跳率、與血壓每日的變化

修改自：*Colligan & Tepas, 1986*

睡眠的狀態可以大腦及眼球的活動來探討，大腦的活動可用腦波(electro-encephalo-graph，簡稱EEG)來分析。EEG可由頻率與振幅來判讀，大腦的EEG的頻率大約介於0.5 Hz至25 Hz之間，研究睡眠的學者將15 Hz以上的腦波稱為快波(fast wave)，3.5 Hz以下的腦波稱為慢波(slow wave)。而與睡眠有關的腦波可區分為以下幾種：

1. β 波：頻率在15 Hz以上，此狀態下大腦清醒，甚至於機警狀態。
2. α 波：頻率在8至11 Hz之間，人員放鬆，此時由感覺器官輸入大腦的訊息很少。
3. θ 波：頻率在3.5 Hz至7.5 Hz之間，此時為昏睡或淺睡的狀態。
4. δ 波：頻率在3.5 Hz以下，此時為深睡狀態。

除了腦波以外，睡眠的狀態可依眼球是否轉動而分為以下兩個時期：

1. 非快速眼動期(non-rapid-eye-movement，簡稱non-REM)。
2. 快速眼動期(rapid-eye-movement，簡稱REM)。

非快速眼動期約佔睡眠時間的70%，而剩下的30%則為快速眼動期。在快速眼動期，雖然眼皮闔起，但是眼球會非自主性的快速轉動，而此一時期大腦的活動較為頻繁(α與β波)，作夢通常在這個時期發生。非快速眼動期依不同的睡眠深度可包括α、θ及δ波的睡眠。在正常睡眠的前五、六個小時中，我們會經歷非快速眼動期及部份之快速眼動期，此一部份之睡眠為維持精神狀態良好所需之基本睡眠，超過此部份的睡眠則可讓身體獲得進一步的休息。

許多人有午睡的習慣，午睡應該持續30分鐘以上(進入θ波及δ波之狀態)才能有具體的效果。若是趴著5至10分鐘，腦波可能仍在α波(甚至β波)，則沒有具體的效果。若是在短暫的睡眠中已進入深睡(δ波)而突被吵醒(如上班時間到了)，則可能會有頭痛及精神不濟的現象，Kromer et al (1994)稱這種現象是由「睡眠慣性」(sleep inertia)所造成的。睡眠慣性所造成的不舒服的症狀可能持續30分鐘以上。

每個人的生活型態都不盡相同，因此日韻律也會有若干的差異。睡眠習慣是一項可明顯區分日韻律差距的生活習慣：早睡早起者的睡眠時間通常比晚睡晚起者的睡眠時間要長。為了將日韻律型態區分有客觀而量化的標準，有許多問卷被設計出來，這類問卷若加上特別的配分，以作為區分日韻律類型的依據則可稱為日韻律量表。較為普及的日韻律量表是由Horne & Osterberg (1976)所提出的日韻律量表，該量表有19個問題，其中包括了個人的睡眠作息、不同時段的疲勞與精神狀況的主觀感受、及個人工作意願最高的時段等問題，每個問題選項的配分介於0到6分之間。日韻律的類型可依據總分來決定(參考表4.8)。

表4.8　日韻律類型

日韻律類型	量表總分
絕對清晨型	70以上
傾向清晨型	59～69
中間型	42～58
傾向夜晚型	31～41
絕對夜晚型	30以下

資料來源：*Horne & Ostberg, 1976*

4.5-3　排班作業

國際勞工組織(ILO, 1978)將企業依營運的連續性分為三種：

1. 不連續系統：每日營運時間低於24小時，每日及每週均有若干的不營運時間。
2. 半連續系統：每日營運24小時，每週有若干不營運時間。
3. 連續系統：每日營運24小時，全年無休。

當企業每日營運的時間超過員工一日上班的時間時，即須要排班作業。所謂排班作業(shift work)，乃是指在同一工作場所的相同作業，在不同時段是由不同的人員來執行。製造業採取排班的目的在於提高廠房、機器設備的使用率以降低成本，服務業排班的目的則是要增加服務時間以滿足客戶的需求。排班作業逐漸的普及於各種產業之中，表4.9列舉了英國不同產業在1954至1994等四個年份排班人員佔所有人員的百分比，在前三個年份之中，排班人員所佔的比例呈現微幅的增加(工程業大幅增加)，然而在1978與1994年之間這個比例則呈現出大幅上揚的。在1994年過半數的人員必須參與排班，金屬製造業的排班人員比例甚至於高達95%。

排班作業

在同一工作場所的相同作業，在不同時段是由不同的人員來執行

表4.9　英國排班人員的百分比

產業	排班人員占所有人員之百分比			
	1954	1964	1978	1994
化工	24	29	39	60
金屬製造	42	44	44	95
工程	6	11	36	56
食品	13	19	32	60
水泥、陶瓷	17	23	23	88
造紙	14	24	32	68

資料來源：*Smith et al, 1998*

一般來說，排班的實施可分為三種型態：

1. 固定班(fixed shift)：安排工作人員固定上某一班別，如日班、夜班。
2. 輪班(rotating shift)：工作人員依某種順序，輪上不同班別。輪班的速度又可區分為快速輪班與慢速輪班；同一班別連續工作五天內換班者，屬於**快速輪班**，若在五天或五天以上才換班則屬於**慢速輪班**。輪班的方式又可分為：
   (1) 向前輪班：依早、午、晚的順序輪換者。
   (2) 向後輪班：依晚、午、早的順序輪換者。
   (3) 混合輪班：不依照　或者　的方式輪換者。
3. 不定班(oscillating shift)：工作人員何種班別不固定，視需要而定。

排班方式的選擇必須視企業是不連續、半連續、或是連續系統而定。不連續系統的排班主要是以固定班為主，若每日營運時間較長(例如早上八點至晚上十點)，則可採用早、午兩班的固定班或是輪班。

若企業的營運是半連續系統，則可採用固定班或是輪班的方式；採用固定班時人員可分為早、午、晚三班，所有人員在週末均休假，此種排班的方式對於晚班的人員最不利，一般企業對於固定晚班者均提供薪資加給以作為補償，也有少部份勞工因為額外的加給與夜間工作步調較緩慢、主管不在、工作壓力較低等因素而喜歡上晚班。若是採用輪班，可以一週為週期來調整班次；採用三班制者可依早、午、晚的向前輪班順序來調整或晚、午、早的向後順序換班。

若企業的營運是連續系統，可採用三班制或兩班制的輪班作業。在歐洲，有兩種快速換班的三班制排班系統常被採用，一種是大陸型輪班(continental rotation)(參考表4.10)，另外一種則是都會型輪班(metropolitan rotation)(參考表4.11)，其輪班方式分別為：

- 大陸型輪班：2-2-3(2)/2-3-2(2)/ 3-2-2(3)
- 都會型輪班：2-2-2(2)

都會型的輪班較為單純；依日班、午班、夜班的順序每種上兩天，然後休假兩天，然而此種排班每八週才會擁有完整的週末假日，較不受歡迎。

表4.10　大陸型輪班表

	星期一	星期二	星期三	星期四	星期五	星期六	星期日
第一週	早班	早班	午班	午班	夜班	夜班	夜班
第二週	休假	休假	早班	早班	午班	午班	午班
第三週	夜班	夜班	休假	休假	早班	早班	早班
第四週	午班	午班	夜班	夜班	休假	休假	休假

表4.11　都會型輪班表

	星期一	星期二	星期三	星期四	星期五	星期六	星期日
第一週	早班	早班	午班	午班	夜班	夜班	休假
第二週	休假	早班	早班	午班	午班	夜班	夜班
第三週	休假	休假	早班	早班	午班	午班	夜班
第四週	夜班	休假	休假	早班	早班	午班	午班
第五週	夜班	夜班	休假	休假	早班	早班	午班
第六週	午班	夜班	夜班	休假	休假	早班	早班
第七週	午班	午班	夜班	夜班	休假	休假	早班
第八週	早班	午班	午班	夜班	夜班	休假	休假

壓縮工作週
人員每週工作天數低於五天，而每天工作時間超過八小時者

除了傳統的三班制排班方式以外，壓縮工作週(compressed work week)的概念也逐漸的普及在連續系統的產業之間，所謂壓縮工作週是指人員每週工作天數低於五天，而每天工作時間超過八小時者(Tepas, 1985)。常見的壓縮工作週的排班方式包括每班上十小時，每週上四天班，及每天上12小時，隔日上班等方式。

表4.12是壓縮工作週排班的一個例子。這種排班把人員分成四組，其班次每四週為一個週期，人員每週上班三或四日，每次上班12小時，因此每週工時為36或48小時，每兩週的工時為84小時。此排班的特色是週六與週日連續兩天的作息相同，人員隔週週末休假。

表4.12　壓縮工作週排班

組別	第一週		第二週		第三週		第四週	
	一二三四五	六日	一二三四五	六日	一二三四五	六日	一二三四五	六日
1	日休休夜夜	休休	休日日休休	夜夜	夜休休日日	休休	休夜夜休休	日日
2	休日日休休	夜夜	夜休休日日	休休	休夜夜休休	日日	日休休夜夜	休休
3	夜休休日日	休休	休夜夜休休	日日	日休休夜夜	休休	休日日休休	夜夜
4	休夜夜休休	日日	日休休夜夜	休休	休日日休休	夜夜	夜休休日日	休休

註：日：早上7點到晚上7點；夜：晚上7點到早上7點；休：休假

壓縮工作週的主要優點在於每週上班的天數少，員工可享有較多的假期與較為滿意的家庭與社會生活，Cunningham (1989)即指出上12小時壓縮工作週班次的年輕已婚者對其家庭生活與個人的健康有較高的滿足度。壓縮工作週的主要缺點則是上班時間太長，人員在上班的後段時間會非常的疲勞(Tepas, 1985)，有些參與壓縮工作週者在其不上班的時間甚至於從事第二份工作，在這種狀況下長時間超時工作所引起的疲勞問題更為顯著(Rosa et al, 1989；Kogi, 1991)。工作中的疲勞容易引起作業績效降低及錯誤率的提高，Kelly與Schneider(1982)曾指出連續12小時的工作者其錯誤率較一般高出一倍，Rosa(1991)也指出12小時的工作者有績效降低的情形，Ong與Kogi(1991)曾報導新加坡部份企業由於生產力降低、人員流動率提高、及人員有關疲勞的抱怨增加而放棄壓縮工作週的例子。很顯然的，身體或心智活動頻繁的作業，例如：人工組裝、檢測均不適合壓縮工作週的排班方式，壓縮工作週僅適用於具有以下特徵的作業：

- 自動化程度高者：如自動製程的監視
- 人員待命時間長者：如消防、設備維修
- 人員績效降低對整個生產力的影響較少
- 人員作業中疏失與錯誤不致引起嚴重後果

對於一般的工作者其工作時間是以日照的時段為主，「朝九晚五」是薪水階級人士生活的寫照，也直接的反應了白天工作者的上、下班時間，對於多班次的組織而言，各班的上下班時間因該考量企業營運上的配合與排班對於人員的影響而定。表4.13顯示了英國排班作業人員的上、下班時間分佈表。對於多班次的組織，上下班時間即是交班時間，在英國多數的企業其三班的交班時間訂在6：00～7：30、13：00～15：00及21：00～23：00。每班上12小時的兩班制的交班時間則分別在早上與晚上的六點至八點之間。

陳明德等人(1994)對17,474家製造業廠商進行調查，發現這些企業有40.5%採用兩班制的輪班制，其他的59.5%則採用三班的輪班制。多數兩班制企業的第一班工作時間為8時至16時，第二班為16時至24時；三班制的前兩班和兩班制相同，第三班工作時間為0時至8時。有81%的企業在例假日休息，其餘的19%採取輪休。換班的週期以7天換班一次最多佔54.4%，5天的其次佔20.3%，14天的佔16.5%。

表4.13　英國排班人員上、下班時間分佈

班別	上班時間	採用此時間之企業(%)	下班時間	採用此時間之企業(%)
早	06：00～07：30	90.4	13：00～15：00	95.6
中	13：00～15：00	90.4	21：00～23：00	86.8
晚	21：00～23：00	91.4	06：00～07：30	89.5
傍晚	16：00～18：00	87.5	22：00～24：00	87.5
12小時日班	06：00～08：00	98.2	18：00～20：00	98.2
12小時夜班	18：00～20：00	94.4	06：00～08：00	96.3

資料來源：*Smith et al, 1998*

4.5-4　夜間工作引起的問題

排班制度對人員的影響可分為以下四個層面來討論：

- 身心健康
- 社會生活
- 作業績效
- 意外事故

輪班作業通常會影響人員的睡眠，Costa(1996)指出需要很早(如早上五、六點)上班的人，其睡眠時間常因早起而被縮短，不過早起的人損失的睡眠往往是快速眼動期(腦部活動水準較高)，這種睡眠的損失對人員的影響較少。在晚上十點至十二

點下班者，其睡眠時間常須延後，然而若是能夠延後起床，則不致有睡眠的損失。因工作而必須日夜顛到的人幾乎無可避免會受到較嚴重的睡眠損失，這種損失包括睡眠時間的縮短及睡眠品質的降低。早上才就寢的人，很難像夜間一般連續睡七、八個小時，多數人在中午即會起床，而在下午至傍晚間可能再睡一次。Kogi(1985)曾經針對德國及日本的輪班作業人員做大規模的睡眠時間調查，結果發現晚上正常就寢者，其睡眠時間可維持八小時甚至更久，就寢時間在午夜以後者，睡眠時間即開始下降(參考圖4.17)。

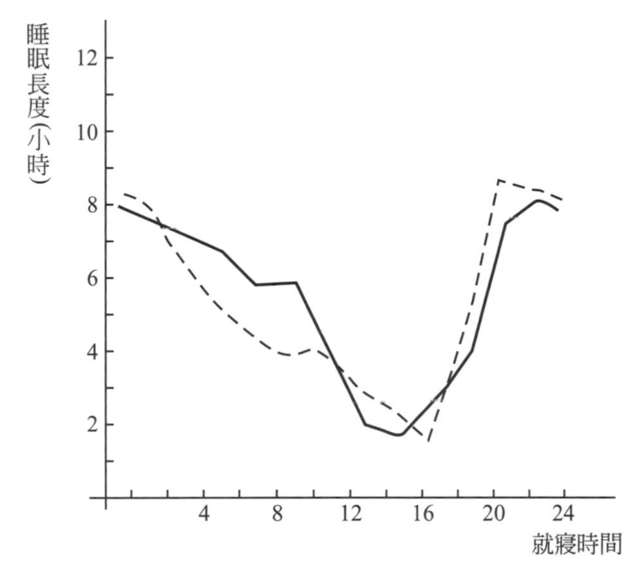

圖4.17　輪班人員之睡眠時間：德國及日本的人員分別以實線與虛線連接

資料來源：*Kogi, 1985*

白天睡覺的時間不易如夜間持續，主要是因為噪音、電話、電鈴及他人之活動等環境因素所造成，而這些因素也容易降低睡眠的品質。

用餐時間是維持日韻律的一項重要的「定時器」，用餐不僅是維持身體所需的食物供應，更有其社會的意義。從事夜班者的飲食習慣往往被破壞，例如正常的早餐時可能因工作而放棄進食，而中午及傍晚時也可能尚在睡覺，而在之後隨意的吃些東西，而在夜間工作中用餐可能也很簡單。許多文獻(Costa et al. 1981, Costa, 1996, Segawa, et al, 1987)指出經常輪值夜班的人容易有胃腸方面的疾病，部份文獻甚至於指出夜班輪值者罹患胃潰瘍的比例是僅上日班的人員的2倍至5倍。

睡眠不足對於生理的影響較少，對於心理及精神上的影響較大，睡眠不足者在工作場所中往往情緒低落、精神渙散，甚至於眨眼次數增加、打瞌睡。在夜班的頭一天，人員在午夜至凌晨之間的績效都不佳，而在大約四點左右作業績效最差，在連續的夜班之後，隨著生理時鐘的逐步調整，這種情況可以獲得部份之改善(Monk, 1989)。睡眠不足會降低人員的作業績效，尤其以下列作業更為明顯：

- 視覺負荷高之作業
- 分工精細、重複性高之作業
- 單調性作業
- 相同活動持續時間長者
- 工作步調是由機器控制者

睡眠不足所造成的績效降低通常可由以下事項看出：

- 注意力降低
- 反應遲緩
- 記憶減退
- 錯誤率增加

輪值夜班者容易有睡眠不足的問題，睡眠不足會降低人員的警覺性而容易導致意外事件的發生。Costa(1996)分析了19篇比較日夜班意外事件發生率的文獻，發現其中有9篇的結論是夜班的意外事故發生比例最高，而分別有2篇指出早上及下午的事故發生率較高，其他4篇則指出事故發生率在不同時段的發生率差異不顯著。值得一提的是著名的美國三哩島(1979)、前蘇聯的車諾比(1986)及印度的波布爾(Bophal)災變均是發生在夜間(時間分別是凌晨4：00、1：25及0：57)。Monk et al(1996)指出夜班人員容易因打瞌睡而錯失應該執行之操作，這種疏失往往造成嚴重的後果。

每個人的家庭與社交的狀況均不太相同：初入社會的年輕人大多希望有較多的時間與朋友在一起，家中有幼年子女的人則必須盡量留在家照顧子女，中老年人由於子女皆已成年，留在家中與家人相處的需求並不高。上夜班的人由於工作、睡眠及飲食等作息與他人皆不相同，因此與家人、親友相處的時間較少，也不容易參加公共的活動；若長時間上夜班容易在生活中產生孤立與封閉的感覺。

在組織內，若是夜班無法避免，Grandjean(1985)提出排班時應注意事項如下：

1. 25歲以下及50歲以上的人應避免上夜班。
2. 有消化系統、神經系統、心臟血管循環系統、易失眠、情緒不穩者應避免上夜班。
3. 三班制之交班時間以6：00、14：00及22：00較佳。
4. 任何人均應避免長期上夜班。
5. 快速輪班較慢速輪班好。
6. 上完夜班之後應有24小時之休息。
7. 輪班應採用向前輪班。
8. 任何排班均應包含至少一次較長時間的休息與用餐(熱食為宜)。

4.5-5 夜間作業績效的維持

夜間工作的人員通常精神不佳，甚至於會打瞌睡，因此工作效率往往較白天工作的效率低，如何讓夜間工作者維持在警醒的狀態，以維持其作業績效是管理上的一大挑戰。

咖啡與茶是常用來提神的飲料，這些飲料中所含的咖啡因(caffeine)的確有提神的效果。Akerstedt與Landstrom(1998)指出2到4 mg/kg的咖啡因被消化系統吸收(飲用後30到120分鐘之間)即有顯著的提神效果，這種效果約可持續5到7個小時之間。然而咖啡因也有副作用，高劑量(6 mg/kg以上)咖啡因的攝取可能會引起焦慮、緊張等狀況；咖啡因也往往會影響工作之後的睡眠(Bonnet & Arand, 1990)。

夜間工作中，若是容許短暫的睡眠對於維繫人員的警醒狀態有很大的幫助，許多研究(Dinges et al, 1987；Bonnet, 1991)顯示，初次上夜班的人若能在執勤中小睡0.5至2個小時，可減緩在清晨時精神狀態明顯下降的發生，1到2小時小睡遠比喝一大杯咖啡對提神來得有效。然而小睡之後，必須要有5到15分鐘的時間來克服睡眠的慣性。

研究的結果顯示，一成不變的噪音會引起倦怠的感覺，而高頻率的聲音卻有維持人員警醒的效果。Landstrom et al(1994)曾以4種頻率(3,050、3,700、5,800與10,750 Hz)的聲音來調查聲音對於維持睡眠不足的汽車駕駛人的警醒是否有效。四種聲音以隨機的方式輪流播放52 ms，其間並穿插3至7秒的爆裂聲(每隔1到5分鐘由錄音機播放一次)。結果顯示即使在睡覺不足的狀態，受測者仍然可以在聲音的刺激下維持在警醒的狀態。刺激性的聲音會引起不舒服的感覺，並不適合長時間使用，僅能作為暫時性的對策。

Prokop & Prokop(1955)指出不良的通風環境，由於一氧化碳與二氧化碳濃度的升高、空氣溫度調節機制的惡化，會引起人們睏倦與昏睡的感覺。Bockel(1969)的研究顯示汽車駕駛人在暴露於60 ppm的一氧化碳的環境中90分鐘之後，其績效降低了25%。維持良好的通風並不能當作減緩一般疲勞的對策，然而卻是避免人員發生昏睡的基本要求。

參考文獻

1. *Akerstedt, T, Landstrom, U(1998), Workplace coun-termeasures of night shift fatigue, International Journal of Industrial Ergonomics, 21, 167-178.*
2. *American Industrial Hygiene Association (AIHA)(1971), Ergonomic guide to assessment of metabolic and cardiac costs of physical work, Akron, OH.*
3. *Astrand, P-O, Rodahl. K(1986), Textbook of Work Physiology, McGraw-Hill Inc,N.Y..*
4. *Ayoub, MM, Mital, A(1989),Manual Materials Handling, Taylor & Francis, London.*
5. *Banister, EW, Brown, ER(1968), The relative energy requirements of physical activity,In Chap 10 : "Exercise Physiology", Academic Press Inc., N.Y..*
6. *Bockel, J(1969), Elusive polutter, Science News, 96, 480-481.*
7. *Bonnet, MH, Arand, DL(1990), Chronic caffeine effects on sleep metabolism and daytime alertness, Sleep Research, 20, 211.*
8. *Bonnet, MH(1991), The effect of varying prophylactic naps on performance,alertness and mood throughout a 52-hour continuous operation, Sleep, 14, 307-315.*
9. *Chaffin, DB, Andersson, GBJ(1984), Occupational Biomechanics, John Wiley &Sons Inc, N.Y..*
10. *Colligan, MJ, Tepas, DI(1986), The stress of hours of work, Journal of the American Industrial Hygiene Association, 47, 686-695.*
11. *Costa, G. Apostoli, P. D'Andrea, F. Graffuri, E (1981), Gastrointestinal and neurotic disorders in textile workers in Reinberg, A. Vieux, N. and Andlauer P. (eds). Night and Shiftwork : biological and social aspects, Pergamon Press, 215-221.*
12. *Costa, G(1996), The impact of shift and night work on health, Applied Ergonomics, 27(10), 9-16.*
13. *Dinges, DF, Orne, MT, Whitehouse, WG, Rrne, EC(1987), Temporal placement of a nap for alertness : contribution of rhythm phase and prior wakefulness, Sleep,10, 313-329.*
14. *Durbin, JVGA, Passmore, R(1967), Energy, work, and leisure, William Heinemann,Ltd, London.*
15. *Grandjean, E(1985), Fitting the task to the man, Taylor & Francis, London.*

16. *Grandjean, E(1985), Fitting the task to the man, Taylor & Francis, London.*

17. *Horne, JA(1985), Sleep loss : Underlying mechanism and tiredness, Chap 5 in S.Folkard and TH Monk, (eds), Hours of work, (53-65), Chichester, U.K. Wiley.*

18. *Horne, J, Oestberg, O(1976), A self-assessment questionnaire to determine morningness-eveningness in human circadium rhythms, Internation Journal of Chrono-Biology, 4, 97-110.*

19. *Kamon, E, Ayoub, M(1976), Ergonomic guide to assessment of physical work capacity, technical report.*

20. *Kilbom, A(1990), Measurement and assessment of dynamic work,In J. Wilson, and EN Corlett (eds), Evaluation of human work, Taylor & Francis, London, 520-541.*

21. *Kogi, K(1985), Introduction to the problems of shift work, in Folkard,S. monk, TH (eds), hours of work - Temporal Factors in work scheduling,John Wiley, N.Y., 165-184.*

22. *Kromer, KHE, Kromer, HB, Kromer-Elbert, KE(1994), Ergonomics- how to design for ease and efficiency, Prentice-Hall International, N.Y..*

23. *Lehmann, G(1953), "Praktische Arbeitsphysiolgie", Thieme, Stuttgart.*

24. *McLelllan, TM, Skinner, JS(1982), Blood lactate removal during active recovery related to the aerobic threshold, International Journal of Sports Medicine, 3(224).*

25. *Monk, TH(1989), Shift worker safety : issues and solutions, In : A. Mital (ed),Advances in Industrial Ergonomics and Safety I, Philadelphia, Taylor & Francis, 887-893.*

26. *Monk, TH, Folkard, S, Wedderburn, AI(1996), Maintaining safety and high performance on shiftwork, Applied Ergonomics, 27(1), 17-23.*

27. *Murrel, KFH(1964), Ergonomics : Man in his working environment, Chapman and Hall, London.*

28. *Patkai, P(1985), The menstrual cycle, Chap 8 in S. Folkard and TH Monk(eds), Hours of work, 87-96, Chichester, UK : Wiley.*

29. *Prokop, O, Prokop, L (1955), Ermudung und Einschlafer am steuer Deutsche Zeithrift fur gerichtliche Medizin, 44, 343-350.*

30. *Pruett, EDR(1971), Fat and carbohydrate metabolism in exercise and recovery, and its dependence upon work load severity, Institute of Work Physiology, Oslo.*

31. *Rodahl, K(1960), Nutrition requirement under artic conditions, Norsk Polarinstitutt Skrifter No 118, Oslo University Press, Olso.*

32. Rohmert, W(1973a), *Problems in determining rest allowance : part I - using modern method to evaluate stress and strain in static work, Applied Ergonomics, 4(2), 91-95.*

33. Rohmert, W(1973b), *Problems in determining rest allowance : part II - determining rest allowance in different human tasks, Applied Ergonomics, 4(2), 158-162.*

34. Segawa, K. et al (1987), *Peptic ulcer in prevalent among shift worker,Gestive Diseases and Science, 32(5), 449-453.*

35. Spitzer, H(1952), *Physiologische Grundlagen fur den Erholungszuschlag bei Schwerarbiet (Darmstadt : REFA-Nachrichten, Heft, 2).*

36. Smith, H, Macdonald, I, Folkard, S, Tucker, P(1998), *Industrial Shift System, Applied Ergonomics, 29(4), 273-280.*

37. Tepas, PI (1985), *Flexitime, compressed work weeks and other alternative work schedules, Chap 13 in S Folkard and TH Monk (eds), Hours of Work, Chichester,UK, Woley : 147-164.*

38. Tesch, P(1980), *Muscle fatigue in man with special reference to lactate accumulation during short-term intense exercise, Acta Physiology Scandinavian, supp 480.*

自我評量

1. 有氧過程主要是指那一種代謝物質的氧化過程？
2. 肌肉組織中之乳酸主要是由那一種代謝反應產生的？
3. 什麼是心縮排血量？
4. 如何估計一個成年人的最大心跳率？
5. 什麼是$V_{o2\max}$？
6. 某勞工從事某作業時之V_{o2}為1.6 L/min，其新陳代謝之能量支出為多少kcal/min？ 依美國工業衛生協會的標準，其工作為哪一級？
7. 哪些指標可以用來量度全身體力活動的水準？
8. 若一個工人連續以5 kcal/min的條件工作兩小時，則依Murrell公式計算，他應該休息幾分鐘？

9. 請說明大陸型輪班與都會型輪班的差異。

10. 何謂壓縮工作週？具有哪些特徵的作業適合安排壓縮工作週？

05

肌肉骨骼傷害 (I)

在工業化的社會中，為了追求效率，作業人員經常被要求反覆的從事某一作業。如果人員長時間的以一些不自然的姿勢來完成作業，則會增加肌肉骨骼系統傷害之風險。肌肉骨骼系統傷害對作業人員之個人影響包括身體局部之疼痛、刺痛、麻木，甚而造成肢體功能喪失等；對於事業單位而言，則可能產生產能、效率與士氣的降低、工時的損失與管理階層的困擾等問題。造成肌肉骨骼系統傷害的成因包括人員被撞擊、跌倒、過度施力、反覆動作、不良姿勢、與休息時間不足等，這些成因可稱為風險因子(risk factor)。被撞擊與跌倒在工作場所較易被注意，而過度施力、不良姿勢、反覆動作、與休息時間不足等情況則較易被忽視，因此人因工程界對於肌肉骨骼傷害成因之探討大多以這四方面為主。這類的肌肉骨骼系統傷害的症狀通常都是經過一段時日的累積後才會顯現出來，因此可稱為累積性傷害(cumulative trauma disorders，簡稱CTD)或重複性傷害(repetitive trauma disorders)。與職業有關的肌肉骨骼傷害問題常見於下背、手部、與頸肩等部位。本章將依身體的部位來分別介紹。此外，肌肉骨骼傷害的調查與分析的方法也將一併討論。

5.1 下背部傷害

脊柱在人體重量的支撐上扮演很重要的角色，脊柱可分為頸椎(cervical vertebrae)、胸椎(thoracic vertebrae)、腰椎(lumbar vertebrae)、薦椎(sacrum)、及氐骨(coccyx)(見圖5.1)。頸椎有7節，胸椎有12節，腰椎有5節，薦椎以下則並沒有清楚的區分，每節脊椎骨均可按照部位之英文第一字母及位置來加以編號，例如C3、T9、L5、S1分別代表第三節頸椎、第九節胸椎、第五節腰椎、與薦椎。脊柱中頸椎較細，腰椎最粗，此粗細直接的反應了其承受重量的相對大小。脊椎骨在橫切面上均有一椎孔(vertebral foramen)以容納脊髓，而在脊椎骨間則有椎間孔(intervertebral foramen)讓神經可由其間通過。脊椎骨與脊椎骨間由椎間盤(intervertebral disc)連接。椎間盤是由具有彈性之纖維質構造組成，此種構造可以承受壓力而變形。成年人椎間盤的彈性會逐漸退化，若椎間盤承受過大的壓力，會造成椎間盤脫出的現象，脫出正常位置的椎間盤若壓擠到神經就會造成下背痛。

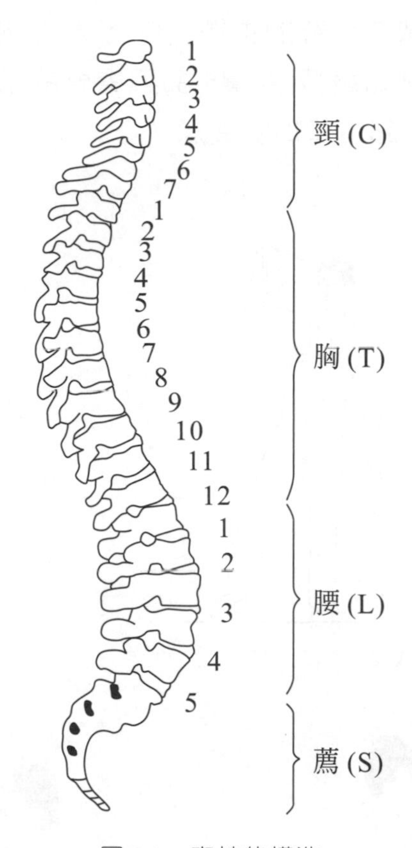

圖5.1 脊柱的構造

下背痛是在許多國家都是一個主要的職業傷害問題。依據勞委會勞工安全衛生研究所在民國八十四年的調查指出我國各產業的從業人員共有48.9%曾有下背痛之症狀。筆者(李開偉等，1997)曾在新竹科學園區對半導體製造業所做的調查則發現從事晶片製造的作業人員有38.4%反應曾有下背不適的症狀，因此下背部傷害的問題在國內不論是高科技產業或是傳統產業都是很普遍的。

在工作場所裡，下背痛可歸因於人工物料處理(manual materials handling)，所謂人工物料處理是指人員以抬舉、放下、推、拉、攜行等方式來處理物品(見圖5.2)。當從事人工物料處理時，肌肉骨骼系統即承受由物料重量所引起之額外負荷，此負荷若是超過肌肉骨骼系統的能力限度即可能引起下背部傷害的問題。因此，人因工程界分析下背傷害問題均以人工物料處理的分析做為研究的主題。除了人工物料處理之外，不良的工作姿勢，例如彎腰(見圖5.3)與軀幹的扭轉也都有可能增加下背的負荷而引起下背痛的問題。

人工物料處理

人員以抬舉、放下、推、拉、攜行等方式來處理物品

圖5.2　人工物料處理作業

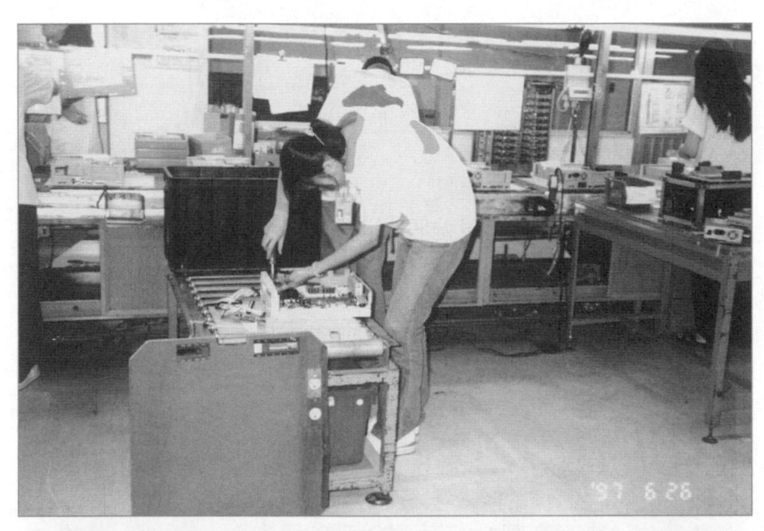

圖5.3　不自然的工作姿勢：彎腰

5.2　手臂與手的肌肉骨骼傷害

手的解剖構造可分為骨骼、肌肉、神經三個方面來探討。手的骨骼包括上臂的肱骨、下臂的橈骨、尺骨、與手部的腕骨、掌骨及指骨組成。肱骨的近端連於肩關節，而遠端則於手肘處與橈骨、尺骨相連。橈骨在下臂由手肘部延伸至靠近拇指端的手腕部位，而尺骨則由手肘延伸至小指側之手腕部位。腕骨共有八塊分成兩排排列，而掌骨共有五塊，分別和五個手指的指骨相連，而指骨則拇指有二節，其他四指各有三節(參考圖5.4)。

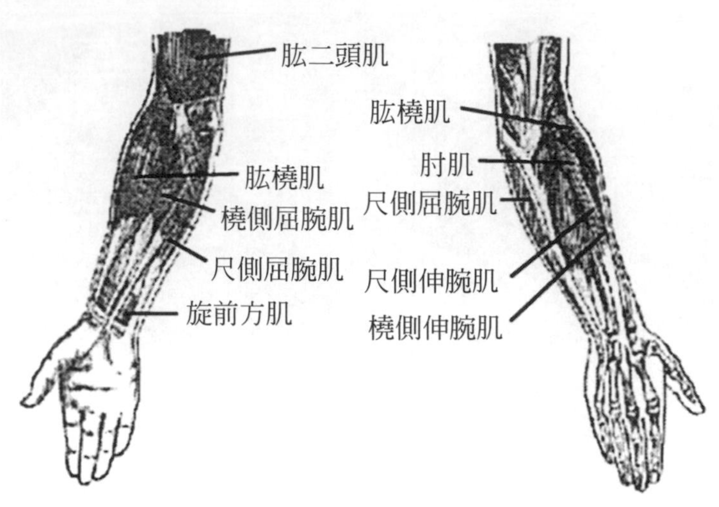

圖5.4　手臂與手的肌肉

手臂的肌肉包括了肱二頭肌、肱肌、肱橈肌、三頭肌、肘肌、旋前肌、旋後肌等。肱二頭肌、肱肌和肱橈肌收縮時主要是產生下臂屈曲之動作，而三頭肌、肘肌作用則是下臂延伸，旋前肌及旋後肌則是產生下臂內轉及外轉之動作。肱二頭肌除了下臂屈曲外，也有外轉之作用。下臂的肌肉包括屈腕肌(包括橈側與尺側)、伸腕肌(包括橈側與尺側)、掌長肌、屈指肌(包括深層和淺層)、伸指肌及內收拇肌、外展拇長肌、屈拇長肌。屈腕肌及掌長肌之功用在於手掌屈曲，伸腕肌則作用為手掌延伸，屈指肌、伸指肌及內收拇肌則作用分別為手指屈曲、指延伸及拇指內收。外展拇長肌、屈拇長肌之作用分別為拇指之外展及屈曲。屈指肌在手腕部即以肌腱組織通過腕道並終止於掌骨和指骨上。

控制手部動作之神經有三條：橈神經、正中神經及尺神經。橈神經由上臂、下臂沿著橈側延伸至靠近拇指部位之手掌區域，尺神經則沿著下臂之尺側經由腕道外延伸至靠近小指部位之手掌區域，而正中神經則由手臂延伸，並通過腕道到手掌主要之區域(見圖5.5)。所謂腕道(carpal tunnel)是指在手腕部位由腕骨與橫腕韌帶相連所形成的通道(參考圖5.6)，在腕道內的組織包括屈指肌腱及正中神經。

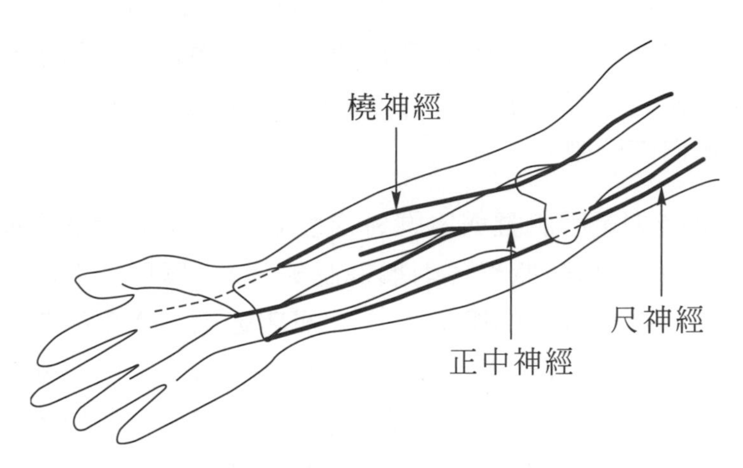

圖5.5　控制手部活動的神經

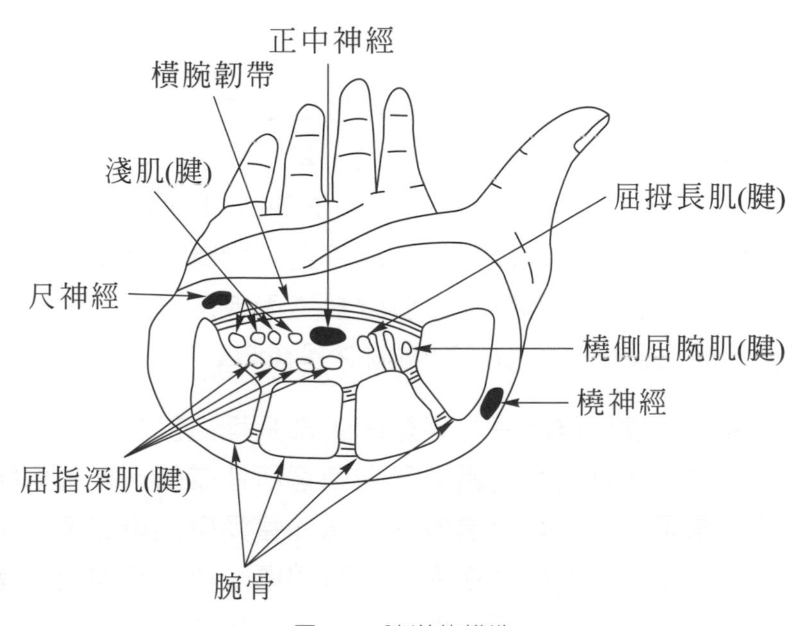

圖5.6　腕道的構造

常見的手部肌肉骨骼系統症狀包括腕道症候群(carpal tunnel syndrome，簡稱CTS)、肌腱炎(tendonitis)、腱鞘炎(tenosynovitis)、扳機指(trigger finger)、局部缺血(ischemia)、網球肘(tennis elbow)與手部震動症候群(hand-arm vibration syndrome)等。**腕道症候群**之發生是由於通過腕道之正中神經受到組織之壓擠而造成傷害，其症狀包括手部之麻木、感覺與抓握力之喪失，嚴重時可能造成手部肌肉之萎縮。腕道症候群之成因可歸因於手部動作經常性、反覆性的手掌屈曲、尺偏，這

腕道症候群

通過腕道之正中神經受到組織之壓擠而造成傷害，其症狀包括手部之麻木、感覺與抓握力之喪失，嚴重時可能造成手部肌肉之萎縮。成因可歸因於手部動作經常性、反覆性的手掌屈曲、尺偏，這些不自然的姿勢配合手部的抓握

些不自然的姿勢配合手部的抓握(例如：以傳統起子鎖螺絲、使用鉗子、鐵鎚、雙手扭動衣物等動作)即可能造成正中神經在腕道內因壓擠而受傷。

肌腱炎則是因肌腱與肌腱外之腱鞘因過度之摩擦而產生發炎之現象(若是腱鞘發炎，則稱為腱鞘炎)，其症狀為腕部之疼痛及發熱。造成腕部的肌腱炎之手部活動也不外乎手掌以高頻率、不自然的姿勢(手掌屈曲、延伸、尺偏)來工作。當手的特定部位經常承受外界的壓力(例如使用手工具時，手掌承受由握把傳來的壓力)時，血液循環受阻即可能產生局部缺血的現象，此時靠近血管末梢的部位(如手指)的血液的供應量不足，而會產生皮膚泛白、麻木、與刺痛的感覺。

網球肘(又稱為外側肘腱炎)之發生是由於橈骨及肱骨連接處之肘關節組織因經常壓擠而發炎，其症狀為手肘的疼痛、發熱。網球肘顧名思義是由類似打網球時之揮球拍動作所造成的，這種動作之特徵為反複之手掌橈偏、內轉、手掌過度延伸及抓握。扳機指乃是因手指之肌腱發炎而無法伸直，這種傷害常見於須經常操作以食指控制開關之各種自動手工具。

手部震動症候群顧名思義是因手部長期處於震動的狀況下手部神經與血管壁的肌肉組織受到傷害所造成的，這種傷害在寒冷的作業環境中尤其容易發生。當血管受傷之後血液流量減少，手部會泛白，此症狀在手指尤其明顯，所以**又稱為白指病**(white finger)。因為手部缺血的關係，患者也會有手部冰冷，刺痛、麻木等症狀。

5.3 其他部位的肌肉骨骼傷害

文獻中提到與工作有關的肌肉骨骼傷害以下背部與手部的傷害較為常見，然而不當的工作設計也可能會造成其他身體部位的傷害。胸腔出口症候群(thoracic oulet syndrome)即是一個例子：當手臂上舉時，由頸部經由肩部通往手臂的神經血管束即和肩膀的胸小肌(pectoralis minor)之間產生壓擠(參考圖5.7)，若這種狀況經常發生則神經血管束內的組織就很容易受到傷害。當控制手臂活動的神經受到傷害時，患者的整個手臂會感到麻木與無力。在工業界裡，手臂上舉的動作經常發生在人員操作設計不當的機台。在某玻璃瓶工廠的參觀時，筆者曾親睹玻璃瓶生產機台的控制器位於作業員頭部的上方，作業員須長時間雙手舉起以操作控制器的例子。圖5.8顯示了某電腦公司電腦主機測試作業的例子： 因為鍵盤位置太高以致於作業員的手臂必須高舉才能操作，這種姿勢容易引起肩部肌肉酸痛的問題，長期更可能導致胸腔出口症候群；此外，因為監視器的位置太高，作業員必須抬頭觀看，這種姿勢容易造成頸部的酸痛。除了胸腔出口症候群以外尚有其他的肌肉骨骼傷害，表5.1列舉了身體各部位的肌肉骨骼傷害、症狀與成因。

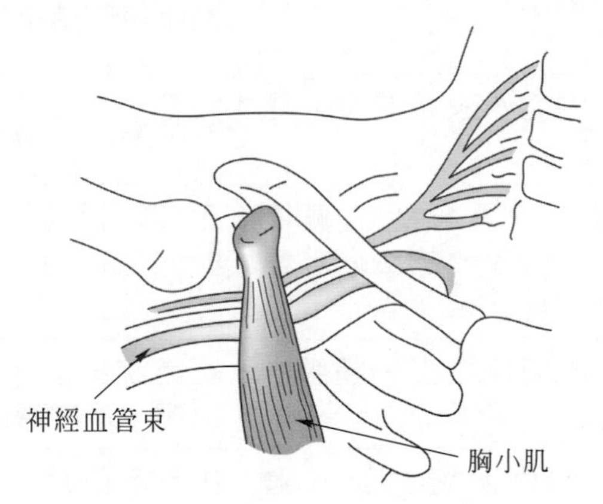

圖5.7　手臂上舉時通往手臂的神經血管束與胸小肌之間產生壓擠

資料來源：*Putz-Andersson, 1988*，經*Taylor & Francis*同意轉載

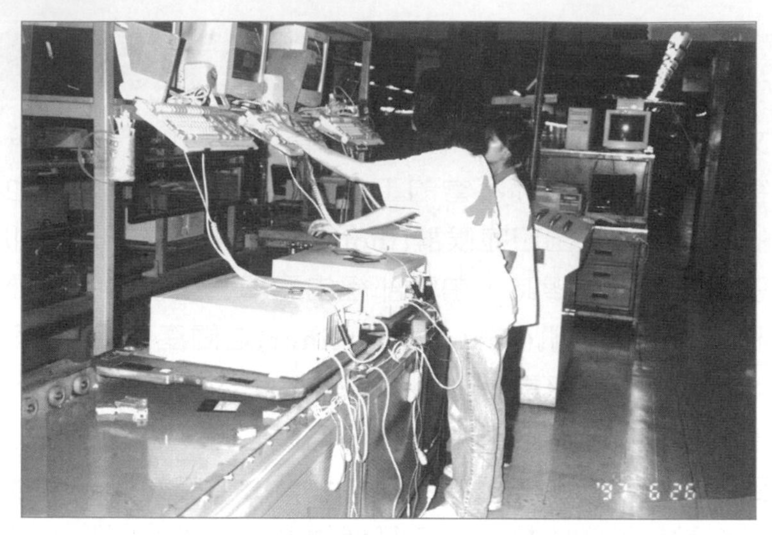

圖5.8 監視器與鍵盤高度不當的設計

表5.1 身體各部位肌的肉骨骼系統傷害、症狀與成因

部位	傷害	症狀	成因
頸部	僵頸症候群	頸部僵直或酸痛	長期的頸部屈曲或扭動
肩膀	迴轉肌袖口腱炎二頭肌腱鞘炎	肩膀肌腱及其腱鞘發炎、腫脹、疼痛	肩部肌肉在重複性緊張之壓力下產生酸痛及疲勞所致
	冰凍肩症候群	肩膀極度疼痛失去移動能力	肩膀肌腱持續發炎所引起
	滑液囊炎	肩膀內之滑液囊發炎、腫脹、疼痛	肌腱磨損及潰爛
	胸腔出口症候群	手臂、前臂和手的麻木感，整個手臂的脈搏非常微弱、無力	手臂因經常上舉而造成神經與血管在肩部遭到壓擠而產生
手肘	外側部肘腱炎(網球肘)	手肘的組織發炎、腫脹、疼痛	經常腕部延伸、橈偏、手部抓握、及內轉的動作
	內側部肘腱炎(高爾夫球肘)	手肘內側肌腱發炎、腫脹、疼痛	由於手腕及手指的屈曲及延伸所造成
	橈側道症候群 尺骨道症候群旋前圓肌症候群	正中神經和尺神經經常受到壓力	當手肘運動時，牽動附近肌肉及骨頭的運動，而會對正中神經和尺骨神經造成壓力

表5.1　身體各部位肌的肉骨骼系統傷害、症狀與成因(續)

部位	傷　害	症　狀	成　因
背部	扭傷 挫傷	肌腱拉傷 韌帶拉傷	過度的施力所造成
	椎間盤病變	下背疼痛，嚴重時甚至無法站立	人工物料處理作業/不自然姿勢導致椎間盤脫出並壓迫到神經
腿部	滑液囊腫	腳的側面受到壓迫所造成的長期不適	由於工作中常翹二郎腿所致
	行軍骨折	腳蹠骨在堅硬路面重複大力行走所造成的壓迫性骨折	機械性壓迫所致，常發生於需整天行走的人員，如軍人、護士和業務人員
手與手腕	腱鞘炎	腱鞘開始紅腫發炎、疼痛並產生過多潤滑液	經常性、反覆的手部不自然姿勢施力、抓握
	腱鞘囊腫	潤滑液發泡溢出	腱鞘持續的發炎
	德奎緬疾病	拇指的長和短外轉肌的腱鞘發炎、腫脹、疼痛	通常為女性，以手反覆的用力抓握的工作
	肌腱炎	肌腱發炎、腫脹、疼痛	經常性、反覆的手部不自然姿勢施力、抓握
	扳機指	食指的腱鞘處形成腱鞘囊腫、食指無法伸直	使用食指持續拉動動力手工具開關
	蓋昂道症候群	尺神經受到壓迫	拇指底部受到機械性的壓力
	腕道症候群	正中神經支配區域的感覺異常、疼痛或麻痺，導致手部肌肉萎縮或功能減少	經常性、反覆的手部不自然姿勢施力、抓握，使正中神經通過狹窄的腕道時受到壓迫而受傷

5.4 肌肉骨骼系統傷害調查方法

5.4-1 肌肉骨骼傷害的分佈調查

在工作場所中，肌肉骨骼傷害並不像一般的身體外傷(如割傷、擦傷)的顯而易見，要了解工作場所中是否有肌肉骨骼傷害的存在、傷害的特徵、及分佈的狀況必須經由適當的調查。肌肉骨骼傷害是否存在於組織中可以經由以下三種方式來進行(Putz-Anderson, 1988)：

- 人員反應
- 員工病歷／傷病記錄分析
- 問卷調查

一般的作業場所中，人員若是有肌肉骨骼傷害的問題可以直接向上級主管反應，人員對於肌肉骨骼傷害的反應可以顯示工作場所中這方面的問題。然而經由人員反應的方式取得的訊息雖然直接而且具體，但是這種被動式的資料收集往往會低估了實際的狀況，因為依照傳統的觀念，身體的酸痛與不適乃是努力工作的必須結果，許多人並不將這類的問題當成職業傷害而向僱主反應。此外，肌肉骨骼傷害與工作之間的關連性並非是顯而易見的，而且通常要經過長時間才會顯現出來，這也會降低人員反應這類問題的意願。

理論上來說，公司內的員工病歷與傷病記錄也可以反應肌肉骨骼傷害的分佈狀況，然而國內企業員工傷病的記錄多半並不確實。此外，有肌肉骨骼傷害問題的人多半直接到一般的中醫診所就醫，就醫後服務單位也鮮少留下記錄。因此，除非員工病歷/傷病記錄的執行是確實而具體的，否則無法提供傷害分佈狀況的相關訊息。

工作場所中肌肉骨骼傷害的分佈可經由主動的調查來完成，問卷調查是常用的方式。問卷一般可分為開放式問卷與封閉式問卷兩種，開放式問卷係以問答的方式讓受訪者針對問題來陳述其意見，封閉式問卷則是將可能的結果列出，讓受訪者由其中選擇答案。開放式的問卷因為資料的整理與分析較為困難，不易進行量化的分析，因此一般較為少用。在進行問卷調查之前，必須先要設計適當的問卷，一份好的問卷應具有以下的特性：

1. 長短適中：太冗長的問卷會降低受訪者填寫的意願，因此問卷的設計最好能在20分鐘之內填寫完為宜。
2. 用語清晰簡潔、易懂。
3. 避免專業術語。
4. 要有良好的信度。
5. 要有良好的效度。

北歐肌肉骨骼問卷調查表 (standardized nordic musculoskeletal questionnaire，簡稱NMQ) 為一標準化之肌肉骨骼傷害調查問卷(Kuorinka et al., 1987; Dickinson, et al., 1992)。NMQ調查表為一種封閉性問卷，當受訪者填完個人基本資料與工作描述後，即被問及本身在過去的一年當中是否在某身體部位有肌肉骨骼傷害的問題(是／否)、是否有刺痛、麻木、不適……等感覺。問卷中將工作場所中常見的人員肌肉骨骼之不適與傷害部位分成九個部位，分別是頸部、肩膀、上背、下背與腰部、手肘、手與手腕、臀與大腿、膝蓋以及腳與腳踝(見圖5.9)。如受訪者回答「是」，則繼續回答和症狀有關之一系列問題：包括發生頻率、延續時間、醫療記錄或對工作與家居活動之影響等，以判定肌肉骨骼傷害之嚴重程度。NMQ調查表可設計成一般性問卷或特定性問卷。一般性問卷通常是詢問人員是否曾發生肌肉骨骼上的麻煩，發生於那個部位，用以區分出不適或傷害部位之所在；而特定性問卷則針對某一特定部位的症狀作更深入的調查。NMQ的設計不論是一般性或是特定性的調查方式，該問卷的信度約在77%至100%，而效度則約在80%至100%之間(Kuorinka et al., 1987)。NMQ應用的例子可參考Dickinson et al.(1992)、Deakin et al. (1994)、Johansson (1994)、Lusted et al.(1996)等。

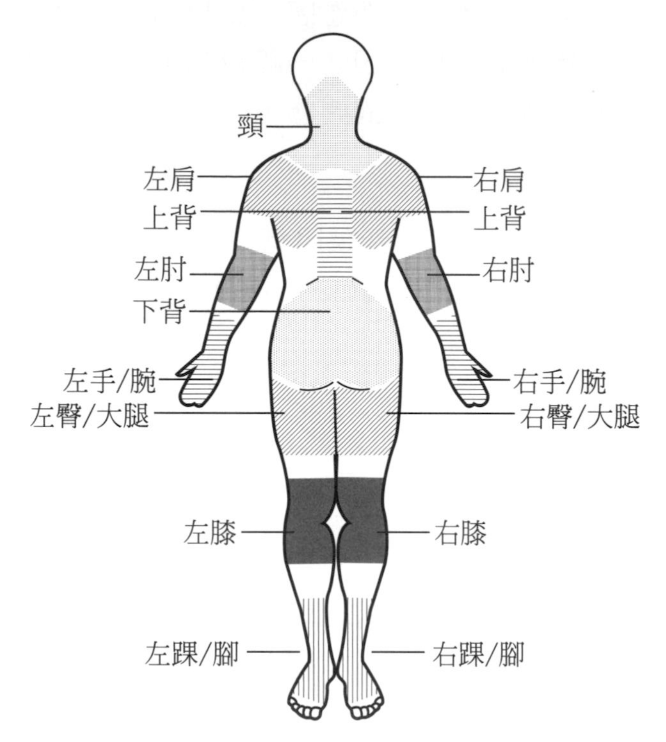

圖5.9 NMQ問卷的身體部位區分

資料來源：*Kuorinka et al., 1987*

5.4-2 風險因子調查

工作分析是找出風險因子的直接方法。所謂工作分析是以觀察工作中人員之身體各部之活動型態，並找出具有風險性之動作的方法。工作分析是以人員的活動為主體來分析其作業內容、程序、方法及與物料、工具、機器、與環境等之接觸。一般均是以現場觀察或拍攝錄影帶再分析影帶畫面的方式來進行。

在探討肌肉骨骼傷害的問題時，工作分析必須以動作分析為核心來進行。在分析手部的動作時，Gilbreth 夫婦(Frank & Lillian)發現完成各種作業的手部活動是由17種基本的動作組成，這些基本的動作稱為動素(therblig)(參考表5.2)。動素雖然是動作的基本單位，然而某些動素常與其他的動素同時發生，例如裝配、選擇、使用及移動中手可能同時握住物體。

表5.2 動素

對工作有貢獻之動素	阻礙工作之動素	對工作無貢獻之動素
延伸	尋找	握住
握取	選擇	休息
移動	計畫	延遲
裝配	對準	可避免之延遲
使用	預對	
拆卸		
放開		
檢驗		

理論上，肌肉骨骼傷害之風險因子是否存在可以動素為單位來檢驗，但若將每一項作業均細分為動素來分析，往往會使得分析工作變得繁雜而沒有效率，分析者可視狀況將某些連續的動素加以合併以簡化分析。表5.2中之動素僅包括手的動作，探討肌肉骨骼傷害的分析必須將身體的所有部位均加以考量；分析的方式可以採用類似分析手部動作的方式進行。

▶例題 5-1

某電子零件工廠之NMQ問卷調查顯示：焊錫作業(參考圖5.10)人員反應工作中手部與頸部酸痛的比例偏高，應如何以工作分析來確認肌肉骨骼傷害之風險因子？

▶解

以人員訪問、現場觀察、與作業空間量測可建立以下之分析結果：

作業名稱：焊錫

工作桌面高：0.75 m　　　　　　　　座椅高：0.4 m

使用工具、物料：焊槍(重量300 g)、錫線

每日工作量：約750片

步驟	左手	右手
1	取IC板置於桌面	等待
2	拿錫線	拿焊槍
3	尋找焊點(眼睛)	尋找焊點(眼睛)
4	捏住錫線	握住焊槍
5	移動	移動
6	對準焊點	對準焊點
7	焊錫	焊錫
8	重複步驟3到7(12次)	重複步驟3到7(12次)
9	放下錫線	放下焊槍
10	拿取IC板	等待
11	移動	
12	放下	

平均週期：*38秒*

步驟3到步驟7中作業員的頸部都處於屈曲狀態(低頭注視)，此種姿勢容易造成頸部酸痛，而左手以食指與拇指持續捏握錫線及部份時間的腕部尺偏也容易引起手部酸痛。

圖5.10　焊錫作業

OWAS分析法

以系統抽樣的觀念來觀察人的動作、姿勢與活動的工作姿勢分析法

系統化的分析方法可使得分析的進行與結果的呈現更容易，OWAS姿勢分析法即是一個很好的例子(Karhu, 1977)。OWAS (Ovako working posture analyzing system)係芬蘭的Ovako Oy 鋼鐵公司於1973年所提出，主要為區分工作時的身體姿勢，並按照姿勢可能引發肌肉骨骼傷害之程度予以分級，分級的結果則提供了工作改善的依據。分析前需先拍攝人員工作之錄影帶，再將錄影帶攜回實驗室重播並每隔若干秒停止畫面進行人員姿勢之記錄與編碼。基本的OWAS方法將人員的工作姿勢依照軀幹、手臂、與腿等三個部位的姿勢組合分為84種工作姿勢。研究人員可在現場觀測時對某一動作給予一編碼組合，這種三碼的工作姿勢後來又被擴充為五碼的工作姿勢(Mattila et al, 1993；Scott & Lambe, 1996)，圖5.11即顯示了五碼的工作姿勢類別。在所有的現場觀測資料記錄與分析完成後，可按照各部位各身體部位各種姿勢出現之百分比來區分該姿勢之肌肉骨骼傷害風險，這種風險可分為以下四級(Action Categories，簡稱AC)：

- AC1：姿勢正常，不須處理
- AC2：姿勢有輕微的危害，近期應採取改善措施
- AC3：姿勢有顯著的危害，應盡快採取行動
- AC4：姿勢有立即的危害，需立即改善

頭頸部	背部	手臂	腿部	重量
1.靜止	1.直立	1.雙手位於肩下方	1.坐姿	1.<10kg
2.前傾	2.前彎	2.單手位於肩下方	2.站立	2.10-20kg
3.側彎	3.扭轉	3.雙手位於肩上方	3.單腳站立腿直立	3.>20kg
4.後仰	4.彎曲且扭轉		4.雙腳站立腿彎曲	
5.旋轉			5.單腳站立腿彎曲	
42141			6.跪姿	
			7.走動	

圖5.11　五碼的OWAS工作姿勢

圖5.12顯示了各部位的AC等級劃分(Von Stoffert, 1985)。OWAS方法的編碼，一般的研究通常將AC3以上的姿勢提出來討論或對各種工作予以比較，以期改善工作的不適性，並提出對工作方法或場所的改進建議。

OWAS方法已被應用在鋼鐵工業(Karhu et al., 1981)、建築工人(Kivi & Matilla, 1991；Mattila et al., 1993)、汽車修護(Kant et al., 1993)、醫療看護(Engels, 1994；Lee & Chiou, 1995；Sue, 1996)、養雞(Scott & Lambe, 1996)等行業之工作姿勢分析上，這些行業的特點是人員的身體活動都是全身性的。OWAS方法的編碼與姿勢的分析過程繁雜，沒有電腦的輔助不易完成，而OWAS編碼的數據記錄與整理、分析頗適合以試算表來進行，筆者(1998)即曾以Microsoft Excel為基礎撰寫了一套中文OVAKO姿勢分析系統。

RULA(rapid upper limb assessment)(McAtamney et al,1993)係與OWAS相類似的分析方法，其考慮工作姿勢、施力、靜態、重複性工作與肌肉的疲勞度。RULA與OWAS之不同處在於編碼方式不同。RULA中各部位按照肢體之角度編碼，再依加權配分表得出總分，進而得出行動水準(action level，類似OWAS的AC)，判別標準與OWAS方法相較，較有一定的規則，在電腦程式為自行編寫的情況下，使用此編碼系統較為簡易。分析時不須特殊之量測設備，只需筆記板與筆。

檢核表也是工作分析的工具，Koyl與Hansen(1973)曾提出體能需求分析工作表(physical demand analysis worksheet，見表5.3)，該表記錄了與工作有關之體能需求項目與時間作為探討工作上體能需求的依據。

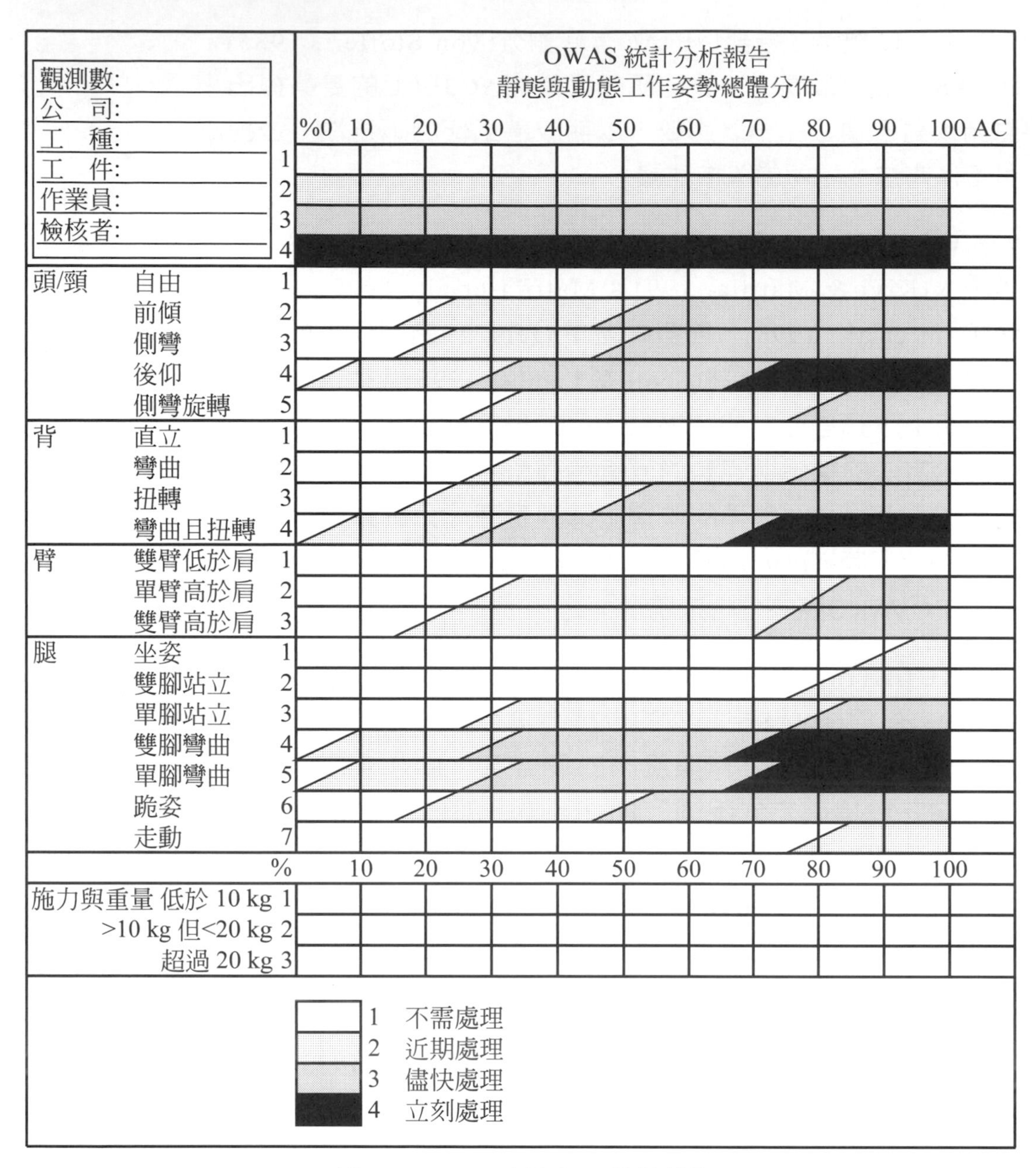

圖5.12　OWAS方法之AC等級劃分

表5.3　體能需求分析工作表

職　稱：
部　門：
分析者：
日　期：
體能因子：記錄各種活動之時間

	1	0.5～2.2公斤	物料抬舉：包括靜止下的推、拉作業		23	坐		
	2	2.3～4.5公斤			24	各種腳步活動時間		
	3	4.6～11.4公斤			25	站　立		
	4	11.5～22.7公斤			26	走　路		
	5	22.8～45.5公斤			27	跑　步		
	6	45.6公斤以上			28	跳		
	7	0.5～2.2公斤	攜行：包括走動中之推、拉作業		29	僅用腿部	攀爬	
	8	2.3～4.5公斤			30	腿與手臂		
	9	4.6～11.4公斤			31	右	坐	踩踏板
	10	11.5～22.7公斤			32	左		
	11	22.8～45.5公斤			33	右	站	
	12	45.6 公斤以上			34	左		
	13	右	手指動作		35	彎　腰		
	14	左			36	蹲		
	15	右	手部操作		37	跪		
	16	左			38	地上爬行		
	17	右	伸展：肩膀以下		39	重複動作		
	18	左			40	扭　轉		
	19	右	伸展：肩膀以上		41	等　待		
	20	左						
	21	右	投　擲					
	22	左						

資料來源：*Koyl & Hanson, 1973*，文獻中*1*至*12*欄中之重量單位為磅，經筆者轉換為公斤

檢核表也可依特定身體部位或特定的作業型態來設計，表5.4的密西根上肢累積性傷害檢核表(Michigan's checklist for upper extremity cumulative trauma disorders) 即是一個例子(Lifshitz & Armstrong, 1986)。在該表中，肌肉骨骼傷害的風險因子分為身體應力(physical stress)、力量(force)、姿勢(posture)、工作站硬體(workstation hardware)、重複性(repetitiveness)、工具設計(tool design)等六大項，每一項分別列出與工作相關的問題，檢核時只要逐項依照實際狀況勾選即可。密西根上肢累積性傷害檢核表只顯示特定風險因子是否存在，並無法提供該因子可能產生後果的嚴重性或是工作改善項目的優先順序。

表5.4　密西根上肢累積性傷害檢核表

	風險因子	否	是
1.	身體應力		
	1.1 工作是否可在不需手／腕與尖銳物體邊緣接觸的狀況下完成？	[ ]	[ ]
	1.2 工具操作是否沒有震動發生？	[ ]	[ ]
	1.3 人員的手是否暴露於21℃以下的溫度？	[ ]	[ ]
	1.4 作業時是否可不用戴手套？	[ ]	[ ]
2.	力量		
	2.1 作業中施力是否低於4.5公斤重之力量？	[ ]	[ ]
	2.2 是否不需手指捏握即可完成？	[ ]	[ ]
3.	姿勢		
	3.1 作業中是否不需腕部的屈曲與伸展？	[ ]	[ ]
	3.2 使用工具時是否不需腕部的屈曲與伸展？	[ ]	[ ]
	3.3 作業中是否不需腕部的橈偏與尺偏？	[ ]	[ ]
	3.4 使用工具時是否不需腕部的橈偏與尺偏？	[ ]	[ ]
	3.5 作業是否可以坐姿完成？	[ ]	[ ]
	3.6 作業中是否不須要以手扭衣服的動作即可完成？	[ ]	[ ]
4.	工作站硬體		
	4.1 作業面的方向是否可以調整？	[ ]	[ ]
	4.2 作業面的高度是否可以調整？	[ ]	[ ]
	4.3 工具的位置是否可以調整？	[ ]	[ ]
5.	重複性		
	5.1 作業週期是否超過30秒？	[ ]	[ ]
6.	工具設計		
	6.1 握持時拇指與食指是否約略重疊？	[ ]	[ ]
	6.2 的握距是否介於5到7公分之間？	[ ]	[ ]
	6.3 握柄的材質是否為非金屬？	[ ]	[ ]
	6.4 工具的重量是否低於4公斤？	[ ]	[ ]
	6.5 工具是否懸吊？	[ ]	[ ]

資料來源：*Lifshitz & Armstrong, 1986*

關鍵指標法（Key indicators method, 簡稱KIM）是由德國的機構開發之檢核方法，該方法包含三個檢核表：「抬舉、握持、攜行(Lifting, holding, carrying, 簡稱LHC)」、「推拉(Pushing & Pulling, 簡稱PP)」及手工處理作業(Mannul handling operation, 簡稱MHO)。KIM使用簡便，適合現場快速診斷評估。觀測的作業如果有數個具有相當的身體負載的活動，這些活動必須分別估計。

使用LHC表(表5.5)時先依作業特性，於表格中選擇「抬舉或放置」、「握持」或「運送」，並於該欄中選擇適當的作業次數/時間/距離，並對照讀取表中相對應的時間評分。然後依序於下表中決定荷重(表5.6)、姿勢(表5.7)與工作狀況(表5.8)之評分。

表5.5　KIM LHC之時間評分表

抬舉或放置（< 5 s）		握持（> 5 s）		運送（> 5 m）	
工作日總次數	時間評分	工作日總時間	時間評分	工作日總距離	時間評分
< 10	1	< 5 min	1	< 300 m	1
10 ～40	2	5 ～15 min	2	300 m ～1km	2
40 ～200	4	15 min ～1 hr	4	1 km ～ 4 km	4
200 ～500	6	1 hrs～ 2 hrs	6	4 ～ 8 km	6
500 ～1000	8	2 hrs～4 hrs	8	8 ～ 16 km	8
≥ 1000	10	≥ 4 hrs	10	≥ 16 km	10
範例：砌磚、將工件置入機器、由貨櫃取出箱子放上輸送帶送帶		範例：握持和導引鑄鐵塊進行加工、操作手動研磨機器，操作除草機		範例：搬運家具、運送鷹架至建築施工現場	

表5.6　KIM LHC之負荷評分表

男性實際負荷*	荷重評分	女性實際負荷*	荷重評分
< 10 kg	1	< 5 kg	1
10 ～20 kg	2	5 to <10 kg	2
20 ～30 kg	4	10 to <15 kg	4
30 ～40 kg	7	15 to < 25 kg	7
≥ 40 kg	25	≥ 25 kg	25

* "實際負荷"代表移動負荷所需的實際作用力，此作用力並不代表施力對象的質量大小。例如，當傾斜一個紙箱時，僅有50%的質量會影響作業人員，而當使用手推車時僅有10%。

表5.7　KIM LHC之姿勢評分表

典型姿勢與荷重位置	姿勢與荷重位置	姿勢評分
	上身保持直立，不扭轉。 當抬舉、放置、握持、運送或降低荷重時荷重靠近身體。	1
	軀幹稍微向前彎曲或扭轉。 當抬舉、放置、握持、運送或降低荷重時荷重適度地接近身體。	2
	低彎腰或彎腰前伸。 軀幹略前彎扭同時扭轉。 負荷遠離身體或超過肩高。	4
	軀幹彎曲前伸同時扭轉。 負荷遠離身體。 站立時姿勢的穩定受到限制。 蹲姿或跪姿。	8

決定姿勢時必須採用物料處理時的典型姿勢。例如，當有不同的荷重姿勢時，需採用平均值而不是偶發的極端值。

表5.8　KIM LHC之工作狀況評分表

工作狀況	工作狀況評分
具備良好的人因條件。例如：足夠的空間，工作區中沒有障礙物，水平及穩固的地面，充分的照明，及良好的抓握條件。	0
運動空間受限或不符合人因的條件。例如：運動空間受高度過低的限制或工作面積少於1.5 m^2或姿勢穩定性受地面不平或太軟而降低。	1
空間/活動嚴重受限與/或重心不穩定的荷重。例如：搬運病患	2

將荷重、姿勢、與工作狀況評分加總後乘以時間評分，即可得該作業之肌肉骨骼傷害風險值。此法的基本假設是隨著評分增加，肌肉骨骼系統超載的風險也增加。根據計算所得之風險值，可依表5.10進行風險等級的評定。

(負荷評分＋姿勢評分＋工作狀況評分)×時間評分＝風險值

表5.9　KIM 之肌肉骨骼傷害風險等級

風險等級	風險值(x)	說明
1	$x < 10$	低負荷，不易產生生理過載的情形。
2	$10 \le x < 25$	中等負荷，生理過載的情形可能發生於恢復能力較弱者*。針對此族群應進行工作再設計。
3	$25 \le x < 50$	中高負荷，生理過載的情形可能發生於一般人員。建議進行工作改善。
4	$x \ge 50$	高負荷，生理過載的情形極可能發生。必須進行工作改善**。

*恢復能力較弱者在此所指為40歲以上或21歲以下，新進人員或有特殊疾病者。

**改善的需求可參考表中評分來決定，以降低重量、改善作業狀況、或縮短負荷時間可避免作業壓力的增加。

KIM推拉作業檢核表的使用與KIM LHC檢核表類似，有三個步驟。人員活動應被分解為個別活動，如果有數個不同的活動皆具有相當的生理負載，這些作業必須分別進行估計。

步驟一

先依作業特性，於下方表格中選擇「短距離推、拉或經常停止」或「長距離推、拉」之其中的一欄，並於該欄中選擇適當的作業次數/距離，並對照讀取表中相對應的時間評級點數。

表5.10　KIM推拉作業距離評分

短距離推、拉或經常停止（單趟距離低於5 m）		長距離推、拉（單趟距離大於5 m）	
工作日總次數	時間評分	工作日總距離	時間評分
< 10	1	< 300 m	1
10 ～ 40	2	300 m ～1km	2
40 ～200	4	1 km ～4 km	4
200 ～500	6	4 ～8 km	6
500 ～1000	8	8 ～16 km	8
≥ 1000	10	≥ 16 km	10
範例：操作省力裝置，設定機器，在醫院中分送膳食		範例：垃圾收集，在建築物中以滾輪運送家具，裝卸和移載貨櫃	

步驟二

依序於下表中分別決定負荷、定位準確度/速度、姿勢與工作狀況4個評分：

表5.11　KIM推拉作業負荷評分表

	工業卡車/輔助工具				
搬運質量（負載重量）滾動	無輔助工具，直接滾動	手推車	可轉動（非定向輪）之四輪推車	定向輪之軌道車、手推車	吊臂，省力裝置
< 50 kg	0.5	0.5	0.5	0.5	0.5
50 ～100 kg	1	1	1	1	1
100 ～200 kg	1.5	2	2	1.5	2
200 ～300 kg	2	4	3	2	4
300 ～400 kg	3		4	3	
400 ～600 kg	4		5	4	
600 ～1000 kg	5			5	
≧ 1000 kg					
滑動			灰色區：關鍵，因為卡車/負載動作之檢核結果受技巧和體力影響很大。 無數字之白色區：基本上要避免，因為必要的作用力量很容易超過人體的最大負荷力量。		
< 10 kg	1				
10～25 kg	2				
25～50 kg	4				
> 50 kg					

表5.12　KIM推拉作業定位評分表

定位準確度	動作速度	
	慢（<0.8 m/s）	快（0.8 ～1.3m/s）
低 無特定移動距離 負載可滾至阻擋物或沿著阻隔物移動	1	2
高 負載必須準確定位並停止 移動距離需準確 方向經常變換	2	4

Note: 平均走路速度約1 m/s

表5.13　KIM推拉作業姿勢評分表

姿勢*		
	上身保持直立，不扭轉。	1
	軀幹稍微向前彎曲或扭轉（單側拖拉）。	2
	軀幹前彎向運動方向蹲，跪，或彎腰。	4
	同時彎腰及扭腰。	8

*決定姿勢時必須採用物料處理時的常見姿勢。當開始動作、煞車、或轉向時軀幹可能有較大的傾角，如果只是偶然出現可以忽略。

表5.14　KIM推拉作業工作狀況評分表

工作狀況	工作狀況評分
良好：地面或其他表面水平，穩固，平坦，乾燥→無傾斜→工作空間不存在障礙物→滾輪或車輪能輕鬆移動，車輪軸承沒有明顯的磨損耗	0
受限制：地面髒污，不平整，柔軟→斜坡可達2°→必須繞過工作空間中的障礙物→滾輪或車輪髒污不易運行，軸承磨損	2
困難：未鋪柏油或簡單鋪設的路面，坑洞，嚴重髒污→斜坡可達2°至5°→工業車輛啟動時須先鬆動→滾輪或車輪髒污，軸承運行呆滯	4
複雜：踏階，階梯→斜坡>5°→合併“受限制”及“困難”之缺失	8

步驟三

將與此活動相關的評分輸入計算式，即可評估該項作業之風險值：

(負荷評分+定位評分+姿勢評分+工作狀況評分)×距離評分＝風險值

根據計算之評分，可依表5-9進行肌肉骨骼傷害風險等級的評估。

5.5 傷害的預防

當作業人員有肌肉骨骼傷害的案例時，或是工作分析／檢核的結果顯示有肌肉骨骼傷害的風險時，即應該採取預防的措施。肌肉骨骼傷害的預防可以由管理控制與工程控制兩個方面著手。

5.5-1 管理控制

在管理方面可以採取若干作法，來減少人員在有肌肉骨骼傷害風險因子的環境中的暴露，具體作法包括：

- 工作輪調
- 工作擴大化
- 人員篩選
- 教育訓練
- 工作／休息之安排

工作輪調是管理上常用的手法，一般工作輪調的目的不外乎減少人員的單調感、技能培訓、與人力的彈性運用。就肌肉骨骼傷害的預防而言，工作輪調可以減少人員長期在特定傷害風險中的暴露，然而要達到這個目的有兩個前提：首先，人員必須具備可擔任不同性質作業之技能；其次，輪調的作業間身體活動的型態要有明顯的差異，否則輪調在這方面的目的將無法達成。

自從工業革命以來，各種工作的設計均講求專業的分工以提高效率，然而過度分工的結果往往造成高度重複性的動作。所謂工作擴大化是指增加人員工作的內容與項目而言。在管理上，工作擴大化可降低工作中單調的感覺並增加人員對於工作意義的體認，在工作設計上，工作擴大化可以降低身體動作的重複性，以避免身體特定部位承擔累積性的傷害風險。

在人員的篩選與工作的分派上，應該考量人員的能力限度(worker's capacity)與工作需求(job demand)間的關係。若是身體的能力限度低於工作對體能的需求時，就容易造成身體的傷害。人員的篩選是避免讓體能狀況不足的人擔任超過其能力限度的工作，早在1951年Harman就曾設計體能適合度需求表(physical fitness requirements)作為工作分析與工作分派的工具，該表曾被美國政府採用作為身體殘障者就業安排的主要參考文件，表5.15的體能適合度需求表即可作為人員篩選的工具。

人員篩選在產業中的實例頗多，例如營建工人、清潔隊員、鐵路工人等在應徵時必須通過體能測驗才能擔任特定的工作。在國內，這類的體能測驗大多是以應徵者是否能完成其工作為考量，肌肉骨骼傷害的預防並非其目的，但測驗仍然有這方面的功能。人員的篩選除了體能的限度之外，也應注意個人的病歷，曾經經歷特定部位肌肉骨骼傷害的人往往比較可能再經歷該傷害。因此，可能引起該傷害的作業應該避免。例如，有下背痛病歷的人就不應該再擔任人工物料處理的作業。

表5.15　體能適合度需求表

職稱：________　部門：________　公司：________

若人員工作中有以下狀況請打勾：

手指	手臂	腿與腳	身體
壓物______	壓物______	平衡______	彎腰______
握持______	握持______	轉動______	a.屈曲______
拉______	拉______	推______	b.伸展______
撿物______	a.伸直______	蹲______	抬舉______
力握______	b.兩手重疊______	跑步______	扭轉______
延伸______	屈曲______	壓______	轉動______
觸摸______	伸展______	爬______	頸椎的屈曲或伸展______
使用剪刀______	轉動______	a.階梯______	
	使用鐵鎚______	b.扶梯______	
	投擲______	走動______	
	抬舉______		
		長時間站立______	

資料來源：*Harman, 1951*

適當的教育訓練也可達到傷害預防的目的，在教育訓練的過程中應該讓人員了解肌肉骨骼傷害的風險因子、傷害種類與症狀、及如何以適當的工作方法與姿勢來避免傷害的發生。人員抗拒改變的心理常常是教育訓練實施與推廣中遇到的主要難題，許多僱主也不願意將工作中的傷害風險告知員工。因此，肩負傷害預防的業務主管應加強與僱主與作業人員的溝通。新進的人員尤其應在教育訓練完成之後，再分派其工作。

適當的工作/休息時間的安排可讓人員調節其體力，以避免疲勞的產生，休息時間的安排在第四章中已討論過，在此不再贅敘。過度緊湊的工作步調與排程應該避免，以免人員因時間的壓力而採用不良的姿勢或過度施力的狀況。

5.5-2 工程控制

在工程控制方面，要減少肌肉骨骼傷害的發生應盡可能的引用機械化與自動化的設備來取代人員體力的活動，圖5.13顯示了常見之物料搬運設備。除了物料處理的機械化與自動化之外，應該以人因工程原則來進行工作站、工具、與工作方法的設計與改良。

圖5.13　常見之物料搬運設備

以工作站的設計而言，理想的工作站設計應該可讓人員避免不自然姿勢、靜態的姿勢、高重複性動作的發生。工作站的設計包括作業面、作業高度、座椅設計、控制器及物件(含工具及物料)配置等問題。其中作業面、作業高度和座椅等設計問題在第二章中已討論過，在此不再贅述。人員工作中所需接觸的控制器、工具、輔具、物料等之配置也應以避免人員之不適當姿勢、施力與反覆性動作為考量。例如：在立姿的作業中，若物料放置於地面則人員取物時將無法避免彎腰或蹲跪的姿勢，若是能將物料提供於中指指節高以上之高度，則那些不自然的姿勢均可避免。圖5.14顯示了控制器位置的改變可減少人員經常手臂上舉的動作，如此不僅可以減少肩部傷害的風險，同時也可降低疲勞的產生。

中指指節高

在立姿的作業中，若物料放置於地面則人員取物時將無法避免彎腰或蹲跪的姿勢，若是能將物料提供於中指指節高以上之高度，則不自然的姿勢可避免

(a)

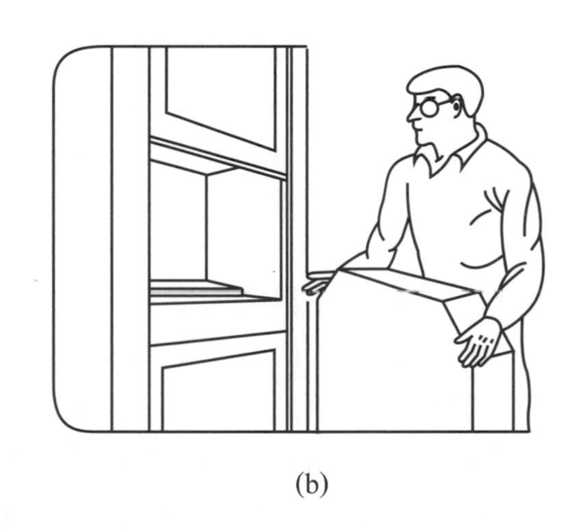

(b)

圖5.14　變更控制器的位置以改變人員的姿勢

修改自: *Putz-Andersson,1988*

許多以上肢為主的肌肉骨骼傷害均與手工具的使用有關。因此手工具的設計與改良對於預防肌肉骨骼傷害也很有幫助。手工具可分為動力手工具與傳統手工具。動力手工具諸如電鑽、電鋸、電動起子等，均需電源提供所需之動力，使用時需以手握持一段時間來完成作業，因此，其手部負荷主要來自工具的重量，Putz-Anderson(1988)指出人員使用4至6.5公斤重之工具只要二、三分鐘就會感到肌肉酸痛。因此工具重量的減輕可作為動力工具設計的目標之一。此外，以懸吊裝置來支撐工具的重量也可減輕手部操作時的負荷(參考圖5.15)。其次工具的

重心應接近手部握持點，重心不在握持部位的工具在操作時易因平衡的問題而增加手部的負荷。動力手工具的握柄設計亦應該考慮使用時手部是否需以不自然的姿勢來操作。

圖5.15　以懸吊裝置來支撐手工具之重量

修改自：*ILO, 1988*

手工具設計

改變握柄設計，可改變操作時手腕的姿勢

傳統手工具諸如榔頭、鉗子、扳手、起子在許多作業中是常用的工具，傳統手工具的特點重量輕、攜帶方便，傳統手工具若使用頻率低，並不至於造成肌肉骨骼的問題，然而若經常使用，則使用者常會因手部不自然的姿勢與抓握造成肌肉骨骼系統的不適。因此，工具設計改良的重點應在於避免手部操作時之不自然姿勢與施力。將握柄彎曲以避免使用時腕部彎曲的例子，是許多人因工程專家共同的主張，圖5.16即顯示了這種設計的例子。

除了考慮手部的姿勢以外，手部的施力特性也應考慮。Ayoub & Lo Presti(1971)曾指出當握柄直徑為4.1 cm時，握力之值為最大。因此握柄直徑應以4～6 cm為宜。太粗或太細的握柄均不利於手部的施力。握柄的長度應能容納手指所需空間，Putz-Anderson (1988)指出10 cm應是握柄長度之下限值，理想的握柄長度應於11.5至12 cm之間。除了握柄的外形、尺寸之外，握柄的材質最好能夠有防滑、不導電、吸收震動、不吸收水份與各種化學物質等特性。

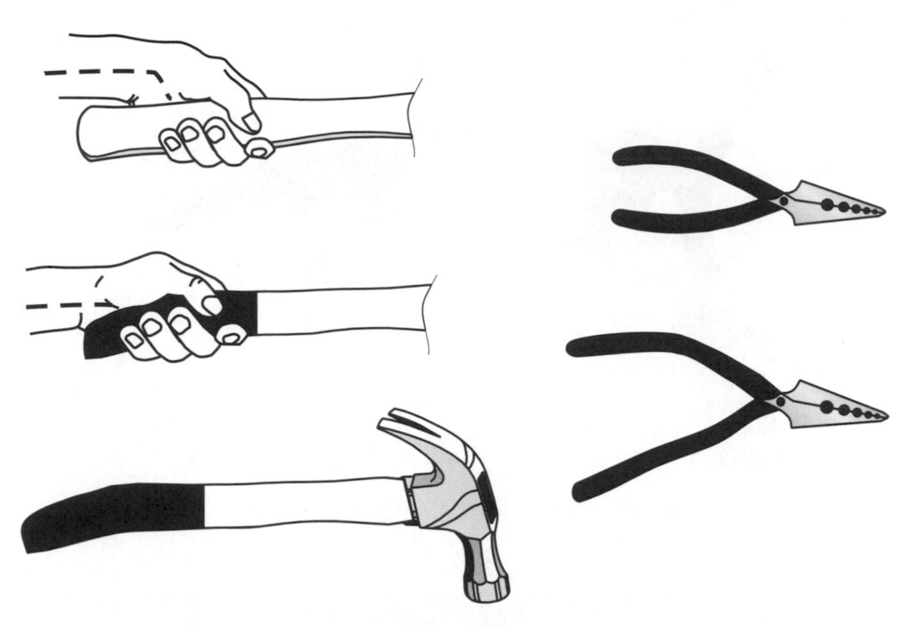

圖5.16　避免手腕彎曲的設計

資料來源：*Brauer, 1990*

手工具設計除了改良握柄的造型來改善手腕使用時之姿勢外，也可經由機構的設計來改善手部操作之動作、姿勢與施力。筆者(Li, 2002)曾經調查以老虎鉗來進行鐵絲綑綁作業，發覺進行此作業時，手部必須反覆的以尺偏、力握配合外轉的動作來將鐵絲扭緊，為了消除扭鐵絲過程中之手腕不自然姿勢並降低手部施力，筆者在勞工安全衛生研究所的經費贊助下設計了一種搖柄式綁鐵器，此設計之概念是以一夾具來固定鐵絲以取代手部之力握，以搖柄之操作來扭轉鐵絲以減少手腕之屈曲、尺偏、內轉、外轉等不自然姿勢，因此其主要的機構為一附著在可旋轉喇叭筒上之鐵絲夾具、搖桿、及一握柄。依此概念，筆者開發了三種原型(A、B、及C型)，圖5.17顯示了A型之設計，原型B較A具有較短的喇叭筒，原型C較A具有較長的搖柄與握柄。此一設計經由一模擬鐵絲綑綁作業之實驗進行評估(參考圖5.18)，結果證實三種原型都可減少手部之不自然姿勢及施力。圖5.19顯示了使用老虎鉗與三式設計來扭緊20號鐵絲時之手臂屈指淺肌之EMG，使用此三設計很明顯的可降低屈指淺肌之肌電活動水準。然而與A比較，衍生設計的B與C並未具有明顯的優勢。

手工具設計

機構設計可改善手部操作之動作、姿勢與施力

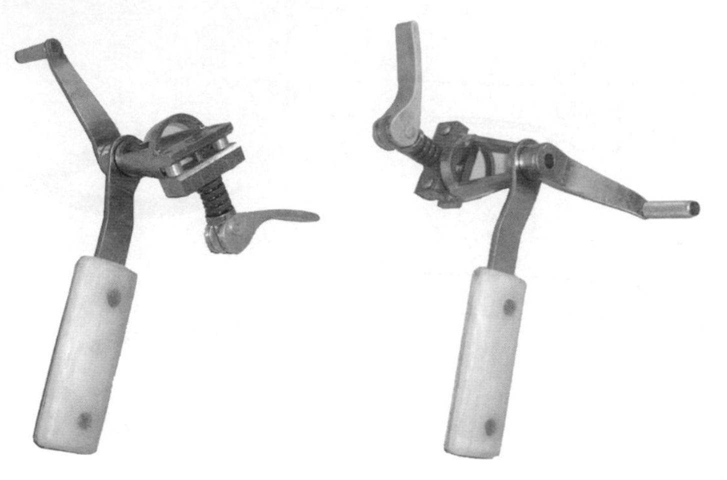

圖5.17　搖柄式綁鐵器(原型A)(Li,2002)

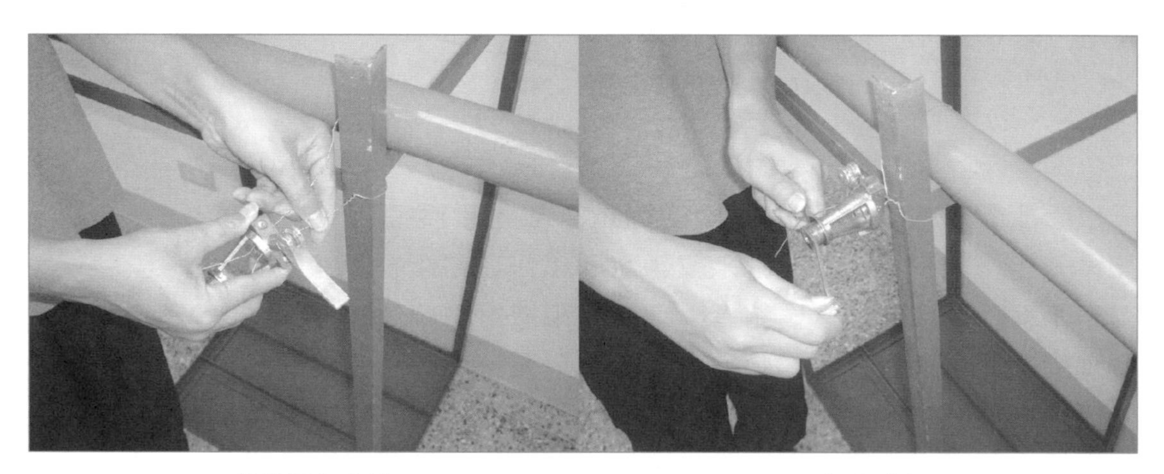

(a)鐵絲插入夾槽　　　　(b)扭緊鐵絲

圖5.18　使用搖柄式綁鐵器進行鐵絲綑綁作業(Li,2002)

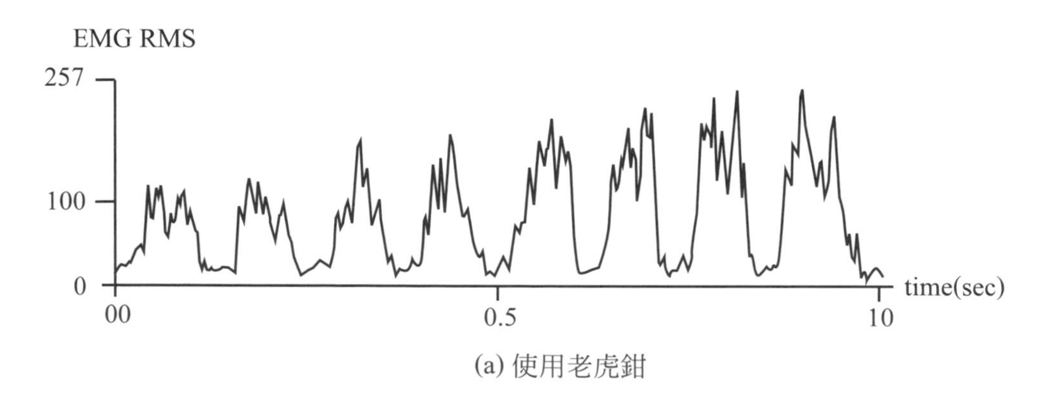

(a) 使用老虎鉗

圖5.19　使用老虎鉗及A、B、C三式搖柄式綁鐵器以20號鐵絲進綑綁作業中右手屈指淺肌的EMG(LI,2002)

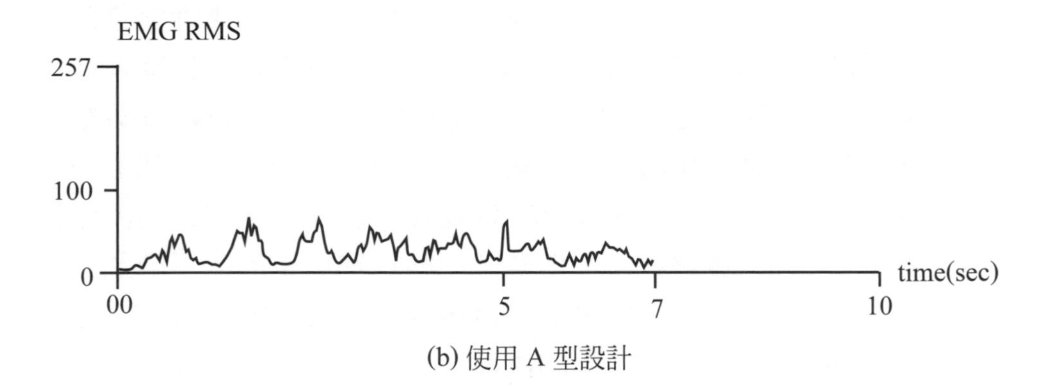

(b) 使用 A 型設計

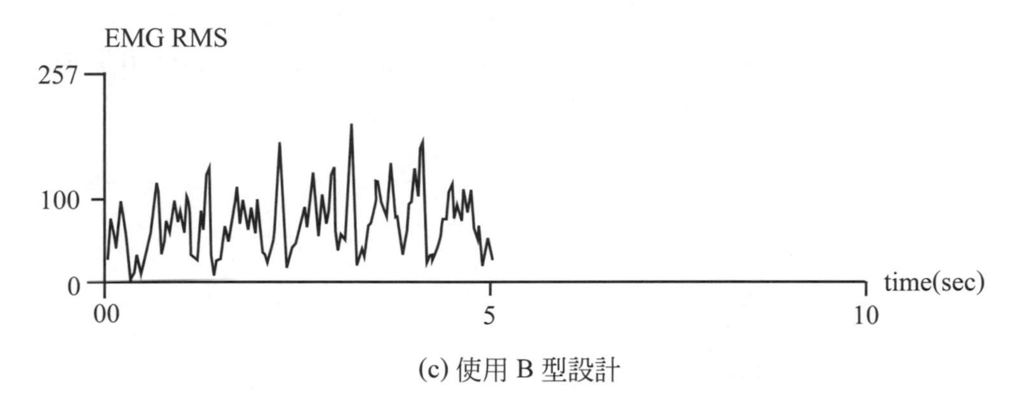

(c) 使用 B 型設計

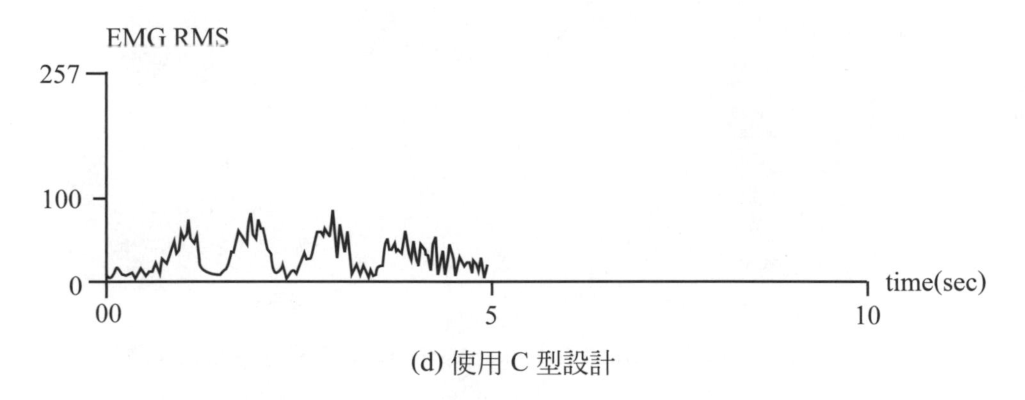

(d) 使用 C 型設計

圖5.19　使用老虎鉗及A、B、C三式搖柄式綁鐵器以20號鐵絲進綑綁作業中右手屈指淺肌的EMG(LI,2002) (續)

搖柄式綁鐵器使用時尚需手臂搖轉鐵絲夾具來旋緊鐵絲，而旋轉的動作在工具的設計中早已普遍的以電動工具來進行了，電動起子就是最好的例子。因此筆者(Li,in press)在後續的研究中將搖柄式綁鐵器上之鐵絲夾具與喇叭筒分離並加上一六角金屬桿以與電動起子連接，這種設計讓原本手臂搖柄的動作被馬達動力的旋轉取代，作業中手腕不需反覆的以不自然的姿勢來操作，使用者在將鐵絲夾緊後僅需控制開關即可完成扭緊鐵絲的動作，其手臂的肌肉負荷(EMG)顯著的低於使用老虎鉗來綁鐵絲時所需的肌力，旋扭時間的縮短也是這種設計的效益。圖5.20顯示了將鐵絲夾具裝於Black&Decker VP730電動起子上來進行扭轉鐵絲作業的情形。

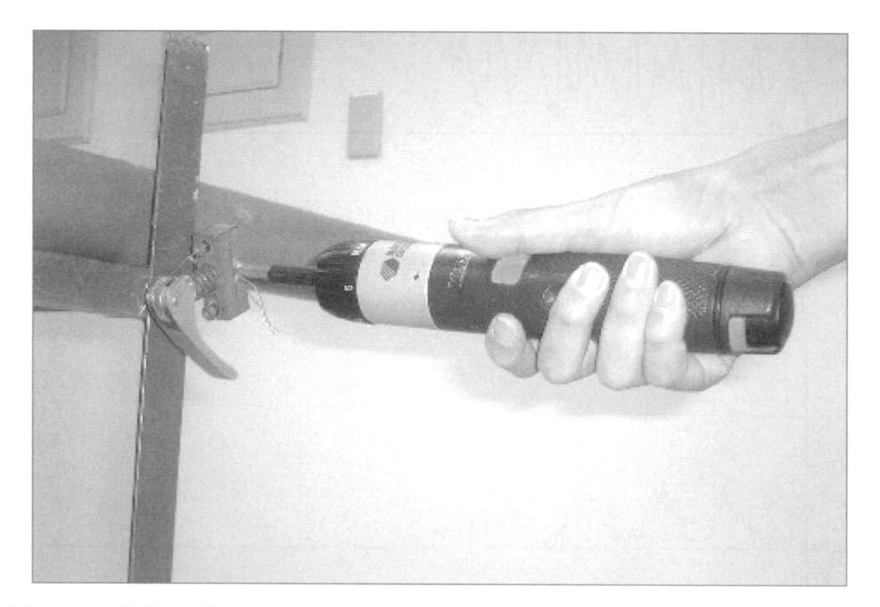

圖5.20　鐵絲夾具結合Black&Decker VP730電動起子來進行扭緊鐵絲作業

參考文獻

1. 李開偉，陳志勇，葉文裕，朱振群(1997)，半導體製造業累積性工作傷害現況調查，勞工安全衛生研究季刊，5(1)，1-14。
2. 李開偉(1998)，中文Ovako工作姿勢分析系統的發展與評估，國科會研究報告。
3. *Armstrong TJ, Radwin RG(1986), Hansen DJ, Repetitive trauma disorders： job evaluation and design, Human Factors, 28(3), 325-336.*
4. *Ayoub, MM, Bethea, NJ, Deivanayagum,S, Asfour, SS, Bakken, GM, Liles, D, Mital A,Sherif, M(1978), Determination and modeling of lifting capacity, final report, NIOSH(5R01-OH-00545-02).*
5. *Ayoub, MM, Mital A(1989), Manual Materials Handling, Taylor & Francis, London.*
6. *Chaffin, DB, Andersson, GBJ(1984), Occupational Biomechanics, John Wiley & Sons, New York.*
7. *Deakin JM, Stevenson JM, Vail GR, Nelson, JM(1994), The use of the Nordic Questionnaire in an industrial setting： a case study, Applied Ergonomics, 25(3), 182-185.*
8. *Dickinson CE, Campion k, Foster, AF, Newman, SJ, O'Rourke AMT, Thomas PG(1992),Questionnaire development：an examination of the Nordic Musculoskeletal Questionnaire, Applied Ergonomics, 23(3), 197-201.*
9. *Dupuis, H, Christ, W (1972), Untersuchung der Moglichkeit von Gesundeheits-Scha diqungen im Bereich der Wirbelsaule bei Schlipperfahrern, Max Dlank Iust., Bad Kreuznach, Heft, A72/2.*
10. *Engels JA, Landeweerd, JA, kant Y(1994), An OWAS-based analysis of nurses' working postures, Applied Ergonomics, 37(5), 909-919.*
11. *Fitzgeralel, JG, Crotly J (1972), The incidence of backache among aircrew and groundcrew in the RAF, F/ORC/1313.*
12. *Harman, B(1951), Physical capabilities and work placement, Nordisk Rotogravyr,Stokholm, p.84.*
13. *Johansson, JA(1994), Work-related and non-work-related musculoskeletal symptoms,Applied Ergonomics, 25(4), 248-251.*
14. *Kant, I, Notermans, JHV, Borm, PJA(1990), Observations of woring postures in garages using the Ovako Working Posture Analysing System (OWAS) and consequent workload reduction recommendations, Ergonomics, 33(2), 209-220.*

15. *Karhu O, Harkonen R, Sorvali P and Vepsalainen P(1981), Observing working postures in industry ： examples of OWAS application, Applied Ergonomics, 12(1), 13-17.*

16. *Kivi, P, Mattila, M(1991), Analysis and improvement of work postures in the building industry： application of the computerized OWAS method, Applied Ergonomics, 22(1), 43-48.*

17. *Koyl, FF, Marsters-Hanson, P(1973), Physical ability and work potential, unpublished report, Manpower Administration, US Departement of Labor, Washington, D.C.*

18. *Kromer, K, Kromer, H, Kromer-Elbert K(1994), Ergono-mics- How to design for ease & efficiency, Prentice-Hall International.*

19. *Kurorinka I, Johnson B, kilbom A, Vinterberg H, Biering-Sorenson F, Anderson G,Jorgensen k(1987), Standardized Nordic Questionnaire for the analysis of musculoskeletal symptoms, Applied Ergonomics, 18(3), 233-237.*

20. *Karhu O, kansi P and kuorinka I(1977),Correcting working postures in industry ： A practical method for analysis, Applied Ergonomics, 8(4), 199-201.*

21. *Lee, YH, Wu, SP, Hsu, SH(1994), The psychophysical lifting capacities of Chinese subjects, Ergonomics, 38, 671-683.*

22. *Lee, Yung Hui, Chiou, Wen ko(1995), Ergonomic analysis of working posture in nursing personnel： example of modified Ovako working posture analysis system application, Research in Nursing & Health, 18, 67-75.*

23. *Li, K.W. (2002), Ergonomic design and evaluation of wire-tying hand tools, International Journal of Industrial Ergonomics, 30, 149-161.*

24. *Li,K.W.,Ergonomic evaluation of a fixture used for power driven wire-tying hand tools,International Journal of Industrial Ergonomics,in press.*

25. *Lifshitz, Y, Armstrong, T(1986), A design checklist for control and prediction of cumulative trauma disorders in hand intensive manual jobs, Proceedings of the 30th Annual Meeting of Human Factor Society, 837-841.*

26. *Lusted, MJ, Carrasco, CL, Mandryk, JA, Healey, S(1996), Self reported symptoms in the neck and upper limbs in nurses, Applied Ergonomics, 27(6), 381-387.*

27. *Mattila, M, karwowski, W, Vilkki, M(1993), Analysis of working postures in hamming tasks on building construction sites using the computerized OWAS method, Applied Ergonomic, 24(6), 405-412.*

28. *Parson, KC (1995), Ergonomics of the physical environment, Applied Ergonomics, 26(4), 281-292.*

29. *Putz-Ansderson V, Cumulative trauma disorders： a manual for musculoskeletal diseases of the upper limbs, Taylor & Francis, London, 1988.*

30. *Schneider, S, Susi, P(1994), Ergonomics and construction： a review of potential harard in new construction, Am Ind Hyg J, 55(7), 635-649.*

31. *Scott, GB, Lambe, NR(1996), Working pratices in a perchery system, using the OVAkO Working posture Analysing System (OWAS), Applied Ergonomics, 27(4), 281-283.*

32. *Sue, H(1996), Postural analysis of nursing work, Applied Ergonomic, 27(3), 171-176.*

33. *Von Stoffert, G (1985), Analyse und Einstufung von korperhaltungen bei der Arbeit nach der OWAS Methode, Zeitschrift fur Arbeitswissenschaft, 39, 31-38.*

34. *Brauer, RL(1990), Safety and Health for engineers, Van Nostrand Reinhold,N.Y..*

自我評量

1. 何謂累積性傷害？
2. 人工物料處理是指哪些活動？
3. 什麼是腕道症候群？
4. 什麼情況容易造成手部震動症候群？
5. OWAS分析法把肌肉骨骼傷害風險分為幾級？每一級的狀況代表什麼？
6. KIM法如何依風險值決定肌肉骨骼傷害風險等級？各風險對工作改善需求的迫切程度如何？
7. 有那些管理手法可以應用在肌肉骨骼傷害風險的預防上？
8. 傳統手工具可由哪些設計改善來改良使用者手部之姿勢、動作與施力負荷？
9. 請敘述常見之動力手工具之特徵及設計改善可由哪些地方著手？
10. 如何驗證新設計的工具是否比較省力？

NOTE

06

肌肉骨骼傷害 (II)

6.1 人工物料處理

下背部傷害的成因，經學者專家的調查，認定為人工物料處理(manual materials handling)所引起的，所謂人工物料處理是指以人力來進行物品的抬舉、放下、推、拉、攜行等行為，這些物品的處理負荷超過身體能力之限度時即可能造成傷害，當我們抬舉物品時，常用的姿勢包括腿部抬舉與背部抬舉(參考圖6.1)。腿部抬舉是以不彎腰、腿部屈曲的姿勢來抓握物體；背部抬舉則是以彎腰而不屈曲腿部的姿勢抬物。不同的姿勢從事物料抬舉，會在身體產生不同的負荷。控制人員能力限度與工作負荷的形成是下背部傷害研究的主要議題，而對於人工物料處理的研究方法有三種：生物力學法(biomechanical approach)、生理學法(physiological approach)、及心理物理學法(psychophysical approach)。

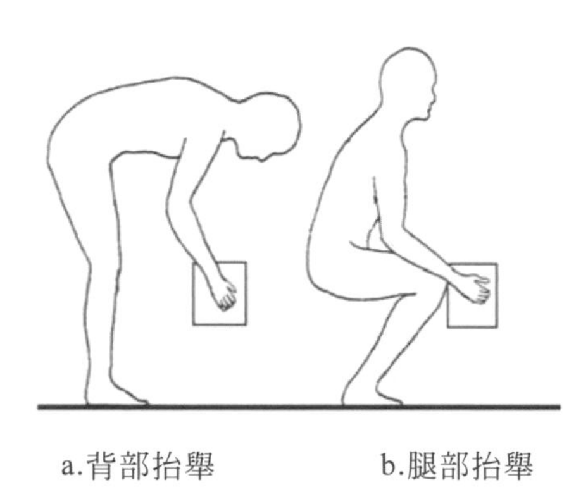

a.背部抬舉　　　b.腿部抬舉

圖6.1　人工物料抬舉常用的姿勢

6.1-1　生物力學法

生物力學

應用物理與工程的觀念來描述人員日常活動中身體各部位活動與受力狀況的科學

生物力學是應用物理與工程的觀念來描述人員日常活動中身體各部位活動與受力狀況的科學(Frankel & Nordin, 1980)。在日常的活動中，脊柱經常需要承受很大的壓力，而壓力的來源不外乎我們的體重與處理物品的重量。Miller et al(1986)指出脊柱在不良的姿勢與物品處理中可能承受高達11倍體重的壓力，過大的壓力可能會造成脊柱相關部位的肌肉骨骼傷害，因此生物力學的調查旨在確認肌肉骨骼系統可承受外力的限度、了解在不同的狀況(姿勢、處理物品的重量等)下身體部位的受力狀況，並依據這些資料來建立處理物品重量的上限。

當人員從事物料抬舉時，其腰部脊椎L5/S1處承受的應力最大，因此由力學的觀點而言身體能力的限度可由L5/S1處可承受的最大力來決定，而身體之活動對於L5/S1處產生的壓力則可由各種力學的模式來計算。L5/S1處可承受的壓力與年齡、脊椎骨截面積、及骨骼鈣質含量有關，表6.1列出了Ayoub et al(1983)所提之不同年齡之男性與女性脊椎骨之壓力強度。

表6.1　腰部脊椎骨之壓力強度值(kg)

年　齡	男	性	女	性
	平均值	標準差	平均值	標準差
21～35	925.4	328.2	—	—
36～50	668.4	234.6	406.6	105.7
51～70	377.8	119.8	306.9	103.0

均由小樣本($n<30$)取得
數據摘自：*Ayoub et al(1983)*

El-Bassousi(1974)曾提出用以預測物料抬舉中L5/S1處承受壓力之生物力學模式，在其模式中採用生物力學當量(biomechanical equivalent，BLE)做為獨立變數來計算腰椎上之受力。所謂生物力學當量是抬舉物體之重量與物體重心到腰椎之距離：

$$BLE = W \times D \tag{6.1}$$

式中　W：物體的重量(kg)

$D=(L/2+0.2)$ m

L＝物體在矢狀面之長度(m)

依據腿部抬舉(或彎腿式)與背部抬舉(或彎腰式)推導之預測公式如下：

腿部抬舉：

$L5$下緣受力＝371＋19.44×BLE (6.2)

$S1$上緣受力＝367＋19.37×BLE (6.3)

背部抬舉：

$L5$下緣受力＝390＋23.05×BLE (6.4)

$S1$上緣受力＝379＋23.00×BLE (6.5)

公式(6.1)至(6.5)中BLE之單位均為kg-m，而計算所得受力之單位均為kg。若以表6.1中的壓力強度值做為應變數，則可使用上列公式求出生物力學當量值，此值即可據以決定抬舉重量的上限值。

El-Bassousi所提的生物力學當量有以下假設：首先，物體的重心在其幾何長度的中點；其次，抬舉過程中物重之負荷由身體承受；再者，抬舉中物體重心至腰椎的距離不變。

生物力學的調查頗為複雜，曾有學者建議以簡易的肌力值來作為抬舉重量的限度值，例如Asmussen et al(1965) 與Poulsen & Jorgensen(1971)曾分別建議以等長背部肌力的40%與50%作為抬舉物重的限度值。

6.1-2 生理學法

生理學法

以人員的心臟血管循環系統之活動上限來定義身體的能力限度

生理學法是以人員的心臟血管循環系統之活動上限來定義身體的能力限度，而工作對身體造成之負荷則可由人員的耗氧量、心跳率、血壓、血液中乳酸累積量等項目來決定，而能量支出是較常用的項目。工作設計中適度之能量支出水準在第四章中已討論過，此處不再贅述。

Garg et al(1978)針對了不同的物料抬舉狀況建立了用來預測能量支出的迴歸公式；這些公式列於表6.2中，在Garg的公式中，若是以E、BW、H_1、H_2、F、S為已知可以求得抬舉物品的重量限度值，若是以E、BW、H_1、H_2、L、S為已知則可求得抬舉頻率的限度值。

以Garg公式估計人員從事人工物料處理作業的能量支出時，應將人員的動作依公式的類別區分，再將各個動作的能量支出算出並加以累計，使用公式時應注意單位的一致性：

$$E = E + \sum \Delta E \tag{6.6}$$

表6.2　Garg能量支出之計算公式

動作	計算公式	
站立(kcal/min)	$E = 0.024 \times B$	
坐著(kcal/min)	$E = 0.023 \times B$	
腿部抬舉之抬起(kcal/min)	$\Delta E = 0.01[0.514 \times B \times (0.81 - h_1) + (2.19L + 0.62S \times L) \times (h_2 - h_1)] \times F$	$h_1 < h_2 \leqq 0.81$
腿部抬舉之放下(kcal/min)	$\Delta E = 0.01[0.511 \times B \times (0.81 - h_1) + 0.7 \times L \times (h_2 - h_1)] \times F$	$h_1 < h_2 \leqq 0.81$
背部抬舉之抬起(kcal/min)	$\Delta E = 0.01[0.325 \times B \times (0.81 - h_1) + (1.41L + 0.76S \times L) \times (h_2 - h_1)] \times F$	$h_1 < h_2 \leqq 0.81$
背部抬舉之放下(kcal/min)	$\Delta E = 0.01[0.268 \times B \times (0.81 - h_1) + 0.675 \times L \times (h_2 - h_1) + 5.22 \times S \times (0.81 - h_1)] \times F$	$h_1 < h_2 \leqq 0.81$
走路(kcal)	$\Delta E = 0.01(51 + 2.54 \times B \times V^2 + 0.379 \times B \times G \times V)t$	
攜行，物品靠著大腿或腹部(kcal)	$\Delta E = 0.01[68 + 2.54 \times B \times V^2 + 4.08 \times L \times V^2 + 11.4 \times L + 0.379 \times (L + B) G \times V]t$	
攜行，手伸直於身體左側或右側以單手或雙手提著物品(kcal)	$\Delta E = 0.01[80 + 2.43 \times B \times V^2 + 4.63 \times L \times V^2 + 4.62 \times L + 0.379 \times (L + B) G \times V]t$	

E＝能量支出；F＝頻率(次/min)；男性為1女性為 0；
B＝體重(Kg)；V＝走路速度(m/sec)；G＝地面的坡度 (%)；
t＝時間(min)；L＝物品重量(Kg)；S＝性別：ΔE＝特定動作之淨能量支出；
h_1＝抬起動作之起始高度或者放下動作之終點高度(m)；
h_2＝抬起動作之之終點高度或者放下動作之起始高度(m)；

6.1-3 心理物理學法

心理物理學法

以人員的主觀感受來決定其可從事人工物料處理之能力限度

心理物理學法是以人員的主觀感受來決定其可從事人工物料處理之能力限度，在特定的工作狀況與環境下人員可判斷其可抬舉之最大重量，此值稱為最大可接受負重(maximum acceptable weight of load，簡稱MAWL)。心理物理學法之數據收集過程較為容易，但是必須選取具有代表性的受測樣本，並嚴格的控制實驗的狀況，才能取得較可信的MAWL值。所謂具有代表性的樣本是指受測者的年齡、性別、身體尺寸、肌力需與設計對象相符，而實驗狀況則是以工作變數為主，人工物料抬舉的實驗中需控制的工作變數包括抬舉範圍(包括由地面-中指指節高-肘高-肩高-可及等不同高度組成之範圍)、抬舉頻率、及容器的尺寸。而人員的姿勢(包括腿部抬舉、背部抬舉、自由式)也須確定。有關心理物理學法的模式讀者可參考Ayoub et al (1978)、Jiang(1984)、許勝雄等(1993)、Lee et al(1994)、吳水丕(1996)等文獻。

6.1-4 NIOSH 1991公式

美國的職業安全衛生研究所(National Institute for Occupational Safety & Health，簡稱NIOSH)曾在1981年綜合生物力學、生理學、與心理物理學的考量提出了人工物料抬舉公式，作為規範人工物料抬舉作業的參考。NIOSH在1991年又依以下觀點參考了研究報告與專家意見，修正了1981年的人工物料抬舉公式並提出*LI*及*RWL*做為抬舉工作是否會引發下背痛之評估工具，NIOSH 1991人工物料抬舉公式的設計考量列於表6.3。

NIOSH在人工物料抬舉公式以抬舉指數(lifting index，簡稱LI)來顯示人工物料抬舉作業是否有下背傷害的風險：當$LI<1$時表示該作業並無下背傷害的風險；當$LI>1$時表示該作業具有下背部傷害的潛在風險，應該加以改善。*LI*可以右式表示：

表6.3　NIOSH 1991人工物料抬舉公式的設計考量

設計觀點	設計原則	限度
生物力學	最大椎間盤壓力	3.4 kN
生理學	最大能量支出	2.2～4.7 kcal/min
心理物理學	最大可接受負重	75%女性與99%男性工人可接受之負重

資料來源：*Waters et al, 1993*

$$LI = \frac{\text{抬舉物重}}{RWL} \quad (6.7)$$

其中 $RWL = LC \times HM \times VM \times DM \times AM \times FM \times CM$　(6.8)

$=$建議抬舉限度

(recommended weight limit)，單位爲kg

$LC = 23$ kg　(6.9)

$=$重量常數值(load constant)

$=$理想環境下在90%的男性與75%的女性之椎間盤產生的力量不會超過3.4 kN

$HM = 25/H$　(6.10)

$=$水平乘數(horizontal multiplier)

$H=$兩腳踝連線中心點至手部握持處之水平距離(cm)

$H<25$時$HM=1$

$H>63$時$HM=0$

$VM = 1-(0.003|V-75|)$　(6.11)

$=$垂直乘數(vertical multiplier)

$V=$抬舉時手部到地面之高度(cm)

$V>175$時$VM=0$

$DM = 0.82+4.5/D$　(6.12)

$=$距離乘數(distance multiplier)

$D=$物料之垂直抬舉距離(cm)

$0.85 \leqq DM \leqq 1$

$D<25$時$DM=1$

$D > 175$時$DM = 0$

$$AM = 1 - 0.0032A \tag{6.13}$$

= 不對稱乘數(asymmetry multiplier)

A =抬舉前後軀幹相對於矢狀面之轉動角度為扭轉腰部之角度(度)

FM = 頻率乘數(frequency multiplier)：由FM乘數表決定(見表6.4)

CM = 握持乘數(coupling multiplier)：由CM乘數表決定(見表6.5)

在分析人員的抬舉作業時，抬舉頻率可依照以下方式決定：

- 由人員有抬舉工作之時段，隨機記錄連續五分鐘之抬舉次數再除以五
- 若抬舉工作為斷斷續續進行則將所有抬舉工作之時段相加可得總抬舉時間
- 若頻率低於0.2次／分鐘，則令頻率等於0.2

在握持乘數表中握持容易、普通及困難的狀況定義如下：

- 握持容易：
  *容器長度少於40公分，且
  *容器高度不超過30公分，且
  *有良好握把手，且
  *握持時手可握緊且無過度之手腕尺偏
- 握持普通：
  *容器長度少於40公分容器高度不超過30公分
  *且把手不良，或
  *容器長度少於40公分容器高度不超過30公分
  *且握時食指無法觸及拇指
- 握持困難：
  *容器長度超過40公分，或
  *容器高度超過30公分，或
  *無把手及適當抓握位置，或
  *重量分佈不均，或
  *容器內物體會滑動，或

*非剛性容器，或

*戴手套

表6.4　FM乘數表

頻率 (1/min)	一天之總抬舉時間					
	≦1小時		≦2小時		≦8小時	
	$V < 75$	$V \geqq 75$	$V < 75$	$V \geqq 75$	$V < 75$	$V \geqq 75$
0.2	1.0	1.0	0.95	0.95	0.85	0.85
0.3	0.97	0.97	0.92	0.92	0.81	0.81
1	0.94	0.94	0.88	0.88	0.75	0.75
2	0.91	0.91	0.84	0.84	0.65	0.65
3	0.88	0.88	0.79	0.79	0.55	0.55
4	0.84	0.84	0.72	0.72	0.45	0.45
5	0.80	0.80	0.60	0.60	0.35	0.35
6	0.75	0.75	0.50	0.50	0.27	0.27
7	0.70	0.70	0.42	0.42	0.22	0.22
8	0.60	0.60	0.35	0.35	0.18	0.18
9	0.52	0.52	0.30	0.30	0.00	0.15
10	0.45	0.45	0.26	0.26	0.00	0.13
11	0.41	0.41	0.00	0.23	0.00	0.00
12	0.37	0.37	0.00	0.21	0.00	0.00
13	0.00	0.34	0.00	0.00	0.00	0.00
14	0.00	0.31	0.00	0.00	0.00	0.00
15	0.00	0.28	0.00	0.00	0.00	0.00
>15	0.00	0.00	0.00	0.00	0.00	0.00

資料來源：*Waters et al, 1993*

表6.5　CM乘數表

	$V < 75$	$V \geqq 75$
容易握持	1.0	1.0
普　　通	0.95	1.0
不易握持	0.9	0.9

資料來源：*Waters et al, 1993*

表6.6　NIOSH建議之最大容許抬舉頻率(次/分鐘)

抬舉時間	$V < 75$ cm	$V \geqq 75$ cm
≦ 一小時	12	15
≦ 二小時	10	12
≦ 八小時	8	10

資料來源：*Waters et al, 1993*

NIOSH 1991公式有以下的限制或假設：

1. 人員在非抬舉作業之體力負荷應相對的顯著低於抬舉作業。
2. 工作環境(例如溫度與濕度)異常時人員之新陳代謝活動應重新評估。
3. 單手、坐姿、蹲跪及不規則物品之抬舉未列入考慮。
4. 人員與地板間之磨擦係數應在0.4以上。
5. 假設物料之抬舉與放下有相同之下背部傷害風險。

▶ 例題 6-1

某作業員從事包裝作業，包裝時由A輸送帶取成品(9公斤重)轉身90度放入紙箱中，作業之頻率為每分鐘三件，作業員雙腳腳踝中點連線至手部握持處之水平距離為35cm，裝箱時其上半身須右轉90° 將紙箱裝滿後用膠帶封箱，並將箱子推至B輸送帶(見圖6.2)。工作時間為8小時。問此工作是否需改善？應如何改善？

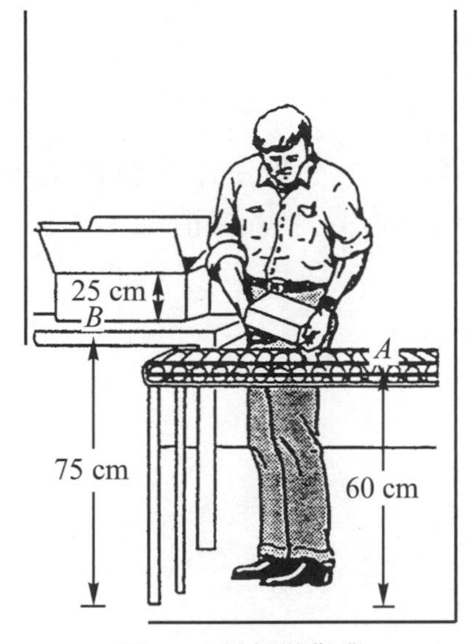

圖6.2　某包裝作業

▶解

$H=35\text{cm}$	HM	$=25/35=0.71$
$V=60\text{cm}$	VM	$=(1-0.003\lvert 60-75\rvert)$
		$=0.955$
$D=40\text{cm}$	DM	$=(0.82+4.5/40)$
		$=0.93$
$A=90°$	AM	$=(1-0.0032\times 90)$
		$=0.71$
$C=$普通	CM	$=0.95$
$F=3$次/min	FM	$=0.55$
	RWL	$=23\times 0.71\times 0.955\times 0.93\times 0.71\times 0.95\times 0.55$
		$=5.4\ \text{kg}$
	LI	$=9/5.4$
		$=1.66>1$
		故該作業有下背傷害風險應該加以改善

作業之改善可由提高RWL公式中之各項乘數著手：

將A輸送帶高度調整爲75cm

B輸送帶高度降低爲50cm

而輸送帶採用V字形配置(參考圖6.3)，以使作業員作業中不需要轉身之動作，並將作業頻率降低爲每分鐘2件；這種情況下：

$HM = 0.71$

$V = 75$　　$VM = 1$

$D = 0$　　$DM = 1$

$A = 0$　　$AM = 1$

$C =$ 普通　　$CM = 1$

$F = 2$次/min　　$FM = 0.65$

所以　$RWL = 23 \times 0.71 \times 1 \times 1 \times 1 \times 0.65$

$= 10.61$ kg

$LI = 9/10.61$

$= 0.85$

< 1

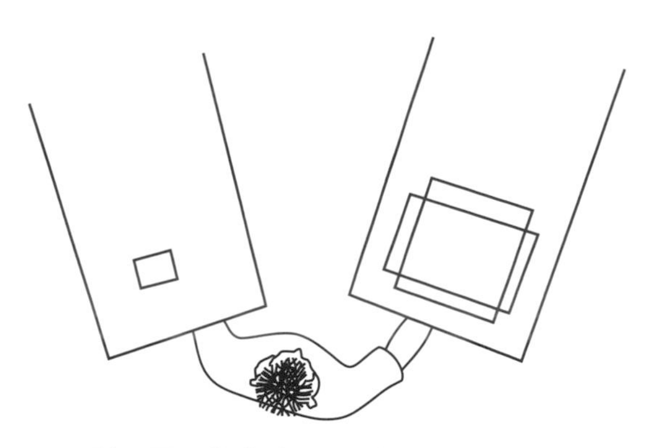

圖6.3　V型配置：作業者可以減少轉身幅度或不用轉身

▶例題6-2

某作業員每日花2小時將棧板(距地面10公分)上之物料逐件抬至輸送帶(距地面80公分)上。假設搬運時需以雙手將物料由底部抬起，其雙腳腳踝中點連線至手部握持處之水平距離為30公分。搬運時不須轉身，搬運頻率為每分鐘兩次，物料握持不易。依據NIOSH 1991公式計算之建議抬舉限度為多少公斤？

解

$LC=23$

$HM=25/30=0.833$

$VM=1-(0.003\,|\,10-75\,|\,)=0.82$

$DM=0.82+4.5/(80-10)=0.884$

$AM=1$

$FM=0.84$

$CM=0.9$

$RWL=23\times0.833\times0.82\times0.884\times1\times0.84\times0.9=10.5$公斤

若其處理物品的重量低於10.5公斤則應無下背傷害風險。

例題6-3

某空勤作業，作業員將由飛機送出之輸送帶($V_1=50$ cm)上的行李抬至台車上($V_2=85$ cm)，此作業經NIOSH 1991公式分析其$LI=1.2$，則若將輸送帶高度降升高到$V_1=70$ cm，其他條件不變之下，LI值會變成多少？

解

$VM_{調整前}=1-(0.003\,|\,50-75\,|\,)=0.925$

$DM_{調整前}=0.82+4.5/(85-50)=0.948$

若V_1由50 cm提高爲70 cm，則VM與DM值變爲：

$VM_{調整後}=1-(0.003\,|\,70-75\,|\,)=0.985$

$DM_{調整後}=1$

因爲$LI=\dfrac{抬舉物重}{\text{RWL}}$

$RWL=LC\times HM\times VM\times DM\times AM\times FM\times CM$

所以LI與VM及DM成反比

$$\frac{LI_{調整前}}{LI_{調整後}}=\frac{(VM\times DM)_{調整後}}{(VM\times DM)_{調整前}}$$

$$\frac{1.2}{LI_{調整後}}=\frac{0.985\times1}{0.925\times0.948}$$

$$LI_{調整後}=1.2\times\frac{0.925\times0.948}{0.985\times1}=1.06$$

6.2 震　動

6.2-1　震動的物理性質

震動是物體以某點為中心在空間中往復性的運動，任何具有彈性與質量的物體在受力之後均可能產生震動。如果造成震動的力是由外部而來，則此種震動稱為強制震動(forced vibration)；若造成震動的力量是來自物體的內部，則這種震動稱為自由震動(free vibration)。震動依是否具有規則性可分為正弦震動與隨機震動，正弦震動乃是指震動的波形宛如正弦波一般，或者由不同頻率之正弦波組合而成，正弦震動較具有週期性與規則性，而隨機震動則是指沒有規則性之震動(參考圖6.4)。

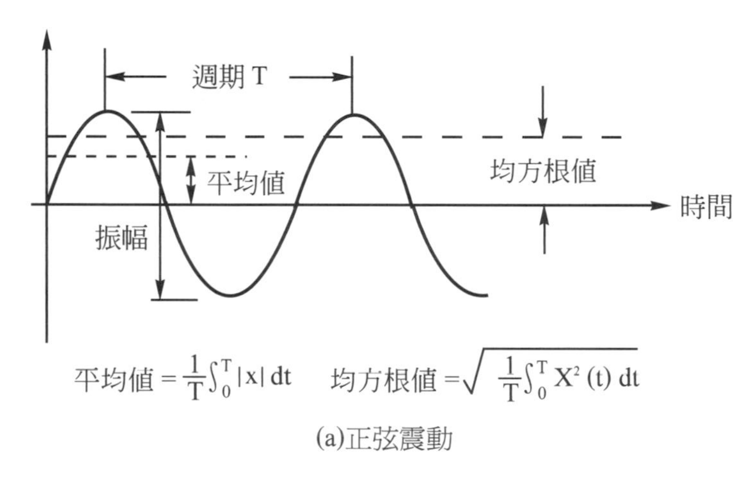

(a)正弦震動

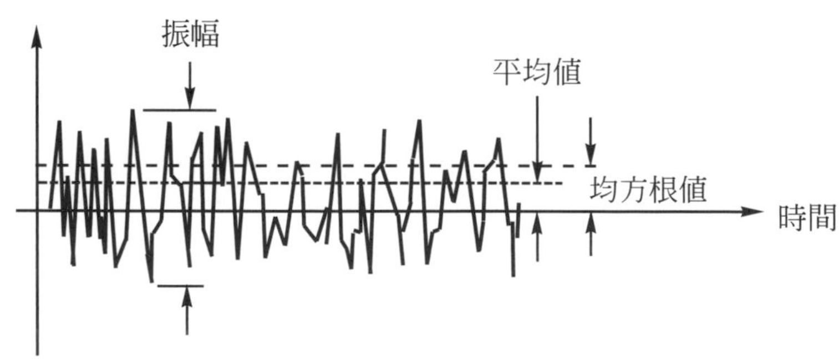

(b)隨機震動

圖6.4　正弦震動與隨機震動

資料來源：*Bruel & Kjaer, 1982*

物體在單位時間內發生往復性運動之次數為震動的頻率，單位為Hz。震動的強度則可分別以位移(cm)、速度(cm/s)、及加速度(cm/s)來表示。而此三項又分別可以尖峰值、平均值、及均方根值來表示(參考圖6.4)，尖峰值是可以觀察到之最大值，平均值是以瞬間值之絕對值在整個週期間積分再除以週期而得，震動強度之平均值可輕易的由電子儀器量得：

$$\overline{X} = \frac{1}{T}\int_0^T |X|dx \tag{6.14}$$

其中X是任一瞬間之值，T是震動之週期

均方根(root mean square)是瞬間值的平方在整個週期積分後除以週期再開根號得之，均方根同樣的可由電子儀器量得：

$$X_{max} = \sqrt{\frac{1}{T}\int_0^T X^2(t)dt} \tag{6.15}$$

震動的速度及加速度也可以對數之形式來表示：

震動加速度位準$=20log(a/a_0)$　　單位：分貝(dB)　　(6.16)

其中　$a_0 = 10^{-6}m/sec^2$

震動速度位準$=20log(v/v_0)$　　單位：分貝(dB)　　(6.17)

其中　$v_0 = 10^{-9}m/s$

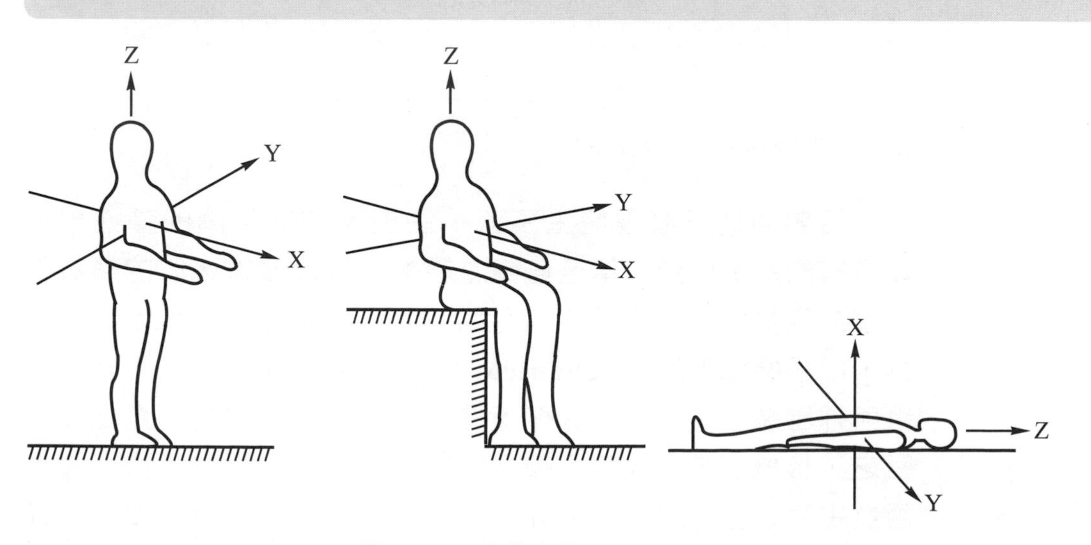

圖6.5　震動的方位

修改自：*ISO 2631*

震動可在不同方向產生，就人體的方位而言，當我們站立或坐著時，上、下的震動為Z向震動，前後的震動為X向震動，左右的震動則為Y向的震動(參考圖6.5)。在物體上，某些頻率震動之振幅逐會漸減低，這種現象稱為衰減(attenuation)；而在另外的某些頻率之震動下振幅會增加，此種情形稱為共振(resonance)。每一物體皆有其共振頻率，此頻率是由物體的質量與結構決定的。身體的組織在每一部位均有所不同，因此，各部位皆有不同之共振頻率，表6.7顯示了身體部位在方向的共振頻率。

表6.7　身體部位在垂直方向之共振頻率

部位	共振頻率(Hz)
頭	5～20
下顎	100～200
眼球	30～80
脊椎(胸)	10～12
腰脊	4
肩	2～10
下臂	16～30
手	4～5
腹部	4～8
膀胱	10～18
胃	3～6

資料來源：Kromer et al, 1994

震動通過身體會發生衰減，主要是由於身體的彈性組織吸收震動能量所致。傳至身體之震動，其能量被吸收的多寡與身體的姿勢與肌肉是否收縮有關，此一能量可用機械阻抗來描述，所謂**機械阻抗(mechanical impedance)**是指震動之輸入能量與輸出能量之比值，機械阻抗愈小表示被吸收的能量愈少；反之，機械阻抗愈大表示被吸收的能源愈多。震動通過身體是否發生衰減也可由傳導度(transmissibility)看出，傳導度可用任何兩個端點之間的加速度比值來計算(通常取身體某點與震動平面間之比值)：若發生衰減，則傳導度小於1；反之，若發生共振則傳導度會大於1。圖6.6顯示了立姿與坐姿身體不同部位之傳導度，在立姿的狀況，頭、肩膀、及臀部在2到8 Hz間的震動均發生共振的現象，因此傳導度大於1；頻率超過8 Hz以後即發生衰減的現象，因此傳導度小於1；立姿時若彎屈膝部，腰部的震動會有明顯的衰減(此種衰減也會發生在上半身的其他部位)。在坐姿的狀況下，頭與肩膀在6 Hz以下皆有共振的現象，在頻率超過10 Hz以後，即有顯著的衰減狀況發生。

絕大部份的動力手工具皆會產生頻率由2至2000 Hz不等的震動，這些震動會經由手傳至使用者的身體。手臂具有過濾高頻率震動的功能：1000 Hz之震動在手腕處可被減弱40 dB，手肘也可減弱震動40至50 dB；100至630 Hz 之震動傳過手臂會被減少10 dB，而20至100 Hz之震動傳過手臂則僅會被減弱3 dB。

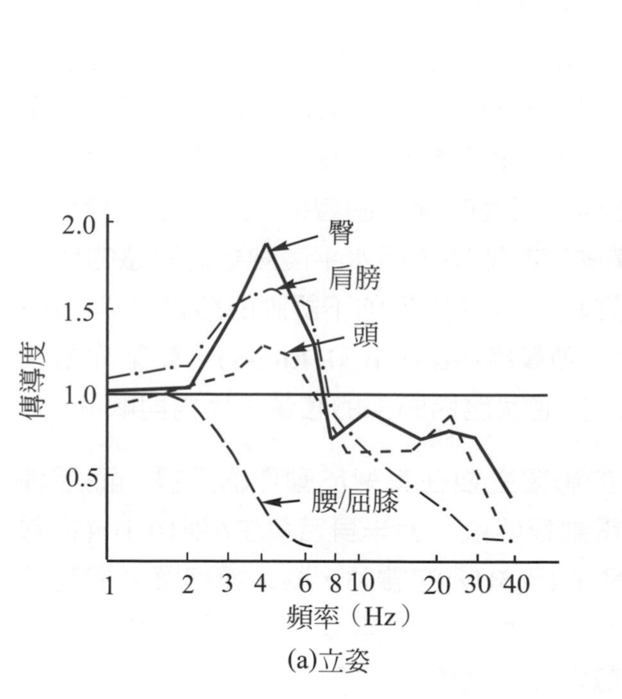

(a)立姿

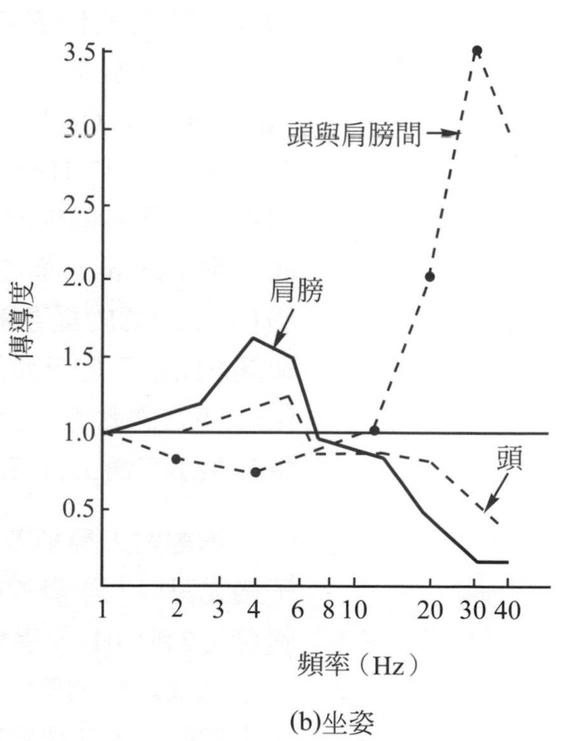

(b)坐姿

圖6.6　震動之傳導度

修改自：*Rasmussen, 1982*

6.2-2 震動對人員的影響

震動依頻率、振幅、傳入身體部位、姿勢等之不同，會對人員造成不同程度之影響。震動對人員的影響可從以下三個方面的問題來討論：

- 引起不舒服的感覺
- 在工作中影響人員的作業績效
- 影響安全與健康

震動會引起不舒服的感覺，這種感覺與震動是否有規則性有關，Griffin(1976)指出人們對於沒有規則性的隨機震動所引起的不舒服感覺較為敏感。震動會引起何種程度的不舒服的感覺是相當主觀而且因人而異的，為了將震動引起之不舒服感覺加以量化，多位學者(Oborne et al, 1981；Corbridge & Griffin, 1986)曾建立等舒適曲線(equal comfort contours)來找出可產生相同程度不舒服感覺的震動頻率與強度的組合。圖6.7顯示了Corbridge & Griffin (1986)提出之等舒適曲線，圖中的最上面的一條線是與2 Hz，水平方向0.75 m/s^2 之震動會產生相同感覺的線；下面的兩條線則是與垂直方向2 Hz，加速度分別為0.75 m/s^2 與0.25 m/s^2 產生相同感覺的線。由圖6.7可知，人們對於5到16 Hz之間的垂直震動較為敏感，而水平震動較為敏感的頻率範圍2 Hz以下的低頻震動。 除了主觀的不舒服的感覺以外，0.5 Hz以下之震動也會引起**動暈症(motion sickness)**，動暈症常發生在乘坐交通工具時，其症狀包括頭部的眩暈、反胃與嘔吐。

震動對人員績效的影響主要在其對於動作的干擾，而這種干擾尤其以上半身的震動較嚴重。上半身若發生6到10 Hz(或肩膀發生2到10Hz、手發生4到5Hz)的震動，則人員追蹤與控制作業之績效均會顯著的降低，而降低的幅度又受到震動加速度的大小的影響，加速度愈大者，績效降低的幅度也愈大。

震動對於績效的另外一個影響是在視覺方面。若震動頻率在1 Hz以下，則眼球可持續的轉動以將目標之影像固定在視網膜上，若是震動頻率升高，以至於眼球的急動仍然無法捕捉目標的影像時，視覺就會變得模糊。震動對於視覺之影響也與眼睛到目標的距離有關，近距離之視覺目標受到之影響大(Griffin, 1990)。

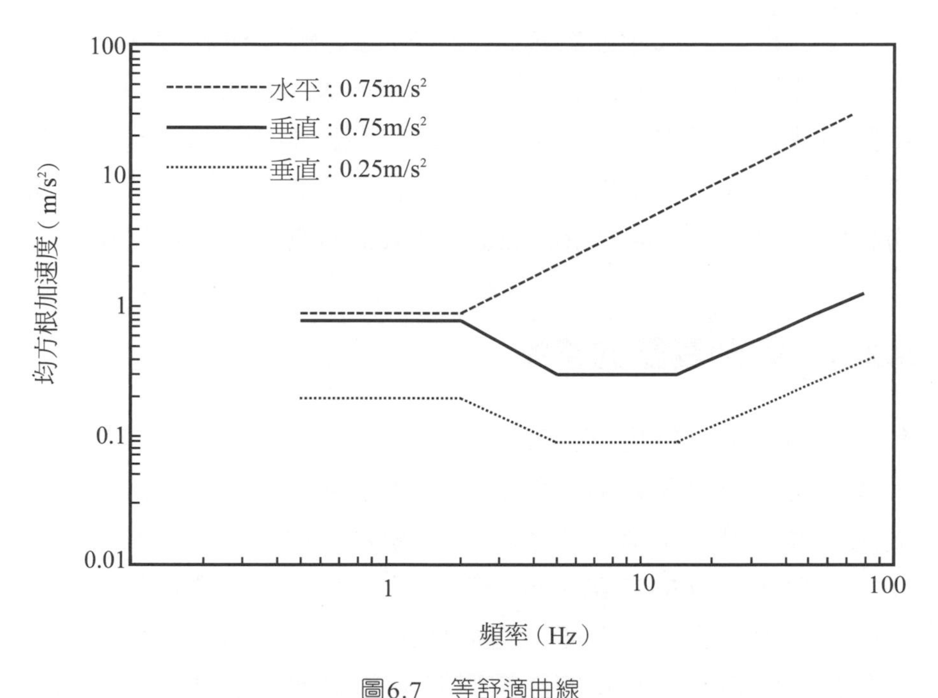

圖6.7　等舒適曲線

資料來源：*Corbridge & Griffin, 1986*

由於共振的頻率不同，身體各部位對不同頻率之震動之感覺也不同，以垂直方向的全身震動而言，4到8 Hz之震動會讓人感到呼吸困難，4到10 Hz之震動會引起頭腦及眼睛不舒服的感覺，4到9 Hz之震動容易引起全身之疲勞的感覺。肌肉組織可吸收震動之能量，而震動也可能引起肌肉之自主性與非自主性的收縮，在共振的頻率下，由震動引起之肌肉收縮尤其明顯，此種收縮容易導致肌肉的疲勞。

坐著時，全身震動可經由臀部直接向軀幹及腿部傳導，而立姿時全身震動須由腳部經腿部往上半身傳導，腿部的肌內可吸收許多震動的能量。因此，全身震動對身體影響以坐姿較立姿為顯著。震動會對脊柱有不良影響，許多研究顯示卡車、曳引車、巴士及飛機駕駛員因工作中之震動而有較高之下背痛風險，Kelsey與Hardy (1975)指出卡車司機經歷椎間盤脫出的風險是一般人的四倍，而曳引機、巴士駕駛則經歷較一般人高出二倍之風險。除了椎間盤脫出，長期在震動中環境也會影響椎間盤內養份之供應，而導致椎間盤之退化。

手部接觸之低頻震動會經由手臂傳到頭部與軀幹，這種震動可能會引起頭痛、眩暈等症狀(Chaffin & Andersson, 1984)。手部接觸之高頻震動之大部份能量均被接觸部位的肌肉組織吸收，這可能會造成組織之破壞。手部長期暴露於高頻率震動會引起所謂的雷諾氏疾病(Reynaud's disease)或手部震動症候群。

6.2-3 震動暴露的管制

震動可以分為全身的震動與局部震動，若要避免震動對人員造成安全與健康之不良影響，人員在環境中的暴露必須加以限制，國際標準組織公佈了規範震動暴露限制的國際標準ISO 2631，以ISO 2631之第一部份對於經由固體表面傳達到全身之震動，訂出了暴露的限度。圖6.8與6.9顯示了ISO 2631的全身震動在垂直與水平方向的暴露標準，圖中的線條顯示了因疲勞而造成績效降低之暴露標準，若要計算舒適度降低之暴露標準則可查得圖中之加速度值(m/s^2)再除以3.15，要計算危害安全與健康的暴露限度則可將圖中查得之值乘以2即可。圖6.8與6.9中震動之值分別依不同之暴露時間來界定，垂直震動以4到8 Hz範圍的容許加速度值為最低，水平震動則以1到2 Hz之間的容許加速度值為最低。

ISO 2631之第三部分訂出了會造成人員動暈(motion sickness)的震動暴露限度，其震動頻率介於0.15至0.63 Hz之間。

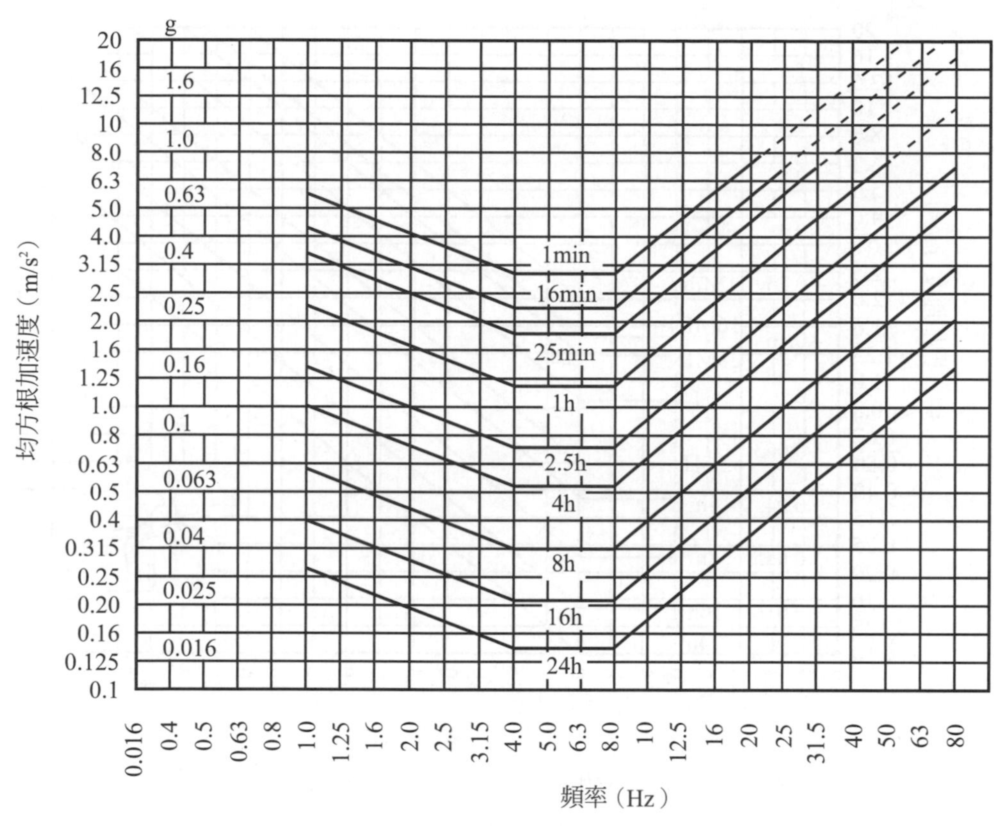

圖6.8　ISO 2631的垂直震動暴露限度(ISO 2631, 1978)

▶例題 6-4

假設某君每日(8小時)需以坐姿操作某工程機械，經量測該工程機械之垂直與水平之震頻率分別為6.3與1.25 Hz，則依據ISO 2631之規範，會造成其舒適度降低，會因疲勞而造成作業績效降低，及會對其造成健康危害之震動加速度之限度為何？

▶解

垂直震動：

震動頻率6.3 Hz

持續時間8小時

由圖6.7中查得均方根加速度爲0.315 m/s^2

此値爲會因疲勞而降低作業績效之垂直加速度限度

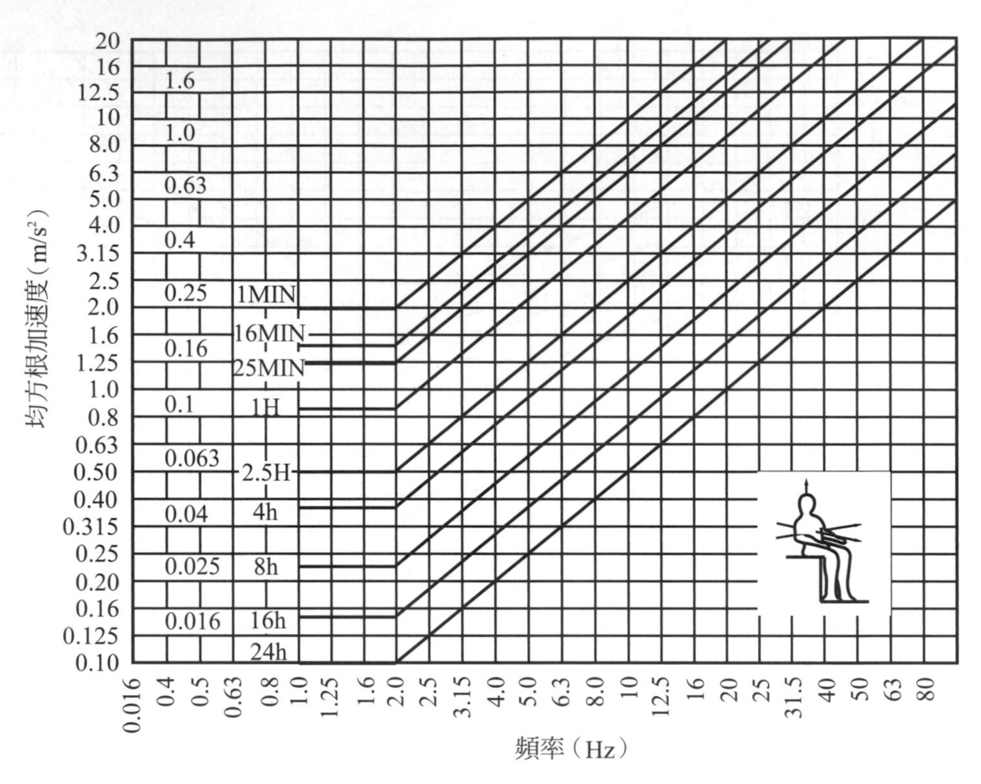

圖6.9　ISO 2631的水平震動暴露限度(ISO 2631, 1978)

$0.315 / 3.15 = 0.1\ m/s^2$　　此爲會造成舒適度降低之加速度限度

$0.315 \times 2 = 0.63\ m/s^2$　　此爲會造成健康危害之暴露限度

水平震動：

頻率1.25 Hz

每日8小時

由圖6.8中查得均方根加速度爲$0.23\ m/s^2$

此爲會造成作業績效降低之加速度限度

$0.23 / 3.15 = 0.07\ m/s^2$　　此爲會造成舒適度降低之加速度限度

$0.23 \times 2 = 0.46\ m/s^2$　　此爲會造成健康危害之暴露限度

參考文獻

1. 吳水丕(1996)，箱子大小對於一次可承受抬舉重量之效應，技術學刊，11，245-250。
2. 許勝雄，李永輝，吳水丕(1993)，最大可承受抬舉重量之心物法測定，中國工業工程學刊，10，73-79。
3. Asmussen, E, Hansen, O, Lammert, O(1965), The relation between isometric and dynamic muscle strength in man, Testing and observation Institute of the Danish National Association for Infantile Paralysis, Communication 20.
4. Ayoub, MM, Selan, JL, karwowski, W, Rao, HPR(1983), Lifting capacity determination in back injuries, Proceedings of Bureau of Mines Technology Transfer Symposia, United States Bureau of Mines, Information Circular, 8948, 507-516.
5. Coermann, R(1963), The mechanical impedance of the human body in siting and standing position at low frequency, In human vibration research, Lippert, S(eds), Pergamon Press, Elmsford, NY..
6. Corbridge, C, Griffin, M(1986), Vibration and comfort: vertical and lateral motion in the range of 0.5 to 5 Hz, Ergonomics, 29, 249-272.
7. El-Bassoussi, MM(1974), A biomechanical dynamic model for lifting in the sagittal plane,Ph.D. dissertation, Texas Tech University, Lubbock, Texas.
8. Griffin, MJ(1976), Subjective equivalence of sinusoidal and random whole body vibration, Journal of Acoustical Society of American, 60, 1140-1145.
9. Griffin, MJ(1990), Handbook of Human Vibration, San Diego, CA: Academic press.
10. ISO 2631 (1985), Evaluation of human exposure to Whole-body Vibration, Geneva.
11. Jiang, BC(1984), Psychophysical modeling of individual and combined manual materials handling activities, Ph.D. dissertation, Texas Tech University, Lubbock, Texas.
12. Kelsey, JL, Hardy, EJ. (1975), During of motor vehicle as a risk factor for acute herniated lumber intervertebral disc, American Journal of Epidemiology, 102, 63-73.
13. Miller, JAA, Schultz, AB, Warwick, DN, Spencer, DL(1986), Mechanical properties of lumbar spine motion segments under large loads, Journal of Biomechanics, 19, 79-84.

14. *Orborne, D, Heath, T, Boarer, P(1981), Vibration in human response to whole body vibration, Ergonomics, 24, 301-313.*

15. *Poulsen, E, Jorgensen, k(1971), Back muscle strength, lifting and stooped working postures, Applied Ergonomics, 2, 133-137.*

16. *Rasmussen, G(1982), Human body vibration exposure and it's measurement, Technical review, Bruel and Kjaer, Vol.1, 3-31.*

17. *Waters, TR, Putz-Anderson, V, Garg, A, Fine L(1993), Revised NIOSH equation for the design and evaluation of manual lifting tasks, Ergonomics, 36(7), 749-776.*

自我評量

1. 當人員從事人工物料抬舉時，腰部脊椎何處受力最大？
2. 什麼是生物力學？
3. NIOSH 1991人工物料抬舉公式中以生物力學觀點，採用之最大椎間盤受力多少N？
4. NIOSH 1991人工物料抬舉公式中，採用之重量常數是多少Kg？
5. 抬舉指數與下背傷害風險間之關係為何？
6. 那個頻率範圍的全身垂直震動對於坐姿操作者的下背有較高的傷害風險？
7. ISO 2631標準中所訂定會造成人員動暈症的震動頻率(Hz)之範圍為何？
8. 某空勤作業，作業員將由飛機送出之輸送帶 (v = 40 cm) 上的行李抬至台車上(v = 95 cm)，此作業經NIOSH 1991公式分析其 LI = 1.2，則若將輸送帶高度降升高到v = 75 cm，其他條件不變之下，LI值會變成多少？

防滑設計

7.1 摩擦力與摩擦係數

當兩物體接觸時，在接觸面上會存在作用力與反作用力，此力包括與物體表面垂直與水平二個方向上之力，垂直力為讓兩物體得以緊靠在一起之力，水平作用力為會造成(或傾向造成)二物體間相對水平滑動之力，而反作用力則為阻止或抑制此水平滑動之力，此力稱為摩擦力。摩擦力為摩擦係數與垂直作用力的乘積($F = \mu N$)，文獻上也常以抗滑性(slip resistance)來稱呼摩擦係數。當接觸面間無相對運動時，其摩擦係數稱為靜摩擦係數(static coefficient of friction 簡稱SCOF或μ_s)。

摩擦係數為摩擦力與垂直方向之反作用力之比值：

$$\mu = F / N \tag{7.1}$$

F：摩擦力

N：垂直反作用力

μ：摩擦係數

摩擦係數也可以摩擦角來表示：當一具有水平分量之作用力作用於物體上時，在地面之反作用力R和垂直作用力N間有一夾角(ϕ)稱為摩擦角(圖7.1)，摩擦角的正切為摩擦力與垂直力的比值：

$$\begin{aligned}\tan\phi &= F / N \\ &= \mu N / N \\ &= \mu \qquad (7.2)\end{aligned}$$

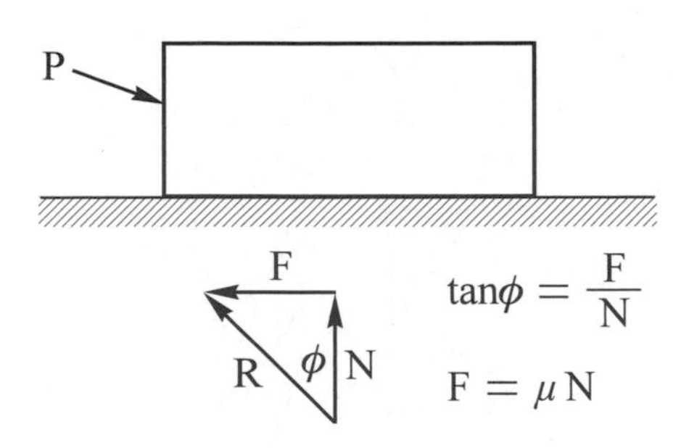

圖7.1　摩擦力與摩擦角

當水平作用力超過了最大靜摩擦係數所能提供之摩擦力，接觸面間即會產生運動，此時摩擦係數值會下降，而稱為動摩擦係數(dynamic coefficient of friction 簡稱DCOF或μ_d)。一般而言，兩物體間的靜摩擦係數約為動摩擦係數之2.5倍至5倍之間。最大靜摩擦係數為一定值，而動摩擦係數為可變值，其值隨兩接觸面之相對移動速度改變而改變，速度越快動摩擦係數越小。

7.2　腳與地板間摩擦的問題

7.2-1　走路與滑倒

走路是我們每日最頻繁的活動之一。走路時我們以雙腳交互的向前踏步來將身體的重心向前移動，同時手臂亦交互的前後擺動以協助身體取得平衡。這個活動可視為一連串的身體平衡失去與再獲得之過程：雙腳站立時，身體是處於平衡狀態，當前腳跨出致使身體之重心超出了後腳的支撐範圍外，即開始失去了平衡；而當前腳著地，重心逐漸的移到此腳上時，身體又重新的取得平衡(參考圖7.2)。

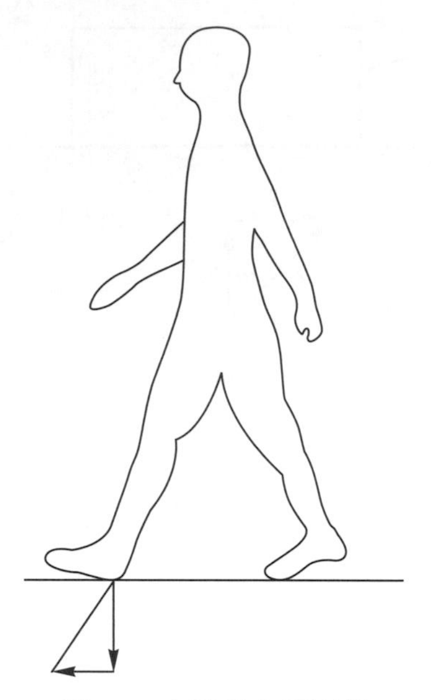

圖7.2　走路與身體平衡

走路中腳的狀態可以區分為著地期(stance phase)與擺動期(swing phase)，著地期又可再分為腳跟著地期、腳掌貼地期、與腳尖離地期。前腳踏出時需先以腳跟著地，然後整個腳掌逐漸平貼地面，Perkins(1978)指出，受測者之腳跟著地時，鞋底與地板間之角度介於10度到30度之間。腳跟著地後，身體的重心逐漸由後腳移向前腳，整個腳掌貼地後重心完全移至前腳，而後腳尖即於地面向後施力，然後離開地面並開始向前擺動，在後腳超越前腳後，身體的重心又逐步的離開著地之腳向前移動，此時後腳跟逐漸離開地面，待前腳跟著地後，後腳尖又開始向後施力並逐漸離開地面。

同一腳在跨步中相鄰兩腳跟著地點間之距離稱為步幅(stride length)，而不同腳在跨步中相鄰兩腳跟著地點間之距離稱為步長(step length)。一個步幅包括了連續的兩個步長。兩腳單位時間踏步的次數稱為步頻(cadence)，步頻乘以步長即可得到走路的速度。

當前腳跟著地或是後腳尖離地時，都必須仰賴鞋與地面間之摩擦力來抵抗向前或向後之滑動。若是摩擦力不足，則會產生腳在地面滑動的現象。滑動時，身體會嘗試控制重心的位置，若重心的位置無法控制則會跌倒。當腳跟著地時身體的重心同時向此腳移動。此時若腳產生向前滑則控制重心較為不易，因此容易發生跌倒。後腳尖離地時若產生向後滑動，此時由於重心已逐漸離開此腳向反方向移動，身體重心的控制較為容易。走路時腳跟在著地時向前滑的情況是很普遍的，若是滑行在很短的距離內就停止，則走路者往往無法察覺這種滑行的存在。Leamon與Son(1989)稱這種滑行為微滑(microslip)，Leamon與筆者(1990)則定義滑行距離在3公分以內者為微滑，若滑行超過此範圍吾人即可感受到腳跟的滑動，而身體即會嘗試控制重心的位置來抑制滑行，若滑行無法被控制住則會跌倒。多位學者(Perkins, 1978; Strandberg & Lanshammar 1981; Leamon & Li, 1990)主張腳跟著地時的滑行距離的長短是決定是否會造成跌倒的主要因子，若是滑行距離超過10公分，則跌倒發生是無可避免的。腳跟著地後向前滑行的速度也會影響跌倒是否發生。Strandberg & Lanshammar (1981)指出若腳跟著地時的滑行速度超過0.5 m/s，則造成跌倒的可能性非常大。

吾人的視覺可提供地板是否具有抗滑性的若干訊息：表面光滑甚至於被液體覆著的地板常會讓我們感到地板的抗滑性不佳。除了視覺外，走路時肌肉骨骼系統之本體感受器(proprioceptive receptor)也會傳達身體平衡之感覺訊息，若腳在地板上滑動之情況被偵測到，則吾人會降低此地板抗滑性之認知。吾人對於地板抗滑性之認知是否可靠呢？Myung et al. (1992) 曾在步行實驗中以排序(ranking)的方式要求受測者比較具不同摩擦係數之地板之抗滑性，他們的結論是受測者有良好的辨識地板抗滑性的能力。然而Cohen與Cohen(1994a)卻由實驗中得到不同的結論：他們曾要求受測者以目視的方式分別以23種不同的地板來和標準地板(靜摩擦係數為0.5)來比較何者較滑，他們發覺許多受測者之主觀判斷與實際狀況是相反的。他們在一後續的研究(Cohen & Cohen, 1994b)中要求受測者先目視再走過不同抗滑程度之地板，並給予地板抗滑性之評分(rating)，結果發現受測者之主觀評分與地板之摩擦係數間之相關係數並不高。因此，作者認為人們對於地板是否滑溜的判斷，常會和實際的狀況不符。人們對於地板抗滑性之認知，會被使用在身體姿勢與行走速度之調整，若是此種認知與實際狀況不符，則錯誤的身體動作調節(尤其是誤認低抗滑性的地板有較高的抗滑性)反而更易造成跌倒的危險。

當我們感覺到地板的抗滑性不足時，會採取具有保護性之方式來行走，包括縮短步長、增加前腳著地時膝蓋之屈曲、減少著地時腳底與地面間之角度以增加鞋底之貼地面積、及減低腳跟著地時的速度與加速度。

在美國，跌倒是第二大意外傷害(unintentional injuries)致死的原因，也是醫院急診室意外傷害就診的最主要的成因(佔就診量之21%)。以職業傷害而言，跌倒也是造成職業傷痛的主要成因之一，在已開發國家中，有20%至40%之職業失能傷害與跌倒有關，美國勞工統計局(Bureau of Labor Statistics，簡稱BLS) 估計全美國在1996年共發生了330,913件造成至少一天缺勤的跌倒事故，另外，尚有59,328件身體失去平衡，但未跌倒的事故。跌倒可能起因於滑倒、絆倒、或其他原因之身體失去平衡，而滑倒則是造成跌倒最主要的一個原因。Leamon與Murphy (1995) 提出美國企業每年因為跌倒事故，而必需為每位員工支付的直接資本支出介於美金50至400元之間(視產業類別而定)。直接的檢視職業傷病之統計往往低估了跌倒的嚴重性，例如Hayes-Lundy et al. (1991) 提出美國猶他州的速食店員工被燒燙傷的案例中有11%是肇因於人員先滑倒然後才被燒燙傷的。

7.2-2 人工物料處理

鞋與地板間的摩擦力不僅影響走路的行為並可能造成跌倒的事故，也會影響我們從事人工物料處理的能力，Ciriello et al. (2001)即曾經在兩種不同靜摩擦係數(0.26與0.68)的地板上記錄受測者推推車的行為，他們發現相較於高摩擦係數的地板，在摩擦係數較低的地板上受測者顯著($p<0.01$)的需要施以較大的水平推力才能使推車由靜止開始向前行走；同樣地也需要較

大的力量才能使推車以等速向前移動。而將推車推行相同的距離，在低摩擦係數的地板上受測者花費的時間顯著的($p<0.05$)高於在高摩擦係數之地板上。在低摩擦地板上，受測者可接受一日8小時工作之推車載重為332公斤，而在高摩擦地板上，此載重則提高到482公斤。換句話說，在摩擦係數低的地板上推推車，人員需要更費力而且費時。Kromer與Robinson (1971)也曾指出年輕之男性受測者在摩擦係數0.3之地板上能施展之水平推力平均為200 N，若地板之摩擦係數超過0.6則他們可施展之平均水平推力可提高至300 N。因此，工作區域內具有良好抗滑性的地板能夠減低人員從事推推車這類人工物料處理活動的體力負荷與物件搬運的作業時間。

地板摩擦係數與推車

地板很滑時，要控制推車起步、停止及轉彎，均非常困難

筆者(Li et al., 2008)最近完成一項男性勞工受測者拉棧板車行走的實驗。實驗用的棧板車空重184公斤，其上載重分別為輕(空車)、中(295公斤)、及重(568公斤)三種狀況，受測者以雙手拉棧板車(倒著)走過一7.6公尺長的步道並通過目標區。目標區的地面狀況可能是乾、濕、或者有甘油的情況，此三種情況地面的摩擦係數分別為0.39 (±0.13)、 0.09 (±0.04)及0.02 (±0.01)。受測者腳部以直徑1公分的反光點標示(參考圖7.3)，這些反光點在實驗中的運動軌跡以高速攝影機拍攝並以Motion Analysis®系統分析。研究發現受測者在實驗狀況下有兩種可能的滑倒情況：第一種是倒著走時，往行進方向跨出的後腳在腳尖著地時可能會向行進的方向滑溜，第二種則是拉棧板車時，前腳腳掌或腳跟在往前(棧板車)向地板施力時可能會向棧板車方向滑溜。在兩種狀況下，腳的滑行距離顯著的受到地面摩擦係數影響。在摩擦係數低的地板上，腳在地板的滑行距離均較長，跌倒的風險也較高。在兩種狀況下，腳的滑行距離也顯著的受到棧板車載重的影響，而這部份的影響主要發生在有甘油的地面：在第一種滑溜的情況下，載重愈重時滑行的距離愈短，此乃因為棧板車的載重限制了人往行進方向滑的緣故；在第二種滑溜的情況下，載重愈重時滑行的距離愈長，此乃因為腳需要對地面施以更大的力量來拉棧板車，因此往棧板車方向滑倒的風險愈大。

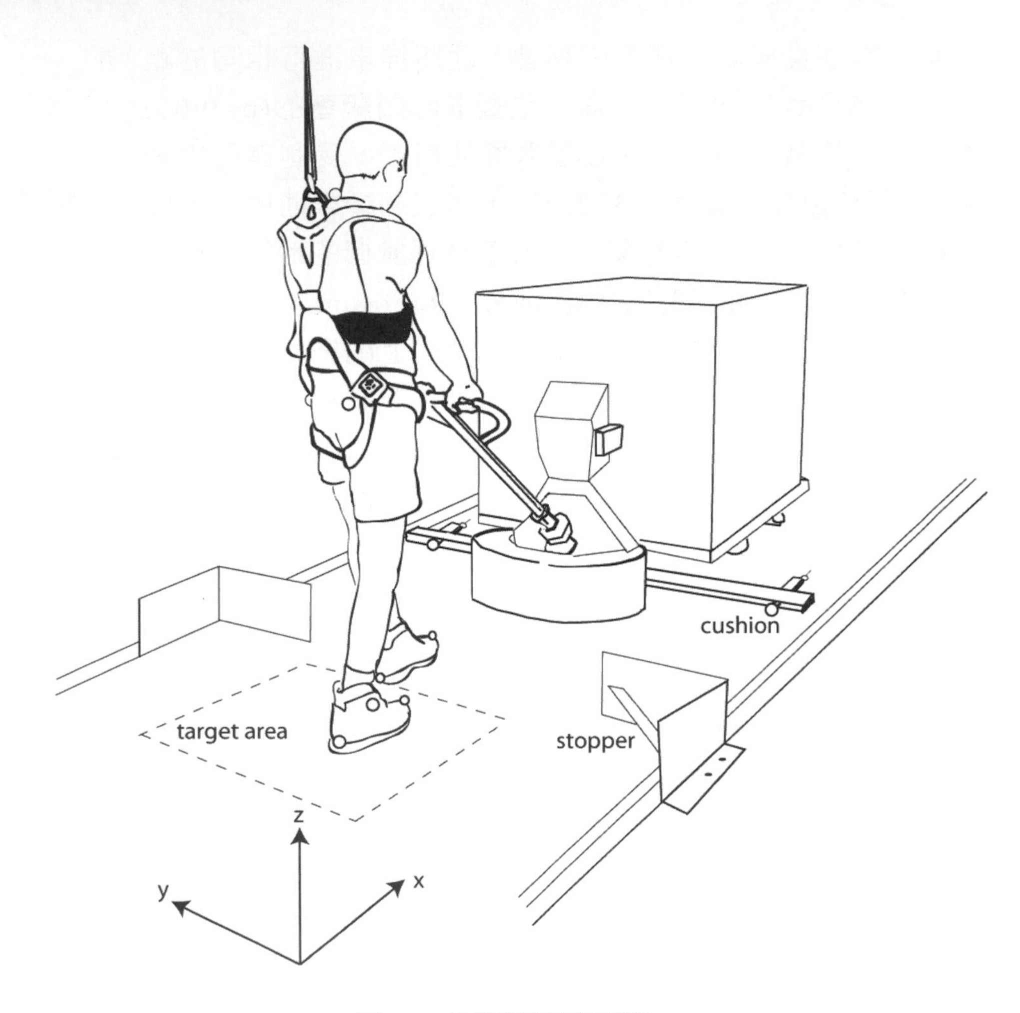

圖7.3　拉棧板車實驗狀況

資料來源：*Li et al., 2008*

類似的情況也發生在物料搬運的活動中，筆者與北京清華大學于瑞峰教授(Li et al., 2007)曾經安排八位受測者在靜摩擦係數分別為0.19、0.43及0.89的三種鞋與地板的介面條例下進行物品的抬起、雙手攜行、放下並走回的實驗。在實驗的第一階段，受測者以每分鐘兩次、攜行及走回的距離為3公尺的條件下把一個箱子由一處搬運到另外一處。受測者必需在連續20分鐘的物品的搬運中，找到他在那樣的工作條件下，每天八小時可以處理物品的最大可接受處理重量。每一次搬移完畢後，若受測者覺得箱子太重，他可以把箱子內的物品取出一些以減少重量；若是覺得箱子很輕則可以增加一些物品以增加重量。此階段結束後，受測者休息五分鐘後再以同樣的工作與環境條件來連續搬運箱子十分鐘，此箱子的重量為他在前一階段所選取的最大可接受處理重量。實驗中，受測者的耗氧量(V_{o2})以一台新陳代謝分析儀來記錄。第一階段的實驗結果顯示，受測者在低摩擦係數的狀況下之最大可接受處理重量顯著的($p<0.05$)低於高摩擦係數狀況下的值；而第二階段的實驗結果顯示，受測者在低摩擦係數的狀況下其生理之能量效率(處理物品重量除以其平均耗氧量)顯著的($p<0.05$)低於中摩擦係數及高摩擦係數狀況下的值。因此，在滑溜的地板上，人員最大可接受處理之物品重量較低；而從事物品的搬運時，我們生理系統的能量效率較低，這意味著在比較滑溜的地板上我們需要支出比較高的生理負荷來處理特定重量的物體。

7.3 腳與地板間作用力

在走路時，當前腳腳跟著地後，腳即對地面施加作用力，此作用力可由測力鈑測得。圖7.4顯示了在水平地面上走路時，由測力鈑量得的腳在地面上之水平力(F_H)、垂直力(F_V)、及此二力之比值(F_H / F_V)。依據古典力學之理論，走路時若腳底承受之摩擦力大於腳對地板在水平方向之最大施力時，滑溜即不會發生，換句話說，在 $\mu = F_\mu / F_N > F_H / F_V$ 的狀況下，腳在地面上是不會產生滑行的，其中F_μ為摩擦力，μ 或F_μ / F_N，代表了摩擦供應量(friction available)，而F_H / F_V則為摩擦需求量(friction demand)，防滑的基本概念即是要確認走路中摩擦供應量必需大於摩擦需求量(Gronqvist, 1999；Gronqvist et al., 2001)。在F_H / F_V之圖中標示了六個波峰，波峰1、3、4為鞋跟對地板向前施力之值，而2、5、6則為向後施力之值，這些波峰為腳在地面上最可能開始發生滑動的點，波峰3之F_H / F_V代表了腳跟著地期的最大摩擦需求量，此時若摩擦供應量不足即會產生向前的滑動，這種滑行常在腳跟著地後約50至100 ms之後開始(Perkins, 1978; Strandberg & Lanshammar, 1981)；波峰

防滑的基本概念

走路中摩擦供應量必需大於摩擦需求量

5之F_H / F_V代表了腳尖離地期的最大摩擦需求量，此時若摩擦供應量不足即會產生向後的滑動。後腳向後滑時，因重心移至前腳，而不致產生跌倒的後果，前腳向前滑則容易發生跌到。因此，文獻上討論之摩擦需求量多半是指波峰3之F_H / F_V值而言。

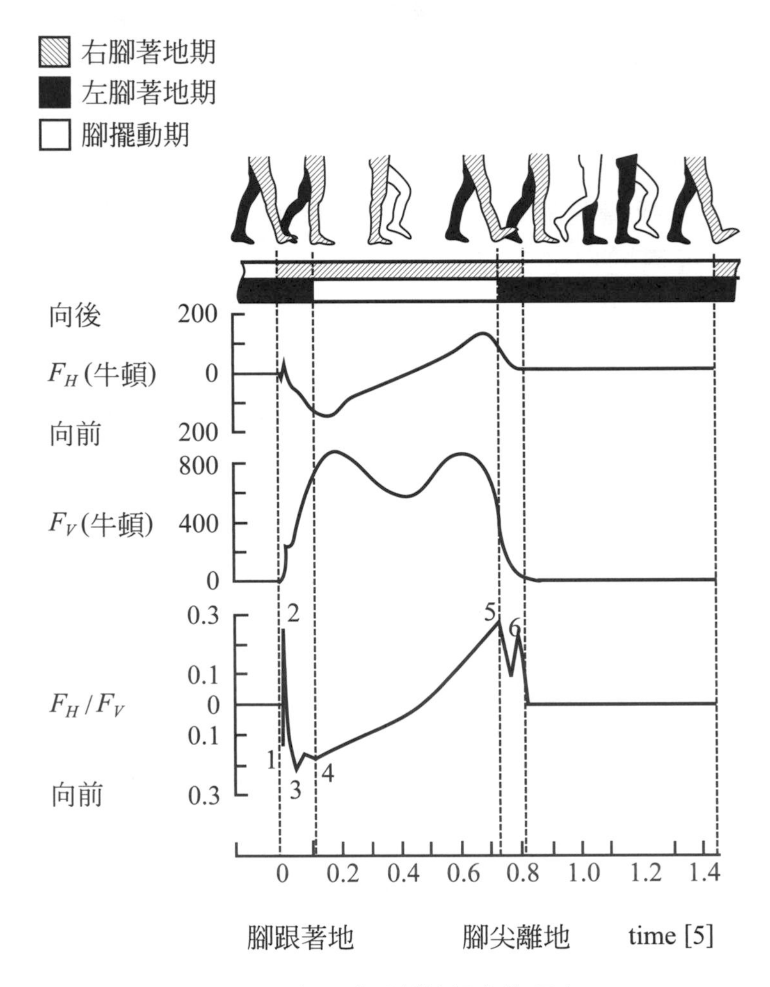

圖7.4　走路時腳對地板之作用力

資料來源：*Grnqvist, 1989*；感謝*Dr. Raoul Grnqvist*同意刊登

測力鈑所提供之F_H / F_V均係在動態之下量測的，因此在概念上為動摩擦，文獻上提出具有防滑效果之鞋/地板材料之動摩擦係數之建議均係採用在不同實驗狀況下會產生滑動之F_H / F_V值。例如Perkins (1978)與Strandberg & Lanshammar (1981)均

指出實驗室中觀察受測者在水平地面走路時之摩擦需求量介於0.15至0.3之間，因此摩擦的供應量應超過這個水準才能有抗滑的效果。走路的速度很顯然是一個影響腳在地板上滑動之主要因子，實驗室中由受測者自選之步行速度大致上介於0.97 m/s至1.51 m/s之間(Redfern, et al. , 2001)，當我們加大步長時，腳跟著地時之水平力增加，此時摩擦的需求量會提高，滑溜較容易發生。大家都有的共同經驗就是當感覺到地面較滑時，我們會本能的縮短步長並減低腳跟著地的速度與加速度來降低摩擦的需求量，如此可減低滑倒的可能性。跑步時的摩擦需求量會高於走路時的摩擦需求量，此乃是因為跑步時的步長較走路時為長，而身體在水平方向運動的慣性也會使得腳在地面有較高的水平作用力。

在坡道行走時，腳在地面上之作用力會因下坡道之角度不同而改變，例如沿著5°的坡道往下走時，腳沿坡道方向之向前作用力會較在水平面上增加61%，若坡道角度增加10°，此增幅則高達128%，而垂直於地面方向之作用力也會因坡道之角度增加而增加，然此一增幅低於向前作用力之增幅(Redfern et al., 2001)。Hanson et al. (1999) 曾經安排受測者沿著三種不同角度的坡道由上往下行走，坡道遠端以測力鈑來記錄受測者之腳與乾燥塑膠地板間之作用力，他們發覺在0°、10°與20°之坡道上，受測者腳跟著地時之F_H / F_V之最大值之平均分別為0.18、0.33及0.46。很明顯的摩擦的需求量在坡道上隨著坡道角度之增加而提高，此值與坡道角度間具有遞增之線性關係(參考圖7.5)。因此，在坡道上地板材料抗滑性之要求應高於水平地板之抗滑性。

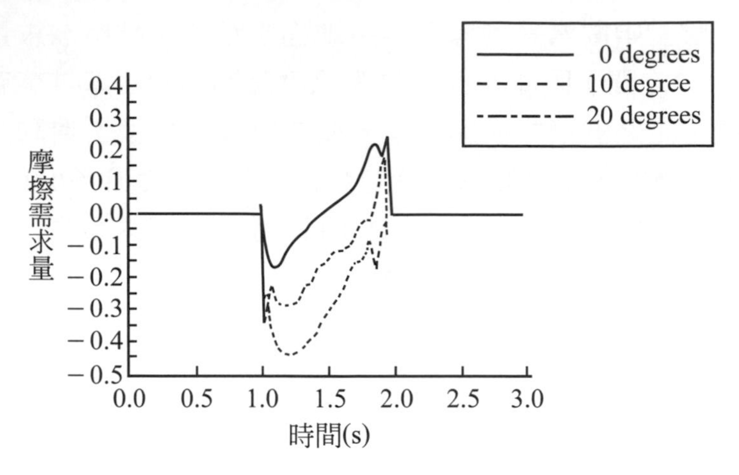

圖7.5　不同角度之斜坡地面上摩擦需求量

修改自：*Hanson et al., 1999*

Hanson et al. (1999)曾以地板之動摩擦係數與在乾地板上量得之F_H / F_V最大值之差值做為預測滑倒發生機率之獨立變數，當動摩擦係數小於摩擦需求量時，就會發生滑溜、滑溜或跌倒之發生機率可用以下公式預測：

$$y = \frac{e^{-2.1 + 12.87x}}{(1 + e^{-2.1 + 12.87x})} \tag{7.3}$$

$$y = \frac{e^{1.17 + 14.09x}}{(1 + e^{1.17 + 14.09x})} \tag{7.4}$$

(7.3)式中為會發生滑溜(未跌倒或跌倒)之機率，(7.4)式中為發生滑溜並跌倒之機率；$x = \mu_d - (F_H / F_V)_{\text{peak3}}$

依據以上公式，當$x = -0.08$時(或當動摩擦係數低於摩擦需求0.08時)，發生跌倒之機率為50%。

7.4 影響鞋與地板間的摩擦係數之因子

古典力學中對於摩擦現象有以下之基本假設：

- 摩擦係數完全由接觸之材質決定
- 摩擦係數與接觸面積無關
- 溫度、壓力不會影響摩擦
- 接觸面積間之相對速度不大時摩擦力與速度無關

這些假設僅適用於兩接觸物體均為鋼性者(亦即接觸後不會變形)。對於鞋底常用之彈性材料並不完全適用，接觸面積、溫度、速度等均可能影響摩擦係數。Moore (1972)指出彈性材料在堅硬的平面上滑動時，其間之摩擦力至少包括兩個分量(參考圖7.6)：

$$F = F_{adhesion} + F_{hysteresis} \tag{7.5}$$

其中F為摩擦力，$F_{adhesion}$為材料間之附著力，$F_{hysteresis}$為材料間之遲滯力。附著力是由接觸面間的物質間分子所產生之吸附作用力，而遲滯力則是彈性材料在承受壓力並變形後，其傾向回復原狀以減壓並散發能量之延遲反向作用力。

鞋與地板間的摩擦係數受到許多因子之影響，包括：

- 地板材質與地板表面之粗糙度
- 鞋底材料與鞋底之紋路設計
- 地面之液體或固體覆蓋
- 摩擦係數量測器

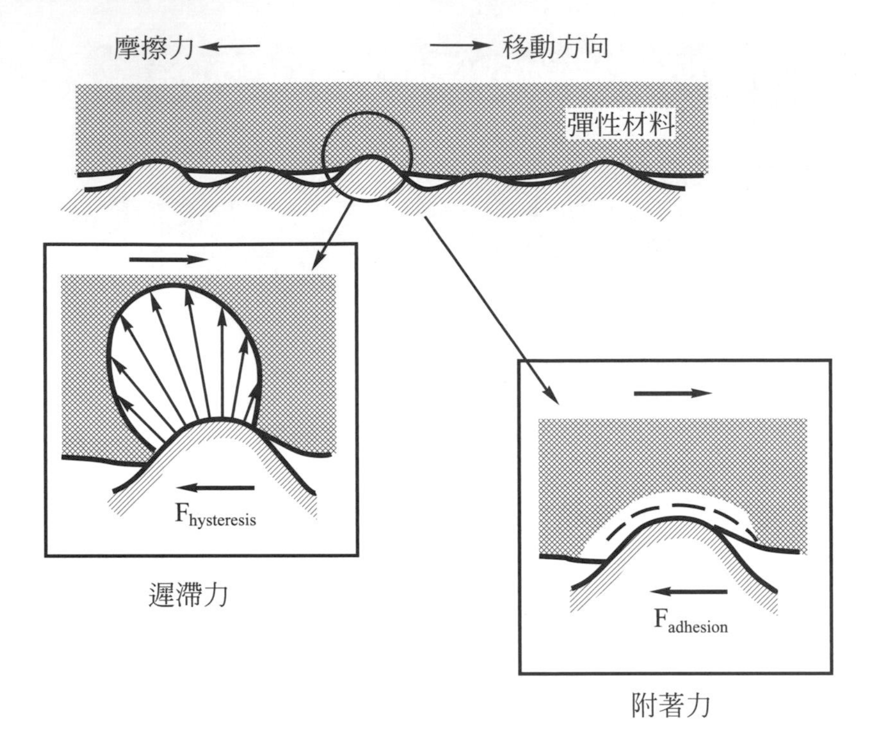

圖7.6　附著力與遲滯力

資料來源：*Moore, 1972*

以地板之材料而言，即使同一家廠牌同一批之全新地板材料也可能具有不同之摩擦係數。而地板在使用過一段時間後，不同區域可能具有不同程度之磨耗，而產生不同之表面幾何特性，這也會影響摩擦係數之值。地板粗糙度與鞋底紋路會影響鞋底與地板間之接觸，在乾燥的地板上，粗糙度與鞋底紋路減少了鞋底與地板間之接觸面積，然而在有液體覆蓋之地板上，粗糙之地板與鞋底紋路則有利於液體之排放，而加速兩表面間之接觸。最後，即使相同的鞋材與地板，以不同之摩擦係數量測器也常會量測到不同之摩擦係數值，這種情況在動摩擦係數量測上更為顯著。

7.4-1　地板粗糙度之影響

地板與鞋底表面的粗糙度(roughness)都會影響兩者間的摩擦係數，一般而言，粗糙度愈高，摩擦係數值會愈高(Chang,

1999; Chang et al., 2001a)。然而什麼是粗糙度呢？在摩擦學(tribology)上，至少有20個以上的不同項目可用來顯示物體表面的粗糙度，在此介紹最基本而常見的幾項：R_a為以表面之縱斷面中央線之平均高度、R_q為表面高度之均方根值、R_{pm}為量測長度內以中心線為基準最大高度之平均值、R_{tm}則為量測長度中表面最高點至最低點間之平均高度(參考圖7.7)：

$$R_a = \frac{1}{d}\int_0^d |y(x)|dx \tag{7.6}$$

$$R_q = \left[\frac{1}{d}\int_0^d y^2(x)dx\right]^{1/2} \tag{7.7}$$

$$R_{pm} = \frac{1}{n}\sum_{i=1}^{n} y_{\max i}(x) \tag{7.8}$$

$$R_{tm} = \frac{1}{n}\sum_{i=1}^{n}\left[y_{\max i}(x) - y_{\min i}(x)\right] \tag{7.9}$$

其中n爲量測長度與截斷長度之比值

$y(x)$爲以中心線爲基準之斷面高度之函數

$y_{\max i}(x)$爲在i個截斷長度中$y(x)$之最大値

$y_{\min i}(x)$爲在i個截斷長度中$y(x)$之最小値

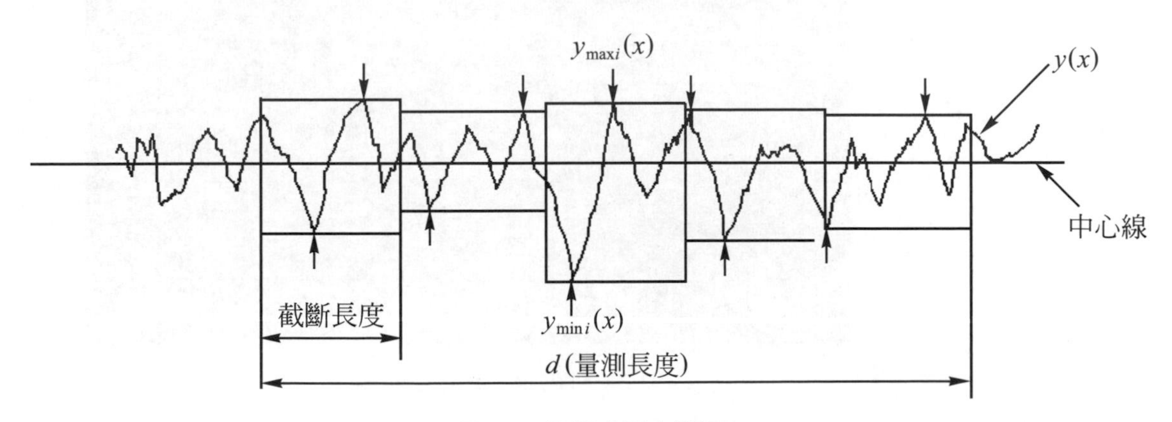

圖7.7　地板表面之斷面

Stevenson et al.(1989)在不同粗糙度之鋼與水泥地面上量測動摩擦係數中發現，動摩擦係數與R_a幾乎具有線性遞增的關係； Grnqvist et al(1990)在量測不同液體污染下之動摩擦係數調查報告中指出地面之R_a值介於7到9 μm之間能提供適當的抗滑性；Harris與Shaw(1988)發現受測者對於地板抗滑性的主觀評估與R_{tm}間具有高度的相關性。在各種地面粗糙度之參數中，Chang (1999)建議較可反映濕的地面上抗滑性的地板粗糙度為R_{pm}，而較可反映乾的地面的抗滑性的地板粗糙度則為R_a，因為這些項目與量測之摩擦係數間其有較高之相關係數。

斷面量測器

量測物件表面粗糙度的儀器

地板表面的粗糙度可用斷面量測器(profilometer)加以量測(參考圖7.8)，市售之斷面量測器之原理均係以細微之探針(直徑2～15 μm)劃過物體表面以記錄通過斷面之幾何特徵，使用斷面量測器量測粗糙度時，需先決定量測長度(measurement length或assessment length)，並設定截斷長度(cut-off length)值，量測長度為截斷長度之倍數，例如選定量測長度1.25公分及截斷長度2.5 mm則一個量測長度中包括5個截斷長度，常用的截斷長度包括0.25 mm、0.8 mm、2.5 mm、及8 mm。

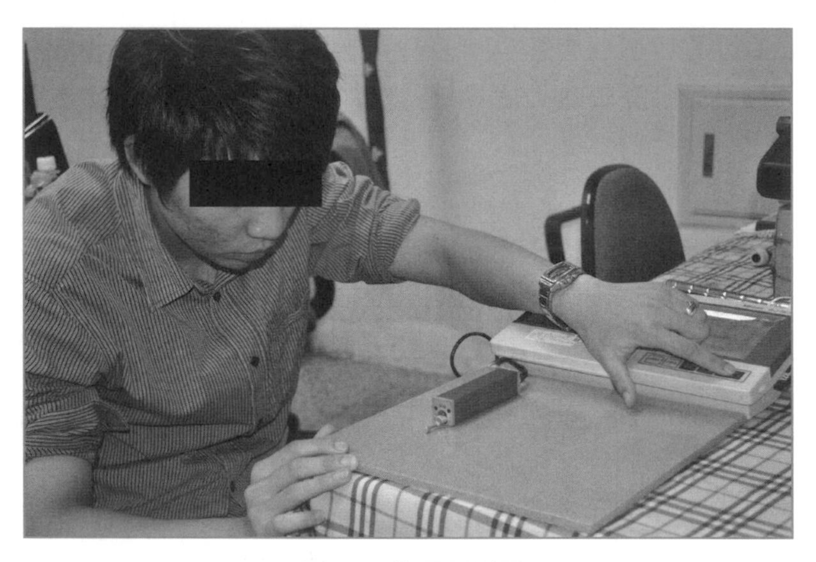

圖7.8 斷面量測器

依據ISO的建議，量測長度與截斷長度應依表面的粗糙度來決定，愈粗糙的表面應採用愈高的值。表7.2顯示了依R_a決定之適當量測長度與截斷長度之設定值。

表7.1　量測長度與截斷長度之設定值

R_a(μm)	量測長度(mm)	截斷長度(mm)
R_a≦0.02	0.4	0.08
0.02＜R_a≦0.1	1.25	0.25
0.1≦R_a≦2	4	0.8
2≦R_a≦10	12.5	2.5
10≦R_a≦80	40	8

使用斷面量測器時除了需要設定量測長度與截斷長度外，尚需設定濾波(filter)的類型，以過濾訊號中的雜訊。粗糙度量測可用的濾波包括2RC，PC75及Gauss三種，其中2RC是符合ISO 3274國際標準的濾波(Chang et al., 2001d)。

7.4-2　水與油污的影響

地板表面被水或其他液體覆蓋時，其摩擦係數會降低是吾人生活中的共同經驗，也是許多研究共同的結論(Powers et al., 1999)。筆者曾經用Brungraber Mark II量測校園中之磨石子地板，以Neolite測試片量得乾燥之地板之平均靜摩擦係數為0.63，若是倒沙拉油或是機油於其上，則靜摩擦係數值幾乎趨近於0(低於0.01)。不僅靜摩擦係數會因液體之覆蓋而下降，動摩擦係數亦然，Hanson et al. (1999)曾在乾、濕及肥皂水覆蓋之三種狀況下之合成乙烯地板(vinyl composite)上量得動摩擦係數(垂直力為9kg，速度為10 cm/sec)分別為1.12、0.64與0.16。

當地面上有水、清潔溶液、油污或其他液體時，這些液體會在鞋底踏上地板之瞬間延滯鞋底與地板之接觸。在兩接觸面間之液體未被排除之前，摩擦力無法產生，因此抗滑性會顯著的下降。鞋底踏上有液體之平面時，其運動行為可用壓縮薄膜效應(squeeze-film effect)來描述，Moore (1972)推導之基本壓縮薄膜公式如下(參考圖7.9)：

$$t=\frac{K\mu A^2}{F_N}\left(\frac{1}{h^2}-\frac{1}{h_0^2}\right) \tag{7.10}$$

其中 t 爲液體厚度由最初之降至所需時間

F_N爲垂直作用力

K爲由下降之平面形狀決定之函數

μ 爲液體之黏度(viscosity)

A爲下降物體之面積

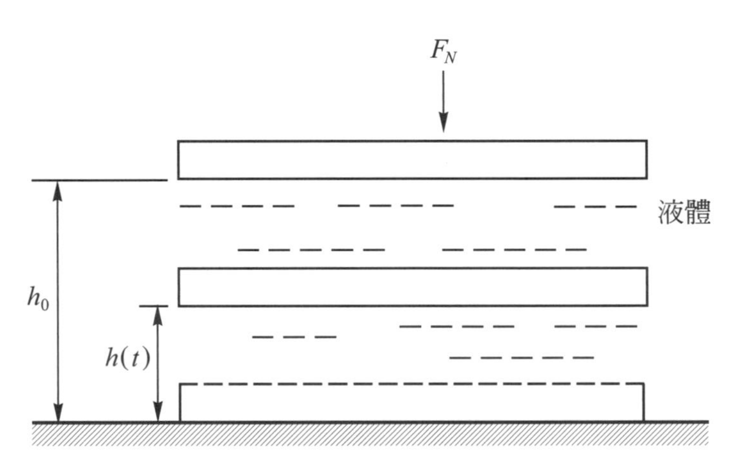

圖7.9　壓縮薄膜效應

修改自：*Moore,1972*

將上式對 t 微分可得

$$\frac{dh}{dt}=-\frac{h^3F_N}{2K\mu A^2} \tag{7.11}$$

上式中 $\frac{dh}{dt}$ 為在任一瞬間(t)之鞋底下降速率，以公式(7.10)而言，最初之液體厚度愈大則下降所需時間愈長(與$-\frac{1}{h_0^2}$成正比)，水與其他液體在四周沒有限制的狀態下在地面之最大厚度為由其表面張力形成之液體厚度。此外，下降時間也與液體之黏度成正比，與接觸面積之平方成正比。黏滯性愈高之物體t愈大，機油的黏度即較水為高，因此踏在機油上鞋底需要比踏在水上要較長的時間鞋底才能和地板接觸，這種情況顯然是比較危險的。鞋底面積愈大也愈大，至於下降時之垂直作用力則與t成反比。

當鞋底踏上有液體覆蓋的地面時，則t愈長或$\frac{dh}{dt}$愈小，對於抗滑愈不利。這些變數中，F_N為走路者走路行為決定之變數，μ與h_0為環境之變數，而K與A則為可由鞋底設計決定之變數。

地板上油脂或其他液體形成之殘餘物會逐步形成陳年污垢，這類污垢以一般清洗或擦拭的方式不易清除，Leclercq與Saulnier (2002)在數個廚房與肉品作業場所調查中發現，地板上的累積污垢會顯著的降低地板之動摩擦係數，因此若地板清洗能有效的去除污垢，地板之摩擦係數才不致因累積之污垢而下降。地板表面的固體物如粉末、或是豆子或更大的物體也會影響抗滑性，但目前尚非常缺乏這方面的研究。

7.4-3 鞋底之抗滑設計

影響鞋在地板上抗滑性之因子很多，沒有一種設計可保證在各種狀況下均能有高度的抗滑性，紋絡設計僅是考量提供鞋底接觸地面的過程中液體污染物(如水、油)能儘速的由紋路中的空間排放，以利鞋底能儘速的和地板接觸的作法；另外，在崎嶇不平的路面適當的紋路設計也可增加鞋底與地面接觸的面積。圖7.10顯示了由Wilson (1990)提出之能提升抗滑性之鞋底紋路設計建議，這些不同的幾何與材料設計應考量鞋的穿著環境(地板材料、是否常有液體污染、表面是否崎嶇不平等)與人員的活動(是否需要從事推、拉物料或是跑、跳等活動)來進行設計。

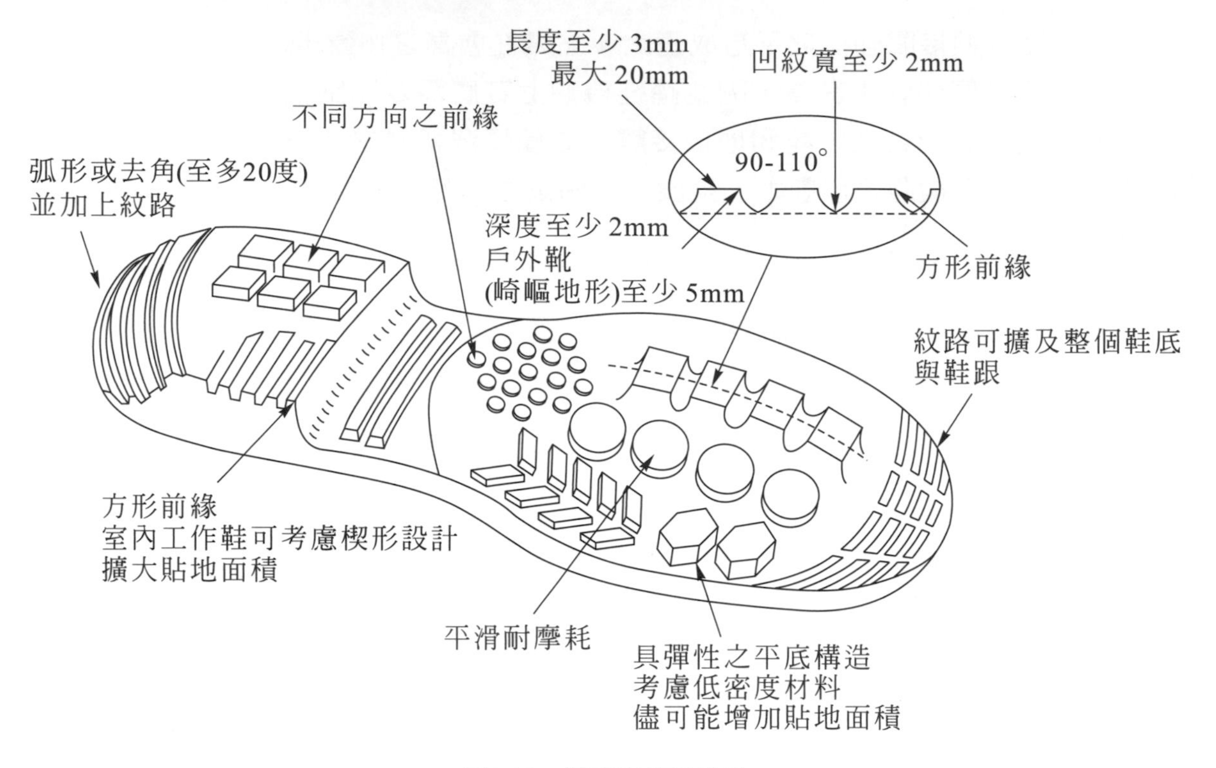

圖7.10　鞋底之抗滑設計

Reprint with permission from STP1103-Slips, Stumbles, and Falls：Pedestrian Footwear and Surfaces, copyright ASTM Internatioal, 100 Barr Harbor Dive, West Conshohochen, PA 19428

除了紋路設計外，鞋底材料的硬度(hardness)也會影響其抗滑性，常見的鞋底材料多半為複合彈性材料，其硬度可用Shore-A硬度計來量測。硬度計上將硬度劃分為0到100的刻度。若Shore-A硬度計量測之值超過90則宜改用Shore-D硬度計量測。英國的SATRA Footwear Technology Center指出(Wilson, 1990)許多廠商使用較為耐磨耗的材料來做鞋底材料(例如TPU)，這些材料通常也有很高的硬度，而高硬度常會導致抗滑性的下降，在同時考量鞋底抗滑與耐磨耗的狀況下，適當的鞋底硬度應介於50到60之間。

鞋在穿著一段時間後，原有之鞋底紋路會逐漸被磨耗而消失，而在異常溫度下材料也可能產生硬化的現象。因此舊鞋之抗滑性往往較新鞋低。

7.5 地板抗滑標準與摩擦係數量測

7.5-1 抗滑標準

摩擦係數是用來將鞋與地板間滑溜程度加以量化之最主要之項目，摩擦係數愈低代表愈滑而摩擦係數愈高則為愈抗滑(Chang et al., 2001b；Chang et al., 2001d)。美國材料暨測試協會(ASTM)建議鞋材與地板在其建議之量測器材與操作方式下能提供0.5以上之靜摩擦係數才能稱為具有抗滑效果，美國國家標準中也採用ASTM的建議值為走路與工作區域地面抗滑的標準(ANSI, A1264.2)。

抗滑

美國材料暨測試協會建議鞋材與地板在其建議之量測器材與操作方式下能提供0.5以上之靜摩擦係數才能稱為具有抗滑效果，美國國家標準中也採用ASTM的建議值為走路與工作區域地面抗滑的標準

美國職業安全與健康管理署(OSHA)在1999年六月提出豎立結構鋼材之作業規則中要求，除非鋼材之表面塗料或其外表上之摩擦係數至少為0.5，工人不得行走於鋼材上。美國殘障者法案(Americans with Disabilities Act) 則建議供殘障者使用之水平地面之靜摩擦係數至少應為0.6，而斜坡地面上至少需0.8才具有抗滑效果。

至於動摩擦係數之量測器材與方式尚無相關標準與規範被建立，Strandberg(1983)建議以0.2作為抗滑設計上動摩擦係數之下限值。Grnqvist et al.(1989; 1990)建議鞋與地板間之防滑性可依表7.2中的等級來區分。前述這些抗滑的標準或數據僅考慮走路時的摩擦需求，若是人員從事人工物料處理(尤其是推、拉車輛或物件等活動)或是跑步等活動時必須有更高的摩擦係數才能夠提供抗滑的效果。

表7.2　動摩擦係數區分之抗滑等級

μ_d	等級
＞0.3	非常抗滑(Very slip resistant)
0.2～0.29	抗滑(Slip resistant)
0.15～0.19	不確定(Unecrtain)
0.05～0.14	滑(Slippery)
＜0.05	非常滑(Very Slippery)

資料來源：*Grnqvist et al.,1989,1990*

7.5-2　摩擦係數量測器

摩擦係數的量測必需採用適當的量測器來進行，什麼是適當的量測器呢？適當的量測器必需具備以下特性(Chang et al., 2001c)：

- 可重複性(repeatability)
- 可重製性(re-producibility)
- 實用性(usability)
- 有效性(或效度)(validity)

可重複性是指相同的量測器在相同的量測狀況下進行重複之量測所得之值間應具備良好之一致性；可重製性是指在相同之鞋材與地板與地面狀況下量測器量得之值與其他量測器量得之值之間具有一致性；實用性是指量測器是否方便於各種狀況下進行操作；有效性則是指量測器在主觀與客觀上是否能準確的提供鞋與地板的摩擦係數。

摩擦係數的量測非常複雜，摩擦係數不僅受到接觸面之材料、接觸面間是否有固體或液體物質之影響，也會因使用不同之量測器材而有所不同，目前被開發出之摩擦係數量測器高達數十種。常用的摩擦係數量測器包括Brungraber Mark II、English XL量測器、水平拖曳量測器、Tortus量測器、及英國可攜式滑行測試器、移動式摩擦量測器等。Brungraber Mark II、English XL及水平拖曳量測器都已被美國材料暨測試協會推薦使用，並建立相關規範。

Brungraber Mark II是一種利用重力來量測靜摩擦係數之量測器，其主要構造包括一金屬支架(參考圖7.11)及一具有測試片之人工腳，人工腳的上端為一只4.5公斤(10磅)重之重錘，重錘下為具有轉軸之金屬支撐，金屬支撐下方則為測試片，測試片之尺寸為7.6cm×7.6cm，可更換任何鞋材來進行測試。測試時可將整個測試器置於測試地板上，並以手或腳部將其固定，隨後將卡榫放鬆，人工腳可向下滑動，其下端之測試片即撞擊地面有如走路時腳部著地之狀況一般。若測試片在地板上滑動，則表示此狀況之摩擦力不足，可調整人工腳之斜角，再重複上述步驟。在反複前述之步驟後，可找到某一最大斜角恰可不致產生滑動現象，而又可找到一最小斜角恰可產生滑動現象，此二斜角之tan值之平均值即為摩擦係數。Brungraber Mark II之標準操作過程，已被美國材料暨測試協會列入其標準中(ASTM F-1677-19；2005)。

圖7.11　Brungraber Mark II

在美國，Brungraber Mark II被許多專業人士採用做為作業場所地板抗滑性的量測器材。然而，有不少使用者抱怨此量測器過於笨重，因此設計者Brungraber博士將此量測器的4.5公斤之重錘除去，並植入一只10.1公分(4英吋)長的彈簧以產生鞋材測試片撞擊地板所需要的力量，原重錘處改以輕質的空心鋁材製作了一個握把。此一更新的設計稱為Brungraber Mark III (參閱圖7.12)。Mark III與Mark II在外觀上幾乎相同，操作方式也相同，但要注意每次使用前必須將彈簧取出檢視其長度，若長度不足10.1公分則必須更換彈簧。設計者Dr. Robert Brungraber宣稱兩種量測器能提供相當一致的摩擦係數讀數，因此兩者可互換使用。筆者曾經在鋼板、塑膠地板以及兩種磁磚上分別以Mark II與Mark III來進行地板摩擦係數的量測，結果顯示兩種量測器得到的數值非常接近，其間的差異未達到統計學上的顯著水準。

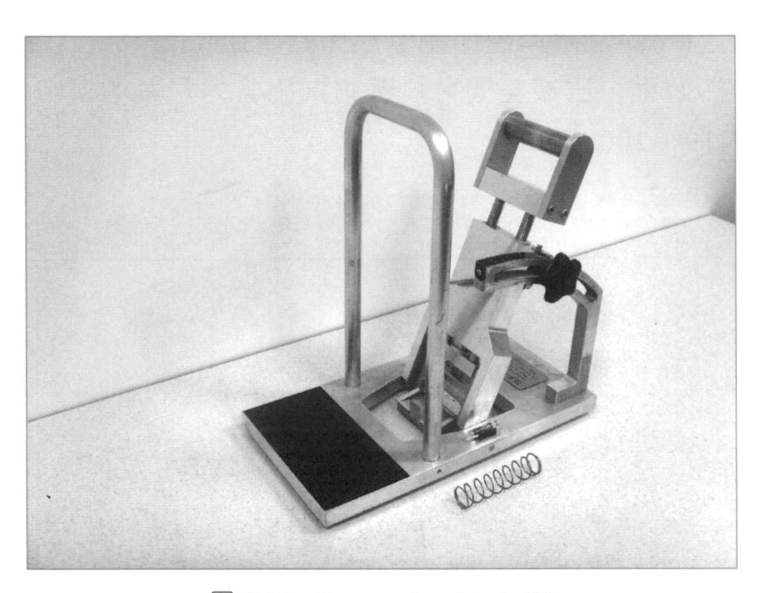

圖 7.12　Brungraber Mark III

English XL量測器又稱為Variable Incidence Tribometer (簡稱VIT，參考圖7.13)。English XL量測器量測時係使用氣壓來對金屬桿產生向下之壓力(172 kPa 或 25 psi)。金屬桿下方可套上直徑為3.175公分(1.25英吋)之圓形鞋底材料測試片，此金屬桿在受到垂直與水平力後，撞擊地面時，鞋材測試片會在地面產生滑或者不滑之情形。靜摩擦係數之讀取可依類似Brungraber Mark II的方式來讀取(ASTM, F-1679-96, 1998)。

圖7.13　English XL

Chang,The effect of slip criterion and time on friction measurement, Safety Science, 40, 593-611; Copyright 2002, reprint with permission from Elsevier Science

Brungraber Mark II之刻度範圍為0至1.1，而EnglishXL之刻度範圍為0至1.0，若量測中以最大讀數操作仍然產生不滑之現象，則記錄此最大值為其摩擦係數。操作Brungraber Mark II與English XL時，鞋材測試片撞擊地板後，可能會產生立即而明顯之滑動，也可能會非常緩慢的滑動，後者會造成操作者判斷是否發生滑動之困擾，Chang(2002)指出以不同程度之滑動來決定滑動之發生與否都會顯著的影響COF之量測值。因此，建立明確而連貫的滑動判斷標準在使用這兩種量測器是很重要的。Chang(2002)建議以快滑或立即而明顯的滑動視為滑動，而不同程度之緩慢動均視為不滑來作為量測時判斷的標準。

水平拖曳量測器(Horizontal Pull Slipmeter，簡稱HPS)是利用一具馬達來在水平面上產生水平拉力來牽拉下方貼有三片鞋材測試片之單元(參考圖7.14)，量測時鞋材與地板間之壓力均為70.2 kPa (ASTM F609-96, 2001)，並以產生滑與不滑之臨界水平拉力除以垂直力來計算靜摩擦係數，HPS僅適用於乾燥之地板靜摩擦係數量測。

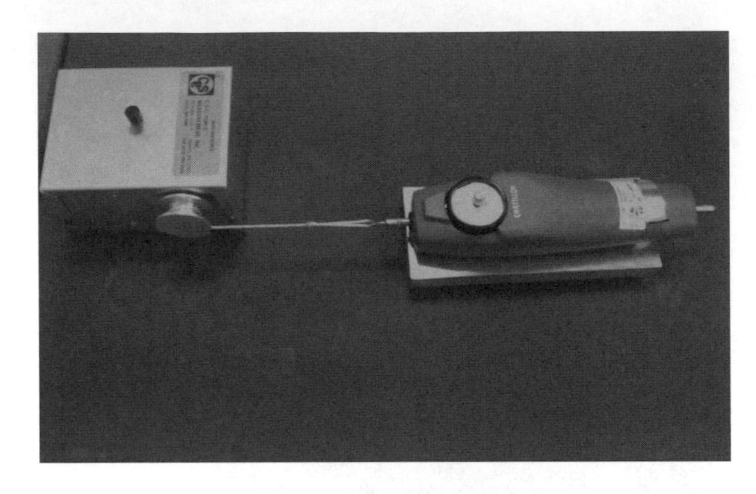

圖7.14　水平拖曳量測器

Tortus量測器也是一種動摩擦係數之量測器(參考圖7.15)，Tortus下方有四個小輪子可帶動量測器在測試地板上以等速移動，量測器中央有一金屬桿，其下方黏附鞋材測試片，量測時鞋材測試片承受一垂直力並在地板上滑行，動摩擦係數可由其上端之錶面讀取。

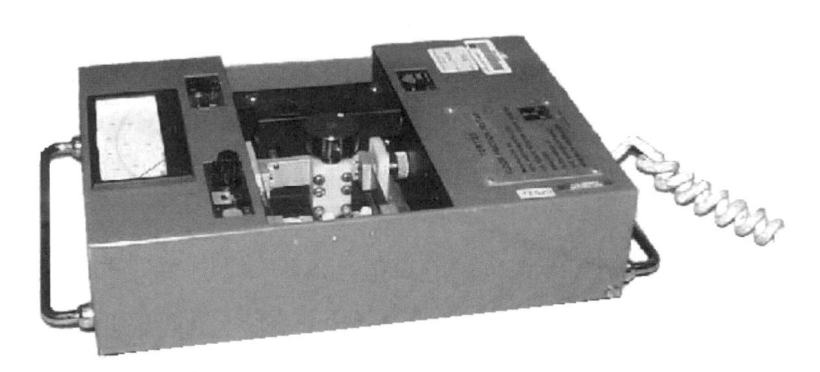

圖7.15　Tortus

相片由*Dr. Wen R. Chang*提供，謹此致謝

英國可攜式滑行測試器(British Portable Skid Tester 簡稱BPST)是利用鐘擺原理設計的摩擦係數量測器(參考圖7.16)，鐘擺的下方之金屬塊底可貼上鞋材測試片(12.5×7.6cm)，其組合有如人工腳一般。將金屬塊升高並放下後，鞋材將撞擊地板並在一12.7 cm之地板材料上產生滑動之現象，BPST可用來量測乾及被液體覆蓋之地板上之動摩擦係數(French standard NF P 90-106, 1986)。

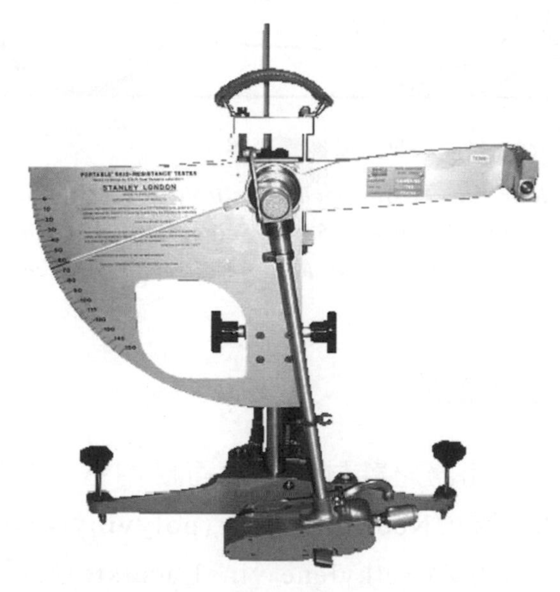

圖7.16　British Portable skid Tester

相片由*Dr. Wen R. Chang*提供，謹此致謝

移動式摩擦量測器(Portable Friction Tester，簡稱PFT)為一外型類似推車之動摩擦係數量測器(參考圖7.17)，此量測器具有一以光滑之彈性材料包覆之固定前測試輪，此輪與地板之接觸面積約為2.8平方公分。操作時，操作者以等速在地板上向前推動，此時輪上承受112 N之垂直作用力，而上端電腦可直接計算與顯示移動速度、距離及動摩擦係數之平均值與標準差。

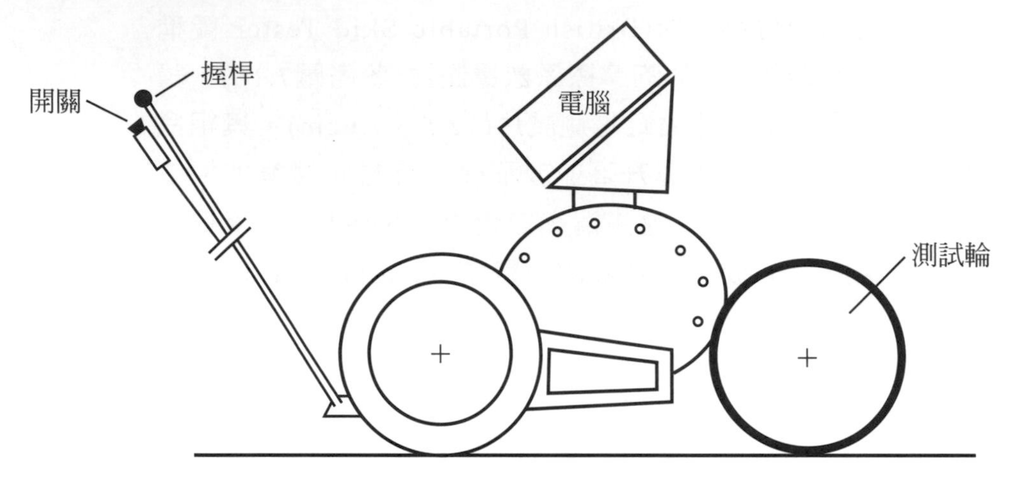

圖7.17　移動式摩擦量測器

Leclercq and Saulnier, Floor slip resistance changes in food sector workshops: prevailing role played by "fouling", Safety Science,40,659-673; Copyright 2002, reprint with permission from Elsevier Science

7.5-3　鞋材測試片

Neolite

量測地板摩擦係數時常用之標準鞋材

摩擦係數量測器之鞋材測試片可使用各種之鞋材，最常用之鞋材包括皮革、Neolite、PVC (polyvinyl-chloride)、PU (polyurethane)、EVA (ethylene vinyl acetate)及各式之橡膠。皮革是早期常用之鞋材，由於皮革吸水(或油)，若測試片使用之後未妥善處理與保存材料容易產生變質，再使用時量測值會有較大之變異，而且皮革也已漸少使用作為鞋底材料，因此摩擦係數的量測上也漸少使用皮革。目前較常使用之鞋材測試片為Neolite，Neolite為複合化學材料，它具有不吸水(油)、耐磨耗、不易變質等優點，做為測試片之材料可提供變異較小，較為穩定之量測值，市面上已有售專為摩擦係數量測使用之Neolite測試片。在使用摩擦係數量測器量測地板之摩擦係數時，為了減少鞋材表面之變異(例如黏上油脂或小固體顆粒)影響摩擦係數之讀數，量測前鞋材之表面應使用砂紙磨過，鞋材之研磨處理可採用400號(或180號)砂紙在二個方向上至少來回10次(每個方向五次)，每次研磨長度15公分，磨過後並將產生之固體顆粒清除乾淨(Chang, 2002)。

參考文獻

1. *American Society for Testing and Materials, F-1679-05,2005, Standard Method of Testing for Using a Variable Incidence Tribometer (VIT), Annual Book of ASTM Standard 15(7), American Society for Testing and Materials, Philadelphia, 1330-1331.*
2. *American Society for Testing and Materials, F-1677-05,2005, Standard Method of Test for Using a Portable Inclinable Articulated Strut Slip Tester (PIAST), Annual Book of ASTM standards, Vol.15.07, American Society for Testing and Materials, Philadelphia, 1324-1326.*
3. *Chang, W.R.(1999), The effect of surface roughness on the measurement of slip resistance, International Journal of Industrial Ergonomics, 24, 299-313.*
4. *Chang, W.R.(2002), The effect of slip criterion and time on friction measurement, Safety Science,40,593-611.*
5. *Chang, W.R., Kim, I-J., Manning, D.P., Bunterngchit, B.(2001a), The role of surface roughness in the measurement of slipperiness, Ergonomics, 44(13), 1200-1216.*
6. *Chang, W.R., Grnqvist, R., Leclercq, S., Myung, R., Makkonen, L., Strandberg, L., Brungraber, R.J., Mattke, U., Thorpe, S.C.(2001b), The role of friction in the measurement of slipperiness, Part1; Friction mechanism and definition of test conditions, Ergonomics, 44(13),1217-1232.*
7. *Chang, W.R., Grnqvist, R., Leclercq, S., Brungraber, R.J., Mattke, U., Strandberg, L., Thorpe, S.C., Myung, R., Makkonen, L., Courtnesy, T.K.(2001c), The role of friction in the measurement of slipperiness, Part2; Survey of friction measurement devices, Ergonomics,44(13),1233-1261.*
8. *Chang, W.R., Kim, I-J, Manning, D.P., Bunterngchit, Y.(2001d), The role surface roughness in the measurement of slipperiness, Ergonomics, 44(13), 1200-1261.*
9. *Ciriello, V.M., McGorry, R.W., Martin, S.E.(2001), Maximum acceptable horizontal and vertical forces of dynamic pushing on high and low coefficient of friction floors, International Journal of Industrial Ergonomics, 27, 1-8.*
10. *Cohen, H.H., Cohen. D.H.(1994a), Psychophysical assessment of the perceived slipperiness of floor tile surfaces in a laboratory setting, Journal of Safety Research, 25(1),19-26.*
11. *Cohen, H.H., Cohen. D.H.(1994b), Perception of walking surface slipperiness under realistic conditions, utilizing a rating scale, Journal of Safety Research, 25(1),27-31.*

12. *Grnqvist, R.(1999), Slips and Falls, In Biomechanics in Ergonomics (eds: Kumar, S.), Chapter 9, 351-375, Taylor&Francis, London.*

13. *Grnqvist, R., Chang, W.R., Courtney, T.K., Leamon, T.B., Redfern, M.S., Strandberg, L.(2001), Measurement of Slipperiness fundamental concepts and definitions, Ergonomics, 44(13), 1102-1117.*

14. *Grnqvist, R., Roine, J., Jarvinen, E., Korhonen, E.(1989), An apparatus and a Method for determining the slip resistance of shoes and floors by simulation of human foot motion, Ergonomics, Vol.32, (8), 979-995.*

15. *Grnqvist, R., Roine, J., Korhonen, E., Rahikainen, A.(1990), Slip resistance versus surface roughness of deck and other underfoot surfaces in ships, Journal of Occupational Accidents, 13, 291-302.*

16. *Hanson.J.P., Redfern, M.S., Mazumdar, M.(1999), Predicting slips and falls considering required and available friction, Ergonomics, 42(12), 1619-1633.*

17. *Harris, G.W., Shaw, S.R.(1988), Slip-resistance of floors: User's opinion, Tortus instrument reading and roughness measurement, Journal of Occupational Accidents, 9, 287-298.*

18. *Hayes-Lundy, C., Ward, R.S., Saffle, J.R., Reddy, R., Warden, G.D., Schnebly, W.A.(1991), Grease burns at fast-food restaurants-adolescents at risk, Journal of Burn care and Rehabilitation, 12, 203-208.*

19. *Kromer, K.H.E., Robinson, D.E(1971), Horizontal Static Forces Exerted by Men Standing in Common Working Postures on Surfaces of Various traction, AMARL-TR-70-114, Aero space Medical Research Laboratory, Wright-Patterson Air Force Base, Ohio.*

20. *Leamon, T.B., Son, D.H.(1989), The natural history of a microslip, in Mital, A. (ed,), Advances in industrial ergonomics and safety I, Proceedings of the Annual International Industrial Ergonomic and Safety Conference, London, Taylor & Francis, 633-638.*

21. *Leamon, T.B., Li, K.W.(1990), Microslip length and the perception of slipping, Proceedings of 23rd International Congress of Occupational Health, Sep 22-28, Montreal.*

22. *Leamon, T.B., Murphy, P.L.(1995), Occupation slips and falls: more than a trivial problem, Ergonomics, 38, 487-498.*

23. *Leclercq, S., Saulnier, H.(2002), Floor slip resistance changes in food sector workshops: prevailing role played by "fouling", Safety Science, 40, 659-673.*

24. *Li, K.W., Chang, C.C., Chang, W-R (2008), Slipping of the foot on the floor when pulling a pallet truck, Applied Ergonomics 38, 259-265.*

25. *Li, K.W., Yu, R-f, Han, X.L. (2007), Physiological and psychophysical responses in handing maximum acceptable weights under different footwear-floor friction conditions, Applied Ergonomics 38, 259-265.*

26. *Moore, D.F.(1972), The friction and lubrication of elastomers, Pergamon Press, Oxford.*

27. *Myung, R., Smith, J.L., Leamon, T.B(1992), Subjective assessment of floor slipperiness, International Journal of Industrial Ergonomics , 11, 313-319.*

28. *Perkins, P.J.(1978), Measurement of slip between the shoe and ground during walking, in C. Anderson and J. Sene(eds.), Walkway Surfaces: measurement of slip resistance, ASTM STP 649 (Baltimore, MD: American Society for Testing and Materials), 71-78.*

29. *Powers C.M., Kulig, K., Flynn, J., Brault, J.R.(1999), Repeatability and Bias of two walkway safety tribometers, Journal of Testing and Evaluation, 27(6),368-374.*

30. *Redfern,M.S., Cham, R., Gielo-Perczak, K., Grnqvist, R., Hievonen, M., Lanshammar, H., Mavpett, M., Pai, C.Y-C., Powers, C.(2001), Biomechanics of slips, Ergonomics, 44(13),1138-1166.*

31. *Stevenson, M.G., Hoang, K., Bunterngchit, Y., Lloyd, D.G.(1989), Measurement of slip resistance of shoes on floor surface, Part1: Methods, Journal of Occupational Health Safety-Aust. NZ 5(2), 115-120.*

32. *Strandberg, L.(1983), On accident analysis and slip-resistance measurement, Ergonomics, 26, 11-32.*

33. *Strandberg, L. , Lanshammar, H.(1981), The dynamics of slipping accidents Journal of Occupational Accidents 3 ,153-162.*

34. *Wilson, M.P.(1990), Development of SATRA Slip Test and Tread Pattern Design, Guidelines, Slips, Stumbles, and Falls; Pedestrian Footwear and Surface, ASTM STP 1103, B.E. Gray, Ed., American Society for Testing and Materials, Philadelphia, 113-123.*

自我評量

1. 何謂磨擦供應量？
2. 何謂磨擦需求量？
3. 依據美國材料暨測試協會(ASTM)之規範，什麼樣的地板可以稱為具有抗滑性？
4. 依據美國殘障者法案之規範，什麼樣的地板可以稱為具有抗滑性？
5. 人員從事人工物料處理之能力是否會受到地板抗滑性之影響？
6. 何謂壓縮薄膜效應？
7. 地板的摩擦係數如何量測？
8. 請問適當的地板摩擦係數量測器，應該具備哪些特性？

體溫調節與大氣環境

8.1 熱與體溫調節

8.1-1 體溫調節

人是恆溫動物，恆溫動物的特徵就是體溫能維持在固定水準。人體的溫度可分為核心溫度(core temperature)和皮膚溫度(skin temperature)。核心溫度是指身體內部包括腦部、內臟等部位的溫度。體溫維持在固定水準則是指核心溫度而言。體溫的調節中樞是位於大腦下方的下視丘(hypothalamus)及附近之視前區(preoptic region)，該處有神經細胞經由神經路徑與皮膚、中樞神經、及身體其他部位(諸如：腿部靜脈血管、腹部、肌肉)內之感受器相連。這些感受器可感應冷熱的變化並將溫度變化之訊息傳至體溫調節中樞。

體溫的調節中樞可以區分為散熱中樞(heat-loss center)與生熱中樞(heat-production center)兩個部份(彭英毅，1992)，此二部分彼此之間有互相抑制的作用。散熱中樞主要是視前區，其不僅可由神經接收皮膚表面熱感受器之訊息，同時對本身之溫度上升頗為敏感，當局部溫度上升時，視前區即可驅動皮膚附近血管之擴張、喘氣及流汗之動作。在此同時，週邊血管之收縮、身體之抖動等動作均會被壓抑。下視丘的後端(posterior hypothalamus)是生熱中樞，此處對本身附近之溫度變化沒有任何反應，但卻可接收由皮膚內之冷感受器傳來之訊息，並驅動能促使體溫升高及避免核心溫度下降之動作，例如，提高新陳代謝率、皮膚附近之血管收縮及發抖。

溫度的感覺其實是相對的，例如，如果我們將手放在40℃的水中一段時間後，再浸入20℃之水中時，會感到20℃之水是冷的；然而若先將手放入接近0℃之冰水中一陣子，再浸入20℃之水中時，則會感到20℃之水非常的溫暖。

一般常以肛溫來代表核心溫度，因為肛溫之變化和大腦之溫度變化一致，圖8.1顯示了口溫與肛溫的範圍。量測肛溫時溫度計須深入肛門5到8公分，成年人量測肛溫並不方便。耳朵鼓膜的溫度也常用來代表核心溫度，目前市面上可買到量鼓膜溫度的耳溫槍，使用上很方便，已廣泛的被醫師使用在門診時量體溫之用。皮膚溫度是指較靠近皮膚部位的溫度，身體各部位的皮膚溫度均不盡相同，圖8.2顯示了在一般狀況下身體各部位之皮膚溫度及排汗狀況。皮膚溫度可以平均值來表示，Ramanathan (1964)曾建議以下式來計算平均皮膚溫度：

$$T_s = 0.3\ T_{chest} + 0.3\ T_{arm} + 0.2\ T_{thigh} + 0.2\ T_{leg} \quad (8.1)$$

式中 T_s ＝平均皮膚溫度

T_{chest} ＝胸部皮膚溫度

T_{arm} ＝手臂皮膚溫度

T_{thigh} ＝大腿皮膚溫度

T_{leg} ＝小腿皮膚溫度

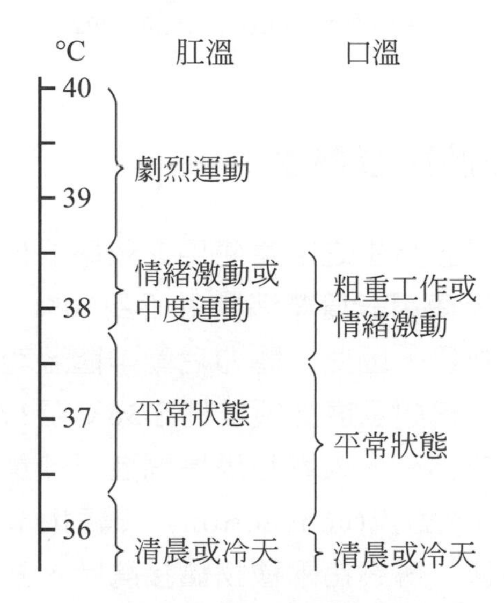

圖8.1 口溫與肛溫的範圍

資料來源：*Minard, 1973*

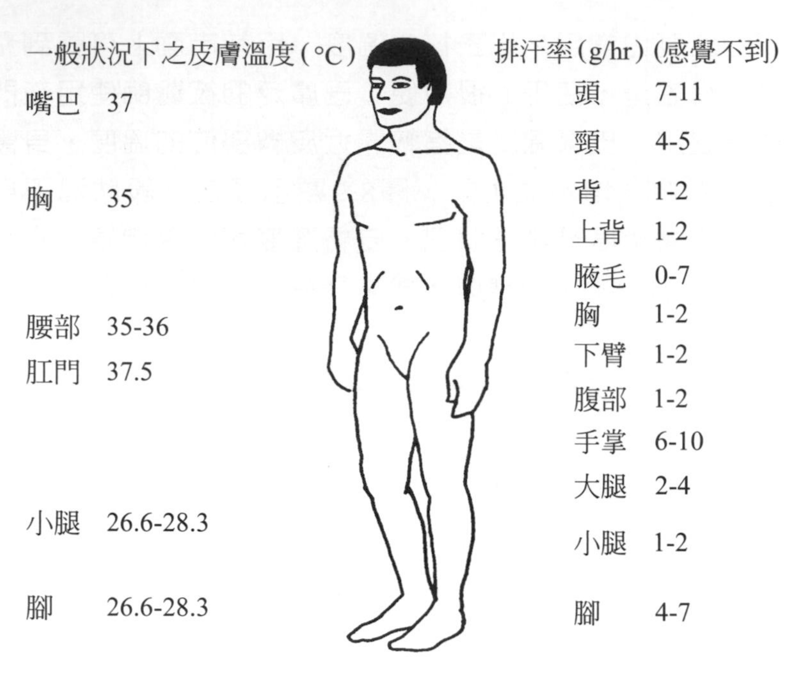

圖8.2　一般狀況下之皮膚溫度與排汗率

資料來源：*Woodson et al, 1992*

8.1-2　熱量交換與量熱學

人體對新陳代謝產生之能量使用之效率很低，一般而言，代謝產生之能量被使用在身體活動上不到30%，剩餘的70%以上之能量均變成熱量。因此，體力活動中體溫有上升的傾向，然而，身體內部之核心溫度必須維持在36℃至37℃間，因此多餘的熱量必須釋放出來。人體和環境間進行熱量交換之方式有傳導(conduction)、對流(convection)、輻射(radiation)及蒸發(evaporation)四種。傳導為兩種物體接觸時，熱量由高溫之物體流至較低溫之物體。對流是藉著氣體或液體流動來進行熱量交換。輻射是高溫物體藉著電磁波來將熱量釋放之過程，而蒸發則是水分吸收熱量後轉變為水蒸氣的過程。熱量在人體和環境中之交換可用以下公式表示：

$$M \pm R \pm C \pm K - E = 0 \quad (8.2)$$

式中 M＝新陳代謝產生熱量

R＝輻射熱交換(若體表溫度較環境溫度低爲正值，否則爲負值)

C＝對流熱交換(若氣溫較體表溫度高爲正值，否則爲負值)

E＝蒸發散出之熱量

K＝傳導熱交換(若接觸物體溫度較體表溫度高則爲正，否則爲負)

若要維持體溫固定，則上式必須等於0。

身體在新陳代謝中產生之能量可以量熱學(calorimetry)來決定，而量熱學又可分為直接(direct calorimetry)與間接(indirect calorimetry)兩種，其過程分述如下：

直接量熱學是要求人員在熱量計(carlorimeter)中從事特定水準之體力活動。熱量計實際上是一個經過特殊設計的小房間，又稱氣候室(climate chamber)(見圖8.3)。氣候室內的天花板、地板及四面之牆壁外表均有傳熱效果良好之銅板，牆壁內側以絕緣材料填充，以阻隔內外之熱量交換。此外，牆壁內並裝設了冷水管與電熱管作為控制溫度的媒介(有冷暖之功能)。室內並有溫度計與濕度計隨時監測大氣狀況。受測者在室內呼出之二氧化碳可由抽風機抽出，經過硫酸、蘇打吸附，以維持室內氧氣之濃度。活動中，人員體內產生之熱量可由冷水管中循環之冷水吸收，而從上升之水溫則可直接算出由人體吸收之熱量。

直接量熱學使用之氣候室造價昂貴，而室內空間狹小，對於人員之活動限制頗多。因此，並不普遍。

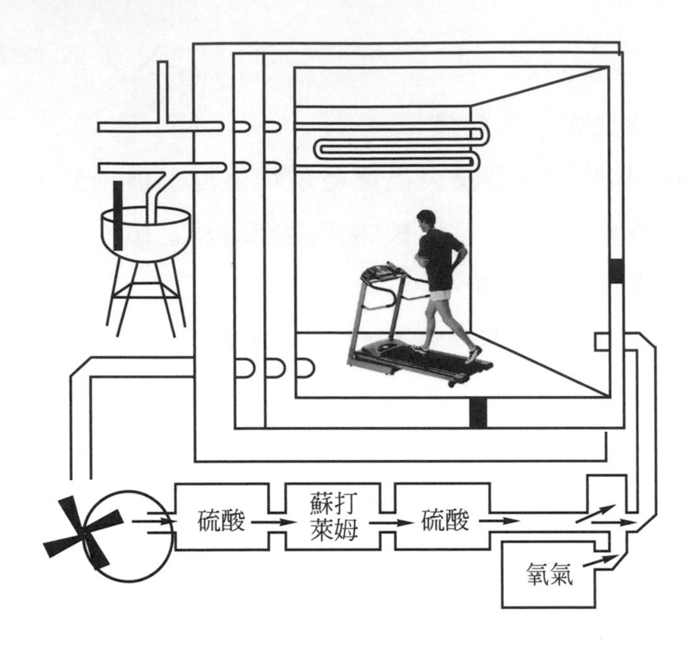

圖8.3　直接量熱學使用之氣候室

資料來源：*Consolazio et al, 1963*

間接量熱學是以分析人員在一段時間內消耗氧氣之量，來計算新陳代謝所產生之能量，實施方式可分為開放式(open-circuit)及封閉式(closed-circuit)兩種。開放式是要求人員活動中以鼻子吸入大氣中之空氣，再以嘴巴將呼出之空氣排入呼吸氣體測量計(gasometer)，或是道格拉斯袋(Douglas bag)。在一段時間之活動後，分析所收集之空氣組成，並據以計算這段時間內之耗氧量。

封閉式的作法則是以一密閉容器提供並以收集受測者呼吸之氣體。受測者之鼻子需以夾子夾住，嘴巴則含住呼吸管來呼吸，呼出空氣中之二氧化碳直接由化學藥劑來吸附。因此，在一段時間之活動後，封閉容器減少之體積即為氧之消耗量。

身體與大氣之間經對流產生的熱量交換(kcal/hr)可以下式估計：

$$C = 1.0\ V^{0.6}\ (T_a - T_s) \quad (8.3)$$

式中　V ＝風速 (m/min)

T_a ＝氣溫(乾球)℃

T_s ＝皮膚溫度℃

由公式可知：當$T_a > T_s$ 時C為正值，這表示身體由對流中獲得熱量；反之，若$T_a < T_s$ 則C為負值，這表示身體在對流中失去熱量。公式8.3乃是實驗公式，其假設為身體的表面積為1.8 m^2，若身體表面積不是1.8 m^2，則公式要再修正。

身體表面積可依公式2.2或2.3、2.4計算，並將單位改為m^2，若採用公式2.3及2.4計算，則身體表面積公式如下：

男性：$BSA = 79.811 \times 10^{-4} \times H^{0.727} \times W^{0.398}$　(8.4a)

女性：$BSA = 84.467 \times 10^{-4} \times H^{0.700} \times W^{0.418}$　(8.4b)

式中　BSA ＝身體表面積(m^2)

W ＝體重(kg)

H ＝身高(cm)

身體與大氣之間經輻射產生的熱量交換(kcal/hr)可以下式估計：

$$R = 11.3\ (T_w - T_s) \quad (8.5)$$

式中　T_w＝物體表面平均輻射溫度℃

T_s ＝皮膚溫度℃

公式8.5可知：當$T_w > T_s$ 當時，R為正值，這表示身體由輻射中獲得熱量；反之，若$T_w < T_s$ 則R為負值，這表示身體在輻射過程中失去熱量。

身體經蒸發可釋放到大氣的最大熱量 (kcal/hr)可以下式估計：

$$E_{max}=2.0\ V^{0.6}\ (PW_s-PW_a) \tag{8.6}$$

式中 V ＝風速 (m/min)

PW_s ＝皮膚表面之水蒸氣壓(mmHg)

PW_a ＝大氣之水蒸氣壓(mmHg)

8.1-3 身體對熱的反應

當體內熱量過多時，體溫的調節可經由血液循環、呼吸、排汗及飲食與排泄等方式來完成。血液循環是調節體溫的主要機構之一，當身體暴露於熱環境中之後，靠近體表的血管會擴張，讓身體內部的血液流至靠近皮膚處，並增加皮膚溫度，若是大氣中的溫度低於皮膚溫度，則身體內的熱量可由對流與輻射的方式釋放到大氣中。在舒適的環境中，體表的血液流量僅佔心輸出量的5%左右；在很熱的環境中，這個比例可能提高到20%或者更高。體表血液流量的增加，可由皮膚的泛紅顯示出來。呼吸是身體內外氣體交換之過程，當體溫高於外界溫度時，由呼吸道呼出的氣體溫度也高於氣溫，而吸氣時吸入的氣體則較體溫低，呼吸之間，體溫與氣溫也同時進行熱量之交換。

排汗

體溫調節中一個重要的機制，皮膚每排1公克的汗液可散熱0.58 kcal

排汗是體溫調節中一個重要的機制，體溫升高時，汗腺會受到刺激並分泌汗液，汗液在體表可吸收熱量並蒸發成水蒸氣，而進入大氣。皮膚每排1公克的汗液可散熱0.58 kcal，若皮膚表面被水份覆蓋，則排汗散熱的功能喪失，此時必須將汗水擦掉，散熱的功能才能恢復。每人體內大約有二百多萬條汗腺，汗腺在每個人身體各部位分佈的情況可能不盡相同。某些人在身體的特定部位，如手掌完全沒有汗腺。在熱環境中，汗液的分泌量會隨著溫度的升高而提高，當汗液分泌達到最大蒸發量的1/3時，汗液即會在體表形成水滴而以流汗的方式排出，此時排汗的散熱功能即無法發揮，因此必須靠擦拭汗液來恢復其蒸發散熱的功能。健康的成年人在熱環境中的每日排汗量可能高達六、七公升。

飲食、排泄及皮膚與物體表面接觸時，均可以傳導的方式來進行身體內外熱量的交換；在寒冷的冬天裡吃熱食，可使身體獲得外界的熱量；在酷熱的夏天飲用冰涼的飲料，同樣的可以讓身體釋放多餘的熱量。排泄也有散熱的功能，然而其在身體散熱中所佔的比例不高。皮膚與不同溫度的物體表面接觸時可產生熱量交換，例如熱環境中以冰冷的毛巾擦拭身體即有散熱的功能；寒冬中握著懷爐也可吸收熱量。然而，接觸物體溫度過高或太低，也可能造成皮膚組織的傷害。表8.1顯示了與不同溫度之物體接觸時皮膚的感覺(或影響)。

皮膚的組織包括表皮(epidermis)、真皮(dermis)及皮下層(subcutaneous layer)。皮膚與高溫接觸會造成灼傷。灼傷可分為三級，第一級灼傷發生時，表皮淺層細胞被殺死，其症狀為皮膚產生紅斑並有疼痛的感覺。當表皮及部份真皮組織被殺死時，皮膚會有水泡及廣泛發炎的症狀及疼痛的感覺，此為第二級灼傷。第三級灼傷發生時，表皮與真皮完全被破壞，傷害甚至延伸到皮下組織，因為神經也被破壞，傷害區域不再有任何感覺(彭英毅，1992)。

表8.1　與不同溫度之物體接觸時皮膚的感覺或影響

溫度 (℃)	感　覺　或　影　響
100	接觸15秒會產生二級灼傷
82	接觸30秒會產生二級灼傷
71	接觸60秒會產生二級灼傷
60	痛；組織傷害
49	痛；灼熱感
33	溫和
12	涼
3	冰涼
0	痛

數據來源：*Woodson et al, 1992*

之前提到，大部份的新陳代謝過程中產生的能量均被轉換為熱能，此熱能即可能使體溫升高。Nielsen (1938)曾要求受測者在連續踩腳踏車健身器45分鐘之後記錄其肛溫，結果發現肛溫和氧的攝取量呈線性關係(見圖8.4)，這種關係一直維繫到受測者之最大有氧能力之75%之前，當氧的攝取量超過最大有氧能力的75%之後，肛溫隨著氧攝取量增加的速度即顯著的加快，此時身體恆溫的機構已無法正常運作。

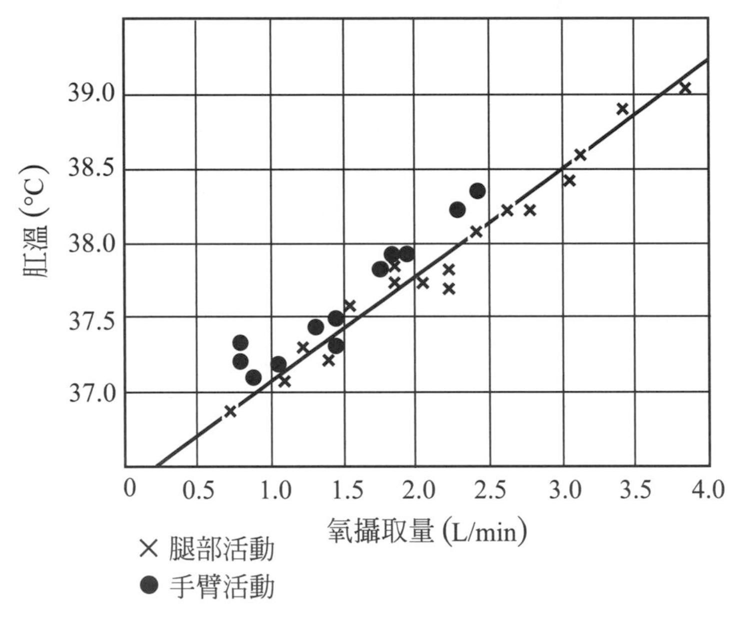

圖8.4　肛溫與氧攝取量之關係

資料來源：*Nielson, 1938*

身體內的熱量產生與新陳代謝水準有關，以70 kg之成年男子(身體表面積為1.8 m^2)而言，其休息時V_{o2}之約為0.3 L/min，換算為熱量為90 kcal/hr。每個人的最大有氧能力皆不相同，大致介於2到4 L/min之間。表8.2顯示以耗氧量表示的新陳代謝水準與心跳率、核心溫度、可持續工作時間之間的關係。新陳代謝水準會隨核心溫度的升高而提高：核心溫度每上升1℃，新陳代謝率會提高10%，這種現象稱為*Q*10效應。此效應對人的直接影響是在熱環境中，人的代謝水準高於在涼爽環境中之水準。因此，進行同樣的工作，在熱環境中的人必須以較高水準之代謝來因應。而熱環境中，血液分佈到身體表面之量也會

*Q*10效應

核心溫度每上升1℃，新陳代謝率會提高10%

增加，這使得代謝活動受到限制。因此在熱環境中從事體力工作，人員較容易感到疲勞。

表8.2 耗氧量與心跳率、體溫及可持續工作時間之關係

	休 息	$V_{o2\ max}$ 之百分比				
		25	33.3	50	75	100
心跳率(次/min)	60～80	90～100	105～110	120～130	150～160	180～190
核心溫度(℃)	37	37.4	37.8	38.2	38.8	持續上升
可持續工作時間		8hr	8 hr	1 hr	15～ 20 min	4 ～ 6 min

資料來源：*Minard, 1973*

在熱環境中作業時，隨著排汗的增加，體內的水份會逐漸的減少，這種情況稱為脫水(dehydration)。體內水份減少的量低於5%時，人員的肌力與反應時間並不會受到顯著的影響；然而，卻會造成耐力與從事有氧性活動能力的降低。快速並大量的脫水則會引起熱衰竭。飲用白開水是解決脫水現象最直接的方法；若是劇烈的體力活動超過1個小時以上，則在水中添加葡萄糖可快速的彌補組織內葡萄糖的消耗，並可提高小腸壁對電解質的吸收，如此可延緩疲勞的產生。脫水同時會導致體內鹽分的散失，因此在軍中(尤其是新兵訓練中心)常會鼓勵士兵在飲水中添加鹽粒。然而，飲水中鹽分的添加，有時會造成人員胃部的不適與嘔吐的感覺。

熱環境可能引起人員的身體不適包括：

1. 痱子：因汗腺阻塞而造成皮膚的發炎，導致皮膚乾裂與紅色的斑點，患者常會感到皮膚發癢及疼痛。
2. 熱衰竭：身體脫水，引起疲倦、頭暈、嘔心等症狀。
3. 中暑：體溫調節功能喪失，核心溫度持續升高，必須迅速移至陰涼地區，並送醫急救。

4. 熱痙攣：因排汗過多，導致鹽分喪失而引起局部四肢及腹部肌肉抽痙之現象。

8.1-4 衣著對熱量平衡之影響

clo

在21℃，相對濕度為50%之室內環境中，足以讓坐著的休息者感到舒適所需之熱絕緣性

衣著具有保暖禦寒的功能，而這種功能即是仰賴衣服對於熱量的絕緣性，而衣服對於熱量的絕緣性則來自於其阻擋氣流穿透衣服內外之特性。衣服之熱絕緣性主要決定於衣服之厚度。衣服之熱絕緣性之單位是clo，clo單位之定義是在21℃，相對濕度為50%之室內環境中，足以讓坐著休息的受測者感到舒適所需之熱絕緣性。一般衣料每公分厚之熱絕緣性約為1.57 clo，而衣服的clo值介於0.05(女性之胸罩)至0.49(厚外套)之間(參考表8.3)。全身衣著所提供的熱絕緣性可以下式計算：

$$clo_{total} = 0.8 \sum_{i=1}^{n} clo_i + 0.8 \quad (8.7)$$

式中 clo_{total} ＝全身衣著所提供的熱絕緣性

clo_i ＝第 i 件衣服的clo值

表8.3 一般衣服的熱絕緣性

男　裝	clo值	女　裝	clo值
內　褲	0.05	胸罩與內褲	0.05
薄短袖衫	0.14	無袖襯衣(上衣)	0.13
薄長袖衫	0.22	薄長袖套衫	0.17
薄外套	0.22	薄上衣	0.20
薄長褲	0.26	薄長褲	0.26
厚長袖套衫	0.37	厚長袖套衫	0.37
厚外套	0.49	厚外套	0.37
襪子 (雙)	0.04	長襪(雙)	0.01

資料來源：*ASHRAE, 1985*

在夏季，一般人全身衣服的熱絕緣性大多低於1 clo；而在寒冬時，大致需要3到5 clo才能禦寒。除了熱絕緣性之外，影響衣服對於熱量調節之特性是透水性。所謂透水性是空氣中水份子是否容易穿透衣服之特性。透水性與熱絕緣性有關，熱絕緣性愈高之衣服，通常是透水性愈低。體表汗液所形成之水份子可能由體表附近直接穿透衣服的孔隙而進入體外之大氣中；也可能先由衣服吸附，再由衣服上蒸發至大氣中。因此，衣料的針織構造與是否容易吸收水份也很重要(Joseph, 1986)。

在熱環境中，身體之熱量之調節主要依賴汗液之蒸發。因此，衣服之透水性與吸附水份之特性對於在高溫、低濕的環境中散熱頗為重要。然而，若是大氣中濕度很高(大氣中之水蒸氣壓高於體表之水蒸氣壓)，則排汗散熱之功能將無法發揮，衣服這方面的散熱功能就不重要了。熱絕緣性高之衣服不利於身體散熱，在熱環境中較不宜長時間穿著。當然也有例外的狀況，例如消防隊員穿著之防火衣，必須有很好的絕緣性以對抗火場中大量之對流與輻射熱量。

8.1-5 熱適應

人員長期暴露在熱環境中，生理系統會逐漸調節來適應熱應力，這種調節的過程稱為熱適應(acclimatization)，熱適應過程中，生理系統顯著的改變包括：排汗時間提早、排汗量增加、汗液中鹽分降低、心跳率降低、核心溫度及體表溫度更為穩定。一般人每排1 kg 的汗液中，約有3～5 g的鹽分；而經過熱適應的人，其每1 kg的汗中，鹽分則僅有1～2 g。完成熱適應需時一至二週，體能狀況較佳的人完成熱適應所需的時間較短，而維他命C的攝取對於熱適應也有幫助。

熱適應
人員長期暴露在熱環境中，生理系統會逐漸調節來適應熱應力的過程

Eichna et al(1950)，曾經以三位健康狀況良好、未曾在熱環境中工作之受測者來進行熱適應實驗。實驗前後，受測者均在涼爽的環境中工作，但在實驗進行的十天中，受測者每日有一個小時的時間需在乾燥高溫(T_a＝50.5℃，T_{wb}＝26.5℃，風速450 ft/min)的熱環境中從事5 kcal/min水準的作業。表8.4列出了

實驗開始前、開始日、結束日、結束後受測者之心跳率、流汗率、核心溫度、及皮膚溫度。研究結果顯示熱適應的過程中，人員排汗率有非常顯著的提昇；排汗的增加可抑制核心溫度之上升，此可由肛溫的逐漸下降看出。圖8.5更進一步的顯示了受測者在實驗前、實驗中、與實驗後，每日一小時工作中每十分鐘之心跳率、肛溫、及皮膚溫度的變化；在每日一小時的實驗中，皮膚溫度變化不大，而肛溫與心跳率則隨著暴露時間的增加而提高，而每日熱暴露結束前的肛溫與心跳率則逐日下降。

熱適應應該以逐步增加熱環境中暴露時間的方式來進行。美國NIOSH(1986)建議熱作業的新進人員開始工作第一天應只暴露在熱環境中20%的時間，之後並以每天增加20%暴露時間的方式安排，直到五天之後才從事全天候的熱作業，如此可降低新進人員對熱環境不適應的問題。經過熱適應的人員離開熱環境一段時間(幾天)之後，熱適應會逐漸消失，這常發生於較長的假日之後。NIOSH建議從事熱作業的人員在較長的假期之後應以第一天50%，第二天60%，第三天80%，第四天100%的方式來逐步的增加在熱環境的暴露時間。

表8.4　熱適應前、中、後，受測者之生理反應

	心跳率 (1/min)	流汗率 (kg/mhr)	核心溫度 (˚C)	平均皮膚溫度 (˚C)
實驗前	111	0.079	37.8	30.9
熱環境第一天	162	0.621	39.0	37.8
熱環境第十天	118	0.692	37.9	36.4
實驗後	103	0.083	37.7	31.1

資料來源：*Eichna et al,1950*

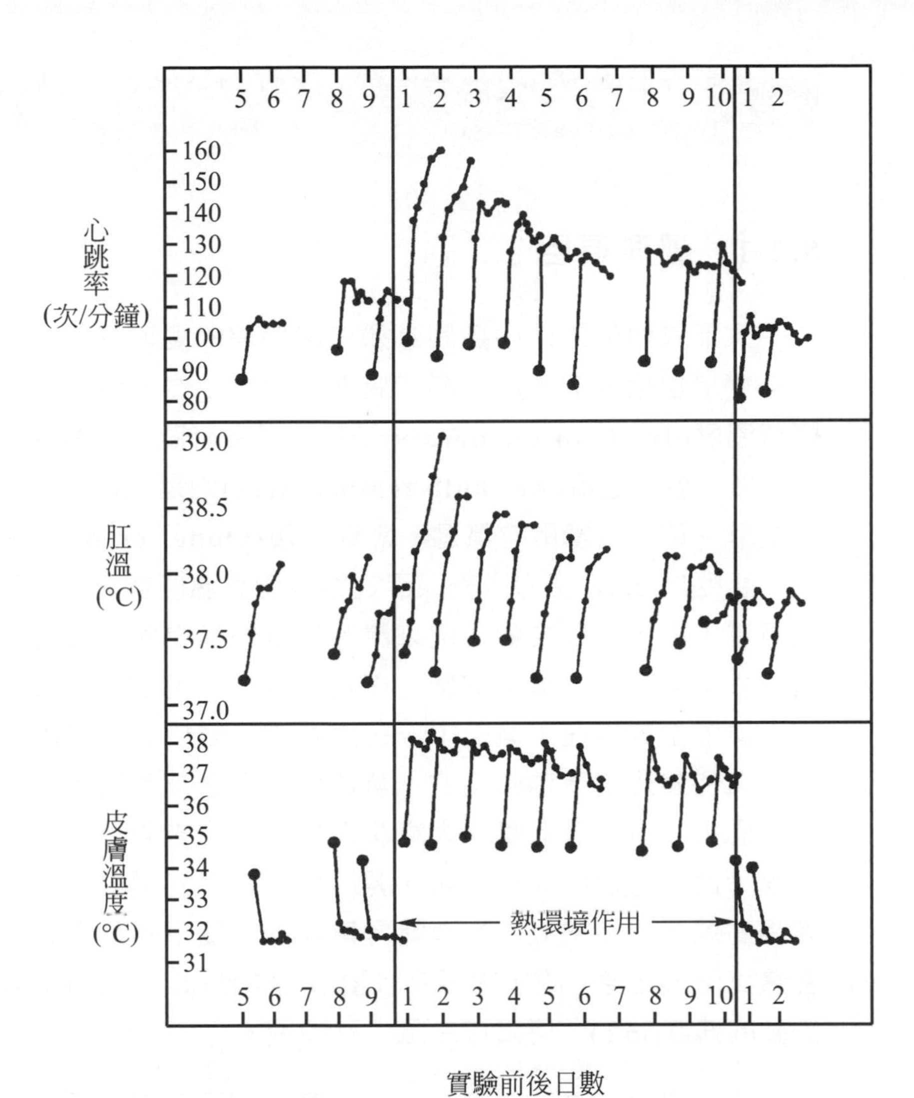

圖8.5　受測者之心跳率、肛溫與皮膚溫度之變化

資料來源：*Eichna et al,1950*

8.2 熱環境評估

8.2-1 量測項目

濕球溫度

考量濕度條件之大氣溫度

黑球溫度

考量輻射熱之大氣溫度

大氣環境的評估與控制必須先由環境的變項的量測著手，這些變項包括乾球溫度、濕球溫度、黑球溫度、濕度與風速。**乾球溫度(dry bulb temperature)**是以溫度計直接量取大氣所得之溫度。**濕球溫度(wet bulb temperature)**則是以濕的棉蕊包裹溫度計之球部所讀取之氣溫。**黑球溫度(globe temperature)**是以一直徑15 cm之空心外表漆黑之銅球包裹溫度計之球部所讀取之氣溫，黑球溫度主要是用來量測有輻射熱場所之氣溫。濕度是指大氣中所含水蒸氣的量，在常溫中水會持續的蒸發，而以水蒸氣的型式存在大氣之中。在大氣中，單位體積空間可容納水蒸氣的量是由氣溫決定的，氣溫愈高則水蒸氣愈多，水蒸氣壓也愈大，當水蒸氣壓與大氣壓力相等時，未蒸發的水即開始沸騰，此時之溫度即為沸點。濕度大多以相對濕度來表示，所謂相對濕度是指空氣中水蒸氣含量與該溫度下容許最大水蒸氣含量比值，此值可直接由濕度計讀取。風速(air velocity)是空氣流動的速度(m/s)，可直接由風速計讀取。

乾球溫度、濕球溫度、相對濕度、水蒸氣壓之間有密切的關係，圖8.6顯示了這些項目之間的關連性。

▶ 例題 8-1

(a) 若乾球溫度為30℃，相對濕度為60%，則濕球溫度為多少？

(b) 若已知乾球溫度與濕球溫度分別為35℃與27℃，則相對濕度為多少？

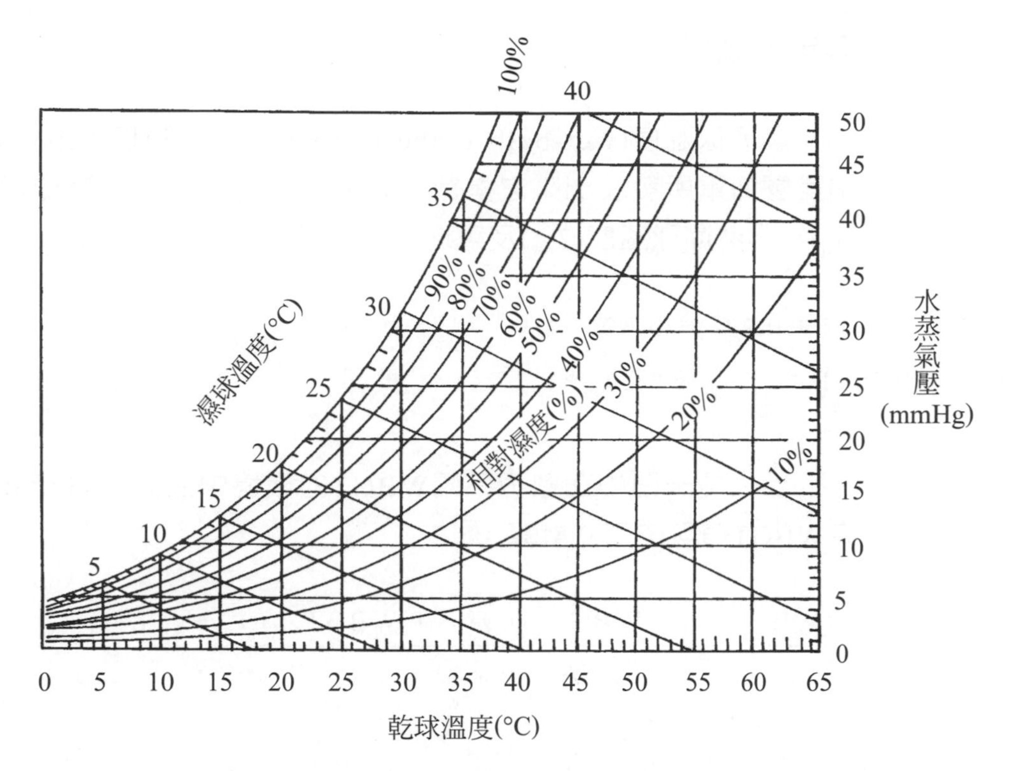

圖8.6　顯示氣溫、濕度及水蒸氣壓間關係之溫濕圖(psychrometric chart)

修改自：勞工安全衛生研究所, *1994*

▶解

(a) 乾球溫度爲30℃，相對濕度爲60%時，由溫濕圖中查得濕球溫度爲24℃。

(b) 乾球溫度與濕球溫度分別爲35℃與27℃時，由溫濕圖中查得相對濕度爲55%。

8.2-2　熱環境指數

任何一個大氣環境中的變項均不足以將環境整體的特性表現出來，因此有許多熱環境指數被發展出來：

濕黑球溫度

濕黑球溫度(wet-bulb globe temperature，簡稱WBGT)是由美國海軍所發展出來之指數，WBGT之計算乃是將乾球溫度(T_a)、自然濕球溫度(T_{nw})及黑球溫度(T_g)取加權平均而得：

$$\text{室內：WBGT} = 0.7T_{nw} + 0.3T_g \tag{8.8}$$

$$\text{室外：WBGT} = 0.7T_{nw} + 0.2T_g + 0.1T_a \tag{8.9}$$

若人員一日中在數個不同WBGT的環境中活動，其時量平均WBGT值可依下式計算：

$$\begin{aligned} \text{WBGT}_{\text{TWA}} &= \frac{(\text{WBGT}_1 \times t_1 + \text{WBGT}_2 \times t_2 + \cdots + \text{WBGT}_n \times t_n)}{(t_1 + t_2 + \cdots + t_n)} \\ &= \frac{\sum_{i=1}^{n} \text{WBGT}_i \times t_i}{\sum_{i=1}^{n} t_i} \end{aligned} \tag{8.10}$$

WBGT因計算簡單容易使用，已廣泛被採用；國際標準組織(ISO)以WBGT制訂了ISO 7243的國際標準。然而，使用WBGT時應了解，該指數對於高濕度而又無風環境的評估值往往低於實際的狀態(Ramsey, 1987)，因此應考慮使用其他指數。我國高溫作業勞工作息時間標準(民國八十七年三月二十五日修訂)，使用WBGT作為綜合溫度熱指數，並據以訂定作息時間之比例如表8.5所示。表中之輕工作是指坐姿作業或立姿以手操作機器者；中度工作是指需要走動並處理一般重量之物件之作業；重工作則是指需從事全身性之體力活動者，如鏟、掘或處理重物之作業。

表8.5　高溫作業勞工作息時間標準

	每小時作業時間比例	連續作業	75%作業 25%休息	50%作業 50%休息	25%作業 75%休息
時量平均綜合溫度熱指數(℃)	輕工作	30.6	31.4	32.2	33.0
	中度工作	28.0	29.4	31.1	32.6
	重工作	25.9	27.9	30.0	32.1

例題 8-2

某工廠之鍋爐操作作業員之工作內容包括開爐、進料、蒸氣輸送操作、及監視，若某半日之現場作業環境測定如下表所示，則其在作業環境中之暴露是否超過高溫作業勞工作息時間標準之規定？

時間	作業	T_g ℃	T_{nw} ℃
8：30～ 9：00	開爐	36	28
9：00～ 9：20	蒸氣輸送操作	40	29
9：20～10：00	監視	45	29
10：00～10：20	休息	32	27
10：20～10：40	蒸氣輸送操作	45	28
10：40～11：00	進料	43	28
11：00～11：40	監視	43	29
11：40～12：00	休息	30	27

解

該作業中人員之活動主要是機台操作，因此屬於輕工作。每個時段的WBGT值可由T_g及T_{nw}計算求得：

WBGT：$36\times0.3+28\times0.7=30.4$

$40\times0.3+29\times0.7=32.3$

$45\times0.3+29\times0.7=33.8$

$32\times0.3+27\times0.7=28.5$

$45\times0.3+28\times0.7=33.1$

$43\times0.3+28\times0.7=32.5$

$43\times0.3+29\times0.7=33.2$

$30\times0.3+27\times0.7=27.9$

其$WBGT_{TWA}$可計算如下：

$$WBGT_{TWA}=\sum WBGT_i\times t_i/\sum t_i$$

$$=(30.4\times30+32.3\times20+33.8\times40+28.5\times20+33.1\times20+32.5\times20+33.2\times40+27.9\times20)/210$$

$$=31.8℃$$

另外，該作業員之休息時間占其執勤時間之比例爲40/210＝19%，此比例尚低於25%休息之水準。

由$WBGT_{TWA}$＝31.8℃、休息時間比例爲19%、及輕工作三項判斷該員之熱環境暴露超過了高溫作業勞工休息時間標準之規定。

有效溫度

有效溫度(effective temperature，簡稱ET)是由Haughten與Yaglou在1923年提出(ASHARE, 1981)。ET是將能讓人產生相同冷熱感覺之溫度、濕度及風速之組合定義出來，例如：ET 21℃的感覺是在氣溫21℃、相對濕度100%之下產生的；而同樣的冷熱感覺也可由27℃與相對濕度10%產生。這些可讓人產生相同感覺的溫度、濕度、與風速可經由實驗找出，並且以計算圖(nomogram)的方式顯示出來。原始的ET後來又被其他學者在考量輻射熱之下，修訂為修正有效溫度(corrected effective temperature，簡稱CET)，ET與CET可由圖8.7中的計算圖查得。使用修正有效溫度的計算圖時，可以直線連接濕球溫度與黑球溫度，並由直線與風速的交點沿著修正有效溫度的刻度線來讀取CET值。例如，在風速為2 m/s， 濕球溫度為 28℃，黑球溫度為32℃時，可查得為修正有效溫度為26.8℃。若是將風速提高到7.5 m/s，則修正有效溫度可降低至25℃。反之，若在無風的狀態下，修正有效溫度將升高到29.5℃。

有效溫度

由人的感覺定義出來的溫度

Rohles(1974)曾經根據1,600位受測者的感覺，來訂定舒適的作業環境的有效溫度的範圍，他指出舒適的有效溫度的範圍約在24℃到27℃之間，然而他的實驗是在人員著輕鬆的服裝並從事坐姿的作業之下進行的，對於其他的衣著與人員體力活動的水準，這個範圍的溫度未必會讓人感到舒適。

▶例題 8-3

某作業區域之溫度計顯示乾球溫度為32°C，相對濕度為55%，風速為0.1 m/s，則有效溫度為多少°C？若領班建議用風扇來降低有效溫度至25°C，則風扇應產生的風速應為多少m/s？

解

由乾球溫度32℃

相對濕度55%

查圖8.6得濕球溫度爲25℃

由乾球溫度32℃

濕球溫度25℃

查圖8.7得

有效溫度爲27.8℃

若欲將有效溫度降低至25℃

則風速應設爲3.5m/s

熱應力指數

熱應力指數(heat stress index，簡稱HSI)為Welding及Hatch在1955年提出。此指數假設人體之多餘熱量均由蒸發之途徑釋出。因此，HSI等於體內由新陳代謝、對流、輻射產生之熱量與環境中容許經由蒸發散熱量之比值：

$$HSI=(E_{req}/E_{max})\times 100 \quad (8.11)$$

式中 $E_{req}=M\pm R\pm C$ (8.12)

E_{max} 可由(6.6)計算求得

此指數不僅考慮了環境中之溫度、濕度及風速外，也考慮了人員新陳代謝水準及衣著狀態，HSI之值與該環境對人的危害程度請參考表8.6。

預測四小時流汗率

預測四小時流汗率(predicted four hour sweat rate，簡稱P_4SR)是由McArdle等學者(1947)所設計之熱應力指標，該指標是以乾、濕球溫度、風速、及新陳代謝率來估計人員在四小時

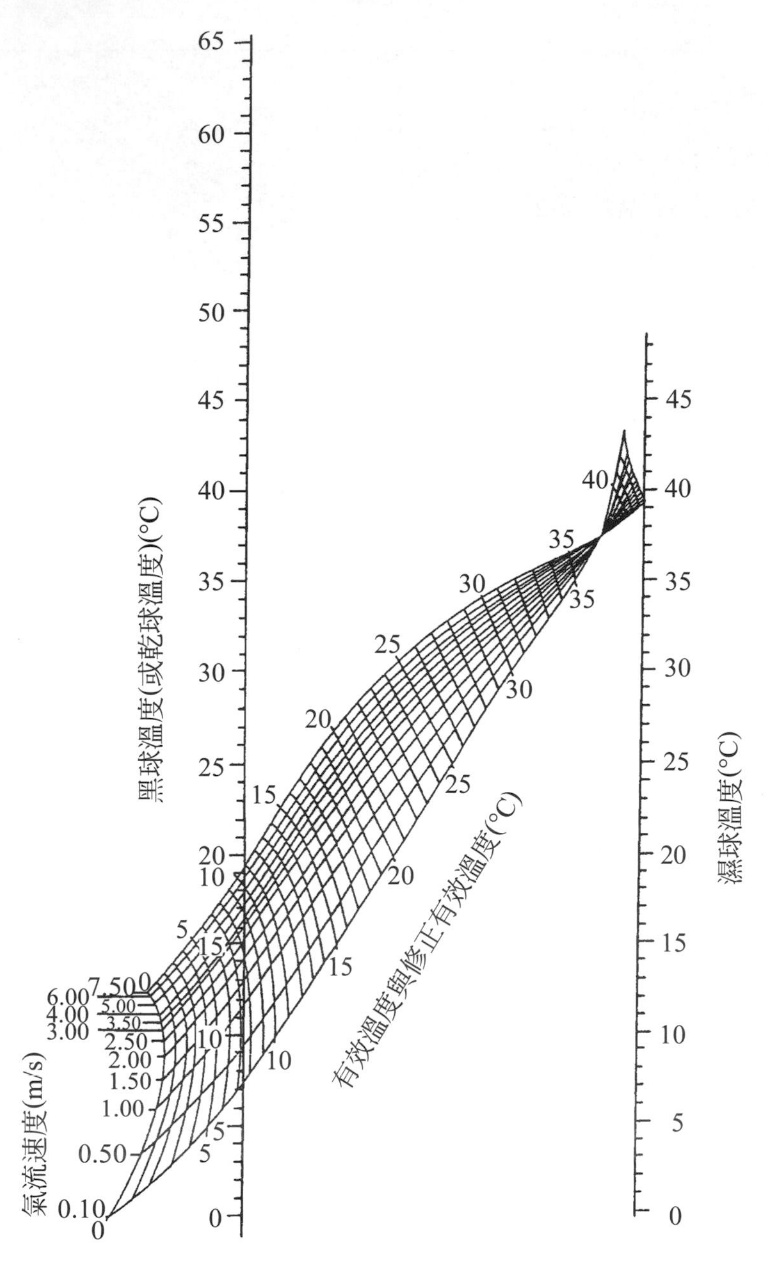

圖8.7　ET與CET之計算圖

資料來源：勞工安全衛生研究所, *1994*

中之排汗量(公升)，排汗愈大，代表人員承受之熱應力愈高，健康的成年男子P_4SR的上限約為4.5公升。

表8.6　HSI指數之危害程度

HIS	暴露8小時對人體之危害
－20～－10	微冷
0	沒有熱危害
10～30	輕度至中度熱危害，從事心智工作者之作業績效會降低，但體力工作不會受到影響
40～60	嚴重熱危害，體力工作之作業績效會降低，這種環境會危害健康，工作中應安排適當的休息，作業人員最好經過篩選
70～90	很嚴重之熱危害，只有少數人有辦法在這種環境中工作，作業人員應隨時補充水與鹽分
100	健康並經過熱適應的成年人可忍受的最大限度

資料來源：*Hertig, 1973*

8.3 熱危害控制

熱危害的控制可由以下幾個方面著手：

1. 降低工作中體力活動的水準：人體本身即是一個熱源，體內新陳代謝所產生的熱量隨著新陳代謝水準的提高而增加。因此降低體力活動的水準可減少體內熱量的產生。降低體力活動的水準可由工作的機械化與自動化來達成。
2. 限制人員在熱環境中之暴露：人員在熱環境中暴露時間之限制可經由工作設計、工作分派與適當休息時間之安排來進行。分工太細的作業常會使人員必須長時間在相同的環境中工作，這種情況在熱環境中應該避免。
3. 提供適當的衣著：高溫低濕的環境中應提供透水與吸水性質較佳之衣服。
4. 人員定期實施熱適應訓練。

5. 人員篩選：某些不適合在有熱危害之工作環境中作業之人員(例如：有肝、腎、內分泌及排汗功能異常者)應該避免其在熱環境中之暴露。

6. 使用防護具：若干個人使用之隔熱防護具，如防火衣、隔熱背心在熱環境中可提供防護作用，然而這類的防護具因為舒適性的關係多半不適合長時間穿著。

7. 熱環境控制：控制熱環境最直接的方法就是阻絕熱源，例如將鍋爐及各種加熱裝置與其他作業場所隔絕。在某些作業場所全面隔絕熱源由於工程上或成本上並不可行。若是熱源主要是以輻射熱傳播(如煉鋼、玻璃作業)，可以考慮以隔熱屏風來阻擋輻射熱，表面光滑之鋁板(箔)可作為阻絕輻射熱之材料，經表面處理具有反射紅外線功能之玻璃板也有很好的效果。除了阻絕外，空調通風也是控制熱環境之有效方法。

工業通風除了控制氣溫與濕度以維持作業場所之舒適外，通常尚有排除(稀釋)污染有害物、防火防爆等目的。工業通風可以分為整體通風及局部通風兩大類。整體通風又分別可以自然通風或機械通風為之，自然通風是利用風力、室內外溫差等自然之力量來通風，風力與溫差均受到天氣的影響，因此這種通風無法穩定而持久。機械通風則以機械動力來進行通風，機械通風可分為供氣法與排氣法：供氣法是以風扇將外界空氣導入室內；而排氣法則是反過來將室內的空氣排出。當然供氣與排氣也可同時進行。機械通風可以在作業場所形成穩定之氣流，當室外的氣溫與濕度均低於室內時，這種方式可有效的降低室內之溫度與濕度。然而，若室外之大氣的溫度與濕度均很高時，通風就無法達到控制溫、濕度的目的。

當作業場所中有特定之熱源時，可以採用局部通風來排除熱氣，局部通風必須以機械通風來進行，其裝置包括氣罩、導管、空氣清淨裝置及排氣機等四個部份(參考圖8.8)。排氣機運轉時可將氣罩附近的熱氣或有污染物之空氣吸入，並經由導管空氣清淨裝置排至室外之大氣中。由於熱空氣均會往上方流動，因此考量溫度控制的氣罩應設置於熱源的上方(參考圖8.9)。如果溫度和濕度的控制可以空氣對流的方式達成，使用工業用電扇往往也有不錯的效果。

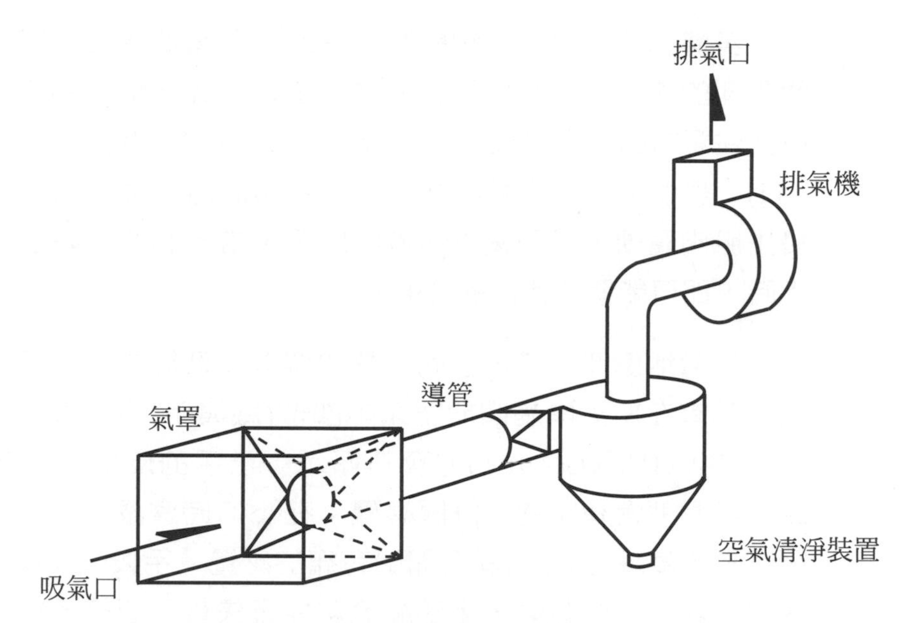

圖8.8　局部通風裝置

圖8.9　熱作業局部通風之氣罩設置

8.4 冷環境與冷應力

8.4-1 寒冷對身體的影響

身體的核心溫度正常狀況下為37℃，當此溫度下降後，身體各部的功能會逐漸地受到影響。當核心溫度降至36℃時，人員的注意力即不容易集中，下降至35℃時(體溫過低，hypothermia)，身體的靈活度顯著地降低，若溫度再下降至32℃時，將發生肌肉僵硬，甚至失去知覺的狀況，當核心溫度降至28℃以下時，即可能發生致命的情形。

台灣地處亞熱帶，因此有核心溫度降低經驗的人不多，但大家都有在冷天中暴露於空氣中部位(臉與手)不舒服的經驗。美國的ASHRAE(1981)的資料顯示，當手的皮膚溫度在20℃時，我們就會有冷的不舒服感覺；在15℃時會讓人覺得很不舒服；當溫度降至5℃時就會開始有痛的感覺。手與臉部被冷的麻痺是大家的共同經驗，手部觸覺功能喪失會引起許多安全上的問題，例如當碰到尖銳的物體時，我們將無法立即感到危險而即時收手。

Lockhart et al (1975)以鎖螺絲的作業來觀察溫度對於手部作業績效的影響，他們發現在18.3、12.8與7.2℃三個溫度之下，作業績效隨著溫度降低而顯著的下降，手部作業績效的降低不僅與手的觸覺喪失有關，同時也與手部動作靈敏度的降低有關。觸覺的喪失與動作靈敏度的降低均可歸因於神經傳導功能的降低。在寒冷的環境裡，許多人會戴手套禦寒，手套除了保暖外也有保護手的功能；然而戴手套會產生的問題包括手部觸覺與靈敏度的降低。穿著棉紗手套之後，多數人對於以手指抓取小物件會感到困難，需要觸覺或手部磨擦力的作業(如數鈔票)幾乎不可能完成。部份手指露出手套外則是在保暖與維持手部的靈巧與觸覺之間折衷的作法。

冷環境裡，除了身體的感覺與動作靈敏度之外，肌力與耐力也會降低(Enander, 1989)。當核心溫度降低時，肌肉內的新陳代謝速度就會減緩，Bergh(1980)指出，核心溫度每降低1℃，肌力約降低4%至6%。

我們身體抵抗寒冷的能力頗為有限，當氣溫降低時，身體的第一個反應是靠近體表與四肢的血管的收縮。血管收縮之目的在於減緩體內溫度較高的血液流至體表以減少熱量的散失。身體周邊血管收縮後，血液在內臟的流量會增加，當腎內血液流量增加後，尿液的分泌也會增加，因此在冷天比較容易有頻尿的情形。除了血管的收縮之外，發抖也是對抗核心溫度下降的方法。發抖時，肌肉組織非自主性的收縮可將新陳代謝的水準較休息狀態下提高2至4倍，新陳代謝水準提高後所產生的熱量即可補充體內熱量的散失。人們對抗寒冷的方法是多穿衣服，圖8.10顯示了在不同衣著狀況下，人員可容忍在冷環境(1大氣壓，風速為61 m/sec)中從事輕度工作的時間(endurance time)，圖中的A、B、C、D四條曲線分別代表輕裝(1 clo)、中度衣著(2 clo)、厚重衣著(3 clo)及很厚重衣著(4 clo)的狀況。

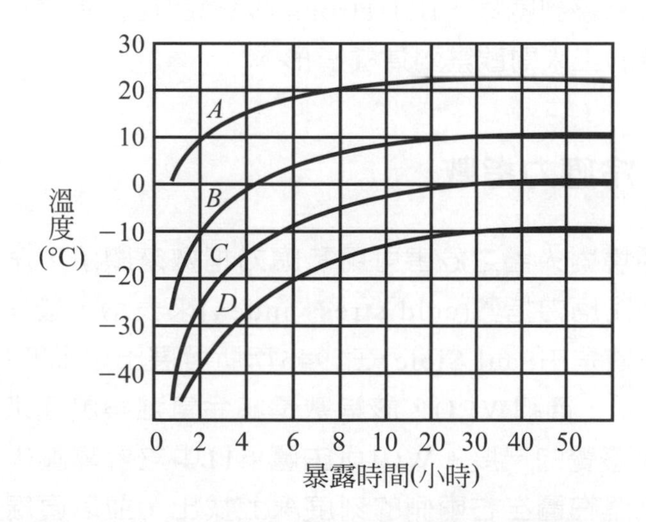

圖8.10　不同衣著與氣溫下人員可容忍之暴露時間

資料來源：*Woodson et al, 1992*

當身體周邊的血管收縮時，與大氣接觸部位之皮膚溫度會下降到氣溫的水準，若是氣溫(或是經常接觸身體的溫度)降至冰點附近，則容易產生凍瘡，這種情形比較容易發生在手指與腳趾部位。凍瘡發生時，體表的組織細胞開始結冰，這種狀況為一級凍瘡(Astrand & Rodahl, 1986)。若是該部位受到外力之壓擠，則結冰之組織會裂開而會有組織液或血水滲出，這種狀況為二級凍瘡。若是皮下甚至肌肉組織發生結冰，則稱三級凍瘡。

人體在熱適應過程中的生理系統之變化頗為明顯，那在冷環境中是否有冷適應的調整能力呢？Budd(1963)與Radomsk &Boutelie(1982)的研究結果均顯示人也有冷適應的能力，若是經常暴露在冷環境中，身體的新陳代謝水準會逐漸升高。Astrand與Rodahl(1986)指出，長年居住在冰天雪地的愛斯基摩人之平均新陳代謝水準較一般的人高，然而這種差異可能也和飲食有密切的關係。探討人的全身冷適應的生理行為在實務上的意義並不顯著，因為，在冷環境中人們可經由穿著的調整來抵抗寒冷的侵襲。反而，人體局部冷適應的行為較值得注意。若是每天均將手暴露在低溫中半個小時，在數週之後，手在低溫時的血液流量會逐漸提高，如此，手部的溫度較容易維持，也較不容易感到麻痺。Hellstrom(1965)即在經常需在冰冷水中處理魚隻的工人間觀察到這種情形。

8.4-2　冷應力指數

熱環境對人體之危害可用熱應力指數來顯示，冷環境之危害亦可用冷應力指數(cold stress index)來表示，最有代表性之冷應力指數是由Paul Siple 在1945年所發展出之風寒指數(wind chill index，簡稱WCI)，該指數是綜合氣溫與風速來建立人對冷的主觀感覺的尺度。WCI可由圖8.11中之計算圖中查得：將風速與氣溫在圖左右兩側的刻度線上找出，並以直線相連，該直線和風寒指數線相交處的刻度值即為風寒指數值。圖8.12顯示了以風寒指數表示之寒冷程度對於人員作業績效的影響，其中A曲線代表手部觸覺的喪失；B曲線代表簡單視覺反應時間；C曲線代表手部技巧性動作。

除了風寒指數外，以風速來修正對人造成寒冷感覺的氣溫的等風寒溫度(equivalent wind chill temperature)也常被使用，

表8.7顯示了該溫度之部分數據。表中顯示風愈大，我們感覺愈冷；而氣溫愈低，風所引起冷的感覺愈顯著。當風速為4.5 m/sec時，我們會覺得10℃的環境與5℃沒風時的寒冷程度相當。

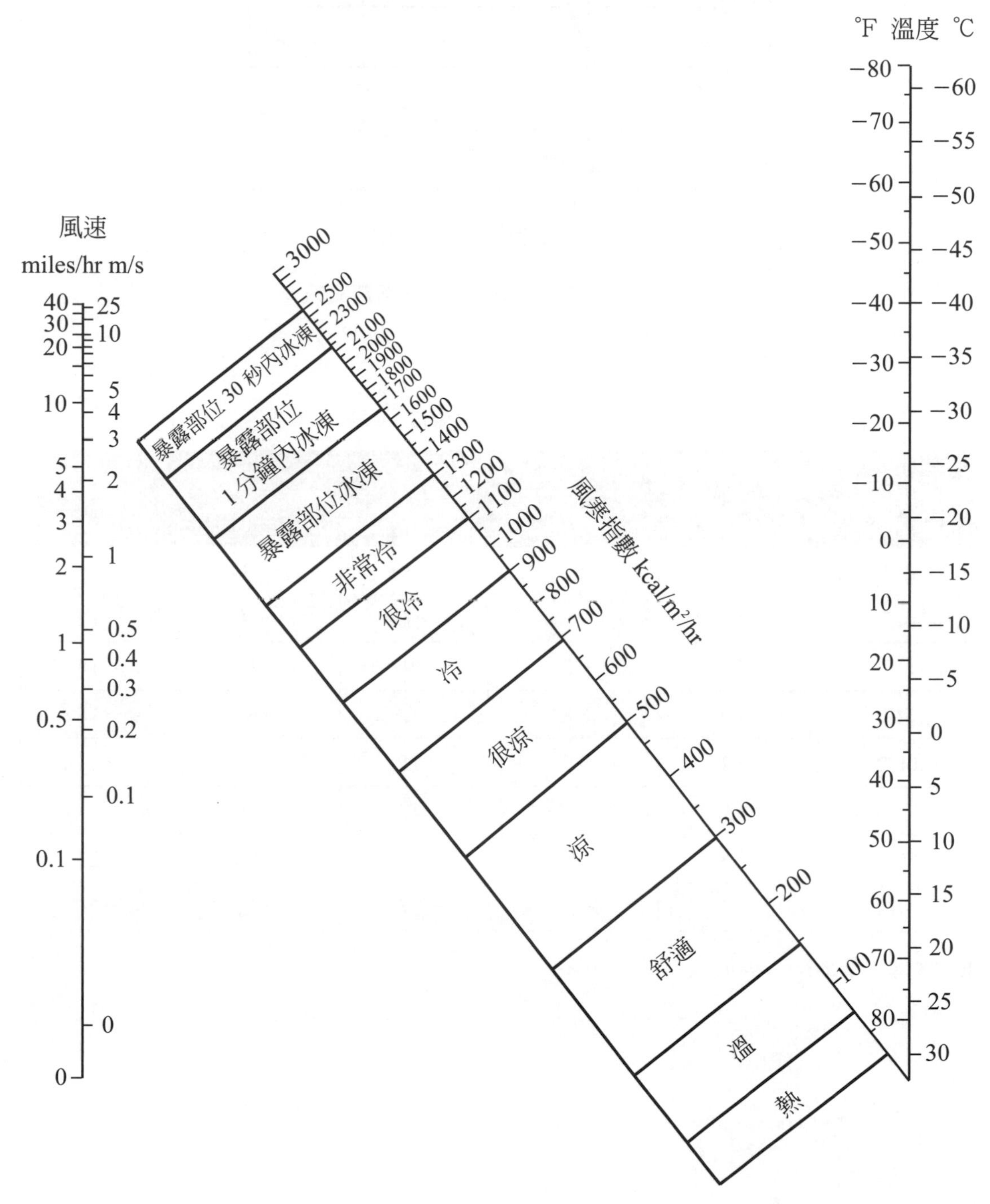

圖8.11　風寒指數之計算圖

資料來源：*NASA, 1973*

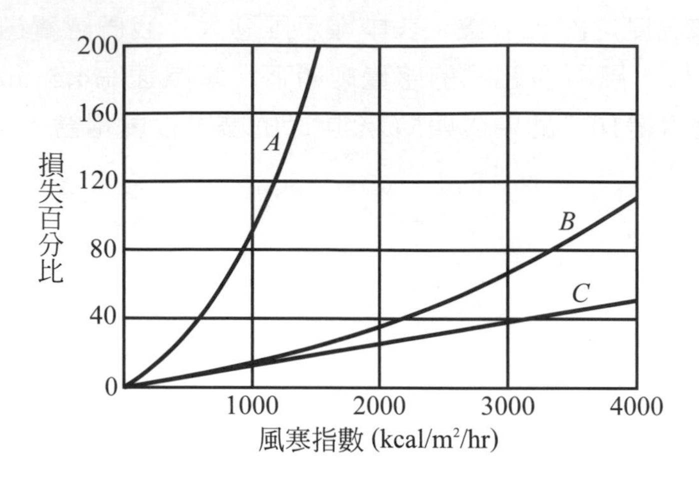

圖8.12 作業績效損失與風寒指數關係

資料來源：*Woodson et al, 1992*

表8.7 等風寒溫度

風速(m/sec)	氣 溫 (˚C)				
	10	5	2	－1	－4
2.2	9	5	－1	－3	－7
4.5	5	3	－7	－9	－12
6.7	2	－2	－9	－13	－18
8.9	0	－8	－12	16	－18
11.2	－1	－9	－12	－18	－21
13.4	－2	－11	－15	－19	－23
15.6	－3	－12	－15	－20	－23
17.9	－3	－12	－18	－21	－26

數據來源：*ACGIH, 1989*

參考文獻

1. 彭英毅(1992)，解剖生理學，藝軒出版社。
2. 勞工安全衛生研究所(1994)，高溫作業勞工熱暴露劑量之調查研究，IOSH83-H242。
3. ACGIH(1989), Threshold Limit Values for 1980-1990, OH： American Conference of Governmental Industrial Hygienists.
4. American Society of Heating, Refrigeration, and Air Conditioning Engineers(ASHRAE) 1985, Handbooks of Fundamentals, New York.
5. Astrand, P-O, Rodahl, K(1986), Text Book of Work Physiology, McGraw-Hill Inc.,New York.
6. Belding, HS, Hatch, TF(1985), Index for evaluating heat stress in terms of resulting physiology strains, Heating, Piping and Air Conditioning, 129-136.
7. Bergh, U(1980), Human power at subnormal body temperature, Acta Physiologicia Scandinavian, suppl. 478.
8. Budd, GM(1962), Acclimatization to cold in Antarctica as shown by rectal temperature response to a standard cold stress, Nature, 193：886.
9. Eichna, LW, park, CR, Nelson, N, Horvath, S, Palmes, ED(1950), Thermal regulation in a hot dry environment, American Journal of Physiology, 163(585).
10. Enander, A(1989), Effects of thermal stress on human performance, Scandinavian Journal of Work and Environment Health, 15 suppl.1, 27-33.
11. Joseph, Marjory L(1986), Introductory Textile Science, CBS College Publishing.
12. Hellstrom, B(1965), Local effects of acclimatization to cold in man,Universitetetsforlag, Oslo.
13. Hertig, BA(1973), Thermal standards and measurement technique, In： The Industrial Environment ： Its Evaluation and Control, NIOSH., 597-608.
14. Lockhart, JM, Kiess, HO, Clegg, TJ(1975), Effect of rate and level lowered finger-surface temperature on manual performance, Journal of Applied Psychology, 60(1), 106-113.
15. Minard, D(1973), Physiology of heat stress, In： the Industrial Environment： Its Evaluation and Control, National Institute for Occupational Safety & Health, 1973.

16. *National Institute for Occupational Safety & Health(1986), Criteria for a recommended standard occupational exposure to hot environment, revised criteria 1986, Washington D.C., Superintendent Documents.*

17. *Nielson, M(1938), Die Regulation der Korppertemperatur bei Muskelarbeit, Skand.Arch. Phiolog., 79：193.*

18. *Radomski, MW, Boutelier, (1982), Hormone response of normal and intermittent cold-preadapted humans to continuous cold, Journal of applied Physiology, 53(3), 610.*

19. *Ramanathan, LN(1964), A new weighting system for mean surface temperature of the human body, Journal of Applied Physiology, 19(3), 531.*

20. *Ramsey, J(1987), Practical evaluation of hot working areas, Professional Safety, Feb, 42-48.*

自我評量

1. 什麼是 Q10 效應？
2. 何謂乾球溫度？濕球溫度？黑球溫度？
3. 何謂熱適應？
4. 皮膚每排1公克的汗可以散發多少kcal的熱量？
5. 請說明clo的定義。
6. 若水蒸氣壓為20 mmHg，相對濕度為60%，則乾球溫度與濕球溫度分別為多少℃？
7. 某室外環境之乾球溫度為34℃，濕球溫度與黑球分度溫別為32℃與37℃，請問該環境的WBGT為多少度？
8. 某作業場所黑球溫度為36℃，濕球溫度為27℃，則CET為多少℃？若欲將CET降低至27℃則應提供多少的風速（m/s）？
9. 高溫作業勞工作息時間標準中之時量綜合溫度熱指數之計算公式為何？
10. ET與CET有何差別？
11. 影響風寒指數（WCI）的因子有哪些？
12. 若氣溫為5℃，風速為25m/s，則風寒指數是多少kcal/m^2/hr？

感覺與人員訊息處理

9.1 感覺的基本過程

感覺功能的發揮有賴於刺激(stimulus)、感受器(receptor)、神經路徑、及中樞神經的訊息處理間之配合才能完成。人類可感受到之外界刺激都是某種形式的物理能量(如光、聲音)或化學物質(如氣味)，因此，這些刺激均可以物理或化學的度量來加以描述。吾人可感覺外界刺激強度之最小值稱為絕對閾(absolute threshold)，可以分辨兩種刺激有所不同之最小強度差值稱為差異閾(difference threshold)。神經系統是生理上主宰感覺過程的主要機構，圖9.1顯示了神經系統的結構。

絕對閾

吾人可感覺外界刺激強度之最小值

人的感覺有許多基本特徵。首先，不同形式的外界刺激有不同的感覺器官與神經系統來做訊息接收與訊息處理的工作，這種分立的感覺系統稱為感覺型式(sense modality)，例如光線必須由眼睛來看，聲音必須用耳朵來聽。其次，外界的刺激強度愈高，感覺的強度也愈強，雖然兩者之間未必是直線關係，但遞增性卻是成立的。再者，感覺系統具有相當的可靠性，這裡所謂的可靠性是指感覺型態和其相對的刺激間之對應關係始終存在的，如眼睛永遠不會感受到聲音，耳朵也不可能看到影像。無關訊息的抑制也是感覺的一項特徵，當我們專心聽新聞時，往往聽不到室外傳來的車輛引擎聲，各感覺系統均有抑制少變或不變的外界訊息的特性。

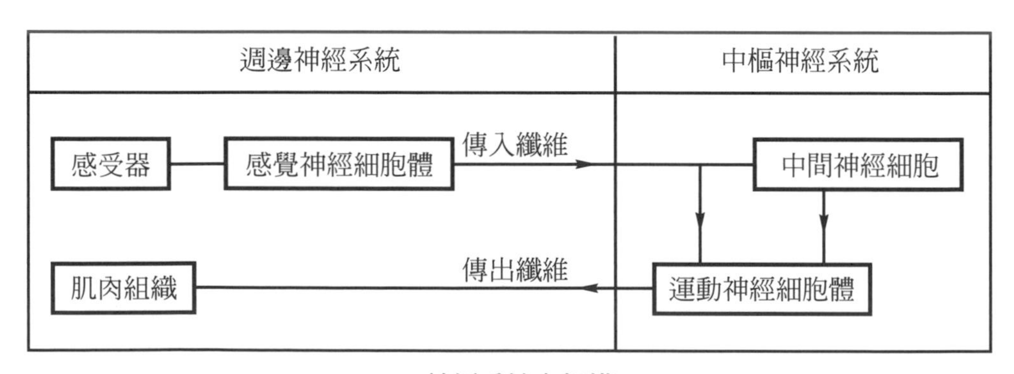

神經系統之架構

圖9.1　神經系統

9.2 資訊理論

我們所處的時代是個資訊爆炸的時代，每個人每天都可由各種媒體或管道取得大量的資訊。到底什麼是資訊呢？資訊是外界的刺激經由感覺器官接收以後，被賦予特定意義並傳遞至我們的中樞神經的訊息。若外界的刺激未經接收、或經接收後並未被賦予特定的意義，對人而言並不產生資訊。根據這種想法，資訊也可解釋成「不確定性的縮減」(reduction of uncertainty)，事物發生後若是可減少我們對該事物的不確定性，則該事物即提供了若干的資訊；反之，若事物發生後並未減少我們對該事物的不確定性，則該事物並未提供資訊。在波斯灣戰爭發生之前，全美國都籠罩在面對戰爭的不安氣氛中，因為伊拉克號稱擁有全世界第四強大的陸軍。紐約股市戰前一直低迷不振，因為投資人擔心波斯灣之戰是否會如越戰一般的拖累美國的經濟發展。結果在開戰的第一天，美軍在沒有任何傷亡的狀況下陸續的摧毀了伊拉克的各軍事目標，消息傳來以後，紐約股市立即大漲，因為投資人原本擔心的戰爭後果已被確定不會發生，軍事行動的順利成了最有價值的資訊。

資訊
不確定性的縮減

資訊可加以量化，Shannon及Weaver將資訊的單位定為位元(bit)，一位元的資訊量是將兩種不確定之可能結果加以確認所提供的資訊量：

$$H = \log_2 N \quad (9.1)$$

式中　H：資訊量，單位爲位元
　　　N：具有相同發生機率之可能結果個數

例如擲一硬幣後將它蓋住，此時有兩種機率相等之可能結果，而掀開之後結果顯現所提供的資訊量是1位元。若是事件可能結果發生之機率不同，則其所提供的資訊量為：

$$H = \log_2 1/p \quad (9.2)$$

式中　p：事件發生的機率

由公式(9.2)可知，若事件發生的機率愈低，則其所提供的資訊量愈大。對於一系列事件發生所提供的平均資訊量，可以用加權平均的方式計算：

$$H_{\text{ave}} = \sum_{i=1}^{n} P_i \log_2 (1/P_i) \qquad (9.3)$$

式中　P_i：第 i 事件發生之機率，$\sum_{i=1}^{n} P_i = 1$

在一系列的事件中，若所有的事件發生的機率均為1/2時，平均的資訊量最大。當人們獲得資訊時，其原有的不確定性減少了；然而若是某些事件發生的機率很高，則平均資訊量即會減少，此即餘備(redundancy)的觀念。餘備可定義為因事件發生的機率多寡不一所引起資訊量的減少，餘備可依下式計算：

$$R = (1 - H_{ave} / H_{max}) \times 100\% \qquad (9.4)$$

式中　R：餘備(%)

H_{ave}：平均資訊量

H_{max}：當所有事件發生機率均爲1/2時之平均資訊量

9.3　人員訊息處理模式

在每日的生活中，我們的感覺器官與神經系統都必須處理大量的訊息。這些訊息都是如何被處理的呢？人員的訊息處理可以區分為三個階段：

1. 知覺階段：包括外界訊息的接收及將訊息與記憶中的經驗進行比較，以了解該訊息的意義。
2. 認知階段：包括訊息的轉換、計算、比較、推論等分析，此一部份可視為訊息處理的中央處理部份。
3. 行動階段：中樞神經針對認知階段所得的結果做出反應，包括與運動有關訊息的輸出。

因為人員訊息處理的過程很複雜，若無適當的模式則不易解釋。Broadbent在1958年提出了相當有代表性的有限容量頻道模式(見圖9.2)。此一模式認為外界刺激始終都存在，若是所有刺激都進入神經系統，則我們會感到不勝負荷，因此主張人員訊息接收的機構中具有一個選擇式過濾器(selective filter)、一個有限容量的頻道(limited-capacity channel)。依此模式感覺訊息必須通過此二機構才能進入記憶中。在日常活動中許多不相關的外界訊息均被此二機構阻擋而無法進入記憶的機構中。此一模式後來雖然經過修改，但是其訊息選擇過濾與有限容量的概念卻是其他許多相關模式的依據。

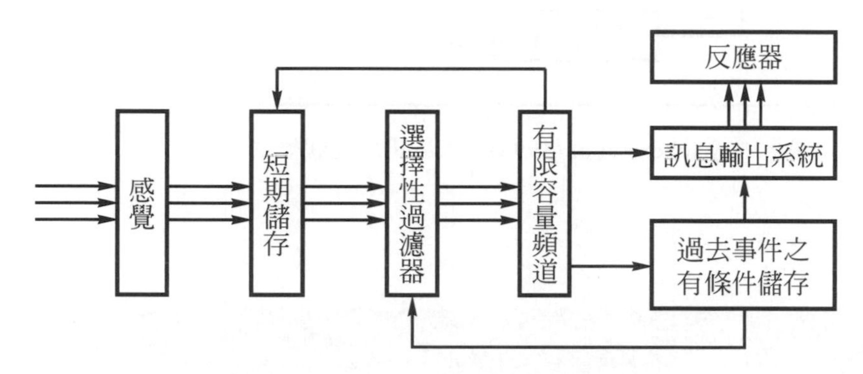

圖9.2　Broadbent的有限容量頻道模式

圖9.3顯示了人員訊息處理模式的另外一個例子，Wickens等人 (1998) 在這個模式中將人員訊息處理的過程分為知覺編碼、中央處理與反應三個階段，每一個階段均包括特定的訊息處理機構與功能。知覺編碼階段的功能包括感覺儲存與知覺；中央處理階段的功能包括訊息分析、短期記憶、長期記憶、與注意力的運用；在反應階段的功能包括反應選擇與反應執行。

當訊息由外界進入感覺儲存的機構後，經過感覺儲存的訊息僅有部份可進入知覺的處理。在知覺的機構中，訊息在經過與長期記憶中的經驗的比較後被賦予特定的意義。當外界訊息的意義被確認之後，中樞神經可能做出立即的反應(反射動作)或是將該訊息送到短期記憶與訊息分析的機構。短期記憶的訊息在訊息處理之後可能消失，也可能經過編碼而進入長期記憶裡。而經過分析的訊息則是反應選擇的依據，訊息處理系統在選擇反應之後即執行該反應，執行後的結果可回饋到感覺儲存的機構中。在中央處理與反應的階段裡，各個功能的運作都必須有注意力的配合才能有效的執行。

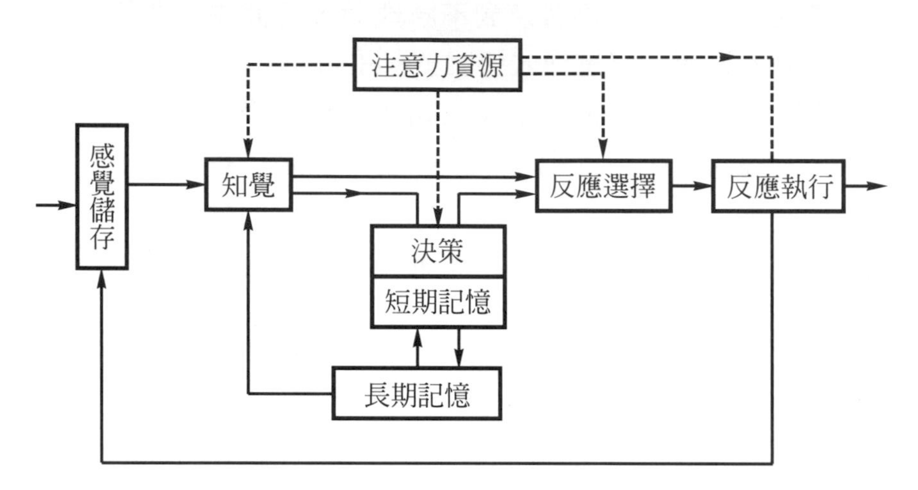

圖9.3　Wickens et al.(1998)的人員訊息處理模式

9.4 記　憶

記憶是中樞神經保存傳入訊息的重要能力。記憶可分為感覺儲存(sensory storage)、短期記憶(或活性記憶，short-term memory or working memory)與長期記憶(long-term memory)三種。感覺儲存是指當外界刺激消失時，感覺器官仍然感覺刺激存在，這種現象在視覺上稱為殘像儲存(iconic storage)；在聽覺方面則稱為餘音儲存(echoic storage)。殘像儲存約僅能維持約1秒鐘的時間；餘音儲存則可維持較久，約3到5秒。感覺儲存若未能進入短期記憶則瞬間就會消失。感覺儲存之訊息若是能進入中樞神經，則會經歷短期儲存，當我們閱讀報紙時，報紙之標題很快的進入短期記憶。

短期記憶在人員訊息處理系統中就好像一個「工作檯」一般；當要工作時，我們可由外界或者倉庫中取得工具與物料並放置於工作檯上，此時外界就好比是感覺儲存；而倉庫則可視為我們記憶的深處(或長期記憶)。工作完成後，工具與物料可能被送回倉庫，也可能不存放而送到外面。短期記憶所儲存的訊息經常是即將被中樞神經使用，或是已經被用過而將被儲存的訊息。例如，當要打電話時，你可能由電話簿上找出號碼，將其記下再撥號；或者由記憶中取出號碼再撥號。若是不常打的電話，則該號碼可能在講完電話以後就忘掉了；若是該電話有相當的重要性，則你可能會用點心讓號碼在記憶中停留久一點。

一個工作檯面上可放置的東西是有限的；同樣的，短期記憶也有容量的限制。許多人都有使用信用卡的經驗，信用卡上的帳號共有16位數字。當你要以電話連絡發卡公司時，服務人員首先會要求你唸出卡上的帳號，若你一口氣唸了16個數字(例如5124741345922505)，則服務人員大概會要求你重唸一次(甚至兩、三次)，因為當你唸到後面的數字時，對方已經忘了前面的數字；反之，若你依照卡上以四個數字為一組的方式來唸，中間停頓一下(例如5124-7413-4592-2505)，則該服務人員就可以很迅速的鍵入你的帳號，並提供你所需要的服務。短期記憶的容量有多少呢？ Miller(1956)提出，短期記憶可儲存訊息量的上限是7±2個字串(chunk)。所謂**字串**是指短期記憶的單位，此單位是由訊息的實體(physical)特徵與認知(cognitive)的單元所構成。例如7　3　4　5分開來是4個字串，若以7　345來呈現則僅為2個字串。前者僅反映實體的組成；而後者除了實體組成外，也包括了認知的單元(345表示由3開頭的3個連續數字)。字串的實體特徵常由其是否分離呈現來判斷(如前面的例子)，而認知的單元則由人員經驗學習而定。例如對美國人來說，USAF代表US與AF兩個字串，其意思是美國空軍(US Air Force)，但對於國人來說，USAF可能代表USA與F(因僅熟悉USA，而不知F為何)，或者是U　S　A　F四個獨立的字串(英文完全不熟悉)。對許多人而言，要把電話號碼035374281記憶下來，並不容易；若是以03-537-4281的方式呈現，記憶時就容易的多了。

字串
短期記憶的單位，此單位是由訊息的實體特徵與認知的單元所構成

短期記憶不但有容量的限制，也有時間的限制，若是記憶的內容沒有經過複誦的過程，很快就會消失。短期記憶可保存的時間受到訊息字串數的不同而異。為了定義短期記憶的保存

時間，Card等人(1986)將短期記憶內容消失一半經歷的時間定義為半生期(half life)。三個字串的訊息的半生期約為7秒鐘，一個字串的訊息的半生期則約為70秒。短期記憶消失的原因可歸納為「記憶痕跡消退」(decay of memory trace)與「記憶項目的混淆或干擾」(鄭昭明，1996)。記憶痕跡的消退是指記憶內容隨著時間的逝去而逐漸的淡化，當我們運用注意力在與記憶訊息內容無關的事項上時，記憶痕跡消退的速度會加快。記憶的混淆則是指相似的記憶內容降低了原本記憶項目的正確性。例如，abduction與adduction兩個英文字唯一的不同是第二個字母是b與d，此二字母有相當的類似性，因此許多人在記憶這兩個字時都會產生混淆。

圖9.4　類似的訊息易引起混淆

複誦

讓資訊不斷的在大腦工作區呈現的過程

複誦(rehearsal)是延長短期記憶的時間與維持其正確性的主要方法，反覆的複誦也可將短期記憶轉換為長期記憶，進入長期儲存之訊息可以長時間保存。然而，長期儲存可保持多久的時間？答案是由幾週到幾十年都有可能，而長期儲存之訊息若長久未使用，也可能被遺忘。

長期記憶依儲存訊息的內容可分為語意記憶(semantic memory)與事件記憶(event memory)兩種。語意記憶儲存了各種一般與專門知識的訊息；事件記憶則儲存了與過去或未來特定事件有關的訊息。語意記憶儲存訊息的方式是將各個訊息以網路的方式連接成為語意網路(semantic network)，網路上的節點包含了與各個特定事件有關的訊息，節點之間的連線則顯示節點之間的語意關連性(semantic association)。

語意網路上節點的關連性對於長期記憶訊息的擷取很重要。記憶的系統在開始擷取訊息時必須要先找到某個節點，若這個節點提供的訊息不足時，再由具有關連性的連線來平行的搜尋其他具有語意相關概念的節點。因此，若是節點與其他節點具有愈多的語意關連性，則該節點所包含的訊息愈容易被擷取到。長期記憶的訊息是否容易被擷取，除了關連性以外，也要看訊息的清晰度(或節點的強度)；若是訊息愈清楚，則愈容易被擷取。訊息的清晰度則須視訊息曾被取用的頻繁程度與多久以前曾被取用而定。使用愈頻繁的訊息，其記憶愈清楚，因此許多平時較少用到的專業技能反複與定期的演練(如消防演習、核能安全演習、救難演習、軍事演習等)的目的，即在於讓人員經常的使用相關的訊息，以保持訊息的清晰度。此外，最近一次使用訊息的時間愈近，則訊息愈清楚；時間愈久則愈不清楚。

長期記憶中，許多的訊息都是以某主題為核心而組織起來的，這種組織所形成的知識架構稱為輪廓(schemas)，例如與開車有關的訊息即可形成一個輪廓(參考圖9.5)。各種知識在我們的記憶中都可形成特定的輪廓；多個相關的輪廓組合而成的知識體系稱為心智模式(mental model)(Gentner & Stevens, 1983; Rouse & Morris, 1986; Norman, 1988)，與特定機器、設備、系統有關的知識即可組成一心智模式，心智模式內含的訊息包括其組成、如何運轉、與如何操作。組成、運轉、與操作則有其各自的輪廓。

心智模式

長期記憶中，許多的訊息都是以某主題為核心而組織起來的，這種組織稱為輪廓，多個相關的輪廓組合而成的知識體系稱為心智模式

每個心智模式均有不同程度的完整性與正確性。學習開自動排檔汽車的人坐在手排檔的汽車駕駛座上時，即會發覺其心智模式中並無離合器的部份，而排檔的排列、名稱也都不相同。心智模式的建立與每個人的學習有關；若是個人建立起其

獨特的心智模式，此為個別模式；若是眾人經過學習而建立起相同的心智模式，則這種模式稱為群體模式。

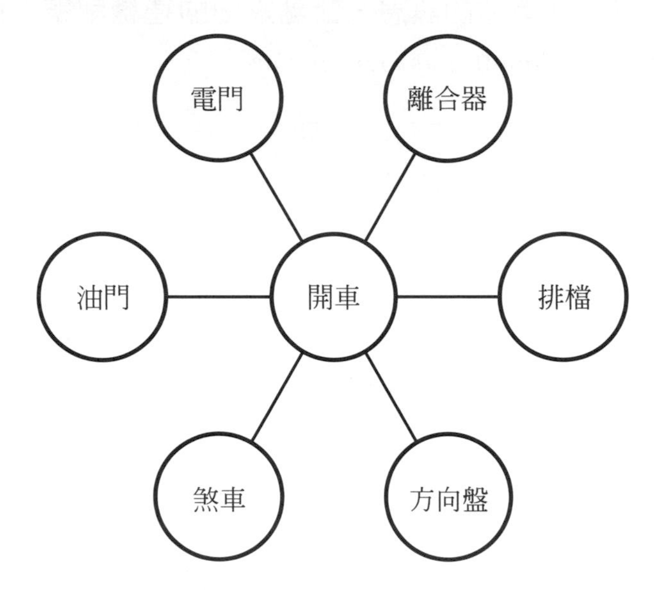

圖9.5　與開車有關訊息所形成的輪廓

長期記憶中，「期望」常會伴隨著心智模式建構的完成而產生。例如，學會開車之後，我們可以預期把電門的鑰匙順時鐘旋轉，引擎即會發動；把方向燈的操縱桿向下壓後，左邊的方向燈即會閃亮。環境、機器、系統的設計與群體模式間接近的程度稱為相容性(compatibility)；換句話說，相容性是指在系統中「刺激-反應」之發生，或系統行為與人員的期望間的關係。相容性在人因工程上是一個很重要的概念，相容性可歸納為四種(Sanders & McCormick, 1991)：

相容性

1. 概念相容
2. 動作相容
3. 空間相容
4. 感覺型式相容

概念相容(conceptual compatibility)

概念相容性是指所使用之符碼或符號等抽象設計所欲反應之意義，與人員對該符碼或符號認知間一致的程度。例如：在地圖中以飛機來表示機場，較以一黑色方塊更讓使用者瞭解其意義。傳統上，紅色是用來表示禁止、緊急等意思，因此公共空間之指示標誌以其他顏色來表達禁止、緊急等方面的意念就會與人員的期望不一致。

動作相容(movement compatibility)

動作相容性是指機器或系統之「控制-顯示」與其實際運轉狀況與人員的期望接近的程度。例如：以搖控器將電視的音量調高時，畫面上會顯示音量增加的尺度，若是按鍵動作與畫面顯示的訊息與人員對聲音增加量之間的關係欠缺相容性，則調整者可能會被嚇一跳(音量增加量過大)或是必須再繼續調整(音量增加量太少)。

空間相容(spatial compatibility)

空間相容性是指物件在空間之配置與人員對此配置之期望間之一致之程度。例如：汽車油門踏板均設於煞車踏板之右方，駕駛人對此設計均非常習慣，若是將兩者間之位置對調，則將破壞空間方面的相容性。國內道路系統與車輛操控設計均為靠右行車之設計，然而某些國家或地區(如英國與香港)則是靠左行車，若是國人到那些地區開車是相當危險的，因為那些地區的道路與汽車操控設計對國人而言，不具有空間相容性。

感覺型式相容(modality compatibility)

感覺型式相容性是指在訊息處理的系統中，不同類別的訊息均由不同的感覺型式來處理，此乃經由學習所得的經驗。例如：與語音有關的訊息必經由聽覺管道處理，要光靠眼睛看發話者的嘴形來了解他的意思是很困難的。另一方面，耳朵負責接收聲音，而嘴巴負責發音，此二者在語言溝通上是成對的；要求人員發話的指令若由視覺管道(如電腦螢幕)提供，則效果必定不好，因為多數人對於這類指令的期望是經由聽覺管道的。

除了語意記憶以外，另外一種長期記憶稱為事件記憶。事件記憶又可分為插曲記憶(episodic memory)與未來記憶(prospective memory)兩類；在過去我們經歷特定事件所留下的記憶稱為插曲記憶，例如在回家的路上看到兩輛汽車相撞後，汽車相撞的畫面就會留在記憶中。插曲記憶的建立並非有如錄影機把影像完整的錄下一般，有時我們以往經驗的訊息會自動穿插到插曲的事件中，插曲事件發生後經歷的時間愈久，這種狀況就愈明顯。例如，十字路口車禍的目擊者在警方做筆錄時，可能會說某輛車闖紅燈後即和另一輛車相撞；然而事實的真相是他並未確實的看到該車闖紅燈，但因有車闖紅燈而和他車相撞是合理的情節，因此闖紅燈的情節在後來即穿插到他記憶裡的車禍畫面。除了時間以外，詢問人員語言的誘導也有可能改變插曲記憶的情節。尤其是當插曲記憶不完整的時候，若有人提示，則以個人的經驗來填補不完整的情節的狀況很容易發生。因此，調查事故發生時訪問目擊者的工作，最好在最短的時間內以目擊者自行書寫的方式完成。

未來記憶所包含的訊息是與未來某特定事件有關的訊息，例如記憶中在三天後必須參加某個活動的有關記憶即為未來記憶。未來記憶通常必須依靠未來的事件來維繫，例如每日早上看當天的行事曆可以確保記憶事項被執行。

訊息的記憶有難易之別。除了複誦以外，訊息內容的組織化對於記憶的保存也有幫助，訊息組織化的程度愈高則記憶效果愈佳。這裡所謂的組織化是指記憶的項目之間存在某種的關聯性。把同類的訊息擺在一起記憶是常見的組織化的記憶方式，當把同類的記憶項目擺在一起時，項目間的關聯性不僅可以幫助記憶，同時更有助於回憶時的聯想。除了類別關係的組織以外，人員在經過練習以後，也可能把原本不相干的項目加以連接，這種現象稱為主觀的組織。主觀的組織與個人的經驗有密切的關係，某些訊息對張三具有主觀的組織，但對李四而言可能就沒有組織。

9.5 決策過程

在Wicken等作者所提出的人員資訊處理模式的中央處理階段中，中樞神經必須將輸入的訊息進行決策分析。所謂的決策過程是指中樞神經在經過分析與經驗比較等過程後，呈現出各種可能的反應以供選擇。決策過程有以下幾項特徵：

1. 人員面臨會造成不同結果的多項選擇項目。
2. 每個選擇項目均有若干相關訊息以供參考。
3. 各選擇項目會產生的後果均有若干的不確定性。

人員的決策過程相當的複雜，本節僅摘要性的介紹幾種理論供讀者參考。

標準決策過程(normative decision making)是一個基本的決策過程理論。這個理論主張任何一個理性的人在分析所有的訊息後均會做出最佳的決策。決策的結果對人產生的整體價值稱為效用(utility)，效用的組成可能包括金錢、時間、體力、甚至於個人的主觀偏好。什麼是最佳的決策呢？對多數人而言，最佳的決策即是期望可產生最大效用的決策。例如，許多行人穿越馬路時均直接穿越車道與分隔島(以致於踩死島上的草坪)，因為這是可以最少的時間即可達到目的地的決策結果，而時間花費的減少即對人產生了效用。

大家也都有共同的經驗，那就是並不是面對所有的事物時，都要分析所有的訊息以做出最佳的決策。當我們所面臨的環境變動快速、所接收到的訊息過於複雜時，多數人對於作出最佳決策都會感到困難。Simon(1957)曾提出，在許多狀況下，人們並不需要作出最佳決策，取而代之的是找出一個可以接受的決定。例如許多年輕人找工作時都希望「錢多、事少、離家近」，然而在面臨就業市場中形形色色的工作機會時，要決定那件工作是錢最多、事最少、而離家又最近幾乎是不可能的。因此，實際上多數人的決定，是在薪資、工作與工作地點方面找一個可以接受的工作。

Rasmussen(1993) 曾提出SRK模式來解釋人員工作中的決策過程(參考圖9.6)。所謂SRK是指決策中的認知控制可以區分為技巧基礎(skill-based)、規則基礎(rule-based)與知識基礎(knowledge-based)等三個層次，各層次的決策行為皆不相同。此三層次的決策行為係依人員對於工作的熟悉程度而決定的。如果人員對於工作非常熟悉，則其決策的過程是在技巧基礎的層次處理。在這個層次中，決策均不經思考而自動作成，人員的動作也以反射動作為主。這個層次中所需要的注意資源非常少。

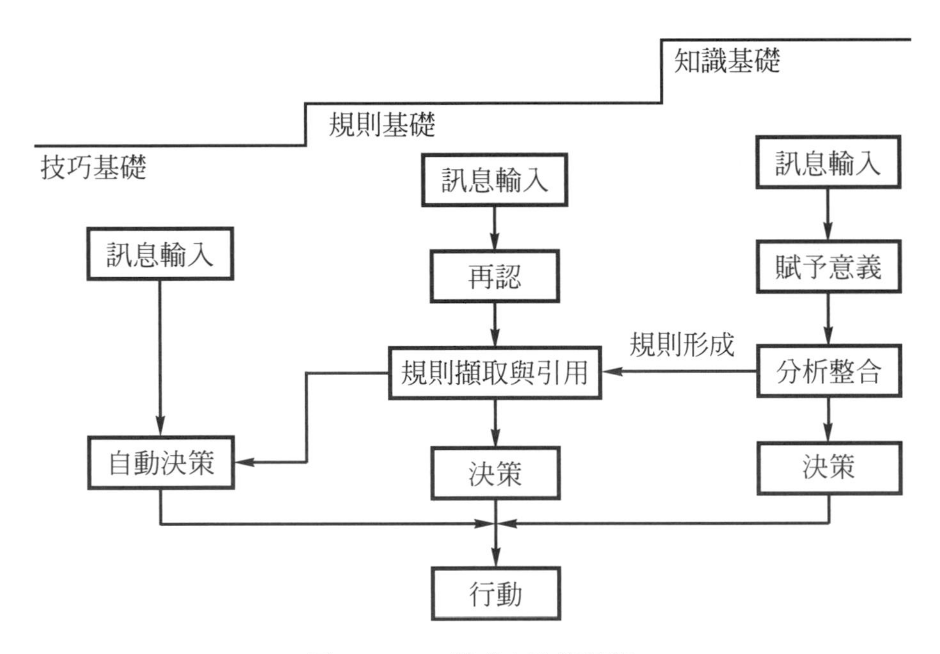

圖9.6　SRK模式之決策過程

當人員面對曾經經歷但並不是非常熟悉的工作時，其決策過程之訊息處理即進入了規則基礎的層次。在規則基礎的層次中，人員依過去經驗的累積已儲存了許多的經驗規則。當訊息進入決策過程中時，相關的規則即被擷取與引用。當相同的規則反覆的被擷取與引用後，規則基礎的決策也逐漸會轉移成技巧基礎的決策。

當人們接觸到陌生的工作而無過去的經驗或規則可供引用時，其決策過程即進入知識基礎的層次。在知識基礎的層次中，人員首先需賦予訊息特定意義，然後再和短期記憶中其他相關訊息加以整合、分析。在這個層次中，決策的形成需要大量的注意資源才能完成。同樣的工作在經過多次的知識基礎過程後，特定的規則會逐漸的形成，此時人員的決策層次也逐漸的轉移至規則基礎層次。

9.6 注　意

在人類感覺的過程中，注意(attention)扮演了很重要的角色，所謂注意是指在感覺訊息之接收、處理過程中，心智活動的分配(鄭昭明，1996)。若是不運用注意，則周遭出現再多的刺激也無法進入人員的感覺系統。注意可分為幾種不同的狀況來討論。首先，當人員需同時運用注意力在多項特定的訊息來源以完成單一的作業時，其所運用的注意稱為選擇性注意(selective attention)，例如在操作機器時，作業員必須同時注意電源、溫度、轉速等項的儀表與指示燈來完成其作業。許多讀者都玩過打地鼠的遊戲，在電動遊樂場裡的地鼠的遊戲機上共有九個地洞，每個地洞中均有一隻地鼠，各地洞裡的地鼠伸出的順序與時間均經過隨機的安排，當任何一隻地鼠伸出地洞時，遊戲者即以槌子敲擊地鼠，每打中一次即得一分，在兩分鐘之內所得的總分即為遊戲者的績效。遊戲者在遊戲中所需運用的注意即為選擇性注意，當各地鼠出現的時間間隔愈短時，遊戲者愈會手忙腳亂而不易打到；另外，若先後出現地鼠的地洞距離愈遠時，後出現者也愈不容易被打到。若是把地洞增加為12洞，則我們可以預期打地鼠的工作愈困難；而若是只有一、兩個洞，則打地鼠就變得容易多了。最後，若是在每個地洞旁裝置小燈，在地鼠出現之前小燈會先閃爍，則打地鼠又會更容易。由以上的討論可知，若欲提高人員運用選擇性注意的績效，訊息來源應依以下原則來設計：

選擇性注意
當人員需同時運用注意力在多項特定的訊息來源以完成單一的作業時，其所運用的注意

1. 訊息出現的時間間隔不宜太近。
2. 訊息來源的空間間隔不宜太遠。

3. 訊息來源的數目應盡量減少。

4. 提供訊息出現的頻次與順序方面的資料，以降低人員對訊息出現的不確定性。

其次，若在多訊息來源的狀況下欲將注意集中在某特定的來源而排除其他的訊息來源時，所運用的注意稱為焦距性注意(focused attention)，例如在吵雜的宴會中欲和某人交談，此時必須將全副的精神集中在對方身上才能聽得清楚其說話的內容。在需要焦距性注意的作業環境中，各種訊息的相似性，與其在時間點上的呈現是否能夠區分，將會影響到人員的績效。例如，在很多人講話的環境中與某人交談，會比在由機器產生噪音(相同音量)的環境中困難，因為其他語音的相似性會干擾發話者的聲音。此外，若發話者說出關鍵性語句的瞬間若沒有其他的聲音干擾，其所傳遞的訊息就很容易被接收。因此，在焦距性注意的作業環境中要提高人員的績效應：

焦距性注意

在多訊息來源的狀況下欲將注意集中在某特定的來源而排除其他的訊息來源時，所運用的注意

1. 減少具有相似性的其他訊息來源。

2. 設計適當的訊息出現的時間以和其他訊息有所區分。

最後，當人員須同時運用注意力在不同的作業上時，其所面對的作業為分時作業(time sharing tasks)，在分時作業中運用的注意力稱為分割性注意(divided attention)。例如在開車時駕駛可同時注意道路的狀況及收聽收音機的新聞報導。當人員運用分割性注意時，其績效往往受到心智系統之資源限制。人員所擁有的注意資源是有限的，若是同時注意太多的外界事物，則整體績效往往會降低。例如：要求注意一個監視器之特定訊息是否呈現時，一般人都不會有困難，若是要求同時注意10個監視器上之訊息，則多數人會感到非常困難。傳統上，心理學家(Kahneman,1973; Polson & Friedman, 1988)均主張人員具有單一的注意資源，然而這種主張已被許多學者質疑，取而代之的是多資源理論，所謂多資源理論是指人員具有多個不同的注意資源，若是在多件工作上所運用的注意力來自不同的資源，則彼此間不會互相干擾而降低績效。

分割性注意

當人員須同時運用注意力在不同的作業上時，其所面對的作業為分時作業，在分時作業中運用的注意力

Wickens (1980, 1984, 1987)主張，注意資源可以按照感覺型式、人員資訊處理的階段、與符碼的類別來加以區分。以感覺型式而言，聽覺管道與視覺管道所使用的注意資源即不相同，因此開車時聽新聞並不妨礙眼睛對於道路狀況的注意；然而若同時聽新聞又和旁人聊天，則聽到的新聞必然是不完整的，因為兩者使用了同一資源。就人員資訊處理的階段來說，在知覺與中央處理的階段使用的注意資源和在反應階段使用者即不相同。以符碼的類別而言，在感覺與中央處理的階段，訊息的符碼可分為空間符碼(spatial)與語音符碼(verbal code)兩種，這兩種符碼使用不同的注意資源；在反應階段，訊息符碼可分為動作符碼(manual)與聲音符碼(vocal)，這兩類也分別使用不同的注意資源。

Polson及Friedman(1988)則主張大腦的左右兩半球均可以獨立的進行訊息的編碼與處理，因此各自具有獨立的注意資源。當人員的不同作業運用到同一半球的資源時，作業間可能產生相互的干擾而彼此間的績效均會降低。

Schneider & Shiffrin (1977) 以注意力控制的方式來解釋分時作業的績效。依據他們提出的模式，人員對於注意力控制與維繫的方式分為控制過程(controlled processing)與自動過程(automatic processing)兩種。控制過程是指人們需要運用意志力來產生並維繫的注意力，在面對不熟悉的事物或是複雜的訊息時，注意力大多以控制過程為主。自動過程是指注意力的產生與維繫並不需要運用意志力來控制，在處理簡單而經常性的事物時的注意力的控制大多為自動過程。一般而言，若經常以控制過程來運用注意力在相同的事物或訊息上，經驗的學習可逐漸的將控制過程轉換成自動過程。例如在操作打字鍵盤時，初學者往往要以控制過程來注意鍵盤上各字鍵的位置；但打字高手就不需要特別的注意每個鍵的位置即可輸入字母，因為在經過長時間的學習之後，控制過程已轉換成自動過程了。在分時作業中，若注意力的運用以可以自動過程的方式進行，則人員較容易有好的績效；反過來說，若多數作業需以控制過程來運用注意力，人員的績效就比較不易提高。

除了注意力的控制方式外，注意力運用的分時技巧也會影響作業的績效。在分時作業中的各項作業均有其重點，而這些重點往往在不同的時間點上發生，注意力的運用若是能在時間點上配合各作業的重點，則比較容易有好的績效。例如，在高速公路上駕車的人都有共同的經驗：要低頭調整收音機的頻道最好在道路筆直、前方無車的狀況下為之。因為在預期沒有特殊路況的情形下，把注意力很短暫的轉移到收音機上比較不會出意外事故。

綜合以上所述，若欲提高人員分時作業的績效應：

1. 減少需使用大量注意資源的作業。
2. 各作業應使用不同的注意資源。
3. 訓練人員以自動過程來控制其注意力。
4. 訓練人員注意力運用的分時技巧。

9.7 信號偵測理論

在八十一年的農曆新年期間，高速公路的圓山路段有一件車禍：有一輛Benz轎車自路肩違規超車時，撞到一輛正在路肩上修理的砂石卡車，轎車上的四個人當場死亡。根據警方的報導，大卡車司機在其前方約五十米處放置了三角形的反光警告標誌，但是路肩上並無該肇事轎車的煞車痕跡。這顯示了轎車駕駛人並未看到警告標誌，或是看到了而未煞車。警方說，唯一可以解釋這件車禍的原因是轎車駕駛人的判斷能力有問題。是否真如警方所說駕駛人的判斷能力有問題，是一個值得思考的問題。

信號偵測理論

假定信號與雜訊的發生都可依照統計的分析來描述，則人從雜訊中測出信號的能力也可用統計的方法來加以評估

假定信號與雜訊的發生都可依照統計的分析來描述，則人從雜訊中測出信號的能力也可用統計的方法來加以評估，此即信號偵測理論(signal detection theory，簡稱SDT)。在SDT裏，所謂信號是指任何對接收者有意義的刺激；而雜訊則是任何對

接收者沒有意義的刺激。從定義上可知，訊號和雜訊在本質上常常是相同的，不同之處往往是它對於接收者有沒有意義而已。因為本質的相同，信號和雜訊兩者大多同時存在。

以人的接收管道而言，信號和雜訊大致上可以分為：1.視覺上的；2.聽覺上的；3.其他感覺等類別：

1. 視覺：例如，溫度及壓力錶。溫度與壓力錶可以經由視覺提供我們目前溫度及壓力的信息，使我們能在系統出問題前採取必要措施。然而，如果太多錶排列在一起，則彼此之間可能在視覺上相互干擾而形成雜訊。
2. 聽覺：例如，各種警報器。汽車防盜器在竊賊偷車時發出聲音來嚇阻宵小並通知車主，這個警報聲是一種信號。當發生地震、或行人不慎觸及汽車時，防盜器也會叫，此時發出的聲音則是雜訊。
3. 其他感覺：例如，氣體的味道。有毒氣體的臭味是一種信號；而無毒及無害氣體若是有異味則形成一種雜訊。又如，大氣的溫度與溼度，對人體可能是信號，也可能是雜訊。「氣氛」常常是一種信號，也可能是雜訊。

假定信號和雜訊之發生均為常態分佈，則信號與雜訊的分佈可以由圖9.7表示。圖9.7中的垂直軸代表發生之機率，水平軸代表強度，左邊是雜訊的曲線(noise或n)，而右邊是信號的曲線(signal或s)。兩條曲線的波峰處即為其強度之平均值，一般狀況之下，信號的強度平均值應該大於雜訊強度之平均值。兩個波峰之間有一垂直線，此線即代表接收者據以分辨信號或雜訊的指標。若是強度超過此線則接收者必判定其為信號(Yes或Y)；強度低於此線則判定為雜訊(No或N)。根據信號及雜訊之分佈，我們可以把信號接收者的反應填入反應矩陣裡(見圖9.8)。在反應矩陣裡，若是有信號出現，而接收者也偵測到信號，則稱為命中目標(hit)，其機率為P(Y/s)。若是有信號而未偵察到，則是“錯失”訊號(miss)，其機率為P(N/s)。若是沒有信號只有雜訊，而接收者說有信號，則為「虛警」(false alarm)，其機率為P(Y/n)。若是沒有信號而接收者也說沒有，則為「正確的拒絕」(correct rejection)，其機率為P(N/n)。

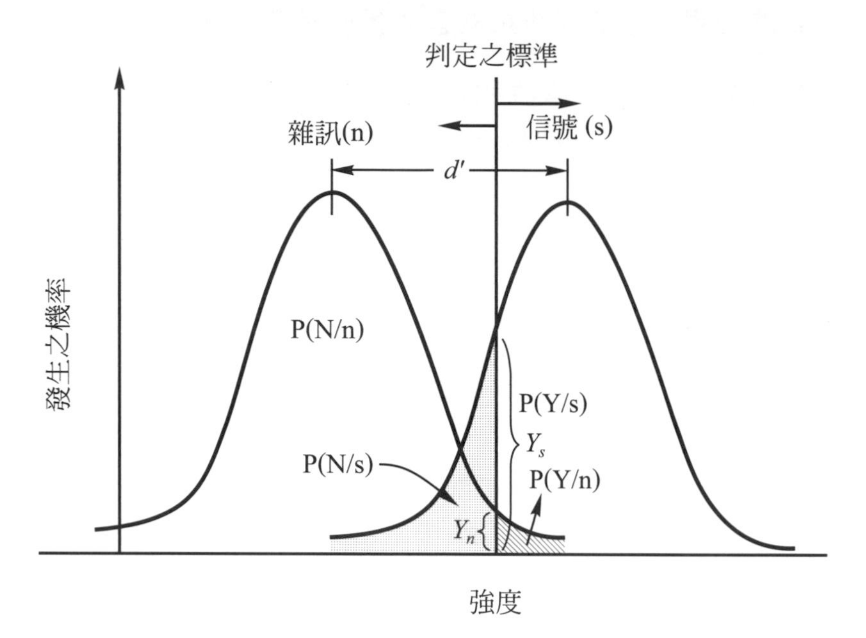

圖9.7　信號與雜訊之分佈

實際狀況	人員之反應：是	人員之反應：否
信號	命中目標 P(Y/s)	錯失 P(N/s)
雜訊	虛警 P(Y/n)	正確的拒絕 P(N/n)

圖9.8　人員對信號之反應

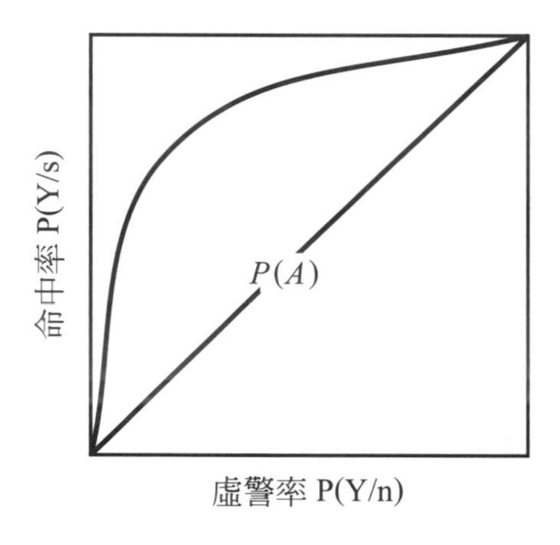

圖9.9　接收者操作特性(ROC)曲線

訊號與雜訊對偵測者而言，受到刺激強度、與人員的感覺與訊息處理能力的影響。高速公路路邊的T bar 廣告看板若只有一支，此代表訊號強、雜訊弱的情況，此時此廣告看板極容易被偵測到；如果許多看板林立，則代表訊號與雜訊的強度相近，要偵測到某看板的機率就比前一種狀況低。當然，如果某人視力不良，則其視域影像模糊，此時雜訊強、訊號弱，偵測到看板的機率低；若偵測者視力好，但是對者窗外發呆，則其沒有運用注意力的資源，這同樣是雜訊強、訊號弱的狀況，偵測到看板的機率一樣很低。

根據反應矩陣，我們可以製作接收者操作特性曲線(receiver's operating characteristics curve或ROC曲線)。圖9.9即是一個ROC曲線的例子，在圖中縱軸為命中率(hit rate)或P(Y/s)；而水平軸是虛警率(false alarm rate)或P(Y/n)；而曲線下所包含之面積為P(A)。P(A)可用以代表接收者對於信號偵測能力的敏感度(McNicol, 1972)。P(A)愈大表示其偵測能力愈好；愈小則愈差。一般而言，P(A)其值介於 0.5 到1之間。0.5為接收者完全亂猜答對之機率；而1則表示接收者能夠完全正確的接收信號而不出任何差錯。除了P(A)以外，另外一項常用來顯示信號偵測敏感度的值是d'，d' 是信號與雜訊分佈中兩個波峰處的距離。若是雜訊和信號的波峰距離愈近，這表示兩者間的強度差異愈小，此時偵測者對於信號的敏感度愈低；反之，若是波峰的距離愈遠，則偵測者對於信號的敏感度愈高。在一般的狀況下，d' 應介於0.5到2之間。

除了敏感度以外，信號偵測者之偏差(bias)也可經由圖9.7中之信號與雜訊之統計分佈來決定。偏差可定義為Ys/Yn並以β表示，其中Ys為信號分佈曲線在判定標準線之高度，而Yn則是雜訊分佈曲線在同一處之高度。 信號偵測者之偏好反應了其對於信號判定標準嚴格程度，當$\beta>1$時，表示偵測者之判定標準較嚴格；$\beta<1$時，表示偵測者之判定標準較鬆。

以下介紹SDT應用的一個實例。南非的黃金產量是舉世聞名的，在金礦開採的過程中，不時的傳出坍方事件，雖然數十年來工程師們不斷從地質及結構上提出改進措施，然而因坑道愈挖愈深，當局對於坍方事件始終未能加以有效的監測與控制。因此，礦務局的Blignaut(1979)用信號偵測理論做了一項研究，希望能據以提出一套有效的意外防範計劃。

據統計，60%的礦場坍方事件發生之前都有徵兆，這些徵兆包括了岩石的斷層、岩盤的風化及坑道支撐的變形與腐朽。

若是礦工能夠查覺這些前兆並向上級報告，進而及時採取有效的工程補強，則許多坍方事件都可避免。因此，礦工對於坑道裏危險徵兆(信號)之偵測即為其調查之重點。為了展示各種坑道之狀況，這項調查共拍攝了240張試驗幻燈片。這240張幻燈片是從礦坑裏安全及危險(有前述之坍方徵兆)岩塊各40處攝得，而每處由三個不同的角度拍攝。除了試驗用的幻燈片外，作者也準備了12組的危險幻燈片做為訓練用幻燈片。

作者招募了36名礦工。他把這些礦工分為四組，第一組為資深礦工；第二組為新進人員；第三組也是新進人員，但是試驗前需參加如何識別危險岩塊的課堂講習；第四組的礦工也是生手，除了前述之課堂講習之外，他們另外還使用訓練用幻燈片做危險岩塊判斷的練習。試驗進行時，作者先後展示試驗用的240張幻燈片給受測的礦工們看。幻燈片的排列順序為完全隨機，而每張都展示二次。受測者每次看了幻燈片之後必須由1「肯定是危險岩塊」到5的「肯定是安全岩塊」中選擇一個答案。這些答案即為受測者對於有無信號之反應。根據受測者的回答，作者對於四組礦工製作了ROC曲線(見圖9.10)。 圖9.10顯示了這四組礦工的P(A)值分別為0.79、0.69、0.75及0.85。ANOVA及Dunnett's檢定顯示了第二組與第一組及第二組與第四

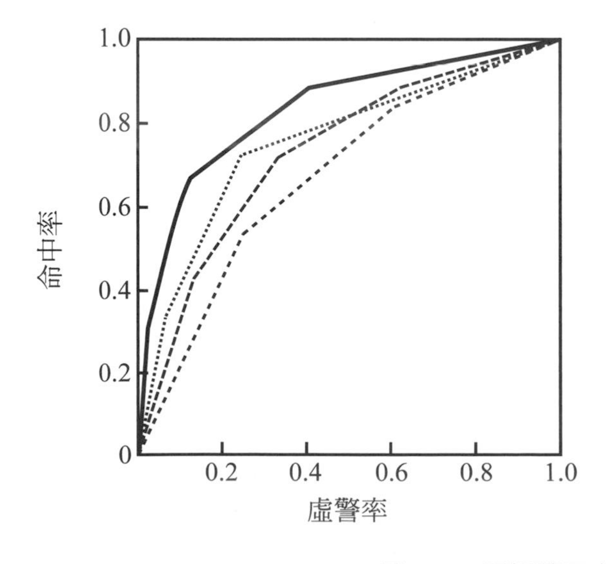

圖9.10　四組礦工之ROC曲線

Blingnant, 1979

組這兩對的差異均達到了顯著水準。因此，我們可以說資深礦工及新進但是受過講習及幻燈片訓練的礦工，他們對於危險岩塊的識別能力遠高於新進但未參加講習者。而僅僅參加講習而未受幻燈片訓練的新進人員，其危險狀況之識別能力之提升非常有限。

這項調查的結果顯示資深礦工對於危險岩塊的識別能力優於新進人員，因此，礦坑的工作經驗有助於坑道坍方徵兆的偵測。然而，因礦工的離職率高，新進人員的防災訓練因而更加重要。作者建議對於新進人員的防災訓練不應僅止於理論上的說明，應該收集各種可能發生的狀況來製作訓練教材，並且讓礦工反覆練習危險狀況之判斷，這樣才能收到預防坍方的成效。

信號偵測理論是人因工程上一門很有用的工具，它是以計量的方法來評估人對於各種信號的偵測能力。許多的職業災害或是意外事件在發生之前都有徵兆，這些徵兆都可以視為信號。而人對於信號的接收是以視覺、聽覺及嗅覺等管道為主。若是能依各種災害發生的模式來設計適當的實驗，則信號偵測理論讓我們能對各種的警告設施及防災教育做適當的評估及改良。筆者(Li, 1994)即曾經將腳在地面上的滑動當做信號，來分析受測者走路時對於腳在不同狀況的地板上的滑動偵測的敏感度。除了職業災害的預防外，信號偵測理論也可應用在工業檢測、醫學診斷、人員的監測(如保全系統)等方面。

9.8 情境知覺

案例

2014年7月23日下午19時，復興航空GE222號班機在執飛高雄國際機場飛往澎湖馬公機場時，疑因颱風風雨過大造成飛機降落不順利，重飛失敗，於澎湖墜落。事故造成機上48人死亡，10人重傷。另外波及11棟民宅，5人輕傷。

事故調查發現

1. 事故航機於馬公機場進場時，飛航組員未遵照已頒布之20跑道有關最低下降高度之要求。正駕駛員於儀器天氣情況下，未獲得所需之目視參考，操控該機下降低於330呎之最低下降高度。

2. 事故航機通過誤失進場點前後。兩位駕駛員花費約13秒時間試圖目視尋找跑道環境，而未依已頒布之程序於通過誤失進場點或在此之前，執行誤失進場程序。

3. 事故航機下降低於最低下降高度後，因駕駛員操作及天氣狀況之因素，向左偏離進場航道並增加下降率。飛航組員於進場最後階段對該機之位置喪失狀況警覺，未及時察覺並改正該機危險之飛行路徑，以避免撞擊地障。

4. 事故航機最後進場階段，雷雨情形加劇，跑道視程隨之下降至500公尺。塔台未通知飛航組員能見度之遽降及辨識跑道所需之目視參考。

5. 飛航組員之協調、溝通以及對威脅與失誤之管理皆有不當，危及該航班之飛航安全。副駕駛員對於正駕駛員將航機下降至低於最低下降高度之操作，未表示異議或提出質疑，反而配合正駕駛員進行低於最低下降高度之進場。此外，副駕駛員未察覺該機偏離已頒布之儀器進場航道，或意識到偏離程序的操作可能增加可控飛行撞地事故之風險。

6. 飛航組員於該機高度72呎、飛越誤失進場點0.5浬時，始決定重飛。重飛決定下達後2秒，該機即撞擊馬公機場跑道頭東北方之樹叢，最後撞毀於附近民宅區。

7. 飛航紀錄器資料顯示，飛航組員之操作屢屢違反標準作業程序。飛航組員未遵守標準作業程序之作法，致該機喪失與障礙物應有之隔離，亦使進場程序所設想之安全考量及風險管控失去效用，提高撞地風險。

8. 事後調查發現空軍高勤官拒絕飛行員認為目視較佳且當天況狀較適宜安全降落的02跑道降落需求，違反民航局的飛航管理程序。

澎湖空難事故調查的結果顯示，航機的正駕駛、副駕駛及塔台人員(含空軍人員)在航機進場至墜毀的五十分鐘之間屢屢的發生情境知覺失誤的情況。情境知覺(situation awareness, 簡稱SA)是人員訊息處理領域的重要議題，情境知覺可定義為“操作者在操作環境中於特定的時間對系統與環境相關的訊息的認知與理解”。情境知覺是人從環境、系統及工作夥伴取得並理解訊息的過程(圖9.11)，這些訊息可能是經由視覺、聽覺、觸覺、嗅覺等管道而來，某些訊息是具體而明確的，例如警示的紅燈閃爍；某些訊息則較細微而難以察覺(例如引擎聲較正常運轉更為低沉)；人員通常可經由直接的觀察取得環境與系統的訊息，並可經由與工作夥伴或他人的互動取得額外的訊息，人員與工作夥伴間訊息的傳遞則包括口語與非口語的訊息溝通。

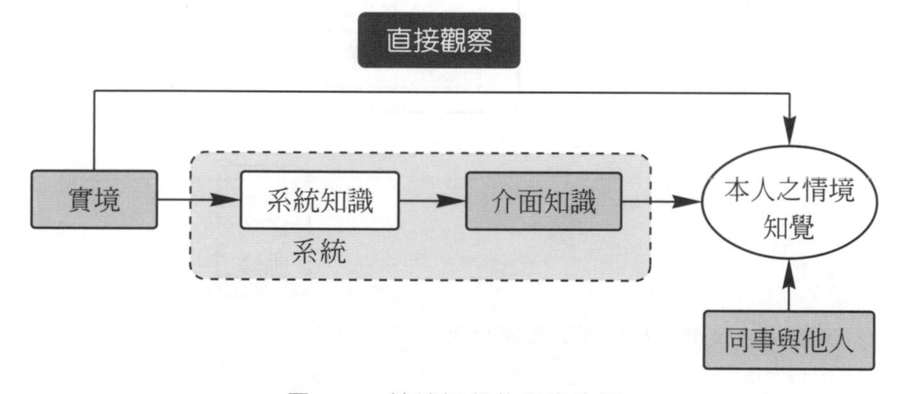

圖9.11　情境知覺的訊息來源

圖9.12顯示情境知覺的層次及其在決策與行為間扮演的角色。圖中情境知覺分為三層，第一層的情境知覺是對於目前狀態的認知，例如復興航空GE222班機的駕駛未獲得能見度遽降的訊息、未察覺航機偏離進場軌道等皆是第一層情境知覺的失誤；第二層的情境知覺是對當前狀況訊息的理解，澎湖塔臺空拒絕復興航空GE222班機降落02跑道的請求是塔台人員第二層情境知覺的失誤，因為塔台人員未能理解飛航組員空中目測的情境；第三層的情境知覺是訊息對未來狀況的投射或預測，復興航空GE222班機的駕駛於低於最低高度決定重飛，卻未察覺該高度重飛之撞地風險，此為第三層情境知覺的失誤。

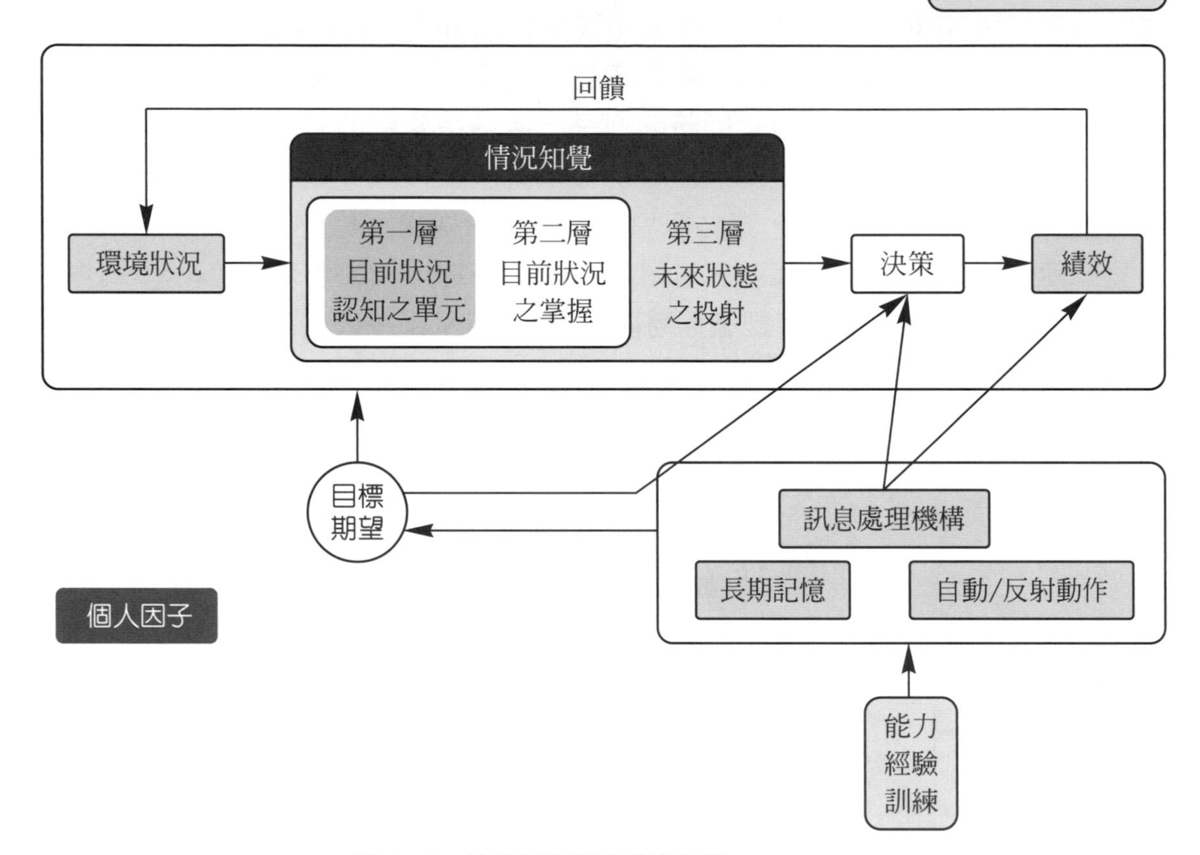

圖 9.12　情境知覺與決策與行為

情境知覺的量測是新系統開發過程中重要的一環，尤其是在動態或持續變化中的情境中，例如汽車、飛機在行駛或飛行中操作者處於動態的情境之中。人們在低度情境知覺的狀況下，如果運氣好也可能會有良好的操作績效；情境知覺與人員的操作績效有關，有高度情境知覺的操作者有較高的機率會產生較高水準的操作績效。情境知覺的量測可讓設計者了解其設計對象(操作者)是否能正確而有效的取得系統訊息並有效的操作該系統，也能讓設計者了解其設計介面是否提供操作者充分的系統訊息，是否有負面的干擾？

情境知覺的量測以主觀評量為主，評量一般可分為操作者自評、及旁觀者評分兩種，評量時可採用7分或10分的量表。

情境知覺評量技術(Situation Awareness Rating Technique, 簡稱SART)是一種情境知覺的操作者自評方法，此法假設操作者採用對情境之理解來進行決策，而此情境之理解在其意識中是明顯而且可加以量化的。SART即是將情境有關的構成單元區分為注意力需求、注意力供給、及理解程度三項加以評分。表9.1之SART評分表之每個情境構成單元皆可勾選評分，情境知覺總分可依下式計算：

情境知覺總分＝理解程度總分－(注意力需求總分－注意力供給總分)

情境知覺評量技術曾被用於評估飛機座艙儀表的設計。除了情境知覺評量技術外，情境知覺的量測尚有單維尺度法(unidimensional scale)、情境知覺評分尺度(Situation Awareness Rating Scale, 簡稱SARS)等方法，在此不加贅述。

表9.1　SART 評分表

類別	情境構成單元	定義	低高							小計
			1	2	3	4	5	6	7	
注意力需求	情境不穩定性	情境會突然改變的可能性								
	情境變異性	情境需要注意力的變數個數								
	情境複雜性	情境的複雜程度								
注意力供給	覺醒程度	操作者準備好應對情境與活動的程度								
	餘裕心智能力	多餘、可用來應付新的變化的心智能力								
	專注	人的思維用在目前情境的程度								
	分割注意力	用於目前情況的分割性注意力								
理解程度	訊息量	接收與理解的訊息量								
	訊息品質	溝通的訊息的好壞或價值								
	熟悉度	情境與經驗契合的程度								
總		分								

9.9 心智負荷

工作負荷可分為體力(physical)和心智(mental)兩個部分：體力負荷是體力上必須支應的負荷，例如要搬運10公斤的箱子200件體力負荷自然超過搬運同樣數量箱子每件5公斤重的，此部分在生物力學及工作生理學的章節已有相關的介紹。心智負荷(mental workload)是從事心智工作時需要支出的心智成本，是為滿足工作需求而需要人員付出的訊息處理能力或資源，也是因為執行該任務會減少能夠使用同一心智資源於其他任務的能力。例如，當我們閱讀螢幕上一個簡單的圓形圖案時的心智負荷比讀一篇五百字的文字要低。體力負荷可以用搬運物體重量、數量、新陳代謝能量支出等來衡量，心智負荷也可以衡量。心智負荷是影響心智作業績效的重要因素，當心智負荷超載時，作業績效必然下降，而心智負荷過低，也容易產生工作單調乏味，警覺性降低的情況。合理的工作設計應該避免心智負荷超載及過低的情況。

心智負荷衡量可分成以下幾種：主作業衡量、次作業衡量、生理參數衡量、及主觀評分。主作業衡量是直接衡量作業績效，心智負荷高的作業，作業績效往往比較差，這種衡量方式只能衡量需要使用相同注意力資源的作業，無法比較使用不同注意力資源的作業，例如駕駛遊戲中要求遊戲者必須保持汽車行駛於車道中，不得碰撞路邊防撞桿，以完成一定里程駕駛所需時間來評定績效，則路段筆直的駕駛場景的績效必優於S型車道場景，因為持續轉彎需要較高的心智負荷。次作業衡量是要求受測者同時執行一件主作業及一件次作業，主作業必須成功執行，而次作業則盡可能完成，依次作業的績效來反映主作業的心智負荷。這種方式的心智負荷衡量主張若主作業需要很高的心智負荷，則剩餘給次作業的心智資源較少，次作業的績效就會比較差。例如駕駛遊戲中要求遊戲者必須保持汽車行駛於車道中(主作業)，不得碰撞路邊護欄，另外要注意路邊出現多少次速限標示(次作業)，若是在筆直的路上駕駛，則次作業績效應高於在不斷需要轉彎的車道上駕駛，因為車道上轉彎會耗用大量的注意力資源，可用在注意路邊標示的注意力資源就比較少。

生理參數衡量是以生理的數據來呈顯心智負荷。常用的生理參數包括瞳孔大小、眨眼率、凝視(eye fixation)、呼吸率、腦波(EEG)、心跳變異量(heart rate variability, HRV)等。心跳間距(inter-beat interval, 簡稱IBI)也稱為RR間距，是常用的HRV的參數，IBI是每次心跳與上一次心跳(或心電圖中相鄰R波的波峰)間隔的時間(見圖9.13)。研究顯示心智負荷增高時常伴隨著IBI降低、瞳孔直徑放大、凝視時間延長；工作複雜度高時腦波中的p300波會變得比較平坦。生理參數提供心智負荷衡量的客觀數據，然而它們可能也會受到其他因子的影響，例如照明條件也會改變瞳孔直徑，因此量測生理參數時必須控制環境及相關的實驗條件。

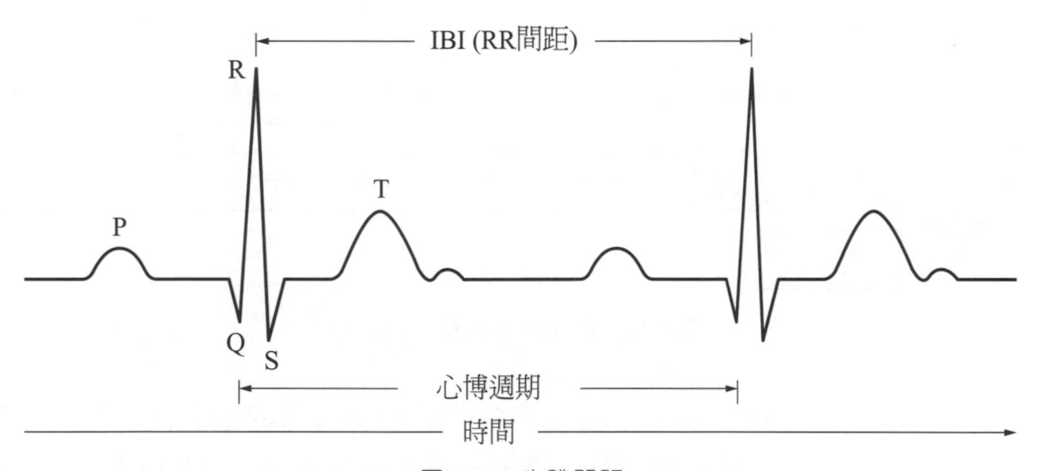

圖9.13　心跳間距

主觀評分常被用來衡量心智負荷，好處是不需要儀器設備，成本較低，容易進行。有許多主觀評分的工具被開發出來，常見的主觀評分工具包括Cooper-Harper 評分表(Cooper & Harper, 1969)、NASA TLX (Task Load Index) (Hart & Staveland, 1988)、SWAT (Subjective Workload Assessment Technique) (Reid & Nygren, 1988)等。Cooper-Harper 評分表是針對特定飛行任務以決策樹方式評量心智負荷的工具(見圖9.14)，受測者完成模擬飛行後在左下角開始回答與飛行操作有關的問題，最終評分介於1至10分之間，1分代表非常好的情況，10分代表飛機在飛行任務中曾發生無法操控或局部失控的情況。

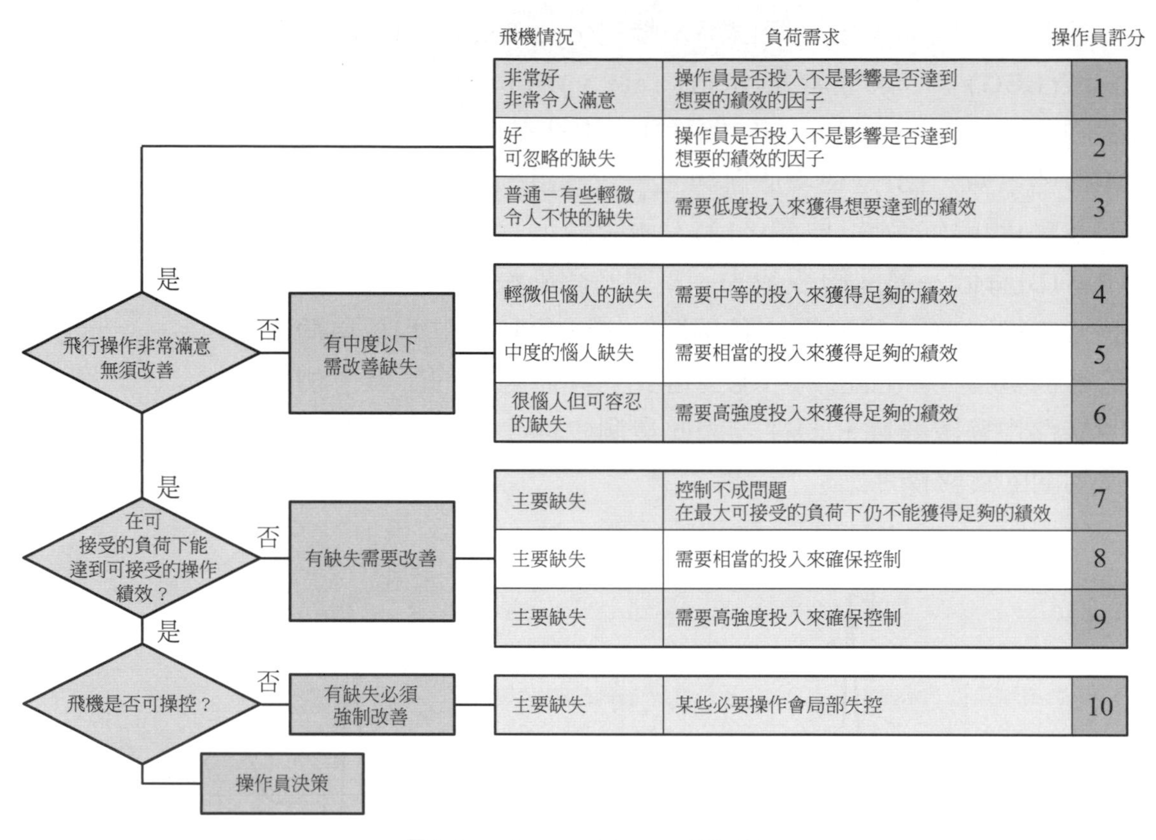

圖9.14　Cooper-Harper 評分表

NASA TLX無疑是最常用的心智負荷的主觀衡量工具。受測者在完成測試任務後要針對六個問題評分(0~100，每5分一個級距)(見圖9.15)，這些評分可以加總、加權加總、或單獨分析來了解受測者執行任務的心智負荷與心智活動狀況：

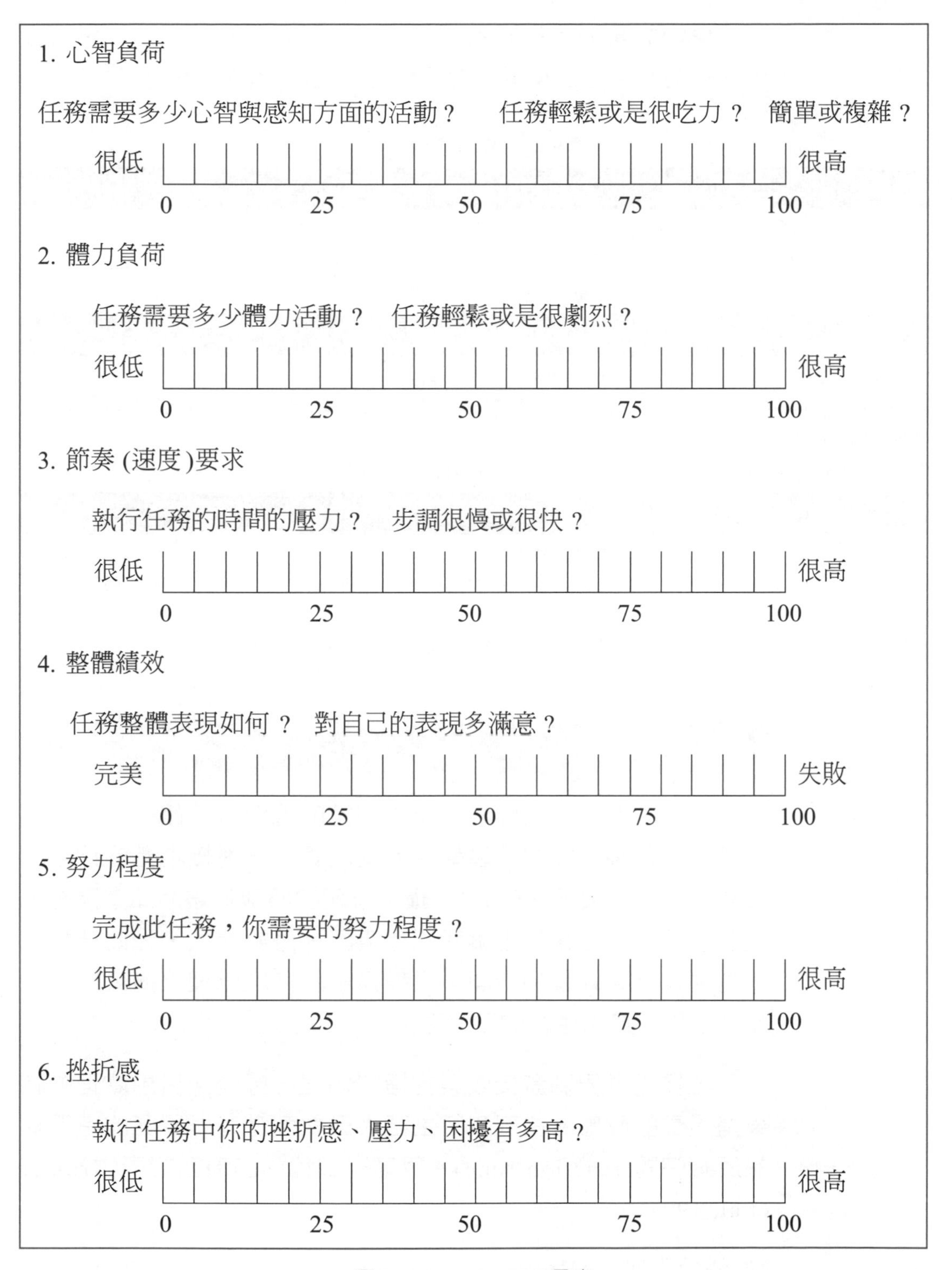
1. 心智負荷

任務需要多少心智與感知方面的活動？　任務輕鬆或是很吃力？　簡單或複雜？

很低　很高
0　25　50　75　100

2. 體力負荷

任務需要多少體力活動？　任務輕鬆或是很劇烈？

很低　很高
0　25　50　75　100

3. 節奏 (速度)要求

執行任務的時間的壓力？　步調很慢或很快？

很低　很高
0　25　50　75　100

4. 整體績效

任務整體表現如何？　對自己的表現多滿意？

完美　失敗
0　25　50　75　100

5. 努力程度

完成此任務，你需要的努力程度？

很低　很高
0　25　50　75　100

6. 挫折感

執行任務中你的挫折感、壓力、困擾有多高？

很低　很高
0　25　50　75　100

圖9.15　NASA TLX量表

SWAT 量表是在時間負荷、心智努力、心理壓力三個方面來對受測者評分，每個方面又分為三個級分(見表9.2)：

表9.2 SWAT量表

時間負荷
1. 總是有空檔時間，任務干擾或同時執行多作業狀況極少或重未發生
2. 常有空檔時間，任務干擾或同時執行多作業狀況不常發生
3. 沒有空檔時間，任務干擾或同時執行多作業狀況常發生
心智努力
1. 需要非常少的心智努力與專注，活動幾乎是不需用心即可完成
2. 需要中等程度的心智努力與專注，活動由於不確定性、不可預測性、或不熟悉具有中等的複雜度
3. 需要高度的心智努力與專注，活動很複雜，需要全神貫注
心理壓力負荷
1. 很少困擾、風險、挫折、或焦慮的感覺
2. 有中等程度的困擾、風險、挫折、或焦慮的感覺；需要相當壓力調適來維繫工作表現
3. 有很高的困擾、風險、挫折、或焦慮的感覺；需要極高的決心與自制力

9.10 人員反應

在台中市的國立自然科學博物館的恐龍展示館中有一副巨大的恐龍骨架，這副恐龍骨架的尾巴處有一連接木槌的按鈕，在觀賞者按下按鈕之後約3秒鐘，恐龍的頭部的燈泡即會閃亮，這個裝置的目的在於告訴我們恐龍因為身體龐大，因此神經訊息的傳遞需要較長的時間，這種遲緩的神經處理機構或許是恐龍在地球上無法生存的原因吧！

感覺是外界刺激接收與處理的過程，感覺與訊息處理的結果是人員的反應。由刺激發生至人員對刺激有所反應的時間稱為反應時間(reaction time)。反應時間包括的項目如下(Kromer et al, 1994)：

- 感受器的刺激接收　　1到40 ms
- 刺激由周邊神經傳遞至中樞神經(上行路徑)　　2到100 ms

- 中樞神經處理時間　　70到300 ms
- 訊息由中樞神經傳遞至周邊神經(下行路徑)　　10到20 ms
- 肌肉收縮的起動　　30到70 ms

若人員已預知將發生刺激的類別及刺激發生後將如何因應，則這種狀況下的反應時間稱為簡單反應時間(simple reaction time)。簡單反應時間受到「刺激-感覺」的型式與刺激強度的影響，在理想狀況下，由視覺、聽覺、與觸覺刺激所引起的簡單反應時間約為0.2秒。若是人員無法預知刺激的類別，則這種狀況下的反應時間稱為選擇反應時間(choice reaction time)。選擇反應時間受到刺激類別個數的影響而可以下式計算：

$$R_T = a + b \log_2 N \quad (9.5)$$

式中　R_T：選擇反應時間

a，b：實驗常數

N：刺激類別個數

人員因應刺激而採取動作所需的時間稱為動作時間(movement time)。動作時間可能很短暫(例如眼球的轉動及手指按鈕等細微動作)，也可能很長(例如走到倉庫內領取物料)。若人員的反應是個別的肢體動作，則動作時間受到身體部位、動作方位、移動距離、與動作的準確度的影響。以身體部位而言，手臂、腿、與頭部在空間中移動同一段距離所需要的時間均不相同。以動作的方位而言，每個身體部位均有其較為靈活的活動方位，這些方位是由關節的構造與身體槓桿系統的力臂決定的，例如當上臂下垂，以肘關節為軸的手部水平活動，遠較於同時伸縮上臂與下臂產生的手部前後的移動來得靈活。空間距離愈長，身體部位移動所需時間也愈長，然而距離與動作時間的關係並非直線關係。動作的準確度也影響動作所需時間，愈精確的動作需要的時間愈長。

動作時間可以Fitts定理(Fitts, 1954)計算：

$$MT = a + b \log_2\left(\frac{2D}{W}\right) \qquad (9.6)$$
$$= a + b\ ID$$

式中　MT：動作時間(ms)

D：肢體完成動作所需移動的距離(cm)

W：目標物體的寬度(cm)

$$ID = \log_2\left(\frac{2D}{W}\right)$$

＝困難指數 (index of difficulty)

a，b：實驗常數

圖9.16顯示了手臂、手腕、及手指的動作時間，當困難指數低於3時三個部位的動作時間差異不大，但是當困難指數逐步增加至8時，三個部位的動作時間差異逐步擴大。

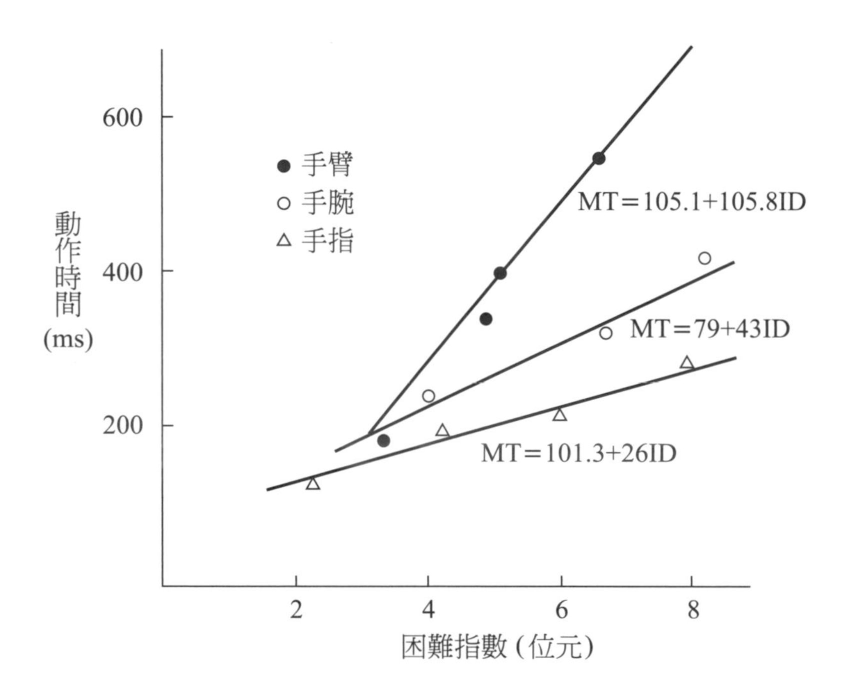

圖9.16　手臂、手腕、及手指的動作時間(修改自Langolf, Chaffin, and Foulkes, 1976)

Andres與Hartung(1989)曾以Fitts定理來分析頭部動作的時間，在他們的調查中，受測者頭部戴了附在頭套上的金屬桿，並依照指示以移動頭部的方式來以金屬桿的一端碰觸其前方的

動作的單位時間訊息處理量

金屬板上的目標區域(見圖9.17)，這種動作的目的是為了模擬殘障者以頭部操作電腦鍵盤的作業。作者以兩個目標區域的距離與寬度計算頭部動作的困難指數(見表9.3)。九位受測者的總體動作時間的迴歸線的公式為$MT = -26 + 151(ID)$，圖9.8顯示了受測者的頭部動作時間與困難指數間的關係，動作時間與困難指數間的直線關係可由圖中清楚的看出：當困難指數由2.0增加至5.58時，動作時間也由280 ms增加至800 ms。另外，Fitts公式中的b的倒數可解釋為該動作單位時間的訊息處理量，前述迴歸公式中困難指數的係數151代表了該動作的單位時間的訊息處理量為1/0.151＝6.6 bits/sec。在Langolf et al. (1976)的調查中，他們發現手指、手腕、與手臂動作的單位時間訊息處理量分別為38、23及10 bits/sec，Drury(1975)曾指出慣用腳的單位時間訊息處理量為18 bits/sec，頭部的動作與手腳的動作比較起來顯然是比較沒有效率的。

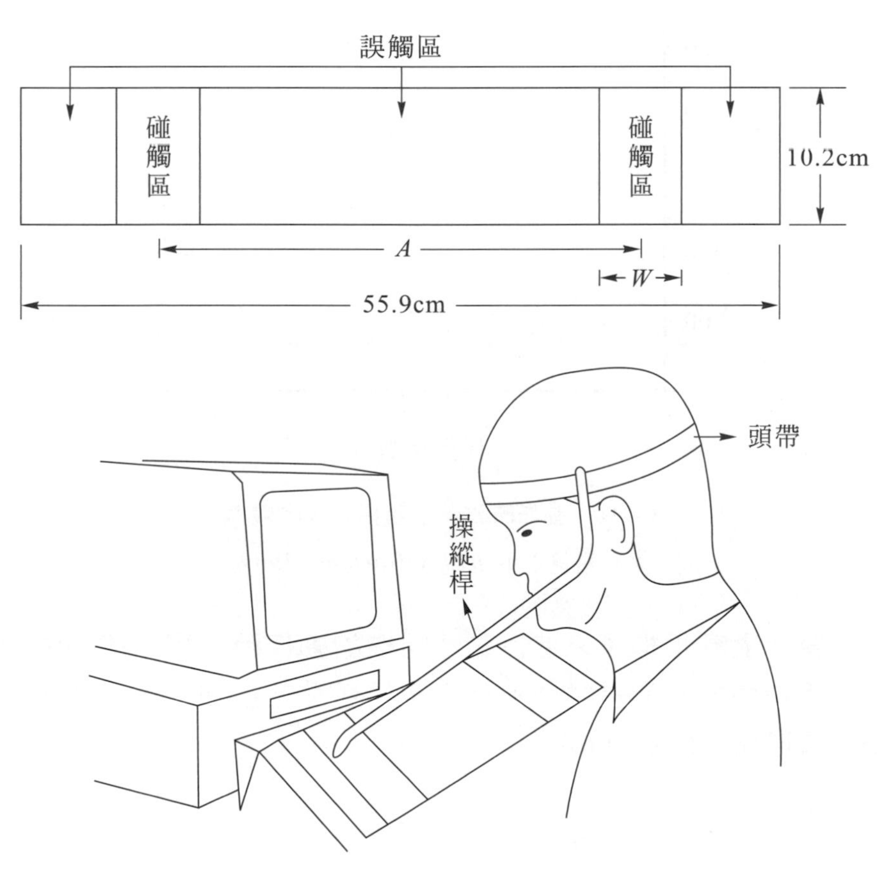

圖9.17　受測者以頭部動作操作金屬桿

修改自 *Andres & Hartung, 1989*

表9.3 頭部動作的困難指數

目標區域間的距離(cm)	目標寬度(cm)	困難指數(bits)
7.6	1.3	3.58
7.6	2.5	2.58
7.6	3.8	2.00
15.2	1.3	4.58
15.2	2.5	3.58
15.2	3.8	3.00
30.5	1.3	5.58
30.5	2.5	4.58
30.5	3.8	4.00

資料來源：*Andres & Hartung, 1989*

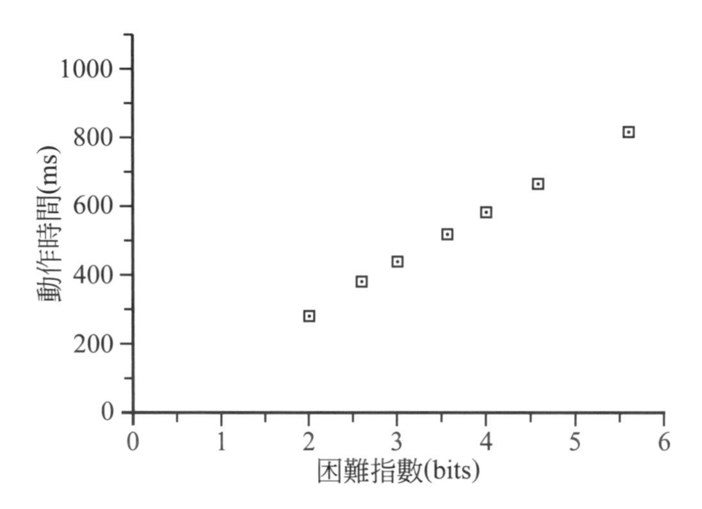

圖9.18 動作時間與困難指數間的關係

資料來源：*Andres & Hartung, 1989*

當手上拿根桿子來進行點擊目標的動作時，桿子的前端取代了手指而桿子的長度也延長了手部活動的空間，此時動作時間也會增加。公式(9.6)可以下式取代：

$$MT = a + b \times ID + c \times \log_2(A) + f(L) \quad (9.7)$$

其中　A：目標間距　　L：桿子的長度　　$f(L)$：L的函數

Baird et al. (2002)曾經招募十名男性受測者在ID、A、及L各四種，總計64種實驗狀況下進行實驗：

ID：3, 4, 5, 6

A：100, 200, 300, 400 mm

L：100, 200, 300, 400 mm

圖9.19很明顯的顯示了動作時間隨著桿子長度及困難指數增加而增加。他們並推導出動作時間的預測公式：

$$MT = -377 + 92.7 \times ID + 33.4 \log_2(A) + 0.090\ L \times ID \quad (9.8)$$

其中動作時間的單位為ms，A及L的單位則分別為mm。

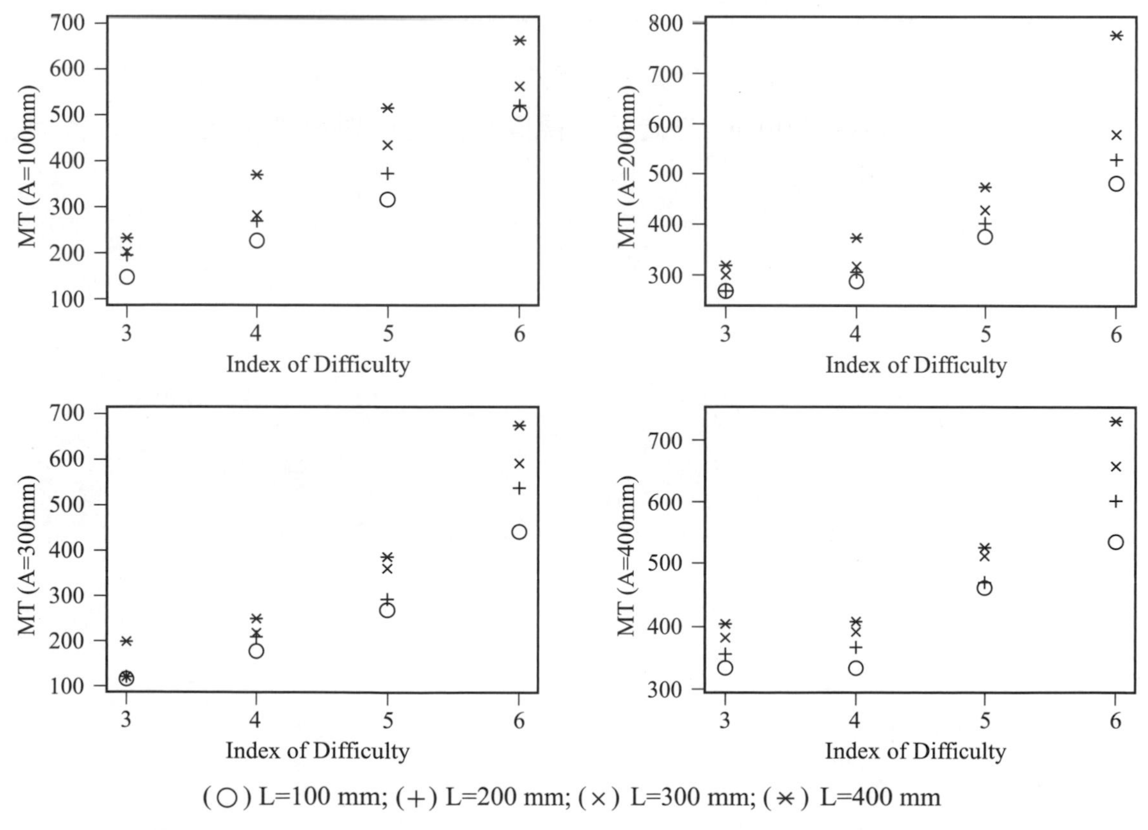

圖9.19　拿長為L的桿子進行目標點擊時在各種困難指數下的動作時間(ms)

Fitts定理已廣泛的被應用在手、腳、及頭部的動作時間分析上。然而要注意的是，Fitts定理並不適用於分析快速(動作時間低於200 ms)而又缺乏視覺回饋的動作，Gian與Hoffmann (1988)將這類的動作稱為彈道動作(ballistic movement)，他們發現這類動作的動作時間與移動距離的平方成正比，因此Fitts定理在這種狀況下並不適用。

對於快速而又缺乏視覺回饋的動作，動作的準確度可由移動距離與動作時間決定，Schmidt等(1979)指出，這類動作的準確度為移動距離與動作時間比值之線性函數，此種關係稱為Schmidt定理：

$$W = a + b\left(\frac{D}{MT}\right) \tag{9.9}$$

式中　W：動作終點分散之標準差

D：移動距離(cm)

MT：動作時間(ms)

a，b：實驗常數

Schmidt定理對於移動距離在30 cm以內，動作時間在140 ms到200 ms之間缺乏視覺回饋的肢體動作準確度的分析均適用。

參考文獻

1. 李開偉(1993)，信號偵測理論在災害預防上之應用，勞工安全衛生研究季刊，1(2)，55-60。
2. 鄭昭明(1996)，認知心理學，桂冠圖書公司，台北市。
3. *Andres, RO, Hartung, KJ(1989), Prediction of head movement time using Fitts' Law, Human Factors, 31(6), 703-713.*
4. *Baird, K.M., Hoffmann, E., Drury, C. G., (2002), The effects of probe length on Fitts' law, Applied Ergonomics, 33(1), 9-14.*
5. *Blingnant, C.J.H. (1979), The Perception of Hazard* II*. The Contribution of Signal Detection to Hazard Perception, Ergonomics, Vol. 22, No.11, p.p. 1177-1183.*
6. *Card, S, Moran, T, Newell, A(1986), The model human processor. In K. Boff, L. Kaufman, and J. Thomas(eds), Handbook of Perception and Human Performance(vol 2), Wiley, N.Y..*
7. *Drury, CG(1975), Application of Fitts' law to foot pedal design, Human Factors, 17, 368-373.*
8. *Fitts, P(1954), The information capacity of the human motor system in controlling the amplitude of movement, Journal of Experiment Psychology, 47, 381-391.*
9. *Getner, D, Stevens, AL(1983), Mental Models, Hillsdale, NJ:Erlbaum.*
10. *Gian, KC, Hoffmann, E(1988), Geometrical conditions for ballistic and visually controlled movements, Ergonomics, 31(5), 829-839.*
11. *Hart, S. G., & Staveland, L. E. 1988. Development of NASA-TLX (task load Index)：Results of empirical and theoretical research. Advances in Psychology, 52, 139-183.*
12. *Kantowitz, B.H., Sorkin, R.D., Human factors： understanding people-system relationships, John Wiley & Sons, N.Y., 1983.*
13. *Kromer, K, Kromer, H, Kromer-Elbert, K(1994), Ergonomics -how to design for ease and efficiency, Prectice-Hall Interna-tional, N.Y..*
14. *Langolf, GD, Chaffin, DB, Foulkes, JA., (1976), An Investigation of Fitts' Law Using a Wide Range of Movement Amplitudes, Ergonomics, 8(2), 113-128.*
15. *Langolf, GD, Chaffin, DB, Foulke, JA(1976), An investigation of Fitts' law using wide range of movement amplitude, Journal of Motor Behavior, 8, 113-128.*

16. Li, KW(1994), *Perception of slipping of the foot in workplace, Journal of Occupational Safety & Health, 2(3), 37-45.*

17. Miller, G(1956), *The magical number of seven, plus or minus two：some limits on our capacity for processing information, Psychological Review, 63, 81-97.*

18. McCormick, E.J., Sanders, M.S(1982)., *Human Factors in Engineering and Design, McGraw-Hill, N.Y..*

19. McNicol, D (1972), *A Primer of Signal Detection Theory, George Allen, London.*

20. Norman, DA(1988), *The psychology of everyday things. Harper & Row, N.Y..*

21. Polson, MC, Friedman, A(1988), *Task sharing within and between hemispheres: a multiple resource approach, Human Factors, 30, 633-643.*

22. Rasmussen, J(1993), *Deciding and doing: decision making in natural context, In G Klein, J Orasanu, R Calderwood, CE Zsambok(eds), Decision making in action, Models and methods, Norwood, Albex NJ, 158-171.*

23. Reid, GB, Nygren, TE. 1988. *The subjective workload assessment technique：A scaling procedure for measuring mental workload. In P. A. Hancock, & N. Meshkati (Eds.), Human mental workload, pp. 185-218.*

24. Rouse, WB, Morris, NM(1986), *On looking into the black box:prospects and limits in the search for mental models. Journal of Experimental Psychology; Learning, Memory, and Cognitions, 15, 729-747.1.*

25. Schmidt, R, Zelaznik, H, Hawkins, B, Frank, J, Quinn, J Jr(1979), *Motor output variability：a theory for the adequacy of rapid motor acts, Psychological Review, 86, 415-451.*

26. Schneider, W, Shiffrin, RM(1977), *Controlled and automatic human information processing: I Detection, search, and attention, Psychological Review, 84, 1-66.*

27. Simon, HA(1957), *Models of man, Wiley, N.Y..*

28. Wickens, CD(1984), *Processing resource in attention, In R Parasuraman and R Davies(eds), Varieties of attention, Academic Press, N.Y., 63-101.*

29. Wickens, CD, Gordon, SE, Liu, Y(1998), *An introduction to human factors engineering, Longman, N.Y..*

自我評量

1. 什麼是絕對閾？
2. 人類短期記憶可儲存訊息量的上限是多少？
3. 人因工程中所謂的「相容性」是指什麼？ 相容性有那幾種？
4. 何謂選擇性注意？焦距性注意？分割性注意？
5. 什麼是接收者操作曲線？
6. 信號偵測理論中，信號偵測者對於信號偵測之敏感度可用哪些指標來判斷？
7. 在動態的操作環境中，情境知覺的訊息由何而來？
8. 情境知覺量測之SART法將情境有關的構成單元區分為哪幾項？SART法的情境知覺總分如何計算？
9. 動作時間受到哪些因子的影響？
10. 請解釋Fitts 定理。
11. 請問某操作員執行某項操作時，手部需移動30公分來按下直徑為1公分的按鍵，此動作的困難指數是多少位元？

NOTE

10

視覺與照明

人機系統可以視為人與機器之間資訊流通與處理的過程，人可以經由不同的感覺型式來從機器取得資訊，視覺則是這些感覺型式中最主要的一種。視覺的感覺接受器官是眼睛，本章將介紹眼睛的構造、視覺的特徵及照明設計的問題。

10.1 眼睛的構造

眼球的最外側有一層角膜(cornea)，角膜之內為前房(anterior chamber)，前房內含有透明液體，前房之內有一層含有色素細胞的平滑肌，稱之為虹膜(iris)，虹膜中間有一圓孔，此孔即為瞳孔，瞳孔之大小決定了光線可進入眼球的多寡，瞳孔的直徑介於0.2到0.8公分之間，直徑之大小即由虹膜之收縮來控制。虹膜後之構造為水晶體(lens)。水晶體之功能即如照相機之鏡頭一般，可使光線產生折射並投射於後方焦點上。水晶體之形狀可由周邊之睫狀肌(ciliary musc1e)來控制，當睫狀肌舒展時水晶體較為扁平，此時遠方之景物可清晰的投射於後方的視網膜(retina)上；若要看近的物體時，睫狀肌收縮而使水晶體形成較為鼓凸，以增加其折射能力。當水晶體失去其彈性時，其形狀逐漸無法依物體之遠近而進行視調節(visual accommodation)時，人們即需借助鏡片來補助。

近視為水晶體形狀較凸，而使得遠方物體之影像投射於視網膜之前方，因此需要借助凹透鏡來增加焦距，對較近的物體則較無問題。而遠視則為水晶體形狀較扁平，因此看近的物體時，形狀無法調為較凸，焦點位於網膜後方，而無法看清楚，對於遠方物體則較無問題。

水晶體為透明之構造，若是透明組織之生化平衡受到破壞，或是因藥物傷害而產生透明度的降低，則形成所謂之白內障。白內障在老年人較為常見，白內障產生時，患者之水晶體即變為不完全透明，進入眼球之光線部份會被白內障吸收，影像因而產生雲霧之情形。有白內障的人，因視覺清晰度降低，而需較高水準之照明，若是水晶體完全喪失透明度時，光線即完全無法投射在網膜上。此時，必須以外科手術摘除白內障，才能恢復視力。

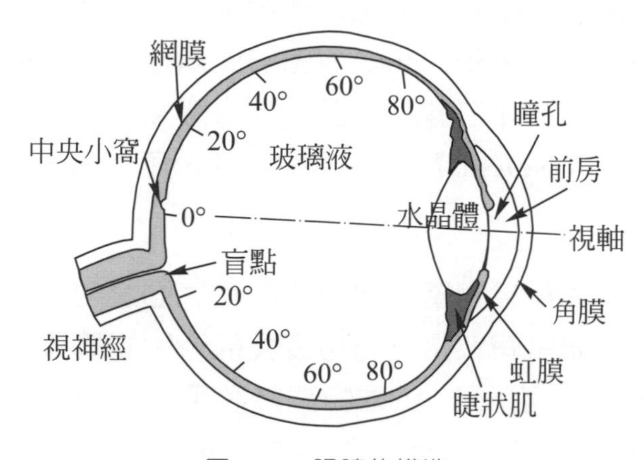

圖10.1　眼睛的構造

資料來源：*Pirenne, 1967*

水晶體之後，為眼球內體積最大部分，此部分之組織稱為玻璃液(vitreous body)，玻璃液亦為透明膠質體，其主要功能為穩定眼球之形態，並給予網膜支撐。玻璃液之外緣即為網膜，網膜上有桿狀體(rods)及錐狀體(cons)兩種感光細胞。桿狀體主要分布於網膜邊緣，其主要功能為感受無色視覺。易言之，桿狀體主要是感受黑／灰／白色系列之影像。而錐狀體則為有色視覺之感受細胞，錐狀體共有藍、綠、紅三種，而其在正常眼睛之比例分別為16%、10%及74%，各種錐狀體對其對應之光線特別敏感。而因紅色錐狀體佔的比例最高，因此一般人在光線充足的狀況下，對紅色最為敏感。

桿狀體和錐狀體視覺上之差異乃是由於其細胞外段上之視色素對光線吸收特性不同所造成的。某些人因為錐狀體無法製造視色素，而使得錐狀體無法感受特定之光色而成色盲(color-blind)，最常見之情況為紅色錐狀體缺乏視色素，此時紅光和綠光無法被區分。若眼睛可以看到所有的顏色，但是當顏色飽和度較低時會產生視覺上的混淆，這種情況稱為色弱(color weakness)。

眼球內部錐狀體之數目約六百萬個，其主要集中於中央小窩(fovea)處，網膜邊緣則較少(參考圖10.2)。因此若影像投射於中央小窩上時，對色彩之感受特別強烈。中央小窩附近有一盲點(blind spot)，此處為網膜之視神經匯集並離開眼球之處，也稱為視盤(optic disc)。由於此處沒有任何感光細胞，因此若影像投射於此位置，則吾人無法感覺該影像之存在。網膜之外尚有鞏膜(sclera)及脈絡膜(choroid)兩層纖維組織將眼球包覆起來。

吾人所見物體之顏色即由其表面反射特定波長之光線來決定，若是所有波長之光均被反射，則物體呈白色；若所有之光均被吸收(不反射)，則物體為黑色。一般物體表面只反射特定波長之光，眼睛即感受該波長之顏色。

感光細胞中桿狀體和錐狀體在白天和晚上之敏感程度不同，錐狀體在白天或是光線充足的狀況下較為敏感；然而到了晚上或光線不足時，其敏感性就大為減少。因此黑暗中眼睛較無法感受到顏色的鮮豔與否。而桿狀體則在光線不足或夜晚時較為敏感。因此，白天之視覺主要係依賴錐狀體，這種視覺稱為明視(photopic vision)。夜晚之視覺則主要依靠桿狀體，此種視覺稱為暗視(scotopic vision)。所謂Purkinje效應(Purkinje effect)是指在明視與暗視的轉換過程中，桿狀體與錐狀體均感光時之過渡狀態。

當我們進入電影院時，眼睛除了螢幕以外，無法看到四周景物，周圍錐狀體無法在微弱的環境中感受光線，而此時桿狀體也無法在瞬間開始作用。在大約二、三十分鐘後，桿狀體開始感光，而且瞳孔也適度的放大，眼睛才可看清週遭之物體。這種狀況稱之為暗適應(dark-adaptation)。若由暗處進入明亮處時，由於光線太強，眼睛似乎無法張開，此時瞳孔會迅速的縮小，以容許適度之光線進入眼球，而錐狀體也會很快的開始感光而可看清影像，這種狀況稱為明適應(light-adaptation)，明適應需時短暫，一般人頂多一、二分鐘即可恢復正常。

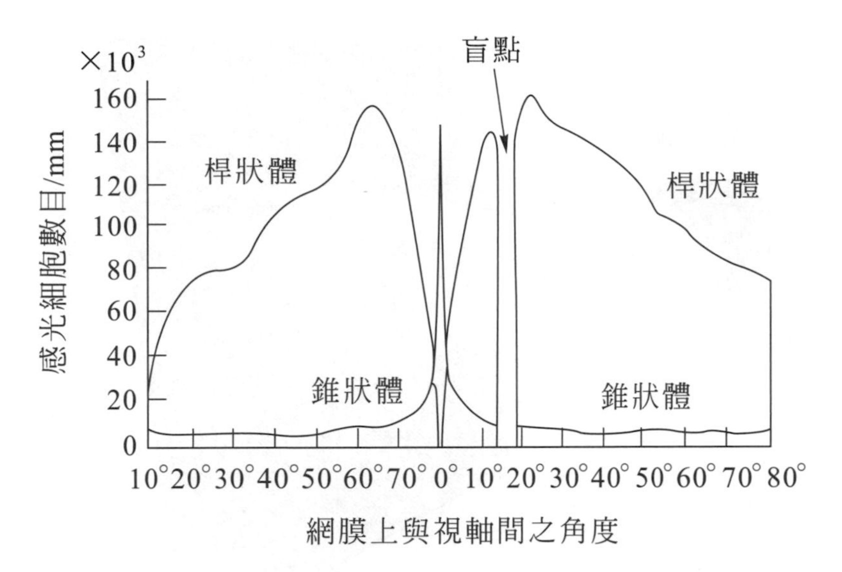

圖10.2 感光細胞在眼球內之分佈

資料來源：*Pirenne, 1967*

10.2 視覺能力

10.2-1 視域與視角

視域(visual field)是指當頭及眼睛均固定不動時兩眼觀察前方視覺目標，在垂直於視線之平面上視覺可涵蓋的區域。視域可分為以下三個區域(參考圖10.3)：

a. 清晰域(area of distinct area)：視角小於1°之區域。

b. 中視域(middle field)：視角介於1°到40°之區域。

c. 外視域(outer field)：視角介於40°到70°之區域。

在中視域的物體無法被清楚看見，除非是物體移動或物體與背景間有明顯的對比。外視域則是中視域以外以至被頭、臉頰、鼻頭等部位局限的視域，外視域內的物體除非移動，否則無法被看到。

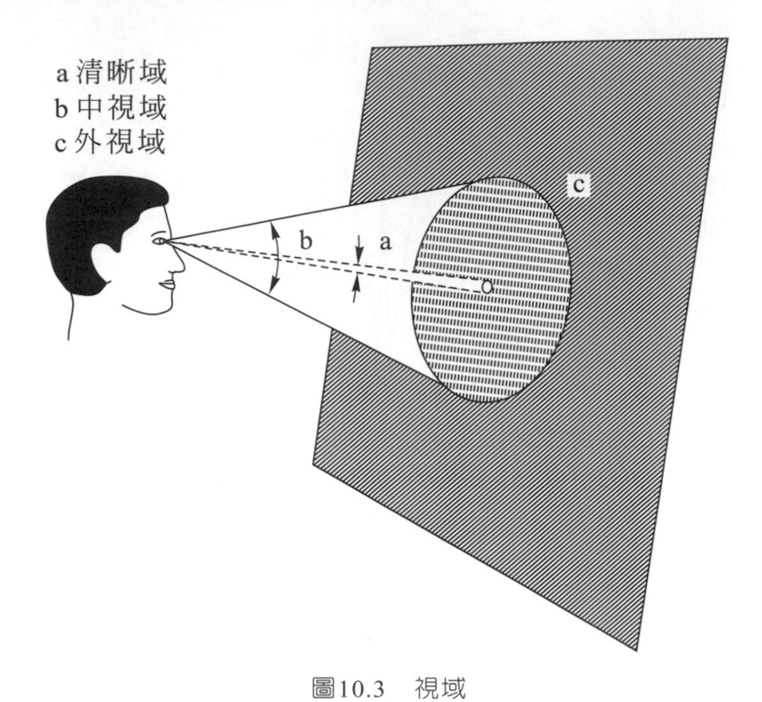

圖10.3　視域

圖10.4顯示雙眼視覺空間；而頭部固定而依靠眼球轉動時，雙眼視覺條件下眼睛可以看到的視域見圖10.5。

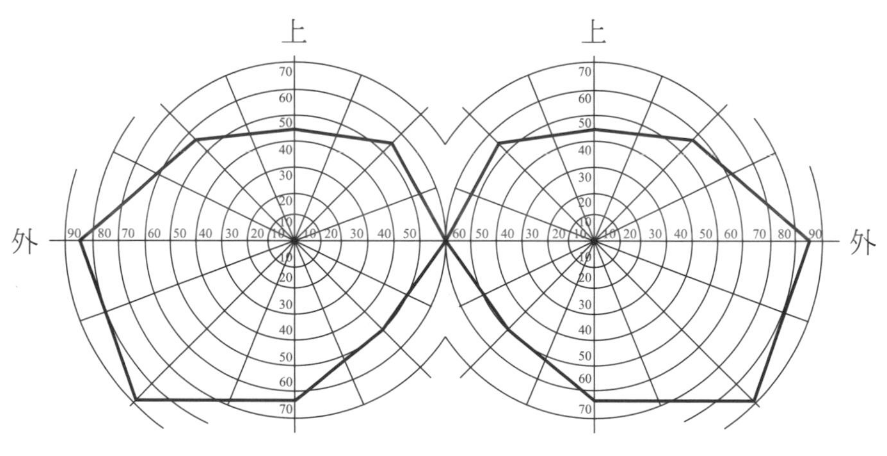

圖10.4　雙眼視覺空間

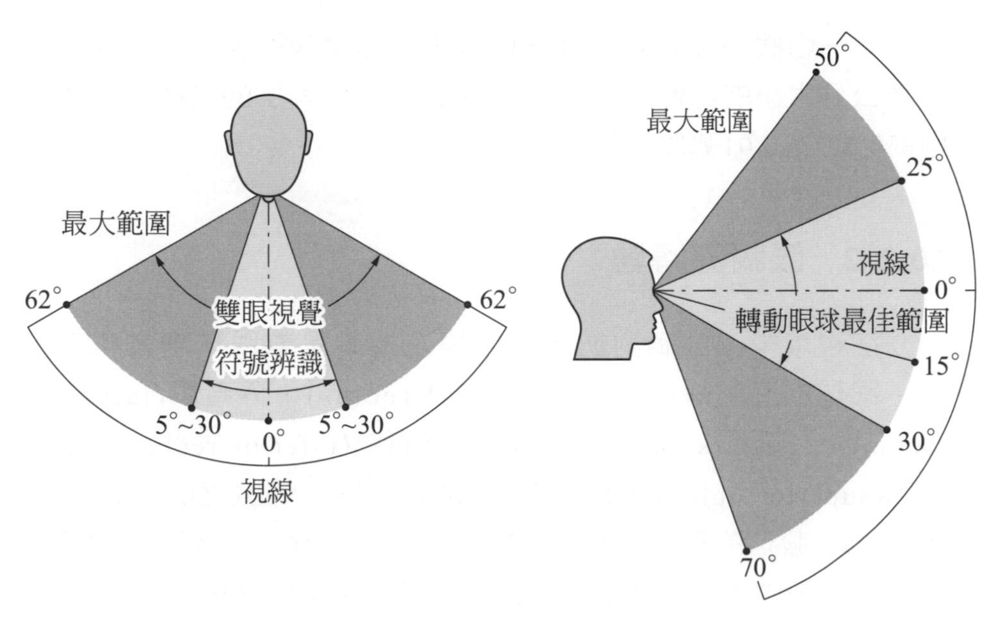

圖10.5　雙眼可視範圍

視角是觀看物體在眼睛上所成的角度，通常以弧度表示。若物體的尺寸為S而距離眼睛的距離為D，則視角V等於

$$V = 2\tan^{-1}\left(\frac{S}{2D}\right) \quad (10.1)$$

當視角小於10度時上式也可用以下公式估計：

$$V = \tan^{-1}\left(\frac{S}{D}\right) \quad (10.2)$$

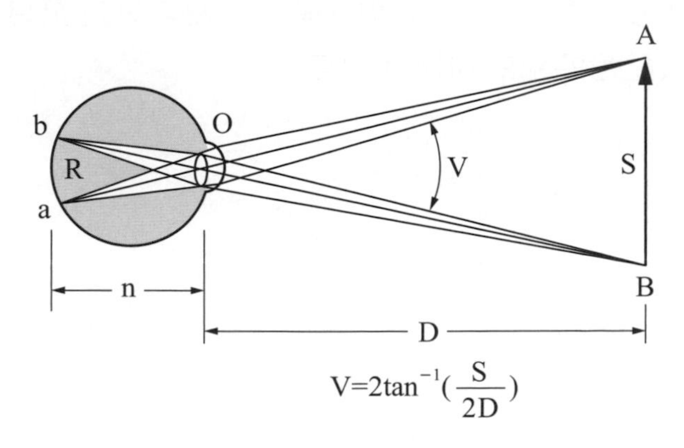

圖10.6　視角

同一物體距離我們越近視角越大，如果我們看兩公尺遠處之兩公分大小的物體或十公尺遠處之十公分大小的物體，視角均為0.57°或0.01弧度。

10.2-2 眼睛的轉動

在視域中，眼睛對於視覺目標之搜尋是靠眼球轉動來完成。眼球的活動是由內直肌(medial rectus)、外直肌(lateral rectus)、上直肌(superior rectus)、下直肌(inferior rectus)、上斜肌(superior oblique)及下斜肌(inferior)等六條肌肉所控制(見圖10.7)。眼球的垂直方向的轉動是由上、下直肌所控制；水平方向轉動則由內、外直肌控制；上、下斜肌則控制與此二方向有關的轉動。在一般的眼球活動中，單純垂直或水平的活動較少(相對於眼球)，在多數的狀況下，六條肌肉均必須同步的參與眼球的轉動。

眼球的轉動可以讓我們持續的追蹤移動中的視覺目標，以水平方向而言，只要目標移動的速度在30度/秒以下，其活動均可被掌握。眼球轉動的速度可能很緩慢，也可能很快速，當我們緩慢移動視線於目標上時，當眼睛注視同一目標後，眼球會產生緩慢的轉動而將視線離開注視目標，這種非自主性的微幅轉動(約3分／秒)稱為漂移(drift)；當視線漂移目標達到某一閾值之後，眼球又會快速的將視線拉回，這種快速拉回的轉動稱為急動(saccadic movement)。眼球的急動對於目標的搜尋與定位扮演很重要的角色，當視覺目標在視域之外之區域時，眼球的轉動必須配合頭部的動作才能完成。

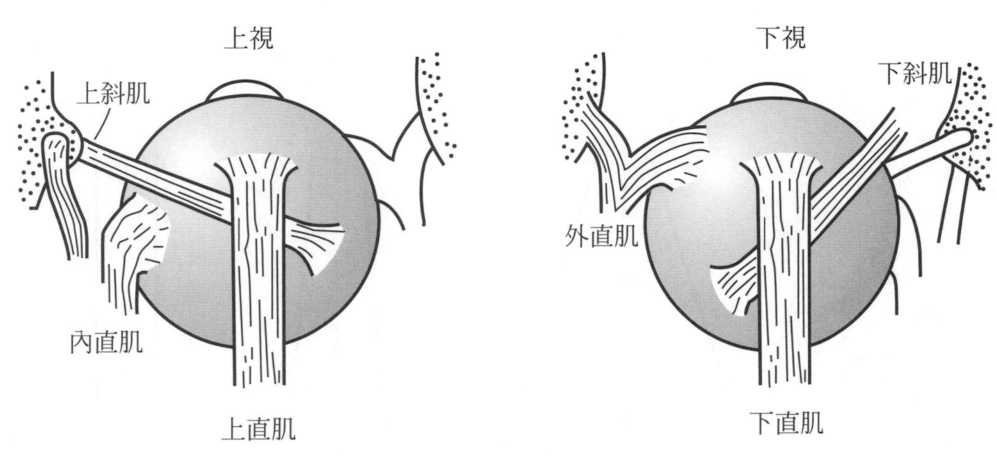

圖10.7 控制眼球轉動的肌肉

修改自：*Kromer et al, 1994*

10.2-3 雙眼線索

當注視物體時，物體在兩個眼睛的網膜上之影像並不完全相同，藉著兩個眼睛影像間之差異讓我們對於物體的距離和深度能更準確的判斷。一般所說影像的立體感即是由這種雙眼線索(binocular cues)所產生的。兩個眼睛間影像差異對於近距離之物體較顯著，對於遠方的物體則差異很小。此外，當物體向眼睛靠近時，兩個眼球傾向於同時向內轉動，這種轉動稱為輻輳(convergence)。輻輳時帶動眼球轉動的肌肉收縮也對距離與深度提供了重要線索。

立體感

由雙眼視差所造成的感覺

讀者可能看過3D立體電影，看立體電影時，螢幕的畫面讓我們產生身歷其境的立體感。立體影像的顯示是利用兩組具有不同極化鏡片的投影機來投射具有差異的影像(參考圖10.8)；此外，觀賞者也戴上兩眼不同的極化鏡片(立體眼鏡)，因此兩個眼睛會看到略為不同的影像，兩眼之間的像差在中樞神經被處理時即會產生立體的感覺。

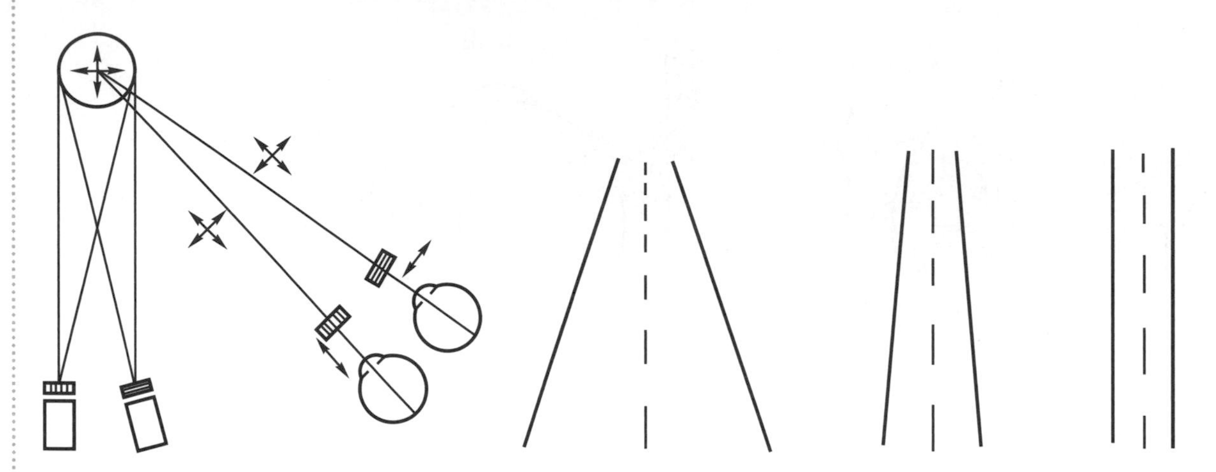

圖10.8　立體影像的產生

修改自：*Kaufman, 1974*

圖10.9　線條的關係可顯示距離的遠近

眼睛對於不同距離物體所產生的影像，經由長期的學習建立了一些判斷的線索。例如，我們常以線條之間的關係來判斷距離的差異，圖10.9中有三組線條，最右邊的一組平行線不會讓我們產生遠近的感覺，另外兩組不平行線則讓我們感到上方距離較小者為遠方，下方距離較大表示近端。最左邊一組的兩條線上、下距離差異較大，這讓我們產生較為強烈的遠近的感覺。除了線條的關係以外，物體的相對大小也是判斷的線索，圖10.10中三輛大小不等的汽車若均為真實的車輛，則較小的汽車一定是在較遠的地方。

圖10.10　物體的相對大小可顯示距離的遠近

10.2-4　單眼線索

當我們僅用一隻眼睛觀看時，僅有單眼線索(monocular cues)，此時對於距離與深度的判斷能力會較差。不過，根據影像特徵與經驗之學習，我們仍然能夠進行距離之判斷。首先，物體的大小(在眼睛所產生之視角)即可反映出其距離。其次，當轉動頭部而眼睛不動，物體影像在網膜上移動之速度也是一項參考依據，近距離物體影像在網膜移動較快；而遠距離物體在網膜移動較慢。其三，當看近物時，水晶體經過調整為較為圓凸；而看遠物時，水晶體則較為扁平，水晶體之形狀由睫狀肌控制，因此，睫狀肌之收縮狀況也提供了部份線索。

移動中的物體其單位時間之空間位置之改變所造成的視角變化，是我們判斷物體移動速度的重要依據，若是沒有這方面的視覺線索，我們對於速度幾乎是無從判斷。例如當搭乘汽車行駛於高速公路時，我們可以依窗外物體移動的速度來大略的估計車速。若是閉目養神，則僅能感受加速與減速的狀況，而無法判斷行車的速度。又如搭乘飛機時，在機艙內並無法看到窗外物體的移動(除了起飛與降落外)，因此無法估計飛機的飛行速度到底是多少。 Denton(1980)曾利用這種眼睛對速度的相對判斷來解決交通的問題：在一個經常發生交通事故的圓環，蘇格蘭當局希望車輛駕駛人在駛入圓環之前都能減速慢行， Denton設計的方式是在路面上畫不同間距的橫線(參考圖10.11)，在愈近圓環的路面其橫線的間距愈短。當駕駛人以等速向圓環方向行駛時，路面橫線向後移動的速度似乎愈來愈快，這會讓駕駛人有汽車在加速的錯覺，因此會自然而然的踩煞車來減速。

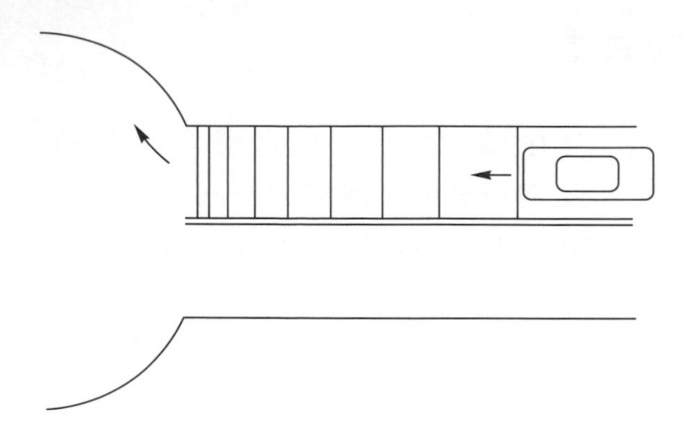

圖10.11　以路面橫線的間距來影響駕駛人對車速的判斷

修改自：*Denton, 1980*

10.2-5　視銳度

視銳度

眼睛可分辨兩個未接觸的物體之最小距離之能力

一般所謂的視力或者視覺清晰度乃是指視銳度(visual acurity)。所謂視銳度是指眼睛可分辨兩個未接觸的物體之最小距離之能力(minimum separable acuity)。一般檢查均以字母C或E依不同開口方向來測試人員是否可分辨開口的方向，若以C開口位置來檢查視銳度時，開口高度至眼睛所形成的角度即為視角(見圖10.12)，當視角小於10°時可以下式來計算：

$$\theta = 3438h / d \tag{10.3}$$

視銳度通常以視角(分)的倒數來衡量，能分辨視角愈小者，代表視力愈佳。視力1.0代表眼睛可分辨視角為1分的視銳度。

若視銳度以Snellen法表示，則以比數來表達。例如20/20表示某人在20呎處可看清正常視力表在20呎處可看清楚之物體。易言之，其視銳度為正常。若視銳度為20/40，則表示受測者在20呎處可看清正常視力者於40呎處可看清楚之物體。易言之，其視銳度低於正常人之值，以此種方式表達之視銳度稱為Snellen視銳度(Snellen's acurity)。所謂的盲人是指其較佳的一眼經校正後之視銳度仍低於20/200。

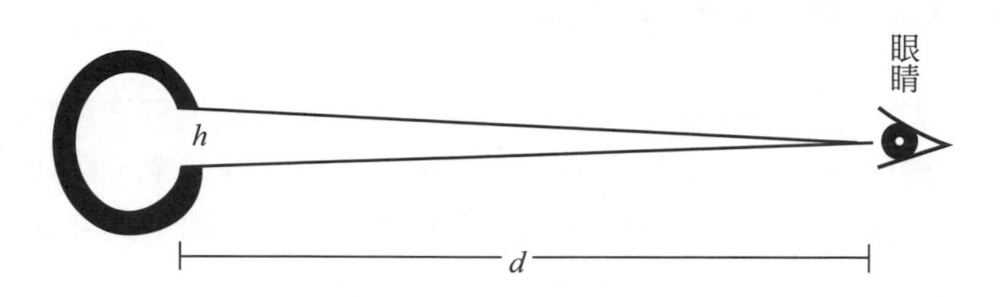

圖10.12　視角

表10.1顯示了Snellen 視銳度與常用的小數表示法間的換算。

表10.1　視銳度換算表

英呎	公尺	小數
20/200	6/60	0.10
20/160	6/48	0.125
20/125	6/38	0.16
20/100	6/30	0.20
20/80	6/24	0.25
20/63	6/19	0.32
20/50	6/15	0.40
20/40	6/12	0.50
20/32	6/9.5	0.63
20/25	6/7.5	0.80
20/20	6/6.0	1.00
20/16	6/4.8	1.25
20/12.5	6/3.8	1.60
20/10	6/3.0	2.00

10.2-6 視覺對比敏感度

對比敏感度

眼睛能夠辨別物體與背景間亮度最小差異之值

對比敏感度(sensitivity to contrast)是指眼睛能夠辨別物體與背景間亮度最小差異之值。對比敏感度對某些作業，例如：檢驗與圖像判讀之重要性甚至超過視銳度。對比敏感度之評估可經由空間頻率分析(spatial frequency ana1ysis)來進行。所謂空間頻率分析是要求人員觀看如圖10.13中所示之光柵，並要求其判定光柵是否存在。在光柵圖中每一明、暗長條構成一個週(cycle)。空間頻率(cycle/degree)之定義即為在每一度的視角中光柵週之個數。當增加人員與光柵之距離時，空間頻率即增加。人員可辨識光柵存在之最大空間頻率即為其閾值(threshold contrast)，而對比閾值之倒數即為對比敏感度。空間分析除了使用圖10.13中之方形波光柵以外，也常用正弦波之光柵。當空間頻率為 2 到 5 cycle/degree 時，一般人有較高之對比敏感值。

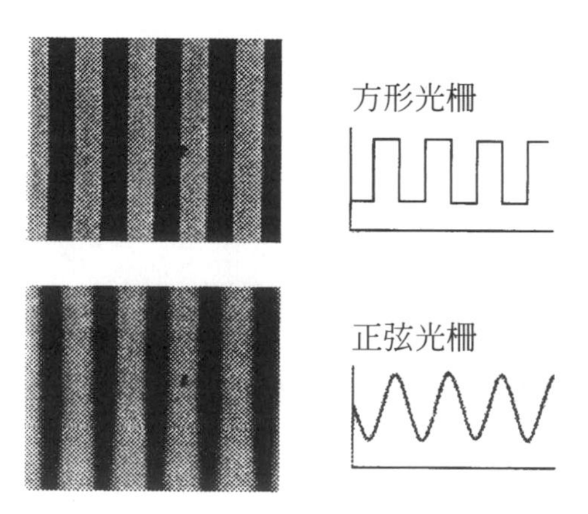

圖10.13　空間頻率分析之光柵

除了空間頻率之外，對比敏感度也受到對比本身的影響，如圖10.13中，若是光柵為灰色與白色相間，則對比敏感度必低於黑色／白色相間的光柵。此外，照明水準對對比敏感度也有影響，照明水準不良時，對比敏感度會顯著的降低。

10.3 光與顏色

10.3-1 光　波

光是一種電磁波，眼睛可以看見的光線(可見光)在電磁波的光譜中只佔極小的一部份(見圖10.14)。可見光的波長在380至780 nm (1 nm = 10^{-9} m)之間。我們所看到之顏色是由光的波長來決定的，波長為400 nm之光在網膜上可產生紫色之視覺；而700 nm之光則可產生紅色之視覺。

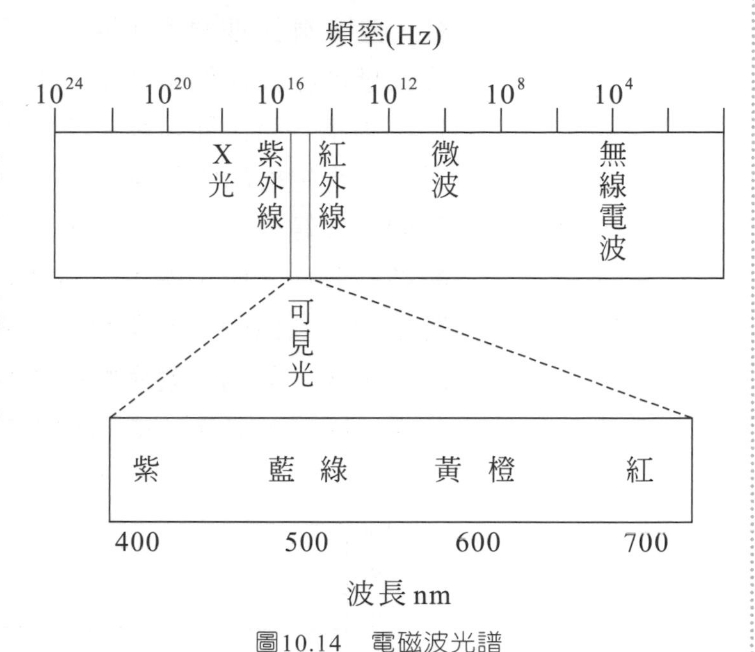

圖10.14　電磁波光譜

由光所引起的視覺反應有三種性質：色調(hue)、飽和度(saturation)及明度(brightness)。飽和度指的是色彩的豐富和貧乏，由於飽和度之不同，而形成了紅、粉紅、綠、淡綠、藍、淺藍等不同的顏色感覺(參考圖10.15)。

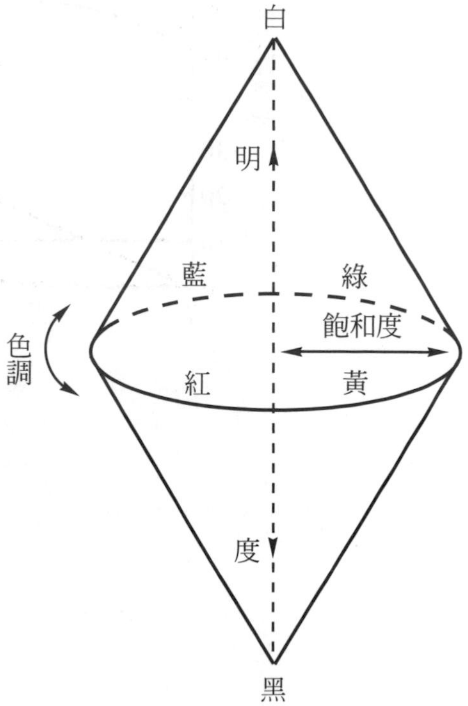

白
明
藍
綠
飽和度
色調
紅
黃
度
黑

圖10.15　色調、飽和度與明度
修改自：*Kaufman*，*1974*

太陽光包括了各種波長的光，當陽光照射在物體表面上時，部份波長的可見光被吸收，而其他可見光則被反射，眼睛對於顏色的辨別即是由未被物體表面吸收之可見光來決定的。紅、藍、綠三種顏色可稱之為色彩三原色，所有的顏色均可由這三種原色按比例來調出。就物體顏色而言，三種顏色被反射之比例不同時，即可產生不同顏色之感覺。例如：紅色和綠色混合可產生橙色或黃色；紅、藍兩色混合可產生紫色。圖10.16即顯示了陽光中被反射之波長之光的百分比組成和眼睛所看到顏色的關係。圖中顯示，若所有可見光均有80%被反射，則可產生白色的感覺；若所有可見光僅有10%被反射，則我們看到的是黑色。因為物體表面可能反射可見光之比例之組成有無限多種，因此，眼睛可區分顏色之種類也非常的多。

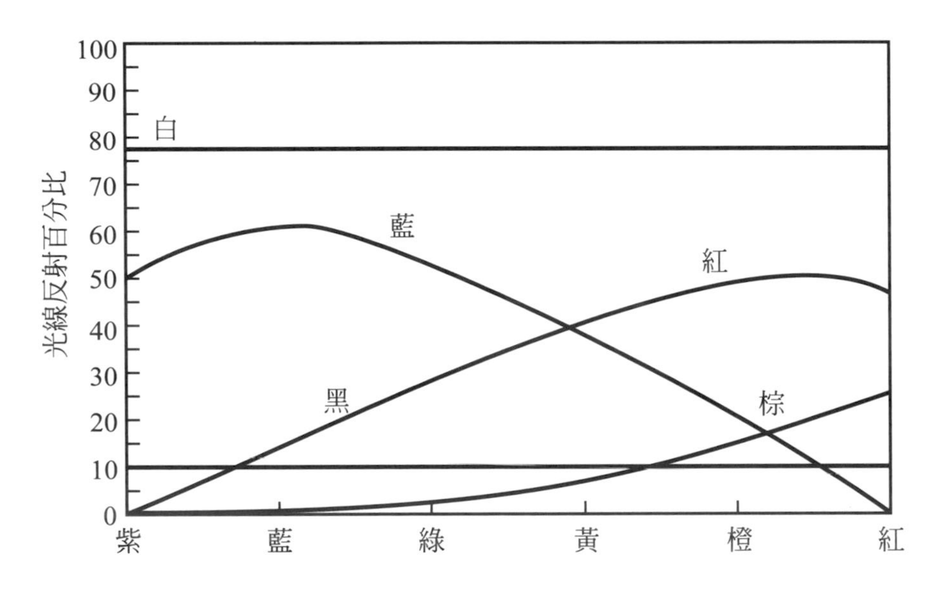

圖10.16　反射光與顏色的關係

資料來源：*Kromer et al, 1994*

10.3-2 顏色系統

依據三原色的構想，國際照明委員會(Commission Internationale de l'Eclairage，簡稱CIE)，在1931年即提出了三色圖(trichromaticity diagram)(見圖10.17)，用來決定顏色的產生。在三色圖中，X軸為紅色之比例、Y軸為綠色之比例，產生之各種顏色則分佈在圖中馬蹄形之區域內。三色圖的構想是若分別以X、Y、Z代表紅、綠、藍三色之比例，則有X＋Y＋Z＝1之關係。因此，若要產生特定之顏色，只要知道三原色中任二者之比例，則第三者之比例可用1減去前二者之比例和即可求得。例如：如欲產生紫色，可以0.3之紅色，0.1之綠色及0.6(1－0.3－0.1)之藍色來產生。三色圖中所產生顏色若是愈靠圖中馬蹄形之邊界線，則純度愈高。

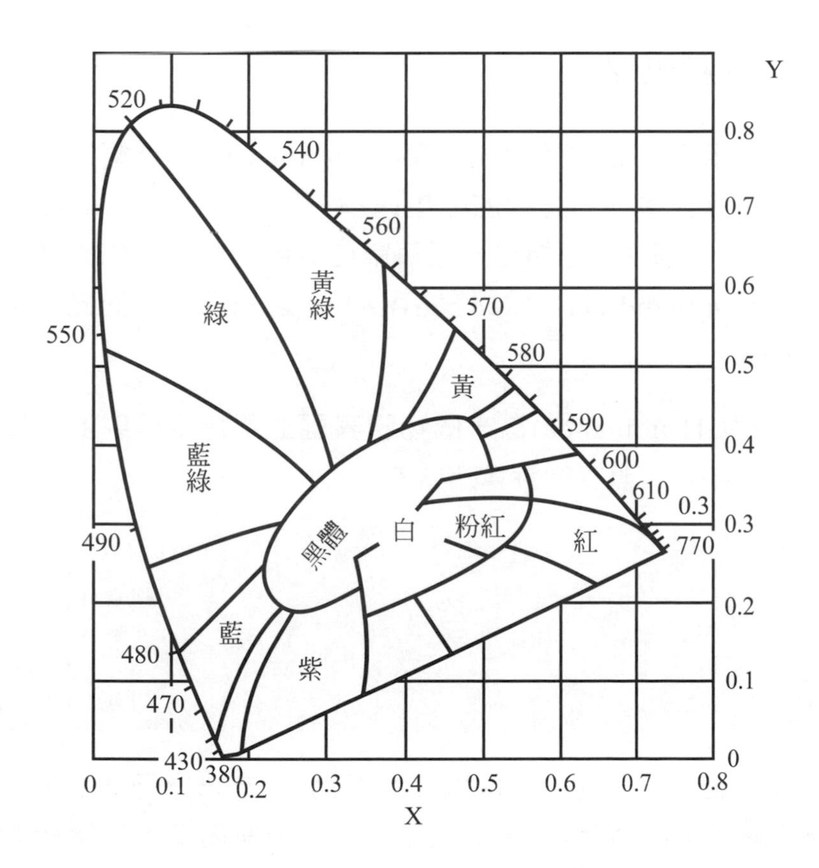

圖10.17　三色圖，馬蹄形周邊的數字是波長 (nm)

資料來源：*Hardesty*與*Projector, 1973*

不同的顏色會給人們帶來不同的心理感受，這種主觀的感受因人而異，但仍有相當的一致性。表10.2列出了人員對於不同顏色之主觀感受。

表10.2　顏色與人的主觀感受

顏　色	距離感受	溫度感受	情緒感受
藍	遙　遠	冷	平　靜
棕	很　近	中　性	興　奮
紫	很　近	冷	挑　釁
紅	近	溫　暖	熱　烈
橙	很　近	很溫暖	興　奮
黃	近	很溫暖	興　奮

10.3-3　測光學

光源發射的光線可用光通量(luminous flux)來衡量。所謂光通量是指光源放射光線的能量速率，單位為流明(lumen，以lm表示)。光強度則是指從光源每單位立體角所放射的光通量，單位為燭光(candlela，以cd表示)。1 cd之光源產生的光通量為12.57 lm。

照度(illuminance)為一個物體表面上所接受照射的光量，單位為lux(lx)。照度的計算方式為：

$$照度=\frac{燭光}{距離^2} \tag{10.4}$$

$$1\ lx=1\ lm/m^2 \tag{10.5}$$

由以上公式可知，1 lx實際上即為1平方米之面積上被照射之流明數為1m。眼睛可感受照度的範圍非常廣泛：從暗房中的數個lx到豔陽高照下的約100,000 lx均可感受。另外，照度常用的英制單位為呎燭光(footcandle)：

$$1\ \text{footcandle (fc)} = 1\ \text{lm/ft}^2\ \text{(英制)} \quad (10.6)$$

footcandle與lx間可依以下關係進行換算：1 lx =10.76 fc。

光線投射到物體表面時，部份會被吸收，其餘的則被反射。物體每單位表面積反射的光線的量稱為亮度(luminance)，單位為平方米燭光(cd/m^2)常用的亮度單位包括：

$$1\ \text{nit} = 1\text{cd/m}^2 \quad (10.7)$$

$$1\ \text{apostilb (asb)} = 0.32\ \text{cd/m}^2 \quad (10.8)$$

$$1\ \text{stilb (sb)} = 10000\ \text{cd/m}^2 \quad (10.9)$$

$$1\ \text{stilb (sb)} = 31416\ \text{asb}$$

$$1\ \text{foot Lambert (fL)} = 3.43\ \text{nits} \quad (10.10)$$

視域中物體與其背景間亮度的差異對於視覺有很大的影響。此差異可以亮度對比(luminance contrast)來計算：

$$\text{亮度對比} = \frac{(L_t - L_b)}{L_t} \quad (10.11)$$

其中 L_t：目標物之亮度

L_b：背景之亮度

物體表面反射光線的比例(或是反射光與投射光之量的比值)稱為反射比(reflectance)，反射比愈大則亮度愈大。反射比可以下式來計算：

$$\text{反射比} = \pi \times \frac{\text{亮度}(cd/m^2)}{\text{照度}(lx)} \quad (10.12)$$

反射比為一比例，因此並無單位。反射比與物體表面的光滑程度有關，一般物體的反射比介於5%到95%之間。平面玻璃的反射比約在80%到90%間；鏡子的反射比可在95%以上。除了物體表面的光滑程度以外，反射比與顏色也有關係，愈深的顏色其反射的光線愈少；愈淺的顏色反射的光線愈多。表10.3列出了不同顏色的反射比。

表10.3 不同顏色的反射比

顏色	反射比(%)
黑	0
深藍、紫紅、深咖啡	10～15
深紅、草綠、棕	20～25
天藍	40～45
淺灰、粉紅、橙、蘭姆綠	50～55
黃、淺綠、淺藍、淡粉紅	60～65
鵝黃、象牙色	70～75
乳白	80～85
白	100

10.4 視覺與照明

10.4-1 照明設計

視覺功能必須仰賴光線照射到物體表面並反射到視網膜上的感光細胞才能發揮。光線在空間中的照射稱為照明，照明可分為天然照明與人工照明。天然照明的光源是太陽光，陽光自古以來即提供了人類活動所需的最佳照明。然而，陽光在傍晚以後無法提供照明所需，因此古人就利用各種燃料燃燒產生的火燄來作為夜間照明之用。自從工業革命以後，各種燈具陸續被發明出來，這些燈具遂逐漸的成為照明上不可或缺的工具。

陽光雖然提供了免費的照明，然而在室內的活動卻常常無法滿足人們的需求，因此人工照明對於室內的活動幾乎是不可或缺的。Kaufman(1973)提出從事人工照明的設計時應考慮的一些因子，這些因子經筆者略為修改如下：

1. 視覺工作的特徵

(1) 人員從事的視覺工作有那些？

(2) 不同類型的視覺工作是否經常轉換？

(3) 各視覺工作需要的照度水準為多少？

(4) 光線照射的方向是否影響工作？

(5) 顏色是否重要？

2. 工作場所的特徵

(1) 工作空間大小？

(2) 陽光是否能利用？

(3) 空間中各表面的反射比？空間中是否有炫光？

(4) 是否考慮工作氣氛？

3. 燈具的選擇

(1) 光強度與光色是否適當？

(2) 數量需要多少？

(3) 成本(包括購置、維修、與耗電)是否可接受？

(4) 是否提供良好的工作氣氛？

4. 燈具的配置

(1) 位置是否適當？

(2) 方向是否適當？

(3) 是否讓人員感到舒適？

常見的人工照明工具有鎢絲澄泡(filament lamp)與日光燈(fluorescent lamp)兩種。鎢絲燈泡是利用電流通過鎢絲時產生高熱並發光的原理設計的，這種燈產生之光線以紅、黃光較多，會使人產生較溫暖的感覺，然而因為燈絲會發熱，若離人員太近，會讓人產生不舒服的感覺。日光燈是利用電流通過稀有氣體或水銀蒸氣時釋放紫外線，並透過燈管內壁之螢光劑轉換為可見光之原理設計的。此種將電源轉換成光源的過程較有效率，因此產生的溫度較低，也較為省電，而光色也可經由螢光劑成份的改變來調整。

發光二極體（light-emitting diode，簡稱LED）是一種半導體元件，此元件開發的初期多用在指示燈及顯示板上。隨著白光LED的誕生，也被用作照明工具。LED燈具有效率高、壽命長、及不易破損等傳統光源所沒有的優點。由於具有極好的單色性，在一些需要某種顏色的場合，發光二極體也比白色的光源更有優勢。與傳統的白光燈具不同，LED燈無須於燈管表面塗覆用於吸收光輸出的塗料，因為它們的顏色是與生俱來的，而且顏色多種多樣。除了一般照明之外，綠光、藍光、與紅光等單色LED更廣泛的用在交通控制、導航、儲存感光化學材料場所等特殊用途之發光與照明的場合中。

目前通稱的省電燈泡又稱為壓縮式日光燈(compact fluorescent light bulb)，因其耗電量低且使用與鎢絲燈泡相同的燈座，現在已經普遍的取代高耗電的鎢絲燈泡。省電燈泡的原理與日光燈相同，它具有填充稀有氣體的燈管，並以電流通過稀有氣體將其激發以釋放出可見光；因為這個緣故，省電燈泡必須製作成螺旋或是直的細管狀。與傳統日光燈不同的是，省電燈泡不需要起動器，而且其噪音低、發光效率較高。

燈射出光線頻譜的不同，會影響人對於環境中顏色的感覺，CIE(1974)曾提出以燈的顏色表現指數(color rendering index，簡稱CRI）來作為燈色量化的工具。當視覺環境中顏色的表現是照明設計重要的考慮項目時，CRI可提供設計者對燈色選擇的參考。表10.4列出了常見燈的CRI與顏色表現的特性。

表10.4　燈的顏色表現指數與顏色表現的特性

種	類	顏色表現指數	強化顏色	減弱顏色
日光燈	暖　白	52	橙、黃	紅、藍、綠
	超暖白	73	紅、綠、橙、黃	藍
	冷　白	62	橙、黃、藍	紅
	超冷白	89	所有顏色	—
白熱燈		97	紅、橙、黃	藍
鹵素燈		65	藍、綠	紅

摘自：*Wotton, 1986*

工作場所中的照明水準應視視覺工作的精細程度及視覺目標與背景的對比而定，表10.5列出了Grandjean（1985）對工作場所照明水準的建議值。表10.6顯示了美國(照明工程學會，IES)與德國的部份作業照度標準值之比較，由表可知，美國的照度標準高於德國的標準值(Grandjean, 1985)。

表10.5　針對不同視覺工作之照度建議值(lx)

視覺工作	物體與其背景的對比		
	高	中	低
極度精細	1000	3000	10000
	700	2000	7000
	500	1500	5000
非常精細	300	1000	3000
	200	700	2000
精　細	150	500	1500
	100	300	1000
略為精細	70	200	700
	50	150	500
不大精細	30	100	300
	20	70	200
不精細	15	50	150
	10	30	100

資料來源：*Grandjean(1985)*

表10.6　美國與德國之照度(lx)標準比較

作業	德國 DIN	美國 IES
粗重組裝作業	250	320
精細組裝作業	1000	5400
非常精細之組裝作業	1500	10800
工具機之粗略作業	250	540
工具機之精細作業	500	5400
工具機之非常精細作業	1000	10800
工程製圖	1000	2200
辦公室工作	500	1600

資料來源：*Grandjean (1985)*

人工照明可分為一般照明與局部照明，一般照明是為了滿足眼睛在視域中起碼的視覺需求提供的照明；局部照明則是在一般照明之外，在視域中加強特定目標所提供的照明。我國勞工安全衛生設施規則第313條中規定，人工照明之水準如表10.7所示，表中所列的值均較德國與美國的照明標準為低。

Nemecek與Grandjean(1975)曾經調查了15處開放式的辦公室的照明水準，並訪問了在其間工作的519位人員。訪問的結果顯示，人員覺得最適當的辦公室照明水準應在400 1x至850 1x之間，當照明水準高於1000 1x時，抱怨光線太強以致造成眼睛不舒服的比例顯著的增加。與這項結果比較起來，IES建議的辦公室內照明水準(1500 1x)似乎偏高，而勞工安全衛生設施規則中訂定的300 1x似乎又偏低。

表10.7 勞工安全衛生設施規則規定之人工照明水準

場所或作業	照明種類	最低lx值
室外走道及室外一般照明	全面照明	20
走道、樓梯、倉庫、儲藏室(粗大物件)	全面照明	50
搬運大物件作業	局部照明	50
機械及鍋爐房、升降機、裝箱、儲藏室(粗細物件)、更衣室、盥洗室、廁所	全面照明	100
須粗辨物體如鋼鐵半成品及其他初步整理之工業製造	局部照明	100
須細辨物體之作業，如零件組合、普通檢查	局部照明	200
須精辨物體才作業，較詳細檢查及精密實驗	局部照明	300
一般辦公場所	全面照明	300
須極細辨物體而有較佳之對稱，如玻璃磨光	局部照明	500～1000
須極精辨物體而對稱不良，如鐘錶鑲製	局部照明	1000

民國八十三年六月十五日修訂

一般照明的設計除了提供視覺所需的足夠光線以外，也要滿足人員主觀的舒適性。若是光線足夠但在空間中分佈不均勻，則會讓人員感到不舒服，這種不舒服主要係由視域中各物體表面亮度差異過大所造成的。因此，Grandjean(1985)建議照明設計應考慮物體亮度對比的問題。他提出以下的設計原則：

1. 視域中各物體表面亮度愈接近愈好。
2. 視域中央物體表面亮度對比不應超過3：1。
3. 視域中央物體與視域邊緣物體亮度對比不應超過10：1。
4. 工作中視域中央物體之亮度應為最高，視域周邊物體的亮度則應較低。

5. 強烈的亮度對比在視域兩側與下方對人員的干擾較其在視域上方所造成的影響為嚴重。
6. 光源與其背景間的亮度對比不應超過20：1。
7. 空間中所允許的最大亮度對比為40：1。

10.4-2 日光商數

日光商數(daylight quotient或DQ)是指日光在室內與室外的比值：

$$DQ = \left(\frac{E_i}{E_0}\right) \times 100\% \qquad (10.13)$$

式中 E_i＝室內某點的光線強度

E_0＝室外水平面上日光均勻照射之光線強度

白天在室內由日光所提供的照明可用日光商數來表示，假設在日照之下，室外水平面上最小的日光強度為5000 lx，則在不同的日光商數下，日光在室內所提供的照明列於表10.8中。

表10.8　不同的日光商數下陽光在室內所提供的照明

工作區域之日光商數(%)	工作區域之照度(lx)	照明水準
3	150	低
6	300	略　低
10	500	平　均
20	1000	高

資料來源：*Grandjean(1985)*

10.4-3 炫　光

當過多的光線進入眼睛，不僅無法提高視覺績效，反而可能讓眼睛不舒服，干擾視覺，甚至於傷害網膜上的感光細胞，這種光線稱為炫光(glare)。由光線直接射入眼睛之炫光稱為直接炫光，例如：直視太陽和電燈泡時，眼睛都會感到不適甚且無法張開。由物體表面(如鏡子或玻璃)反射所產生的炫光稱為反射炫光。

Nemecek與Grandjean在對15處開放式的辦公室的照明水準的調查中發現，有23%的受訪者抱怨他們的眼睛常受到炫光的干擾而感到不舒服。依據受訪者的敘述，辦公室中炫光的來源與分配比例如下：

來源	比例
窗戶	36%
燈	25%
桌面	18%
黃昏炫光	17%
其他	4%

由以上比例可知，窗戶、燈、桌面是辦公室中炫光的直接或間接來源。

工作場所之照明設計不僅要考慮燈具所能提供的照度，也要控制空間中各物體(包括建築物、桌、椅、櫃子、工作檯、機器設備等)表面的反射比。採用反射比高的表面設計可提高室內整體的亮度，因此一般室內的天花板與牆面大多採取此種設計。然而，高反射比的表面也容易引起反射炫光的問題，例如辦公桌面的玻璃墊就很容易產生炫光，刺激使用者的眼睛。為了提供適當的採光，而又不會造成炫光的問題，工作空間中對反射比的設計原則應該是反射比由地板至天花板隨著高度的增加而提高，因為人員工作時其視域大多在水平線以下的區域，需要抬頭看上方的情形較少。表10.9列出了美國IES(1982)對於工作場所反射比的建議值。

表10.9　工作空間中之適當反射比

物　體　表　面	反射比(%)
天花板	80～90
牆面	50～70
隔間與屏風	40～70
百葉窗	40～60
桌、椅、工作檯、櫃子、機器	25～45
地板	20～40

資料來源：*IES*(*1982*)

炫光會讓眼睛感到不適，然而這種感覺是相當主觀性的，人們對同樣的炫光可能會有不同程度的反應。判斷光線是否為炫光，可在實驗中讓受測者之視域暴露於特定水準之光線，並配合記錄其眼睛不舒服之主觀感受。若要比較人員間對於炫光敏感度之差異，可在實驗中分別記錄受測者開始感到不適之最低光線強度，此炫光值較低之受測者對於炫光較為敏感。

失能炫光

讓眼睛無法看清物體的炫光

讓眼睛無法看清物體的炫光稱為失能炫光(disability glare)，失能炫光和年齡有關，年齡愈大的人，愈容易受炫光之影響而降低視覺績效。除了年齡外，Sanders et al.(1990)發覺，戴眼鏡比不戴眼鏡的人容易因炫光而視覺失能。Heckman (1983)依其調查，列出了眼鏡容易受失能炫光影響之程度由大而小分別為：硬式隱形眼鏡、軟式隱形眼鏡、一般眼鏡。

眼睛在視域中常有向較亮處尋找視覺目標的傾向，這種現象稱為向光性(phototropism)。因為向光性的關係，眼睛在工作中容易被周圍亮度較高的炫光(如電腦監視器上的反光點)所吸引，此時瞳孔必須縮小以減少進入眼球的光線，如此一來，眼睛對於視域中真正需要注視目標的敏感性反而降低，這種情形會對工作中的人員造成困擾。向光性對人員的影響也不完全是負面的，利用這種特性，百貨公司的專櫃、櫥窗及藝廊均可以燈光投射於展示物品來有效吸引顧客的視線。

減少作業環境中之炫光之作法包括：

1. 作業點與燈的位置應作適當調整以避免炫光的產生(參考圖10.18)。
2. 使用燈罩來限制光線的照射區域。
3. 使用屏障阻擋以避免炫光的產生(參考圖10.19)。
4. 降低單燈具之照明水準(若環境中照明不足，可用多個燈來彌補)。
5. 作業區域遠離窗戶、或窗戶可用窗簾遮蔽。
6. 作業區域內之平面(如牆壁、地面、桌面、機器表面等)使用反光性較低之材質或塗料處理。

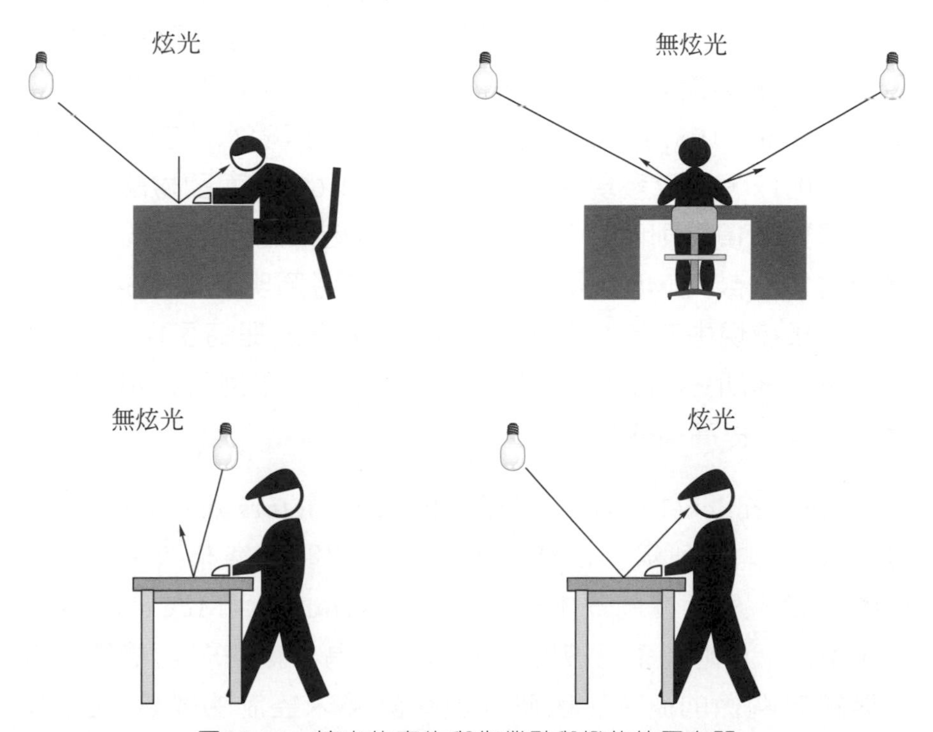

圖10.18　炫光的產生與作業點與燈的位置有關

10.4-4　照明與人員績效

適當的照明水準是工作環境中不可或缺的，照明水準與人員績效的關係是許多學者關心的議題。早在1927至1933年間，Mayo即在美國的西方電氣公司以控制照明與溫度等環境條件來

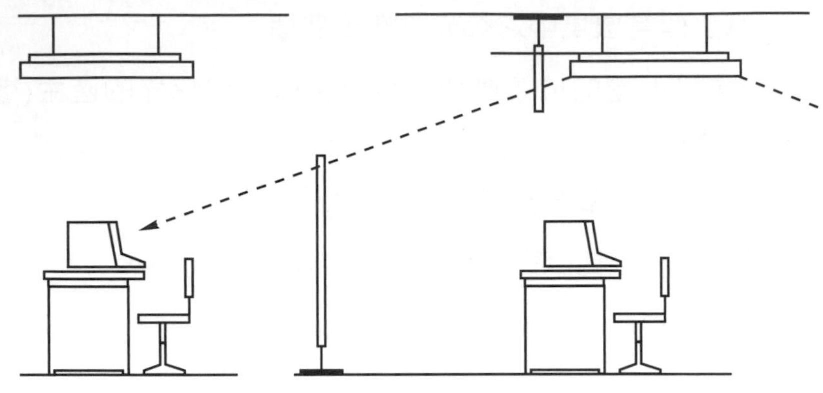

圖10.19　使用屏障阻擋以避免電腦螢幕產生炫光

修改自：*Helander, 1982*

觀察人員的作業績效，該研究即為有名的霍桑實驗(Hawthorne studies)，霍桑實驗的最終結論在於討論人員社會心理層面的問題，對於照明與人員績效的關係反而沒有明確的結論。另外，美國某紡織公司也曾做過照明與人員績效關係的調查(Grandjean，1985)，該公司曾將工廠內的照明水準由170 1x提高至340 1x，結果發現生產績效提高了4.6%，而因檢驗不合格而遭退貨的損失則降低了25.4%。此項結果給予該公司管理階層相當大的鼓舞，因此他們更進一步的將照明水準提高至750 1x，結果發現生產效率由最早的(170 1x)狀況提高了10.5%，而產生不合格所造成的損失則降低了40%。這個例子顯示了提高照明水準可提高績效並降低失誤率。

McCormick(1970)在其著作 Human Factors in Engineering (第3版)中也曾列舉了15種工業以提高照明水準來改善作業績效的例子。然而在同一本書的第7版(Sanders與McCormick，1991)中，上述例子已被刪除，作者認為早期許多討論照明與人員績效關係的研究，因研究中有許多未控制的變數(如工作環境中的其他條件、人員是否受激勵等)存在，因此研究結果未必能清楚的確認照明水準與工作績效間的關係。雖然提高照明水準即可提高作業績效的主張受到部份的質疑，然而人員工作中需要適度的照明則是不爭的事實。早期許多的調查，其原始的照明水準以今日的標準來看均明顯偏低(低於100 1x)，以提高照明水準讓人員可以清楚的看到工作物件，以提高效率並減少人為疏失的作法也頗為合理，但是若照明已達到相當的水準之後，提高照明水準對於人員作業績效的影響則相當的有限。Ross(1978)即曾提出，當照明水準超過500 1x以後，提高照明水準對於人員績效的影響就不顯著了。

作業類別對於照明水準與人員績效間的關係也有影響。以視覺為主的作業(如產品檢驗、細小零件的組裝、保全監視等)受到照明水準改變的影響較大。若視覺在作業中的重要性不高(如大物件的包裝與搬運)，則人員績效受到照明改變的影響就比較小。

除了照明水準與作業型態以外，人員的年齡也是影響照明與績效關係的主要因子。隨著年齡的增加，眼睛會出現一些生理上的變化，這些變化包括水晶體逐漸變厚且其透明度逐漸降低、虹膜的肌肉老化以致於瞳孔的最大孔徑減少且其調節速度降低。Weale(1961)指出，一般人到了50歲時，光線投射到網膜上的量比20歲時減少了50%；到60歲時此減少量更高達66%。因此，老年人的視力明顯的較年輕人差，此時其對工作中的照明水準需求較高。提高照明水準對於高齡者的作業績效改善往往會比對年輕人的影響更為顯著(Bennett et al, 1977；Hughes &McNelis, 1978)。

綜合以上所述，照明與績效的關係可整理如下：

1. 當照明不足時，提高照明水準可以提高人員的績效。
2. 人員績效因照明水準增加而提高的狀況在以視覺為主的作業較顯著。
3. 人員績效因照明水準增加而提高的狀況對於視力較差者(如老年人)較為顯著。

10.5 視覺與疲勞

10.1節中曾提到眼睛看物體時需要以睫狀肌控制水晶體來得到適當的焦距，而在搜尋視覺目標時需要眼球周圍的肌肉的收縮才能完成。與身體的肌肉活動相仿，若是眼睛的肌肉經常收縮也會產生疲勞，而持續的注視移動中的物體則會產生炫暈的感覺。

視覺疲勞是工作場所中普遍存在的問題，例如筆者於民國八十五年間曾針對工作場所中職業傷害的問題訪問了許多半導體製造業的技術員。調查中發現，許多從事晶圓檢驗的技術員均抱怨有眼睛酸痛與視力減退的問題。這些技術員的工作是經由顯微鏡來觀察晶片上是否有瑕疵，這種長時間以注視為主的作業自然會有視覺疲勞的問題。視覺疲勞尤其容易發生在當人員需要長時間注視、注視細小物件、快速的視覺目標搜尋等類型的工作，而照明不當(不足或太過)、視域內對比太強烈、照明水準不固定等環境，更容易造成視覺的疲勞。視覺疲勞可能引起的症狀包括：

- 眼睛乾澀
- 眨眼頻次增加
- 眼睛酸痛
- 雙重影像(眼花)
- 視銳度降低
- 視覺目標搜尋能力降低
- 視調節與輻輳能力降低
- 頭　暈
- 頭　痛

閃動融合頻率

當閃爍的燈光看起來不再閃動的最低頻率，是用來評估人員疲勞程度的工具之一

閃動融合頻率(flicker fusion frequency，簡稱FF)又稱臨界融合頻率(critical fusion frequency，CFF)是指當閃爍的燈光看

起來不再閃動的最低頻率。CFF是用來評估人員疲勞程度的工具之一。CFF適用於評估以心智活動為主的單調性、持續性的作業，例如電話接線、航空管制、保全監視、品質檢驗等，這些作業的共通性就是高視覺負荷。文獻顯示，當這些作業的人員在工作數小時之後，CFF值通常會降低0.5到6 Hz。圖10.20顯示了Grandjean等人(1971)在蘇黎世國際機場對航管員所做的調查。受調查的航管員平均每日花3.5小時來監視雷達螢幕，每日處理的符碼訊息超過800項以上。圖中顯示，人員在執勤的前6個小時平均CFF值微幅的下降(0.5 Hz)，在之後的四個小時中，CFF則快速的下降(1.8 Hz)，這顯示了最後的這段執勤時間，航管員的疲勞程度快速的提高。

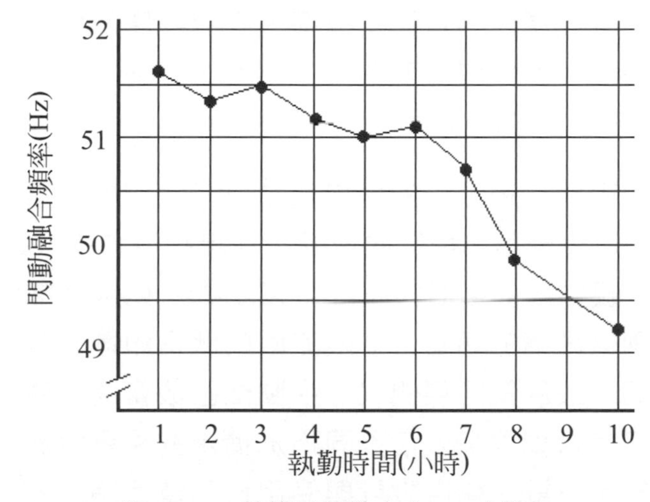

圖10.20　航管員執勤中之CFF之變化

資料來源：*Grandjean,1985*，經*Taylor & Francis*同意轉載

除了閃動融合頻率以外，眼睛的眨眼行為的改變也被許多學者認為與疲勞有關French et al(1991)曾以持續警戒作業來研究9位受測者的眨眼率(blink rate)在連續14個小時中的變化，結果發現平均眨眼率由開始時的27 次/分鐘提高至結束時的37次／分鐘。Haider與Rohmert(1976)在調查駕駛卡車模擬器的實驗中，發現受測者的眨眼率在4個小時的實驗中提高了80%至100%。Pfaff et al(1976)在類似的駕駛行為研究中發現，受測者在3小時的駕駛中，眨眼率由15次／分鐘提高到了40次／分鐘。

每個人的眨眼率不僅與作業持續時間長短有關，也和作業的視覺需求有關。在從事視覺需求高的作業時，我們會刻意的抑制眨眼的動作以滿足視覺的需求，例如閱讀時的眨眼率會較非閱讀時為低。Stern與Skelly(1984)曾發現，飛行中飛行員由於高度的視覺需求，其眨眼率明顯的低於不負責飛行的機員，若兩人的位置互換，負責飛行者的眨眼率仍然較低。長時間的抑制眨眼動作更容易引起視覺疲勞。

除了眨眼率以外，眨眼的幅度與眼瞼閉合的時間也與疲勞有關；眨眼的幅度愈來愈小與眼睛閉合的時間愈來愈長是打瞌睡者常有的經驗。Morris(1984)曾調查睡眠不足對飛行績效的影響。研究中，受測者在一夜未睡的狀況下連續4小時操作飛行模擬器，結果發現受測者的眨眼率、眨眼幅度及眼睛閉合時間的改變對於飛行的績效都有顯著的影響，眼睛閉合時間的增加尤其會提高操作中的錯誤率。

眨眼與眼睛在視域中的掃描活動可以使用儀器量測，最常用的儀器是以光學反射與影像拍攝記錄瞳孔位置的眼動儀(參考圖10.21)，眼動儀依儀器的設計可以記錄一個眼睛的活動或者同時記錄兩個眼睛的活動。一般的眼動儀是頭戴式的，也有廠商開發出如一般眼鏡的輕便式。眼動儀已被廣泛的使用在許多領域裡，包括汽車駕駛人在不同路況情境的視覺行為分析、控制室資訊顯示設計、網頁設計與使用者瀏覽行為分析、商業影片、書報、櫥窗設計、多媒體設計研究、導覽顯示系統設計分析等。

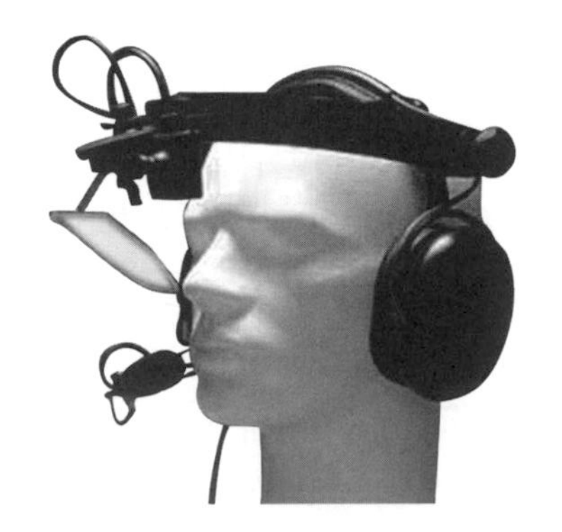

圖10.21　眼動儀

參考文獻

1. 勞工安全衛生設施規則(民國八十三年)，行政院勞工委員會。
2. *Bennett,C,Chitlangia, A, Pangrekar, A(1977), Illumination levels and performance of practical visual tasks, Proceedings of the Human Factors Society 21th Annual Meeting, Santa Monica, CA, 322-325.*
3. *Commission Internationale de l'Eclairage (1974), Methods of measuring and specify color rendering properties of light source, CIE publ. 13.2, Paris.*
4. *Denton, GG(1980), The influence of visual pattern on perceived speed, Perception, 9,393-402.*
5. *French, J, Whitmore, J, Hannon, PJ, Brainard, G, Schiflett, S(1991), Photic effects on sustained performance, NASA conference publication 3127, Houston, TX.*
6. *Grandjean, E, Wotzka, G, Schaad, R, Gilden, A(1971), Fatigue and stress in air traffic controllers, Ergonomics, 14, 159-165.*
7. *Grandjean, E(1985), Fitting the task to the man, Taylor & Francis, London.*
8. *Haider, E, Rohmert, W(1976), Blink frequency during four hours of simulated truck driving, European Journal of Applied Psychology, 35, 137-147.*
9. *Hardesty, G, Projector, T(1973), NAVSHIPS display illamination design guide, Washington DC:Government Printing Office.*
10. *Helander, MG(1982), Ergonomic Design of Office environment for visual digplay terminals (report for NIOSH), Blacksburg, VA:(VPI & SU).*
11. *Hughes, P, McNelis, J(1978), Lighting, productivity, and work environment, Lighting Design and Application, 37-42.*
12. *Illuminating Engineering Society (1982), Office lighting(ANSI/IES RP-1-1982), N.Y..*
13. *Kaufman, L(1974), Sight and mind: an introduction to visual perception, Oxford University Press, Inc.*
14. *Kromer, KHE, Kromer, H, Kromer-Elbert, K(1994), Ergonomics-how to design for ease and efficiency, Prentice-Hall Inc, N.Y..*
15. *McCormick, E.J., (1970)., Human Factors in Engineering and Design, McGra-Hill,N.Y..*

16. *Morris, TL(1984), EOG indices of fatigue-induced decrements in flying-related performance, unpublished doctoral dissertation, Texas A&M University, College Station TX.*

17. *Nemecek, Grandjean, E(1971), Das Grassraumburo in arbeits physiologicher Sicht Ind Organization, 40, 233-243.*

18. *Pfaff, U, Frushstorfer, H, Poter, JH(1976), Chnages in eyeblink duration and frequency during car driving, Pflueger Archive, 362 R21.*

19. *Pirenne, MH(1967), Vision and the eye, Associated Book Publisher, London.*

20. *Ross, D(1978), Task lighting-yet another view, Lighting Design and Application, 37-42.*

21. *Sanders, M.S , Shaw, B, Nicholson, B, Merritt, J(1990), Evaluation of glare from central-high-mounter stop lights, Washington DC： National High Way Traffic Safety Administration.*

22. *Sanders, M.S , McCormick, E.J., (1991)., Human Factors in Engineering and Design,McGraw-Hill, N.Y..*

23. *Stern, JA, Skelly, JJ(1984), The eyeblink and work load considerations, Proceedings of the Human Factors Society 28th annual meeting, 942-944, Santa Monica.*

24. *Weale, R(1961), Retinal illumination and age, Transaction of the Illuminating Engineering Society, 26, 95.*

25. *Wotton, E(1986), Lighting the electronic office, In R Leuder (ed.), The ergonomic payoff, designing the electronic office, Toronto, Ontario, Holt, Rinehart & Winston, 196-214.*

自我評量

1. 什麼是暗適應？
2. 視域包括哪三種區域？在視覺上的差別為何？
3. 什麼是視覺對比敏感度？如何以空間頻率分析來檢驗視覺對比的敏感度？
4. 什麼是視銳度？
5. 在三色圖中，若X=0.6，Y=0.3 則會產生那一種顏色？
6. 什麼是照度？ 常用的單位為何？

7. 什麼是亮度？常用的單位為何？
8. 什麼是反射比？
9. 作業場所中，如何降低炫光的產生及其對於作業人員的影響？
10. 什麼是閃動融合頻率？

NOTE

11

聽覺設計與噪音問題

在人機系統中，聽覺是除了視覺以外最重要的感覺型式。本章將由我們的聽覺器官－耳朵的構造開始介紹與聽覺有關的問題。噪音是目前與大家的生活與工作息息相關的議題，這方面的問題本章中也將有詳細的探討。

11.1 聽覺器官

我們的聽覺器官是耳朵。耳朵由外耳、中耳、內耳三部份組成(見圖11.1)。外耳包括耳翼、聽道，其功能為聲波之收集，中耳由鼓膜、錘骨、砧骨及鐙骨等之小骨組成。中耳的功能是將由耳道傳來之聲波傳導至內耳。鼓膜受到聲波之壓力會產生震動，而震動則會由三小骨依次傳進至內耳之卵圓窗上，中耳與咽喉之間有耳咽管相連，空氣可由耳咽管進入中耳以平衡中耳與外耳間之壓力。因此當吾人感到耳部因氣壓變化而不適時，可用吞嚥口水之方式來調整中耳內之壓力。內耳由前庭及耳蝸所組成(見圖11.2)，前庭職司平衡覺，而耳蝸則為聽覺器官。耳蝸主要是由螺旋狀之耳蝸管組成，耳蝸管內充滿了淋巴

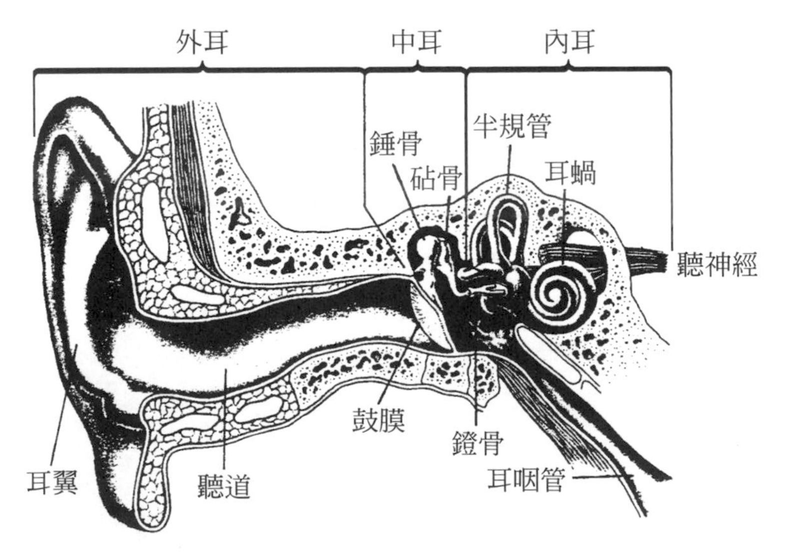

圖11.1　外耳、中耳與內耳

資料來源：*White, 1975*

液，而其兩端則為卵圓窗與圓窗。當鐙骨因震動而撞擊卵圓窗時，耳蝸管內之淋巴液即因壓力之變化而產生震波，沿著管內傳遞，並消失於管另一端之圓窗。耳蝸管內有基底膜，膜上的柯蒂器官(organ of corti) 含有許多與感覺神經相連之毛細胞，這些毛細胞之立體纖毛在感受到淋巴液內的震波時，即將此訊息傳送給聽覺神經並傳遞至大腦。

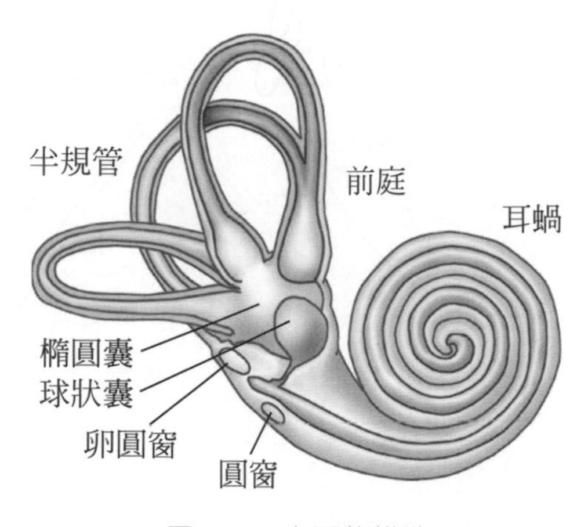

圖11.2　內耳的構造
資料來源：道氏醫學大辭典

前庭部份的三個(前、後、外)半規管(semicircular canals)職司頭部的轉動感覺(參考圖11.3)，半規管內也有毛細胞與淋巴，當頭部轉動時，管內的淋巴會因慣性的關係隨之流動，此時毛細胞上的立體纖毛會受到刺激而傳遞該訊息給感覺神經的末梢。由於淋巴對轉動的慣性均有延滯的現象，當頭部開始很緩慢的轉動時，淋巴並不隨之流動，因此並不會有旋轉的感覺。當頭部的轉動持續下去之後，旋轉的感覺即會產生。若轉動持續一段時間突然停止，此時淋巴因慣性的關係會繼續流動，因此雖然轉動已經停止，我們仍然會有旋轉的感覺。三個半規管彼此之間約略垂直，因此恰可感受到三度空間中的轉動的感覺(彭英毅，1992)。

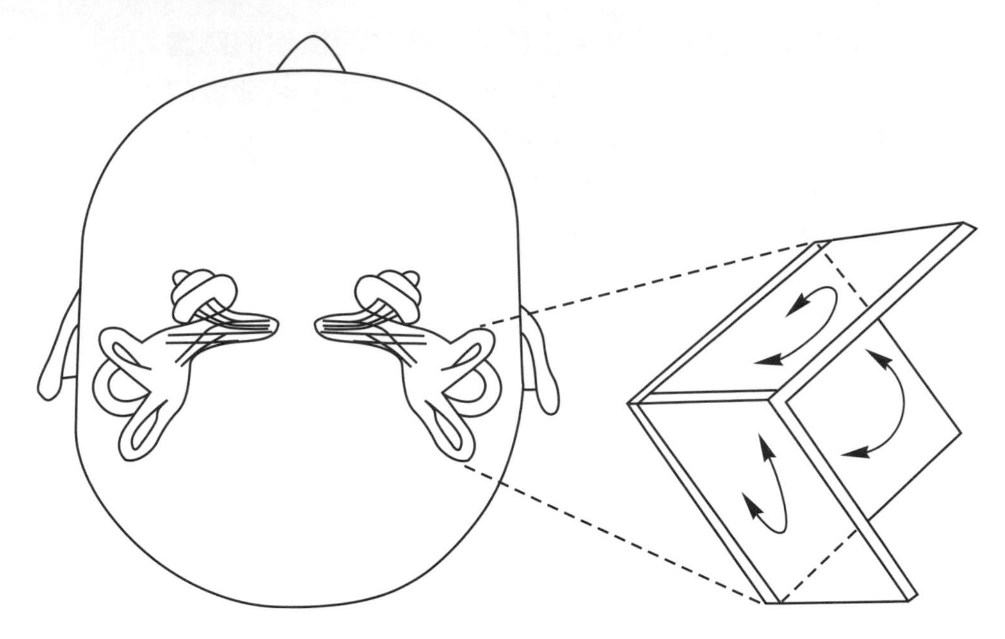

圖11.3　兩個耳朵的三半規管

修改自：彭英毅，*1992*

除了頭部轉動的感覺之外，耳朵也是我們感受加速度的器官。重力與線性加速度的感受是由前庭基部的橢圓囊(utricle)和球狀囊(saccule)內的感受器負責，在此二囊的內部也有毛細胞，毛細胞的立體纖毛埋在膠質構造內，而在膠質構造之上則有緻密堆積的礦物結晶，稱為內耳石(otoconia)。當我們搭乘電梯向上加速時，內耳石會產生向下的慣性，此時我們會有向下的沉重感覺；若搭乘電梯向下加速，則內耳石會產生向上的慣性，此時我們會感到向上較輕的感覺。加速度的感覺是相對的，在缺乏視覺參考的狀況下，我們只能依照身體的方位來判斷，對於在夜間飛行的飛行員而言，以自己的感覺來判斷加速的方位往往會造成誤判的發生，此時唯有仰賴儀表的顯示才能避免悲劇的發生。

11.2 聲音的性質

聲音是由空氣中分子因物體震動引起對應之震動，並以聲波的型式刺激耳朵產生的感覺型式。聲波的基本物理性質包括週(cycle)、週期(period)、頻率(frequency)、及波長(wave length)。空氣分子在空中由原點移動至回到該點之過程稱為一週。分子震動一週所需時間為週期。頻率是單位時間內震動的週數，單位為週／秒(cycle/sec)或Hertz(簡稱Hz)，成年人可聽到聲音頻率的範圍由20 Hz至20000 Hz，較敏感的範圍為1000 Hz到4000 Hz。波長則為一週期內波傳遞之距離，波長等於波速除以頻率($\lambda = c / f$)，在20℃一大氣壓下的空氣中，聲音傳播速度約為340 m/sec。

聲音功率(sound power，以 W 表示)是指音源每單位時間輸出之能量，單位為Watt或Nm/sec。聲音強度(sound intensity，以 I 表示)則是垂直於聲音傳播方向之平面，單位面積之聲音傳遞介質所通過之聲音功率，單位為Watt/m^2。聲音壓力(sound pressure，以 P 表示)是由聲音所引起的大氣壓力變化值，常用的單位包括pascal及N/m。因為聲波傳遞中每一瞬間的壓力均可能不同，因此隨著聲波的傳遞，聲音壓力隨著時間而改變，圖11.4顯示了正弦波形的聲音壓力變化。因為聲音壓力在每一瞬間均可能不同，一般所說的聲音壓力常是指其均方根(root mean square)之值(P_{rms})而言：

$$P_{rms} = [\frac{1}{T} \int P^2(t)dt]^{1/2} \qquad (11.1)$$

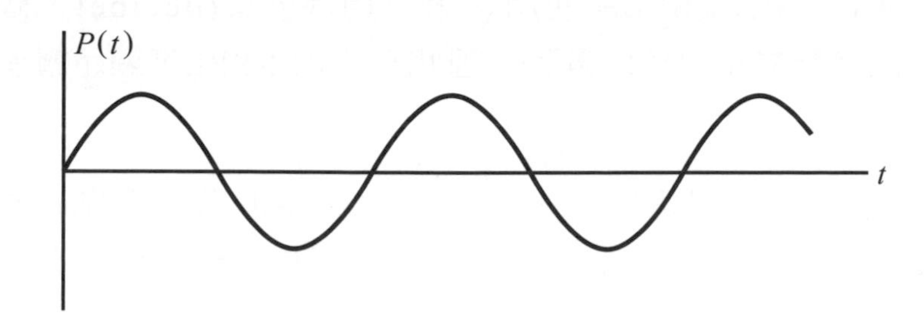

圖11.4　正弦波形的聲音壓力變化

若聲音來自於點音源，則聲音強度與聲音功率、聲音壓力之間的關係可以下列二式表示：

$$I = W / A \tag{11.2}$$

$$I = P_{rms} / \rho c \tag{11.3}$$

式中 A：距離音源r處(m)之球形表面積，$A = 4\pi r^2$

ρ：為聲音傳播介質的密度(kg/m^3)

c：聲音傳播的速度(m/sec)

若把聲音功率、強度、及壓力以相對應之人的耳朵可感受到之最小值來調整，可得到聲音位準。聲音功率位準(sound power level，簡稱PWL)、聲音強度位準(sound intensity level，簡稱SIL)、聲音壓力位準(sound pressure level，簡稱SPL)分別定義如下：

$$\text{PWL} = 10 \log \left(\frac{W}{W_0}\right) \tag{11.4}$$

式中 $W_0 = 10^{-12}$ Watt

$$\text{SIL} = 10 \log \left(\frac{I}{I_0}\right) \tag{11.5}$$

式中 $I_0 = 10^{-12}$ Watt/m^2

$$\text{SPL} = 10 \log \left(\frac{P_1^2}{P_0^2}\right)$$

$$\text{PL} = 20 \log \left(\frac{P_1}{P_0}\right) \tag{11.6}$$

式中 $P_0 = 2\times10^{-5}$ N/m^2

PWL、SIL及SPL所使用之單位均為分貝(decibel，簡稱dB)，因為聲音壓力較易量測，因此一般均以SPL來顯示聲音的位準。圖11.5顯示了日常生活環境中的SPL值。

當環境中有多個音源，每個音源產生的音量分別為SPL ($i = 1 \cdots n$)，則這些音源產生的綜合音量可以下式計算：

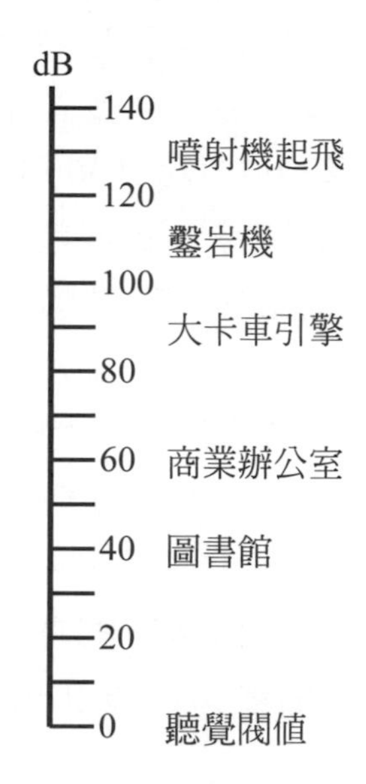

圖11.5　日常生活環境中的SPL水準

$$SPL_{total} = 10\ \log_{10}(10^{SPL1/10} + 10^{SPL2/10} \cdots + 10^{SPLn/10})$$

$$SPL_{total} = 10\ \log_{10}(\sum_{i=1}^{n} 10^{SPLi/10}) \quad (11.7)$$

假設工作現場有兩部機器，這兩部機器單獨開機時產生的音量分別為95與83 dB，則兩部機器同時開機時產生的音量為10 $\log(10^{95/10} + 10^{83/10}) = 95.3$ dB。

若聲音僅有單一頻率則稱為純音，但在日常生活中，我們聽到的聲音大多是由多種頻率的聲音組合而成的，這種包括不同頻率的聲音稱為複合音(complex sound)。複合音之組成可以八音階頻帶來分析，所謂八音階頻帶分析是把聲音頻帶分成八部份，其中心頻率分別為63、125、250、500、1000、2000、4000及8000。由圖11.6可知八音階頻帶中每個音階之中心頻率為下一個音階中心頻率的2倍。頻帶分析可將讓我們瞭解聲音頻率組成的特性，除了八音階頻帶分析外，頻帶亦可以1/3八音階來分析。1/3八音階頻帶是將八音階頻帶之每個區域再細分為三個小區域，此時，前一個區域之中心頻率為下一個中心頻率之1/3。

八音階頻帶分析

把聲音頻帶分成八部份，其中心頻率分別為63、125、250、500、1000、2000、4000及8000，以此來分析聲音之組成聲音的音量可用簡易的儀器量測(參考圖11.7)，然而，人的耳朵對於不同頻率的聲音音量的感受並不相同。例如：相同聲音壓力位準的聲音，頻率100 Hz比1000 Hz的感覺強度要低。耳朵對於高頻音有較高的敏感性，對低頻音則較不敏感。為了能把這種特性反應在量測儀器裡，美國國家標準局(ANSI)訂定了聲音壓力位準的加權網路。圖11.8 顯示了A，B，C三種加權網路。C加權網路對於所有頻率的聲音均給予相同的加權，因此反應了聲音的實際物理特性。B加權對於中級水準的聲音較少之加權，這種加權目前已很少使用。A加權則對低頻音給予較少的加權，這種加權與耳朵對聲音的感覺最接近，因此最常使用。聲音壓力位準以A加權量測之值以dBA表示。

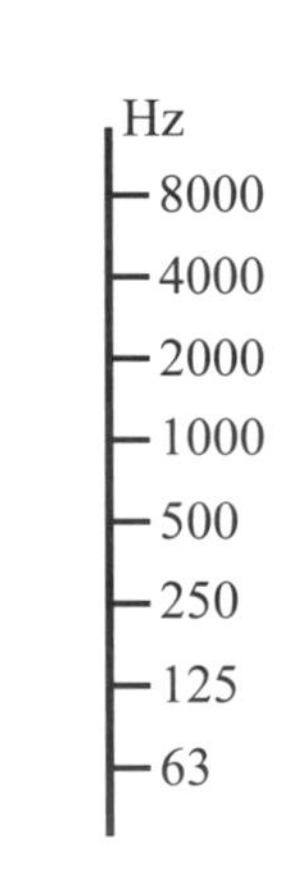

圖11.6　八音階頻帶區分之中心頻率

圖11.7　噪音計

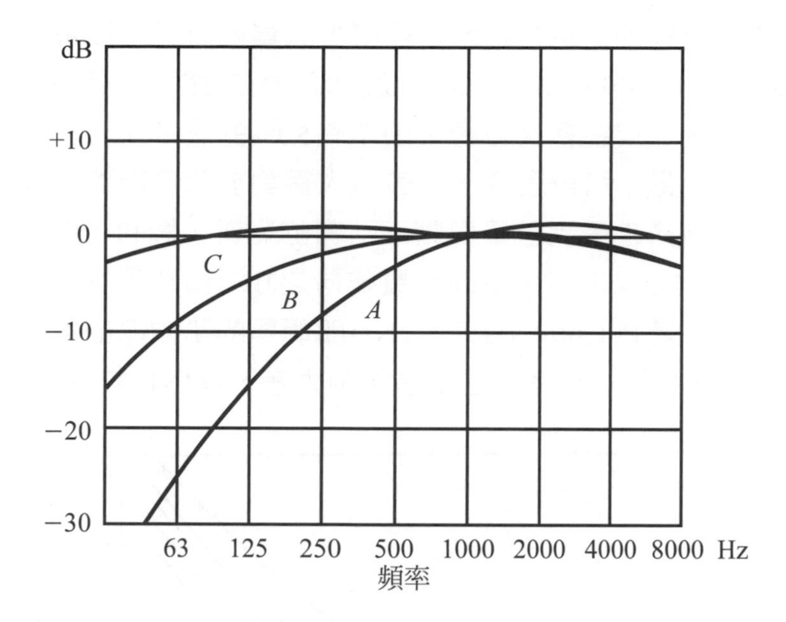

圖11.8　聲音之A，B，C加權網路

11.3 聲音與聽覺

11.3-1 耳朵的閾值

在計算聲音壓力位準的公式裡，我們使用了一個聲音壓力的基準值$P_0(2\times10^{-5}\mathrm{N/m^2})$，此值為理想狀況下吾人可感受到最小的聲音壓力位準值。若某聲波產生的聲音壓力位準變化值恰為$2\times10^{-5}\mathrm{N/m^2}$，則其音量為1dB。但是在日常環境裡始終存在著各種的聲音，若要讓音源產生的聲音被聽到，其音量必須遠超過1 dB才行。Sanders與McCormick (1991)指出在很安靜的環境裡，超過絕對閾40至50 dB的聲音幾乎都可被聽到。然而在一般的環境裡，背景聲音超過50～60 dB以上的情形很普遍。因此，Deatherage(1972)建議在有環境背景聲音存在的狀況下，若要確定人員可聽到某聲音，則其音量應取背景聲音音量與110 dB兩者的平均值。例如：若背景聲音的音量為65 dB，則87.5 dB((65＋110)/2)的聲音應該是多數人都可清楚聽到的。

不同聲音的音量或頻率是否可被人員區分，可以最小可辨差(just-noticeable difference，簡稱JND)來探討。所謂的最小可辨差是指人員在多次聲音呈現中有50%的機率可分辨出聲音間的差異，最小可辨差愈小，表示人員對於聲音間的差異愈敏感。最小可辨差受到音量與頻率兩者的影響，圖11.9顯示當頻率在1,000 Hz以下時，不同音量聲音之JND值較不受頻率的影響。當頻率超過1,000 Hz時，JND即明顯的隨頻率的增加而提高。此外，以同一頻率而言，音量愈大者，其JND愈小。

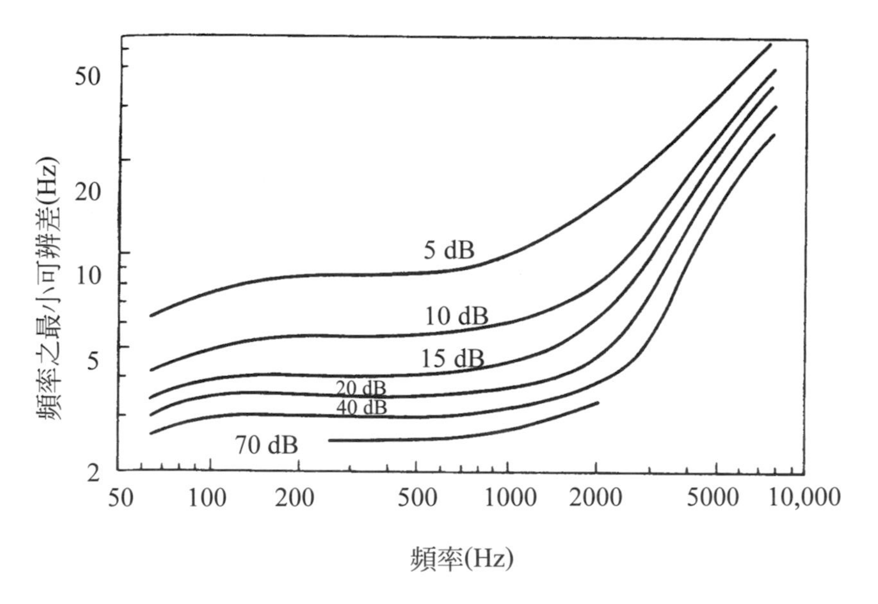

圖11.9　不同音量與頻率聲音的最小可辨差

資料來源：*Shower & Bidulph, 1931*

11.3-2　音　調

耳朵對高、低音的感覺稱為音調(pitch)。音調主要是由頻率來決定，頻率較高時音調也較高，然而頻率與音調的感覺並不是線性遞增的。除此，音量大小也會影響音調高低的感覺，這種影響主要發生在高頻音及低頻音。若是將高頻音的音量提高，則感受到的音調也會提高。對於低頻音則剛好相反，將低頻音的音量提高時，感受到之音調會降低。

11.3-3 聲音的響度

響度(loudness，以 L 表示)是吾人對於聲音之頻率及強度之主觀感受。與100 Hz的聲音相比，低頻率的聲音壓力位準必須提高，才能讓人產生有相同響度的感覺。例如：50 Hz的聲音之音壓位準必須提高至100 dB，才能產生和1,000 Hz、60 dB聲音相同之響度感覺。圖11.10所示之等響度曲線，即利用和地圖中之等高線之相同概念把在不同頻率-聲音壓力位準，組合可產生相同響度之曲線繪出。對於2,000到5,000 Hz間之聲音以較低的音壓位準即可產生和1,000 Hz相同之響度；然而，對於6,000 Hz以上之聲音，聲音壓力位準必須提高，才能產生相同之響度。

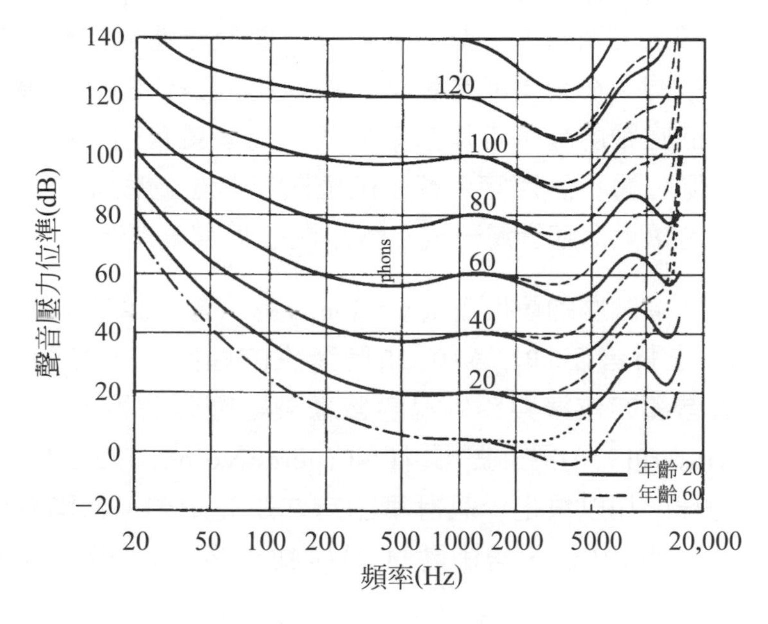

圖11.10 等響度曲線

資料來源：*Robinson & Dadson, 1957*

響度單位是sone，響度由頻率與聲音壓力位準決定，1 sone之響度是指1,000 Hz之聲音在40 dB聲音壓力位準下造成之音量。其關係可由下式決定：

$$L = 10^{0.03(\mathrm{SPL} - 40)} \quad (11.8)$$

一般而言，音量每增加10 dB，響度值會增加一倍。響度過大會引起人的煩躁與不適的感覺。響度位準(loudness level，以 *LL* 表示) 則是聲音間的比較值，其定義為與1,000 Hz聲音比較感覺大小相同時，此時響度位準即為1,000 Hz聲音的SPL值，其單位為奉(phon)。響度與響度位準間的關係如下：

$$L = 2^{(LL-40)/10} \qquad (11.9)$$

11.3-4 聲音的喧鬧度

聲音會引起不同程度的吵鬧感覺，這種感覺稱為喧鬧度。喧鬧度受到頻率、音量、音源位置及音量高低變化的影響而有所不同；在相同的音量下，高頻率的聲音的喧鬧度較低頻率聲音的喧鬧度高；若是頻率相同，高音量會引起較高的喧鬧度；音源位置不固定時，產生的喧鬧度較位置固定時為高；音量高低持續變化較音量一成不變引起的喧鬧度為高。

喧鬧度的單位為noy，1 noy為八音階頻帶中心頻率為1,000 Hz之聲音在SPL為40 dB時產生的喧鬧度，在圖11.11中即以聲音壓力位準與頻率為變數繪製等喧鬧曲線。除了noy以外，Kryter(1970)另外提出以PNL(perceive noisiness level)來將吵鬧的程度加以量化，其計算的方式是先求得八音階頻帶上各中心頻率的SPL值，再由圖11.11中找出各中心頻率的noy值並代入下式：

$$\text{PNL} = 40 + 33.22 \log[N_{\text{max}} + 0.3(N_1 + N_2 + N_3 + N_4 + N_5 + N_6 + N_7 + N_8 - N_{max})] \qquad (11.10)$$

式中　PNL：單位爲PNdB

N_i：第 i 個八音階頻帶中心的noy值

N_{max}：N_i中之最大值

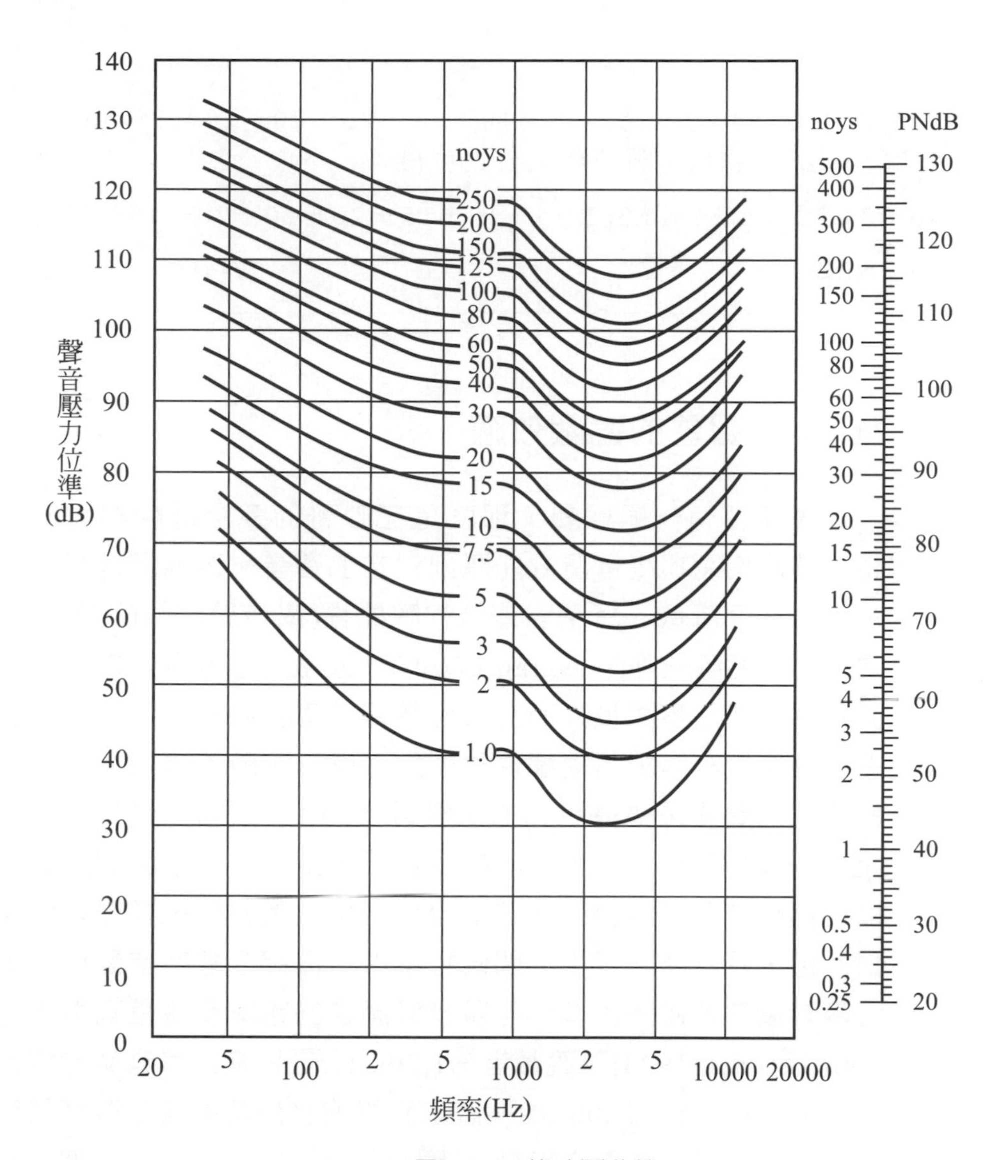

圖11.11　等喧鬧曲線

資料來源：*Lord et al, 1980*

▶ 例題 11-1

若八音階頻帶上八個中心頻率的SPL分別為65、70、73、78、82、75、74及74 dB，則PNL為多少PNdB？

▶解

由等喧鬧曲線中查得其分別為2、5、10、15、20、20、20及15 noy，其中N_{max}為20 noy，將以上數值代入公式可得：

PNL＝40＋33.22 log[20＋0.3(2＋5＋10＋15＋20＋20＋20＋15－20)]

＝95 PNdB

11.3-5 聲音的遮蔽效應

大家都有一個經驗，那就是在吵雜的宴會當中與人交談時，彼此均需提高音量才能聽到對方的聲音。這種因為其他聲音之存在而降低了耳朵對聲音的敏感性(或者說閾值的提高)的現象稱為遮蔽效應(masking effect)。遮蔽效應常會妨礙人員對於機器聲音、警鈴及人員交談等聽覺訊息的接收。因此，在作業環境之設計中應將這種現象列入考慮。遮蔽效應最引起設計者關切的問題是傳達訊息的主要聲音(被遮蔽音)在有其他聲音(遮蔽音)存在的狀況下，音量被遮蔽了多少？被遮蔽的音量可以在遮蔽音存在與否的狀況下分別記錄人員對於主要聲音的絕對閾值，將兩種狀況下的閾值相減即可得被遮蔽的音量值。被遮蔽音量之被遮蔽水準與自身及遮蔽音的頻率及音量有關係。Wegel及Laue(1924)以遮蔽音為1,200 Hz之純音，其音量分別為20、40、60、80及100 dB所做之實驗的實驗結果可以解釋音量與頻率對被遮蔽音量之影響(見圖11.12)。圖中水平軸為被遮蔽音之頻率，而垂直軸為被遮蔽之音量，而五條不規則線則分別表示遮蔽音之不同音量之狀況。很明顯的就是若被遮蔽音之頻率亦為1,200 Hz時，其被遮蔽的音量最大(在100 dB之遮蔽下，被遮蔽音被遮蔽了約80多dB)，而當被遮蔽音頻率為1,200 Hz之倍數時(2,400及3,600 Hz)，被遮蔽音量也高於附近之頻率水準。當被遮蔽音之頻率降至800 Hz以下時，遮蔽效應即不明顯了。

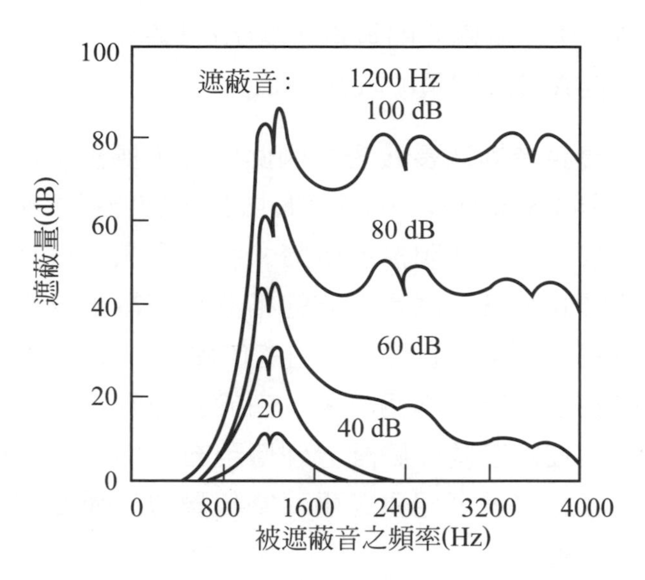

圖11.12　聲音的遮蔽效應

資料來源：*Wegel & Lane, 1924*

11.3-6　聲源定位

當汽車的引擎室有雜音傳出時，修車師傅往往可由雜音出現的位置來判斷出毛病的部位。以聲音的特質來判斷聲音來源方位的問題稱為**聲源定位(sound localization)**。耳朵對聲源方位的判斷主要是經由聲音強度與相位在兩個耳朵的差異來決定的，而兩個耳朵在頭部兩側的位置則是形成這些差異的原因。以3,000 Hz以上的聲音來說，若聲源在左耳的方位，聲波可直接傳到左耳，但是右耳則會因為頭部阻擋的關係而無法直接接收到聲波。頭部阻擋的效應會造成兩個耳朵感受到之音量不同，這種差異則是判斷聲源方位的重要線索。若是聲源逐漸由左耳的方位移至正前方時，這種差異的減少也會使人感覺到聲源方位移動的情形。若是讀者有立體音響可以做個簡單的實驗來感受這種狀況：坐在左、右兩個音箱之間時，若是逐漸的減少左邊音箱的音量，同時增加右邊音箱的音量，則會產生聲音由左邊「跑」到右邊的感覺。頻率愈高時，由頭部造成兩耳強度差的效應愈明顯。以6,000 Hz的聲音來說，若聲源在左耳的

聲源定位
以聲音的特質來判斷聲音來源方位

方位，則左耳聽到的音量可能比右耳高出20 dB。一般人兩耳音量的差異閾大約是0.7 dB。

高頻音的波長較短，因此容易被頭部(及其他物體)阻擋。低頻音(1,500 Hz以下)的波長較長，聲波容易繞過頭部，因此比較不會產生頭部阻擋的效應。那耳朵憑什麼來判斷低頻音聲源的位置呢？答案就是聲波的相位。聲音是以波的形式傳遞的，聲波的相位可由波峰至波谷的位置來決定，例如圖11.13中，聲音由右後方傳到兩個耳朵，由於聲源到兩耳距離的不同，使得波峰與波谷在同一瞬間分別傳至右耳與左耳，此時兩耳之間即產生了相位差。另外，兩耳感到聲音的強度因距離不同的關係也會有差異。

中頻率(1,500至3,000 Hz)的聲音之聲源定位因為兩耳對於聲音強度與相位差異的感受均不明顯，因此較高頻音及低頻音困難。若是聽聲音時頭部能夠左右轉動，則對聲源的定位會很有幫助。

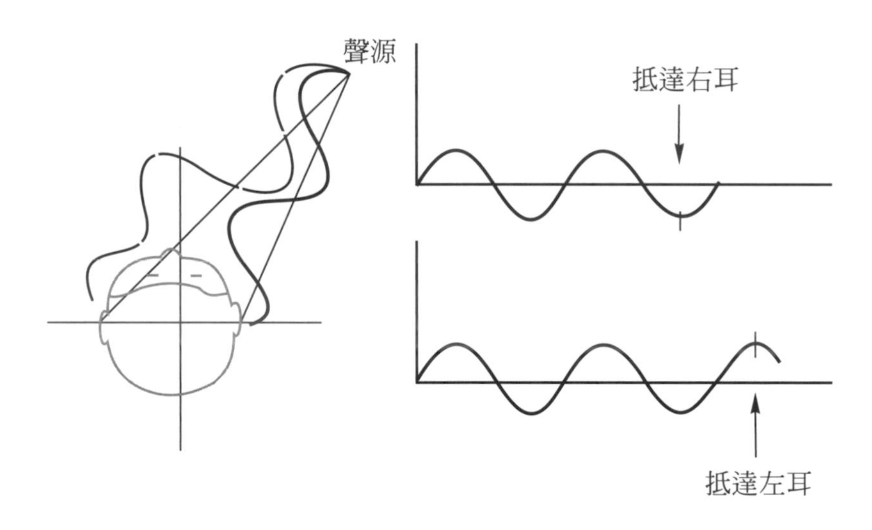

圖11.13　聲波在兩耳之間的相位差

資料來源：*Kantowitz & Sorkin, 1983*，

經*John Wiley & Sons Inc.*同意轉載，該公司保留所有權利

11.4 聽覺訊息顯示

由於聽覺管道不適合顯示複雜的資訊，因此，聲音資訊顯示在多數狀況下均是作為視覺顯示的餘備的設計。資訊顯示可採用的聲音包括：

- 語音
- 樂音
- 自然聲音
- 頻率組合聲音
- 機構震動聲音

例如，使用自動提款機時，許多提款機可用語音來提示提款人下一步的操作是什麼，這種語音提示的資訊，事實上也同時顯示在提款機的視覺顯示器上。對於多數人來說，這種語音資訊是多餘的，然而對於無法閱讀文字顯示的人(包括盲人、不識字者)，語音的提示就很重要。以聲音顯示資訊對於視覺負荷很重的使用者而言，也有很好的效果。

除了提示操作步驟之外，聲音顯示最常使用的場合包括狀況指示與操作之回饋與警示，電腦的「嗶」聲是大家都很熟悉的，這種聲音多半是在提示目前執行的狀況(此為回饋)，或是提示無效的指令。

機器產生語音的方式有二種：第一種是將預先錄下的聲音儲存起來，當機器執行中遇到語音播放的指令時，再進行播出。此種語音的儲存可分為字、片語及句子的儲存，若語音以字或片語儲存，則必須依資訊內容來將不同之字、片語排列再行輸出，此種組合式的語音主要的問題在於其發音不平順(或不自然)；此外，此種方式產生的語音內容較為有限。

機器產生語音之第二種方式是合成語音(synthesis-by-rule)，合成語音並不採用直接由人發音錄下的聲音。合成語音即是將字、句的結構、規則及音素(phonemics)建入資料庫中，機器再依指令找出相關之音素，並依其結構與規則組成字句來輸出，合成語音字句內容與語調之組合較為多樣化，然而音質較不自然。

樂音與自然聲音通常用於傳遞次要性的訊息(例如操作中的等待)，這類聲音的音調與節奏可用來反應訊息的內容，特定的樂音(如C和弦)也被用於警示訊號上。頻率組合與機構震動常用來顯示各種重要的聽覺訊息，各種頻率組合的聲音都可由電子器材產生，機構震動的聲音通常是由金屬組件的震動產生，一般建築物的火災警報之警鈴即是一例。

聽覺訊號之設計原則
1. 相容性
2. 漸近性
3. 分離性
4. 簡明性
5. 不變性

聽覺是吾人由外界獲得訊息的主要管道之一。Sanders與McCormick(1991)曾歸納了聽覺訊號顯示之設計原則如下：

1. 相容性：訊號欲表達的訊息應與人員對該訊號之訊息的經驗與期望間具有一致性。
2. 漸近性：訊號播放前最好有預備訊號吸引人員的注意。
3. 分離性：新設計的訊號在頻率、音量、播放方式上最好能與已存在的訊號有所區隔以避免混淆。
4. 簡明性：訊號僅提供必要的訊息。
5. 不變性：訊號顯示的訊息不因時空之不同而相異。

和視覺比較起來，人們在單位時間可由聽覺獲得的資訊量是很少的(不超過4位元/秒)。除了語音以外，聽覺管道並不適合用來傳遞複雜的訊息。Deatherage (1972)指出，以絕對判斷而言，人可以辨別不同聲音的強度約為4至5種，不同頻率為4至7種，不同聲音長短為2至3種，不同的強度-頻率組合為4至9種。因此，同一場所不宜有過多的聽覺訊號，以免造成辨識上的困擾。然而，許多飛機座艙的設計卻違反了這個原則，例如波音747駕駛艙內之聽覺訊號即多達幾十種，表11.1即顯示了部份訊號之設計。這種設計的考量是要利用聽覺管道無法隨時關閉的特性，這項特性對於有急迫時效性的訊息傳遞是非常重要的。雖然人員可經由訓練來學習多種聽覺訊號的內容，但是定期的再訓練卻是避免遺忘與混淆不可或缺的。

表11.1　波音747飛機駕駛艙部份聽覺訊號

狀　　況	訊　號	頻 率 (Hz)	響 度 (dB)	發音方式
高度異常	"C"弦和弦A	461至563 67至704 691至845	95±5	斷　續
自動駕駛解除	呼嚎聲A	130±20 200±30	93±3	在較高、長頻率以2至4 Hz變調
太近地面，拉起	烏鳴及語音	400至800	65至96	每秒發3聲並伴隨"pull up"語音
下降太快	同　上	同　上	同　上	同　上
引擎失火	鐘聲A	600至10,000	93±5	連續發音
機輪過熱／失火	同　上	同　上	同　上	同　上
貨艙冒煙	同　上	同　上	同　上	同　上
風速過大	嗶啵聲A	1,000至2,000	86	變調5至10 Hz
不安全起飛狀況	喇叭聲F	220至280	9±35	3 Hz斷續發音
艙壓過低	同　上	同　上	同　上	同　上
不安全著陸狀況	喇叭聲B	同　上	同　上	連續發聲
地面呼叫	鐘琴聲E	477至497	95±5	低音鐘琴聲

摘自：*FAA, 1974*

警告與警報訊號(如警鈴、哨音、警笛等)是很常見的聽覺訊息，這類訊號設計的目的，在於讓人員能立即的接收到需要對特定事項或狀況即時反應的訊息，表11.2顯示了各種聽覺警報訊號的特徵。設計以聽覺方式傳遞的警告與警報訊號時，應先考慮訊號傳遞的距離，如果訊息要傳至較遠處，則訊號的頻率應該在1,000 Hz以下。除了距離以外，空間內若是有足以防礙聲波傳播的物體時，則訊號的頻率應該低於500 Hz，因為低頻音比較不易被物體阻擋。設計聽覺訊號時也必須先了解環境中噪音的特性，若是訊號頻率和環境中的噪音頻率很接近，則可能產生聲音的遮蔽效應，因此和環境噪音頻率接近的聲音應避免採用。除了頻率以外，訊號的發音方式也應該與一般聲響有所區隔，才能吸引人員的注意，常見的作法是以間斷式的發音方式播放。最後，警告與警報訊號的發音管道應該避免和其他播音系統(例如播放音樂的系統)共用，以免產生人員混淆的現象。表11.3列出了美國國家標準局(ANSI, 1979)對緊急疏散訊號的建議。

表11.2 各種聽覺警報訊號的特徵

聲 響	強 度	頻 率	吸引人員注意能力	穿越噪音之能力
蛙鳴器	很 高	很 低	佳	不易穿越低頻音
喇 叭	高	低至高	佳	佳
哨 音	高	低至高	間斷發音效果佳	佳(對低頻音而言)
警 笛	高	低至高	佳	極 佳
鐘 聲	中	中至高	佳	佳(對低頻音而言)
蜂鳴器	低至中	低至中	佳	尚 可
銅 鑼	低至中	低至中	尚 可	尚 可

摘自：*Deatherage, 1972*

表11.3 美國國家標準局對緊急疏散訊號的建議

1. 基本頻率應不超過1,000 Hz，變調頻率應不超過5 Hz。
2. 訊號音量應超過環境整體噪音量10 dB以上，並不低於75 dB。
3. 若需要訊號音量超過115 dB則應考慮使用視覺警報訊號。

摘自：*ANSI, 1979*

11.5 噪音問題

11.5-1 噪音對生理的影響

每個人在生活與工作中均有被噪音干擾的經驗，什麼是噪音呢？簡單的說，噪音就是會讓人在生理、心理或情緒等方面感到不舒服的聲音。聲音是否會讓人感到不舒服往往是因人而異的。例如：disco pub裡的熱門音樂會讓許多人感到興奮與沉醉，但也會讓另一些人感到震耳欲聾、難以忍受。為了對噪音問題進行量化的分析，以音量的大小來區分是否為噪音乃是比較客觀的作法，我國噪音管制法即規定，凡是音量超過管制標準的聲音即是噪音。

噪音對人體之危害乃是由聲波經外耳、中耳、內耳、聽覺神經而產生。當外耳、中耳、或內耳之任何一部份受到損傷時，即可能產生聽力損失(hearing loss)之現象。聽力損失又稱耳聾或重聽，可分為傳導性與神經性兩大類。

傳導性聽力損失係由於耳部之傳導機構無法正常運作而產生。鼓膜為聲波傳導之重要部位，鼓膜之面積較內耳之卵圓窗大22倍。因此聲波經由鼓膜之震動傳至卵圓窗時可被放大22倍。然而若鼓膜破損，則其聲波放大之功能就會降低，此即會造成聽力損失。鼓膜也會因為缺乏彈性而對外來之聲波反應遲鈍，這種情形發生在許多老年人身上。除了鼓膜的問題外，三小骨間關節之僵化、圓窗之骨質化、耳道阻塞及中耳發炎也是聽力損失之主要原因。神經性聽力損失則是由於耳蝸內之毛細胞及聽覺神經受到傷害或發生病變，而喪失功能所致。高強度之聲音可能會在耳蝸管內產生極大之震波而損害毛細胞上之纖毛，此時毛細胞即無法再感受耳蝸管內之壓力變化。

聽力損失即是耳朵閾值的提高。聽力可用聽力計(audiometer)來測量，量聽力時，量測者調整不同頻率(如八音階頻帶的中心頻率)純音的音量來檢視受測者單耳是否可聽到測試音。在一連串的測試中，量測者可找出受測者兩耳的閾值並製成聽力圖(audiogram)，圖11.14之聽力圖顯示了某受測者左耳與右耳對4000 Hz聲音的聽力損失分別為60 dB與50 dB；而對2000 Hz的聲音，其兩耳的聽力損失分別為17 dB與10 dB。

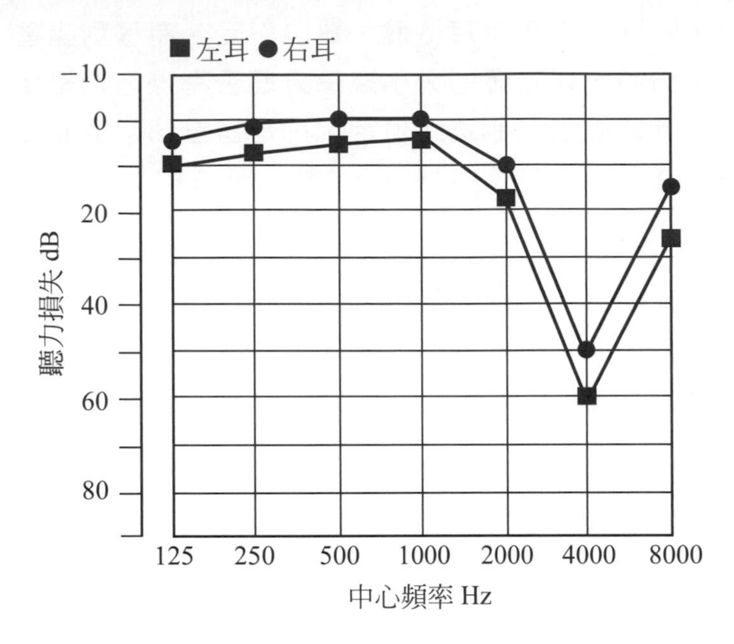

圖11.14　以聽力圖來顯示聽力損失的狀況

資料來源：*Grandjean, 1985*

聽力損失可分為永久性與暫時性兩類，永久性聽力損失是指無法恢復正常的聽力損失。暫時性聽力損失(或稱為暫時性閾值升高，temporary threshold shift，簡稱TTS)顧名思義是指人員在離開噪音環境後一段時間，其聽力會恢復正常之聽力損失。暫時性聽力損失的嚴重程度與恢復所需時間，都隨噪音量與暴露時間的增加而增加。例如在90 dB的環境中，可能造成8到10 dB的聽力損失；而在100 dB的環境中造成的聽力損失可能高達50 dB。而在100 dB的環境中10分鐘，可能引起16 dB的聽力損失；若在該環境中再待上100分鐘，則聽力損失可能達到32 dB以上。此外，暫時性聽力損失與永久性聽力損失之間是有相關性的，若是經常發生暫時性聽力損失，則其轉變為永久性聽力損失的機會相當高。

由於耳朵對於不同頻率聲音的敏感性不同，因此聽力損失的程度對不同頻率的聲音也不同。通常，由噪音引起的聽力損失最先發生於4000 Hz左右的聲音，因此這個頻率左右的聲音的聽力損失也較為嚴重。

神經系統由噪音引起的損傷可能引起各種生理狀況之改變，Lindsley(1951)即發覺，噪音可引起唾液及胃液之分泌減少，進而影響消化系統之功能。除了消化系統外，噪音也可透過自主神經系統誘發交感神經興奮，進而改變呼吸及心臟的律動。心臟律動之改變又會引起血壓升高、脈搏降低等狀況。噪音對中樞神經之影響包括：人的焦慮、不安等情緒反應。表11.4列出了美國太空總署(NASA)所發表的噪音對生理之影響。

表11.4　噪音對生理之影響

SPL(dB)	頻率(Hz)	時　間	影響
175	低　頻	瞬　間	耳膜破裂
167	2,000	5分鐘	致　命
161	2,000	45分鐘	致　命
160	3		耳　痛
155	2,000	連　續	耳膜破裂
150	1～100	2分鐘	視銳度降低、胸壁震動、呼吸律動改變
120～150	1.6～4.4	連　續	身體感到振動 眩暈、有嘔吐感
135	20～2,000		耳　痛
120	300～9,600	2秒	容易發怒疲勞 耳朵不舒服
110	20,000～31,500		閾值下降
106	4,000	4分鐘	閾值下降10 dB
100	4,000	7分鐘	閾值下降10 dB
94	4,000	15分鐘	閾值下降10 dB
75	8,000～16,000		閾值下降
65	寬　頻	60天	閾值下降

摘自：*NASA, 1989*

11.5-2 噪音對作業績效的影響

噪音對於人員的作業績效的影響是很複雜的問題，Gawron(1982)曾回顧了58份研究報告，發覺其中有29份的結論是噪音降低作業績效，22份報告則指出噪音不影響人員的績效，另外的7份則指出噪音可提高人員的績效。一般而言，噪音對於人員的體力活動影響不大，但對於與聽覺訊息的接收與心智活動卻有很明顯的影響，這些影響摘要如下：

1. 妨礙聽覺訊號的接受。
2. 妨礙語音的交談。
3. 影響人員的注意力。
4. 影響人員的思考能力。
5. 影響人員的情緒與士氣。
6. 提供作業回饋訊息。

噪音對於聽覺訊號的接收與語音交談的妨礙，主要是來自於聲音遮蔽效應的影響(參考11.3節)，這些妨礙都是負面的。但是對於注意力、思考能力、情緒與士氣的影響雖然存在，但並無明確的定論，因為這些影響也因噪音量、作業型態與作業時間長短而異。Sanders與 McCormick(1991)指出，噪音對於心智活動的負面影響在音量高於95 dB下才比較明顯。此外，人員在沒有適當休息時間安排的連續性作業之下，作業績效較易因噪音的影響而降低。

多數人對於生活與工作環境中的若干噪音(例如汽車引擎聲、電風扇的馬達聲)都很習慣了，若環境中長時間沒有這些背景噪音反而會讓人感到單調與沉悶。因此，對於長時間、單調性的作業，適度的噪音反而可以降低單調沉悶的感覺，而提高人員的績效，因為在上述的狀況下，噪音可使情緒處於比較興奮(arousal)的狀態。目前，在許多背景噪音較低的工作場所都有所謂的「背景音樂」(以低音量的輕音樂為主)，提供背景音樂的目的即在於營造輕鬆而不單調的氣氛。許多人都有邊看書邊聽音樂的經驗(若無音樂則容易打瞌睡)；另外，也有許多人一聽音樂即無法專心閱讀。

此外，噪音也可提供作業中的回饋訊息，這些訊息對於工作的完成有很大的幫助。例如，人員維修機器時多半要依靠機器運轉時的聲音，來判斷機器需要維修的項目與程度。

11.5-3 噪音的暴露管制

為了管制工作場所的噪音對人員的傷害，美國職業安全衛生管理局(Occupational Safety and Health Administration，簡稱OSHA)訂定了140 dB為瞬間暴露的上限。而人員每日暴露八小時的噪音水準限度值則是90 dB，若是在噪音環境中暴露的時間低於八小時，則容許的噪音水準可依五分貝原則來調高(參考表11.5)。

五分貝原則

噪音水準每提高五分貝，容許的暴露時間減半

若是人員工作中在不同的噪音環境中活動，則可以累計在每個環境中暴露的時間與在該環境中容許暴露的時間限度之比值，做為噪音暴露的劑量。若是該劑量大於1，表示人員的噪音暴露超過了規定的標準。

$$\text{Dose} = \sum_{i=1}^{n} \left(\frac{C_i}{T_i}\right) \tag{11.11}$$

式中 Dose：噪音暴露劑量

C_i：人員在 i 環境中暴露的時間

T_i：在 i 環境中的容許暴露時間

表11.5 噪音容許暴露水準(OSHA)

暴露時間(小時)	噪音水準(dBA)
8	90
6	92
4	95
3	97

表11.5　噪音容許暴露水準(OSHA)(續)

暴露時間(小時)	噪音水準(dBA)
2	100
1.5	102
1	105
0.5	110
0.25	115

通常噪音的發生都會持續一段時間，某一瞬間的聲音壓力位準未必能反應出該時段內人員感受到的噪音量。例如，人在一個95 dB的環境中待一分鐘與待一個小時，感受到的噪音量並不相同。等量音壓位準(equivalent sound level, L_{eq})即是計算聲音壓力位準的時間平均值：

$$L_{eq} = 10 \log [\frac{1}{T} \sum_{i=1}^{n} (t_i \, 10^{SPLi/10})] \qquad (11.12)$$

式中　T＝總時間

SPL_i＝T 中第 i 個時段之SPL值

t_i＝第 i 個時段之持續時間

▶ 例題 11-2

假設某君在二個小時當中，分別在四種不同噪音量的環境中暴露半個小時，而四種環境的SPL值分別為68、70、74及70 dB，則在該二小時中之 L_{eq} 為多少？

▶ 解

$$L_{eq} = 10 \log\{[(0.5)10^{6.8} + (0.5)10^{7.0} + (0.5)10^{7.4} + (0.5)10^{7.0}]/2\}$$

$$= 10 \log \frac{1}{4} [10^{6.8} + 2\times10^{7} + 10^{7.4}]$$

$$= 71.1 \text{ dB}$$

11.5-4 優先噪音定規曲線

為了評估辦公室等工作場所的噪音狀況，Beranek、Blazier及Figwer三位在1971年發表了優先噪音定規曲線(preferred noise criterion curves，簡稱PNC曲線)。PNC曲線是依人員感受到噪音的響度與噪音對語言溝通的干擾程度而訂定的。圖11.15顯示了PNC曲線中的等級，使用時應先做噪音的八音階頻帶分析，並將各中心頻率的音量標記於圖中，若所有的標記點均低於某PNC等級，則該等級即為作業環境的PNC等級。例如某場所的八音階頻帶分析得中心頻率65、125、250、500及1,000 Hz的音量分別為48、40、50、60及55 dB，其他的中心頻率之音量均為0，則該環境的等級為PNC55。

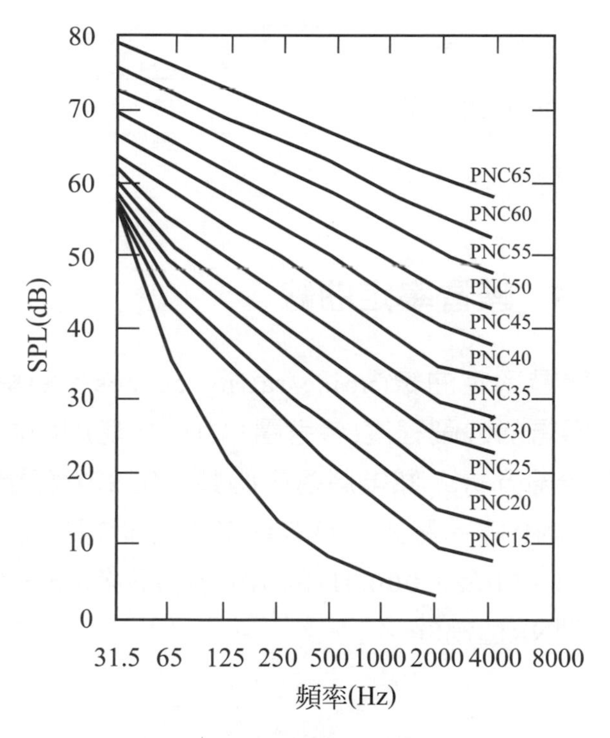

圖11.15　優先噪音定規曲線

資料來源：*Beranek et al, 1971*

依據三位作者的主張，工作環境的PNC值應依照空間的特性與人員聽覺的需求來決定(參考表11.6)。

表11.6　各種工作環境的建議PNC值

空間	建議PNC值
音樂廳，劇場	10至20
大型演講廳	20
錄音室	25
小型演講廳，視聽教室	35
半開放辦公室，小型研討室，教室，圖書館	30至40
大型辦公室，接待室	35至45
實驗室，繪圖室	40至50
修車廠，電廠控制室	50至60
不需語言溝通的場所	60至75

資料來源：*Beranek et al, 1971*

11.5-5　噪音率定曲線

噪音率定曲線(noise rating curces，簡稱NR曲線)可用來評估噪音的吵鬧程度(參考圖11.16)。使用前同樣需做噪音的八音階頻帶分析，然後將各中心頻率的SPL值標於圖中，並讀取最高的NR值。例如某八音階頻帶分析得中心頻率125、250、500、1,000及2,000 Hz的SPL值分別為65、65、75、85及80 dB，則NR值為86。

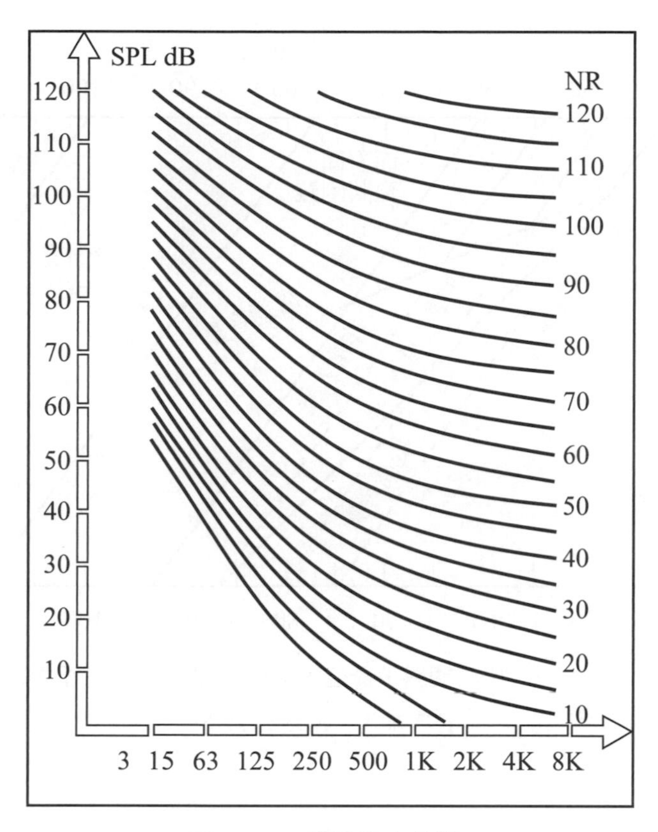

圖11.16　噪音率定曲線

資料來源：*Hassall & Zaveri, 1979*

11.5-6　優先語言干擾位準

噪音會影響語言的溝通，影響的程度可由優先語言干擾位準(preferred speech interference level，簡稱PSIL) 決定。PSIL是由八音階頻帶分析中取500、1,000、2,000 Hz三個中心頻率SPL值的算術平均數：

$$PSIL = \frac{1}{3}(SPL_{500} + SPL_{1000} + SPL_{2000}) \tag{11.13}$$

在圖11.17中由人員間的距離與PSIL值即可決定語言交談的難易程度。

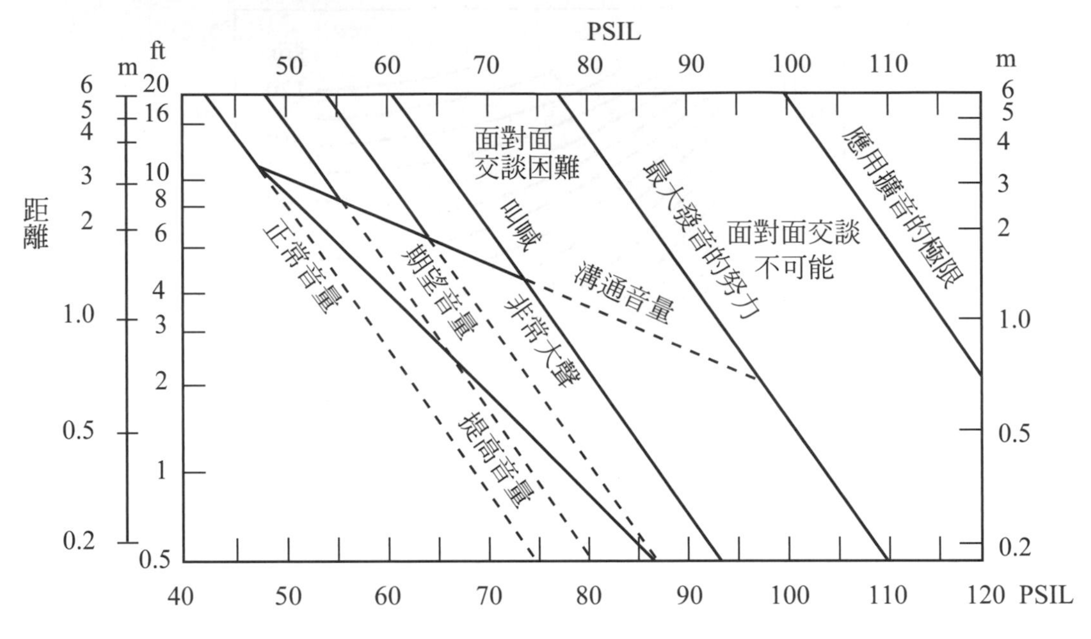

圖11.17　優先語言干擾位準與語言溝通的難易程度

資料來源：*NASA, 1989*

例題 11-3

生產線上之八音階頻帶分析如下，某作業員和領班之間距離為4公尺，其PSIL為多少？兩人是否容易交談？

頻率(Hz)	125	250	500	1000	2000	4000
SPL(dB)	45	62	75	82	80	87

解

$$PSIL = \frac{1}{3}(SPL_{500} + SPL_{1000} + SPL_{2000})$$

$$= \frac{1}{3}(75 + 82 + 80)$$

$$= 79.67\ dB$$

將PSIL＝79.67與距離＝4m代入圖11.17中得到，兩人必須以叫喊的方式才能溝通。

11.5-7 噪音危害的控制

噪音的管制可由音源音量的降低、音源的隔離、噪音傳播路徑的控制等方面進行，若是以上的方法都無法有效的降低噪音對人員的影響，則應對人員提供個人防護具。

噪音源音量的降低

噪音源音量的降低是解決噪音問題最根本的方法，工業噪音大多是因為震動或是液體或氣體流動產生的，而震動的產生是因為有牽引力(driving force)與震動面(vibrating surface)的關係。所謂牽引力是指物體上非經由設計而產生的多餘的力量，這種力量通常可歸因於機器設備的不平衡或離心的旋轉。牽引力的大小會隨著轉速的提高而提高。因此，儘可能以低轉速來操作機器可減少牽引力的產生。此外，牽引力往往由於固定不牢而產生。例如，當固定的螺絲鬆動以後，馬達旋轉時，其基座與其他相連的部份也會產生震動，即是明顯的例子。

輸送液體與氣體的管線是工廠內常見的噪音源，管線之噪音主要是由於氣體的快速流動與液體的亂流產生的。例如空氣壓縮機產生的高壓氣體在通過減壓閥時，若以高於音速的速度噴射出時即會產生很大的聲響。因此減壓閥的設計若能避免瞬間超過音速的氣體噴射，即可減少噪音的產生。

適當的保養與維修作業往往是經濟而有效的，潤滑機器零件的連接處(如絞鍊、轉軸)與更換損耗的零件，可減少許多噪音。圖11.18顯示一組以馬達帶動風扇來排風的設備，在軸承磨損後產生不平衡的震動與噪音；在更換軸承之後，不平衡的震動即消失，而在各頻率中心的噪音量也減少了2到12 dB。

音源的隔離

當人員和噪音源的距離很近時，在噪音源和人員之間設置阻絕物來阻擋噪音可有效的降低噪音量。在圖11.19中，某作業員正操作打孔機，打孔機並設有噴氣嘴來清除打孔後散落周圍

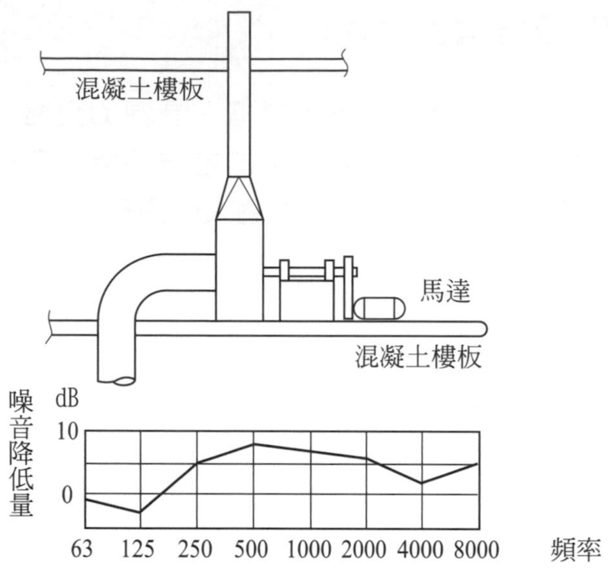

圖11.18　更換磨損軸承可減少噪音量

資料來源：*AIHA, 1966*

的金屬屑，作業員對噴氣嘴產生的噪音經常抱怨，解決的方式是在機器與作業員之間設置一塊安全玻璃來阻擋噪音。圖的下方顯示了設置前與設置後在作業員的位置量測的噪音量，由圖可知，此法對於降低高頻音的音量相當有效。

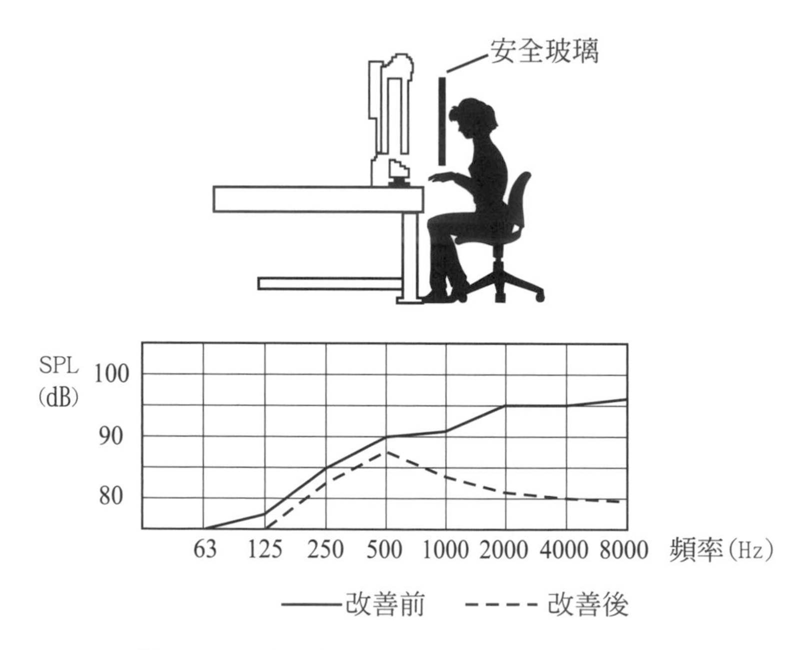

圖11.19　以安全玻璃來降低作業員前方的噪音

資料來源：*AIHA, 1966*

凡是會產生大量噪音的機器設備(如空調與發電設備、鍋爐等)都應設置在專屬的室內空間，機器的設置點應使用適當的襯墊，室內的牆壁應使用吸音磚或牆面使用吸音材料覆蓋。而室內與室外亦應有效的隔絕以免音波或震動傳至室外。經過隔音設計的機器房，其室內與室外的噪音量可相差20至30 dB。即使不鋪設吸音材料，建築物本身也有相當的隔音效果，表11.7列舉了常見建材的隔音效果。

隔絕噪音源可有效降低噪音對隔絕區域以外人員的干擾，但是對區域內的人員卻沒有太大的幫助。在室內鋪設吸音材料對室內噪音量的降低效果大約在5到10 dB之間，若是大面積鋪設則成本很高，因此對於較大的工作空間較少採用此法。

表11.7　常見建材的隔音效果(單位：dB)

建材		厚度(英吋)	重量(lb/ft)	125Hz	250Hz	500Hz	1000Hz	2000Hz	4000Hz
I.	實心木門	2.5	12.5	30	30	24	26	37	36
II.	玻　璃	1/8	1.5	27	30	33	34	34	42
		1/4	3	27	31	33	34	34	42
III.	牆　壁								
	鋼　板	1/4	10	23	38	41	46	43	48
	混凝土	4	53	37	36	45	52	60	67
	磚　牆	12	121	45	44	53	59	60	61
	玻璃磚	3.75	—	30	35	40	49	49	43

資料來源：*NIOSH(1973)*

噪音傳播路徑的控制

噪音源或工作區域裝設隔音裝置，以吸音材料包覆液體與氣體輸送管線是噪音傳播路徑控制最典型的例子。圖11.20顯示了常見的汽、機車排氣管的消音器，此類消音器的噪音減少量可依下式計算：

$$R = 1.05(P / A)\,\alpha^{1.4} \tag{11.14}$$

式中 R＝噪音減少量 (dB)

P＝管線的周長(m)

A＝管線截面積(m^2)

α＝吸音材料的吸音係數

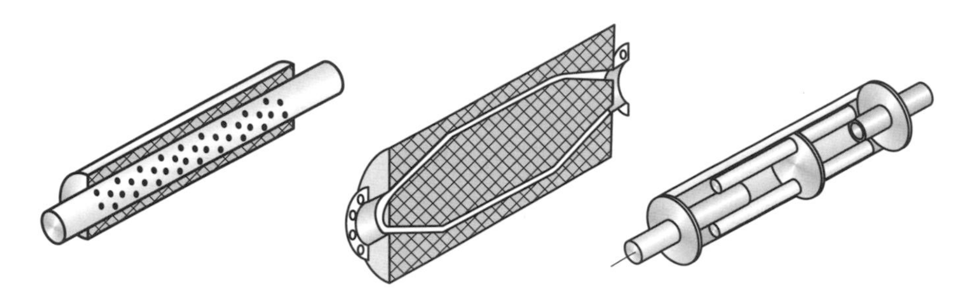

圖11.20　各式消音器

表11.8列出了常用的吸音材料－玻璃纖維對於不同頻率聲音的吸音係數。

表11.8　常用吸音材料－玻璃纖維對不同頻率(Hz)聲音的吸音係數(α)

厚度(cm)	125 Hz	250 Hz	500 Hz	1000 Hz	2000 Hz	4000 Hz
2.5	0.14	0.55	0.67	0.97	0.9	0.85
5.0	0.39	0.78	0.94	0.96	0.85	0.84
7.5	0.43	0.91	0.99	0.98	0.95	0.93

資料來源：*NIOSH(1973)* 表中玻璃纖維係以密閉材料包覆，且其密度為*48 kg/m*

聽力防護具

降低噪音對人員影響的最直接方法是使用聽力防護具，許多人都曾有過以棉花甚至於衛生紙塞入耳道來減少噪音的經驗，然而棉花與衛生紙降低噪音的效果都不好。以棉花塞入耳道內可降低的噪音量大致上不超過10 dB；而使用衛生紙的效果更差。目前最常見的聽力防護具包括耳塞及耳罩。耳塞是由如泡棉等軟質材料製成之簡易聽力防護具，使用時僅需將之塞入耳道即可。耳罩則包括外耳護蓋及連接外耳護蓋的金屬或塑膠的頭帶。外耳護蓋內均含有內襯之吸音材料以減少進入耳道之音量。一般專業廠商生產的耳塞與耳罩均附有噪音降低效果(如噪音降低比)的標示，然而許多使用者均感到實際的噪音降低效果似乎低於標示的數據，此乃是因為使用者未能正確的使用所致。不正確使用耳塞的情況較耳罩為常見，因此許多人都會感覺耳罩隔音效果較耳塞好。若是噪音量在100 dB以下使用耳塞即可，若是超過100 dB則應使用耳罩。

除了耳塞和耳罩以外，尚有隔音頭盔等特殊聽力防護具。一般而言，聽力防護具之缺點在於防護具無法分辨聲音是否為噪音，噪音固然可被降低，其他的訊息如：語音和警鈴等對人員有意義的聽覺訊息也同樣會被減弱。此外，使用時人員不舒服的感覺也會降低人員的使用率。

參考文獻

1. 彭英毅(1992)，解剖生理學，藝軒出版社。
2. 道氏醫學大辭典(1986)，藝軒出版社。
3. American National Standard Institute(1979), American National Standard immidiate evacuation signal for use in industrial installations, ANSI/ANS N2.3.
4. American Idustrial Hygiene Association (AIHA) (1966), Industrial noise manual, 2nd edition, Detroit.
5. Beranek, LL, Blazier, WE, Figwer, JJ(1971), Preferred Noise Criterion curves and their application to rooms, Journal of the Acoustical Society of America, 50, 880-890.
6. Deatherage, BH(1972), Auditory and another sensory forms of information presentation. In HP Van Cott & RG Kinkade (eds)Human Engineering Guide to Equipment Design, Washington DC, US Printing Office.
7. FAA-RD-76-222-I(1977), Aircraft alerting systems criteria study. Volume I. Collation and analysis of aircraft alerting data. D6-44199, US Department of Transportation, Federal Aviation Adminstration, System Research and Development Service, Washington DC.
8. Grandjean, E(1985), Fitting the task to the man, Taylor & Francis, London.
9. Hassall, JR, Zaveri, K(1979), Noise measure, Brued & Kjer.
10. Kantowitz, BH, Sorkin, RD(1983), Human Factors; understanding people～system relationships, John Wiley & Sons Inc, N.Y..
11. Lord, H, Gatley, WS, Eversen, HA(1980), Noise control for engineers, McGraw Hill Inc,N.Y..
12. NASA(1989), Man-system integration standards (version A), (NASA STD 3000), Houston,Texas, LBJ Space Center, SP 34-89-230.
13. NIOSH(1973), The industrial environment-its evaluation and control, US Department of Health and Human Services, Washington DC.
14. Sanders, M.S , McCormick, E.J., (1991)., Human Factors in Engineering and Design,McGraw-Hill, N.Y..
15. Shower, EG, Biddulph, R(1931), Differential pitch sensitivity of the ear, Journal of the Acoustical Society of America, 3, 275-287.
16. White, FA(1975), Our acoustical environment, John Wiley & Sons Inc, N.Y..

17. *Wegel, C, Lane, CE(1924), The auditory masking of one pure tone by another and its probable relation to the dynamics of the inner ear, Physiological Review, 23, 266-285.*

自我評量

1. 聲音壓力位準的定義為何？
2. 何謂八音階頻帶分析？
3. 什麼是聲音遮蔽效應？
4. 聽覺訊號設計應該遵循那些原則？
5. 何謂優先語言干擾位準？
6. 噪音對作業績效的影響有哪些？
7. 什麼是噪音暴露管制的五分貝原則？
8. 某八音階頻帶分析之中心頻率500、1000、2000Hz對應之SPL值分別為86、92及84分貝，則其PSIL值為多少？

NOTE

12

控制與輸入設計

人機系統是人因工程領域裡的一個主要概念。人機系統可以視為一個循環的資訊流通過程，在這個過程中，人的感覺器官由機器的顯示裝置取得與機器運轉有關的資訊，這些資訊經由感覺神經的傳輸與中樞神經的分析而產生決策。決策的資訊經由運動神經傳至肌肉組織以控制肢體動作，肢體的動作將資訊經由機器的輸入(或控制)裝置傳給機器，機器再依據傳入的資訊運轉，並將運轉的狀態或結果由顯示器裝置輸出。

所謂的人機介面(man-machine interface)是指人與機器發生接觸的地方：人機介面的設計主要是指機器的資訊輸出(顯示)及輸入(控制)裝置設計。本章將討論控制與輸入設計的問題，而資訊的顯示設計將於第十三章中介紹。

12.1 控制器的種類

控制器是機器從人員接收資訊的輸入裝置。而人員欲傳給機器的資訊可以分為間斷資訊與連續資訊兩種。間斷資訊常用來指示簡單的狀態，例如：開/關，而連續資訊則是連續性之數量，例如：以轉鈕來調整音量。

控制裝置依輸入之資訊類型可以分為：

- 間斷型(discrete)
- 連續型(continuous)

依控制器移動的方式可以分為：

- 旋轉型(rotary)
- 直線型(linear)

依控制器在空間移動之向度可以分為：

- 單向度 (one-dimensional)
- 多向度 (multi-dimensional)

12.2 控制器之編碼

每一個控制器均有其特定的功能，為了讓使用者能了解其功能，控制器必須加以編碼，控制器的編碼方式不外乎下列數種：

- 位置
- 形狀
- 尺寸
- 操作方式
- 標示
- 顏色

各種編碼之優缺點列於表12.1中。

表12.1 不同控制器編碼方式之優缺點

	位置	形狀	尺寸	操作方式	標示	顏色
優點						
視覺容易辨識	●	●	●		●	●
觸覺容易辨識	●	●	●	●		
不需訓練即可辨識					●	
有助於操作位置辨識		●		●	●	
照明不足時，較易辨識	●	●	●	●	需夜光設計	需夜光設計
易於標準化	●	●	●	●	●	●
缺點						
需要較多空間	●	●	●	●	●	
會影響操作之方便性	●	●	●	●		
有編碼數目上之限制	●	●	●	●		●
戴手套時較無效		●	●	●		
必須被看到才有效					●	●

資料來源：*MIL-STD-1472D*

位置

控制器的位置可反應其功能，此種編碼的好處在缺乏視覺線索下尤其能突顯出來，汽車油門在右與煞車在左的位置設計即是一例。

形狀

控制器的形狀也可作為辨識的編碼設計，形狀的編碼在視覺負荷很重而須仰賴觸覺來辨識時尤其有效，圖12.1顯示了不同控制器的形狀設計。形狀的設計可搭配不同紋理而呈現更多樣化的觸覺設計。

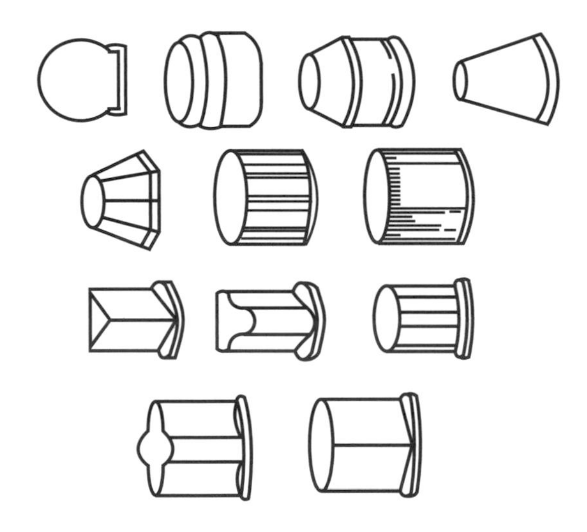

圖12.1　不同控制器之形狀設計尺寸

資料來源：*MIL-STD-759A*

尺寸

有些控制器也可依尺寸不同來區分，然而人們可輕易辨識之不同尺寸不超過3種，而尺寸設計必須有足夠的空間才可行。

操作方式

操作方式也是一種編碼方式，例如按鈕以手指下壓即可，汽車的自動排檔桿需以手臂前推與後拉的方式操作。操作方式往往是機構設計下的結果。

標示

標示是最能清楚反應控制器功能的編碼方式，由於空間上之限制，多數的控制器標示僅能以簡易的文字或圖案顯示其功能。設置標示時應注意：

- 使用簡單易懂之文字，國內產品均以中文標示為主，許多簡易的英文(如：ON、OFF)國人也多能理解。中、英文以外的文字標示往往給使用者很大的困擾，近年來有許多日本商品，即以日文標示，這讓不懂日文的使用者無法理解標示之訊息。
- 使用通用而易懂之符號
- 標示位置標準化，不可有些在上方，有些在下方
- 當控制器位置高於眼睛高度時，建議標示於控制器下方，若控制器的位置低於眼睛高度，則應標示於上方
- 標示不應在操作時被手遮蓋
- 空間不足時，可直接標示於控制器上，然而旋轉的控制器則不宜直接標示在控制器上。另外，直接標示也應考量磨損與清潔的問題

顏色

顏色是很重要的視覺編碼之一，然而，若是使用族群可能有色盲或是色弱者，以顏色編碼必須搭配其他編碼才能避免編碼不足的狀況。紅、綠、橙、黃、白是常用的編碼顏色，編碼使用的顏色應使用標準色，飽和度低的顏色如粉紅、淡黃應避免使用，藍色在編碼上應少用。

12.3 控制阻力

控制阻力
1. 彈性阻力
2. 摩擦阻力
3. 黏滯阻力
4. 慣性阻力

為了防止誤觸，多數控制器均有控制阻力(control resistance)，控制阻力可以經由不同的方式產生：

1. 彈性阻力(elastic resistance)：彈性阻力可由彈簧或其它彈性材料(如橡膠)產生。當受外力時，控制介面產生位移；外力移除之後，彈性阻力即產生反向的位移，以回復原狀。目前許多個人電腦之開關及重新啓動(reset)按鈕，均採彈性阻力。
2. 摩擦阻力(friction resistance)：利用接觸面在相對位移時的摩擦力來提供阻力，也是控制阻力產生的方式之一。
3. 黏滯阻力(viscous resistance)：黏滯阻力是以物質的黏滯性來避免控制機構的快速移動，當連續性的控制需要平滑的操作時，黏滯阻力對於提供機構移動中的穩定性相當有幫助。
4. 慣性阻力(inertia resistance)：物質均有維持其原本狀態之特性，此特性即為慣性。利用慣性產生的阻力也能夠維持控制機構的移動與平滑操作。騎腳踏車踩踏板時，我們即可感受到慣性阻力：開始時要較大的力量來踩踏，車輪轉動之後，踩踏所需的力量就小的多。

12.4 控制器的回饋與靈敏度

控制器之設計必須考量二項特性，第一項是回饋(feedback)，回饋是指控制器傳給操作者與控制輸入有關之資訊。回饋的產生最好能夠及時而且明顯，讓操作者能夠了解操作是否正確與完成。按鈕的位移、肘節開關的聲音及位移與行動電話按鍵所產生的聲音都是立即的回饋。回饋產生的方式包括：

- 視覺：如行動電話以顯示器立即顯示輸入的號碼
- 聽覺：如行動電話按鍵後的嗶聲可讓我們確認按鍵已完成
- 觸覺：如按按鈕時手指的移動可讓我們確認按鈕已被按下

除了回饋之外，控制裝置的另外一項特性是增量(gain)：

$$增量=\frac{系統的反應量}{控制器之移動量} \qquad (12.1)$$

當控制器的少量移動即可產生大量的系統反應時，此種控制為高增量的控制器。反之，若控制器移動量大，卻只能產生微幅的系統反應時，其為低增量控制器。增量可反應控制器之靈敏程度，高增量之控制器靈敏度高，而低增量控制器的靈敏度則較低。增量的倒數稱為控制反應比(control response ratio，簡稱C/R比)，許多系統的反應量是以顯示器來呈現的，此時控制反應比也稱為控制顯示比(control display ratio，簡稱C/D比)。控制反應比可以用直線距離或是轉動的角度來計算。當控制僅小幅調整即產生機器大量的反應時C/R比會很小，此種控制器非常靈敏。反之，若是C/R比很大時，代表控制機構要大幅調整才能產生微幅的機器變量，此種控制器的靈敏性就很低。

控制反應比
控制器之移動量與系統反應量的比值

當調整收音機的轉鈕時，C/R比高的轉鈕必須大量的旋轉才能調到特定頻道；C/R比低的則僅略為旋轉就能調到頻道位置。然而，若頻道很狹窄，則此種轉鈕較不易調到精確的位置。

在使用連續性的控制器時，使用的過程可以分為兩個階段：

1. 粗調：儘快的把控制器調到粗略的位置。
2. 微調：把控制器調到精確的位置。

若是C/R比高則粗調需時較長，而微調則需時較短。反之，C/R比低時，粗調可以在很短的時間內完成，微調則需時較長。圖12.2顯示了這種狀況。將粗調及微調所需的時間相加即可得調整所需之總時間，圖12.2中總時間最短發生在粗調和微調時間曲線之交會點，而此時之C/R比稱為最佳C/R比。

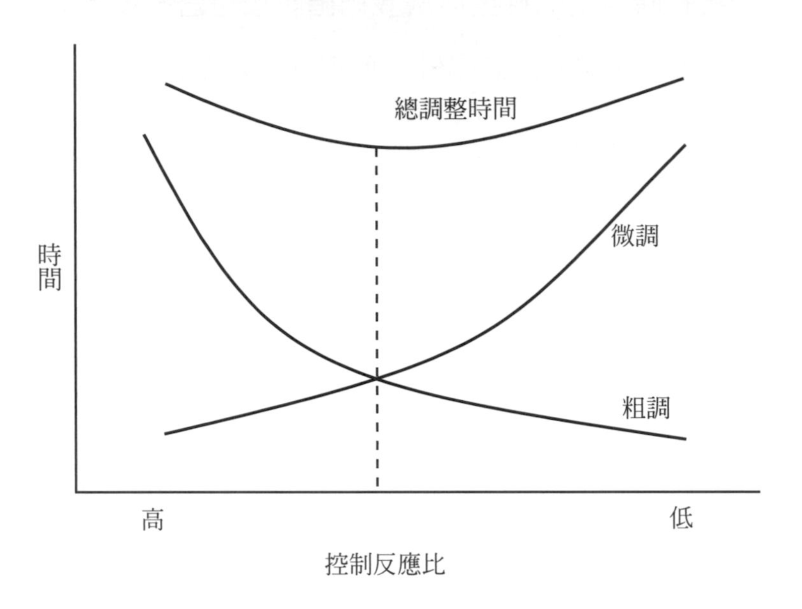

圖12.2　控制-反應比與調整時間

資料來源：*Jenkins*與*Connor*, *1949*

許多間斷型的控制裝置均有若干之無效間隙與背隙。所謂無效間隙(dead space)是指控制裝置在基準位置不致產生控制動作之最大移動量。例如汽車之排檔桿在空檔時可容許若干移動而不致產生排檔的動作。無效間隙的多寡直接的影響了控制裝置的靈敏度，無效間隙愈大的裝置之靈敏度愈低，操作所需之動作幅度愈大，需要的時間也愈長。反之，無效間隙愈小，靈敏度愈高，此種控制裝置愈容易因誤觸而驅動。

無效間隙

控制裝置在基準位置不致產生控制動作之最大移動量

背隙(back slash)是指控制裝置在任何控制位置之無效間隙，對於靈敏性高之控制裝置，背隙應減至最低，以降低系統失誤的產生。若是無法降低背隙，則應考慮降低控制裝置之靈敏性。

12.5 控制器的評估

控制器的設計可以下列項目來加以評估：

- 學習時間：是否要花許多時間來學習／適應操作
- 操作速率：操作時需要時間，較少的設計較佳
- 錯誤率：不易造成輸入錯誤的設計較佳
- 主觀滿意度：由人員的主觀反應來區分優劣
- 體力負荷：體力負荷通常可經由實驗來分析，例如操作中肌電水準較高之設計是比較費力的設計

以下來看一個例子：掌上型電子資訊器材在工商業上的應用愈來愈普遍。一般而言，這類器材的功能不外乎資訊的輸入、資訊處理與資訊之輸出與傳輸；手持式掃描器即是一個例子。手持式掃描器使用時需以手部握持，掃描器的尺寸、重量、外型、觸鍵等之設計直接的決定了手部使用時的行為。

李永輝教授(Lee & Weng，1995)曾針對三種不同之手持掃描器進行評估。在圖12.3中之掃描器A使用時須以側捏的方式操作，若掃描文件置於使用者正前方，則使用者之手腕必須以尺偏的姿勢來掃描。掃描器B使用時則需以指腹捏握，掃描器C則需使用者以姆-四指之指掌包覆來操作。評估的進行是招募19名男性受測者來使用三種掃描器從事二件不同之掃描作業。

研究結果顯示，使用掃描器A所需之操作時間顯著的較B與C為長，此種差異在較困難之掃描作業尤其明顯。在使用姿勢方面，使用掃描器A時手腕尺偏之姿勢顯著的超過其他二種設計，而使用掃描器C則有顯著的肘與肩部的屈曲。在手部肌肉負荷方面，使用掃描器A時尺側屈腕肌之NEMG(%)值顯著的高於使用其他二種掃描器，而使用掃描器B時的屈指淺肌之NEMG則顯著的高於其他二者。在受測者之主觀評比方面，受測者對於掃描器之「是否容易握持」與「是否容易完成掃描」二項中均對掃描器C有較高之評分，對於「是否容易維持穩

定」項目則掃描器A與C有相同而高於B之評分。這些項目間的差異反應了不同設計間的優劣。

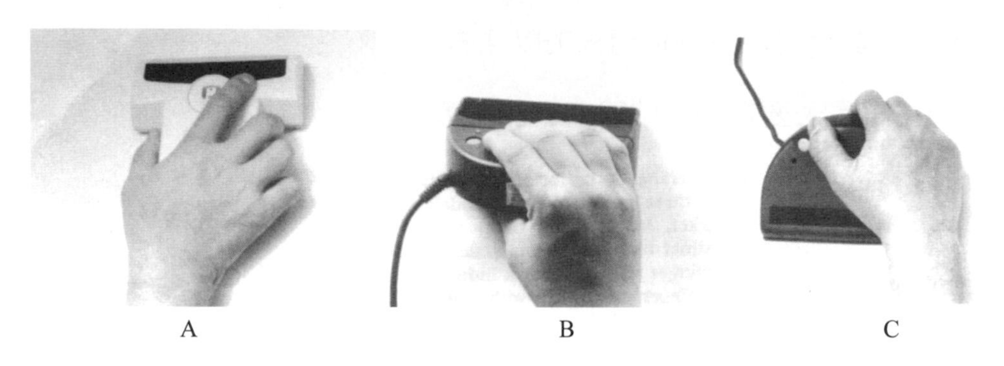

圖12.3　三種手持式掃描器之操作

Lee and Weng, An ergonomic design and performance evaluation of handy scanners by males, Applied Ergonomics, 26, 425-430, Copyright 1995, reprint with permission from Elsevier Science

12.6 常見之控制器與輸入裝置

常見的控制與輸入裝置包括各式的開關、按鈕(鍵)、踏板、電腦輸入裝置等，表12.2依間斷操作與連續操作，摘要的列舉了這些裝置。

12.6-1 定位輸入裝置

滑鼠

自從電腦視窗操作系統誕生後，滑鼠已廣泛的使用在電腦操作上，滑鼠是一種多向度的控制器，其下方的滾球(或光學感應器)可以輸入滑鼠在X-Y平面上的位置，而滑鼠的按鍵可供點選。使用滑鼠時之主要操作包括水平點選、多向點選、水平拖曳及垂直拖曳。使用時必須以手掌握住滑鼠，並在墊子上移動，而點選則需以手指按鍵來完成，Johanson et al (1990)曾指

表12.2　常見之控制與輸入裝置

間斷操作	連續操作
按鈕(鍵)	滑鼠
接觸螢幕	軌跡球
滑桿	搖柄
操縱桿	轉盤
光筆	滑桿
搖擺開關	踏板
肘節開關	搖桿
指標轉扭	轉鈕
聲(語)音控制	
眼動控制	

出，電腦使用者操作滑鼠的時間遠遠超過了使用鍵盤的時間，其重要性由此可知。

滑鼠的主要功能在於定位與點選，此種功能屬於間斷輸入，圖12.4顯示以滑鼠與方向鍵來移動電腦螢幕上的游標所需時間，圖中顯示移動距離在1至16公分之間，以滑鼠移動游標僅需1至1.5秒之間；若以方向鍵來移動，則所需要的時間會隨著距離的增加而增加，這種特性突顯了滑鼠在游標定位上的優勢。滑鼠也可用於連續輸入，但是效果並不太好。例如讀者在使用小畫家等繪圖軟體時，會發現以連續控制滑鼠來畫一條不規則的線條時非常困難；當我們徒手描繪時，以手臂固定手指活動可繪出穩定的線條或圖形，但是操作滑鼠時整個手掌必須施力，手臂也須移動，這種狀況下，動作的穩定性與精確度自然會降低。

由於滑鼠的使用往往有長時間與高頻次的特性，因此以適當的設計來避免手部疲勞與肌肉骨骼傷害是設計上的主要課題。依據肌電圖、使用者主觀的反應及其他文獻的建議，李永輝與黃証柳(1999)提出滑鼠應：

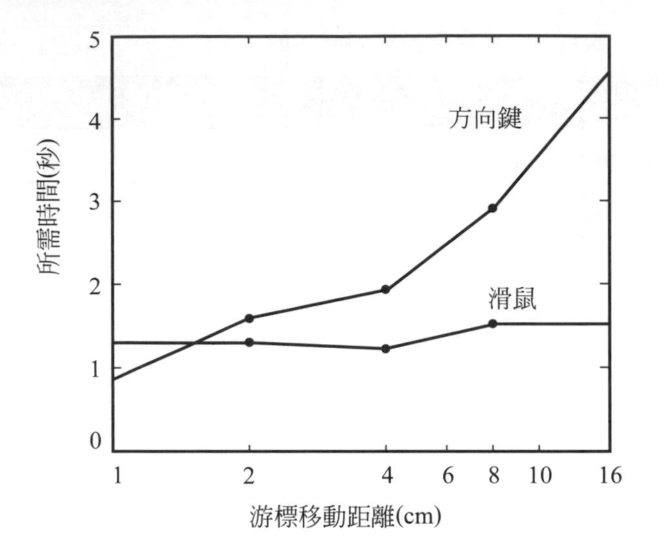

圖12.4　以滑鼠與方向鍵移動游標所需時間

資料來源：*Card et al, 1978*

- 高度3.4 ± 0.1公分
- 面積在75平方公分以上
- 按鍵施力為1.0 ± 0.2 N
- 提供不同尺寸之設計以適合不同手掌尺寸使用者的使用

方向按鍵

指示控制器移動方向的按鍵為方向按鍵，最常見的方向按鍵乃是如圖12.5(a)中所示的電腦游標控制鍵。設計方向按鍵必須考量使用者的空間相容性，例如圖12.5(a)、(b)及(c)中，三種鍵的配置均和空間之方向相對應，不易引起混淆，(d)中將四個方向分為二排，上面一排之左右分別為上下鍵，而下面一排則為左右鍵，此種設計之相容性低於前者，而(e)中之四鍵橫列之設計之相容性更低。方向按鍵除了用在電腦鍵盤上以外，也常見於其他的控制設計上，例如：行動電話的功能選擇、許多廠牌均採用類似圖12.5(a)中之設計。

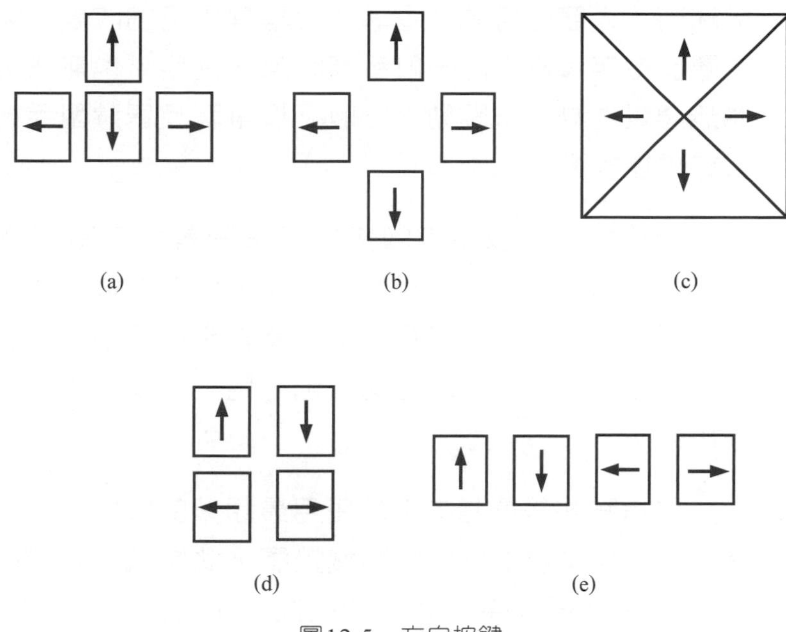

圖12.5　方向按鍵

光筆

光筆(light pen)是電腦輸入裝置的一種。操作時使用者如握筆一般，以光筆尖處碰觸電腦的監視器的特定位置，並按筆上的按鈕來輸入該處平面坐標的訊息。除了一般的資料輸入以外，光筆常用於電腦輔助設計上。光筆可依其高度、重量、造形、按鈕等項目而有不同之設計。光筆設計的缺點包括：

- 手部會遮蔽監視器的影像
- 手臂抬起至監視器高度之位置，容易造成手臂、肩膀的疲勞與酸痛

觸控輸入

觸控輸入已普遍的應用在公共導覽、提款機、平板電腦、及智慧型手機等裝置上。觸控輸入技術分為電阻式與電容式技術。電阻式觸控板依賴手指或其他物體對螢幕產生的壓力來驅動，因此戴手套、或以筆尖觸擊均可操作，此種觸控輸入裝置成本較低，較常用於公共導覽介面。電容式觸控螢幕依靠手指

接觸時，人體的導電性會導致螢幕靜電場的改變來驅動。此種裝置於戴無導電性的一般手套時無法使用，也無法用筆尖與其他無導電性物體來驅動。一般平板電腦及智慧型手機均採用電容式觸控技術。

觸控輸入是以手指的指尖碰觸螢幕特定區域來執行輸入操作。若指尖碰觸後即與螢幕分離，即為點擊操作；除了點擊外，單指指尖亦可在螢幕上水平滑動來進行拖曳、影像滑動、手寫、手繪等操作。觸控輸入也可用兩指指尖滑動來進行縮放等操作。

單指點擊是最基本也是使用最頻繁的觸控輸入。單指點擊時指尖應與螢幕上的特定區域接觸，此區域一般是以簡單幾何形狀(如長方形或圓形區域)或圖像(icon)標示，一般原則是點擊區域應至少2公分，區域越大，輸入操作越容易、錯誤率越低、使用者滿意度越高；實際上，區域大小應考量指尖與螢幕接觸的形狀與面積，如公共導覽、提款機、平板電腦等大型輸入裝置，觸控區域一般皆顯著的大於使用者指尖的觸控面積。智慧型手機則因為螢幕面積較小，無法為每個圖像保留2公分的區域。

手機觸控輸入設計之點擊圖像尺寸設計應考量圖像尺寸、主觀尺寸、及可觸區域(見圖12.6)。圖像尺寸即圖像的長與寬形成的面積，主觀尺寸是指尖與螢幕接觸的面積，可觸區域則是設計上考量指尖點擊區域分佈而形成的長方形區域。

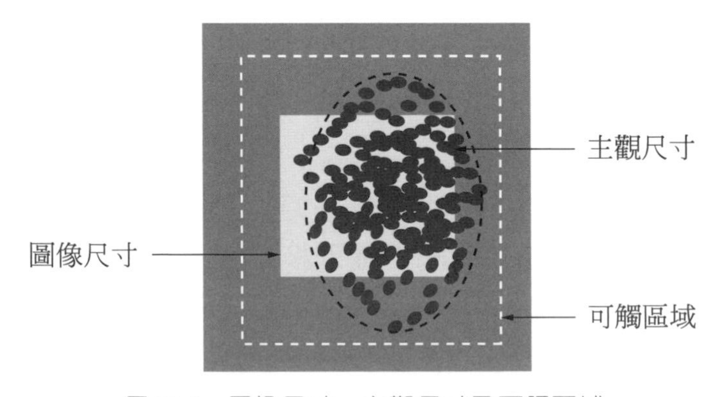

圖12.6　圖像尺寸、主觀尺寸及可觸區域

手機觸控輸入點擊設計應考量螢幕面積及螢幕上需容納多少圖像，則每個圖像所佔可觸面積近似總面積除以圖像個數，實際顯示圖像之尺寸應考慮圖像比例(見圖12.7)。一般手機主介面上的圖像之的圖像比介於0.6至0.9之間，研究顯示使用者偏好高圖像比之圖像設計，手機圖像比應不低於0.7。圖像之間應有足夠間距以避免錯誤輸入。指尖接觸圖像產生壓力的中心點與圖像的中心點間的距離為觸控偏移(touch offset)，設計者期望的觸控操作為壓力中心與圖像中心重疊，此時觸控偏移為零；然而研究顯示，慣用右手者之壓力中心往往略為偏向圖像的右下方，因此可觸區域與圖像的位置應考量觸控偏移的數據，適度的調整。

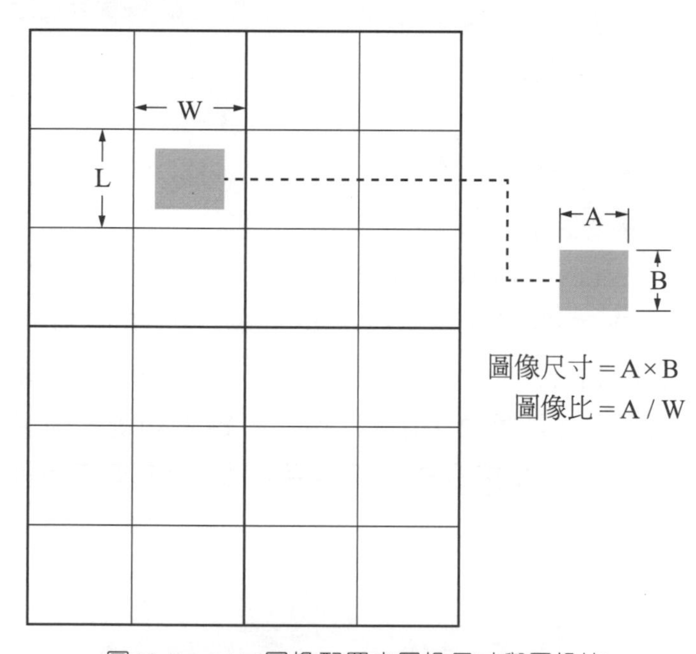

圖12.7　4×6圖像配置之圖像尺寸與圖像比

手勢輸入

人們常以手勢來傳達訊息，例如手部左右搖擺表示“不要”。許多消費性電子產品均已導入手勢控制(gesture control)。手勢識別是手勢控制的基礎，手勢識別首先需要手勢感測系統。手勢感測技術分為接觸感測與非接觸感測兩類，接觸感測又以指觸感測及手持感測器兩種方式為主：

指觸感測：部分品牌的平板電腦及手機提供二點或多點觸控功能，使用者以手指在手機螢幕上滑動來輸入。

手持感測器：某些內建加速規(accelerometer)及陀螺儀(gyroscope)的裝置可感應運動數據，使用者手持此類裝置並移動時該運動即可傳輸特定訊息，例如任天堂公司生產的Wii遊戲機，玩家握持並揮動把手即可控制螢幕上游標的移動，許多VR遊戲的把手都採用此原理設計(圖12.8)。手機內一般也都具有手持感測的功能。感測器也可以安裝在手套上，戴上此種手套同樣可以以手部動作來輸入訊息。

圖12.8　揮動Wii 把手來打網球

非接觸手勢感測分為影像、超音波、及近端紅外線感測(Infrared proximity sensing)。影像感測是以攝影機拍攝手勢(見圖12.9)，超音波(見圖12.10)及近端紅外線感測則是以裝置發射超音波或紅外線，並接收並分析經手部反射的波來識別手部的姿態與動作。

圖12.9　感應指尖位置的手勢輸入

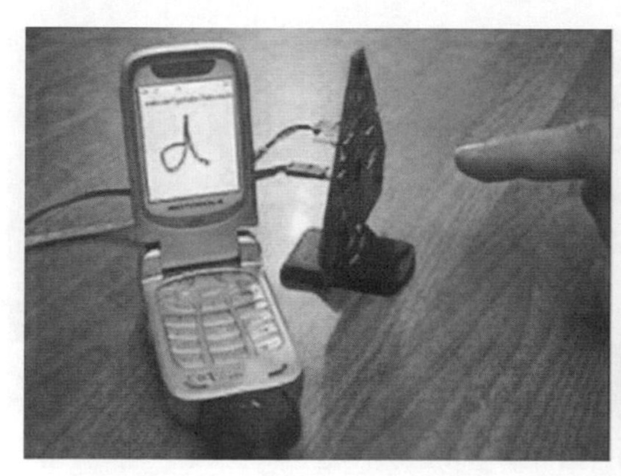
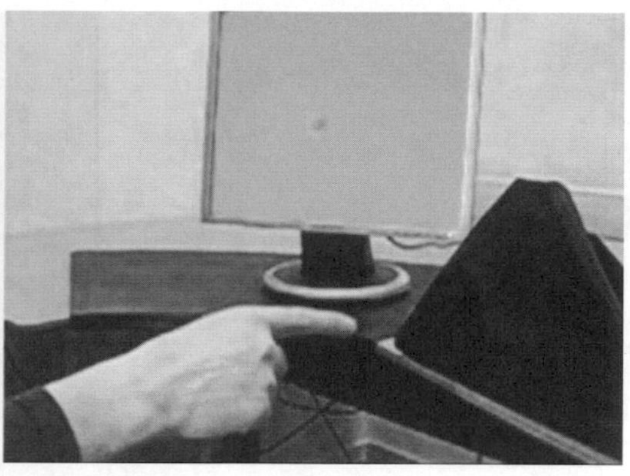

圖12.10　超音波手勢感應

圖12.11顯示了汽車駕駛的手勢感應原理，駕駛右手做出手勢，該手勢經由攝影機攝並投影，投影影像經分析識別後轉變為輸入指令。圖12.12顯示BMW汽車公司開發的駕駛的手勢感應系統，該系統的攝影機置於手部上方，駕駛人右手於感應區做出手勢即可傳輸指令，該系統的原型可識別17種手勢。

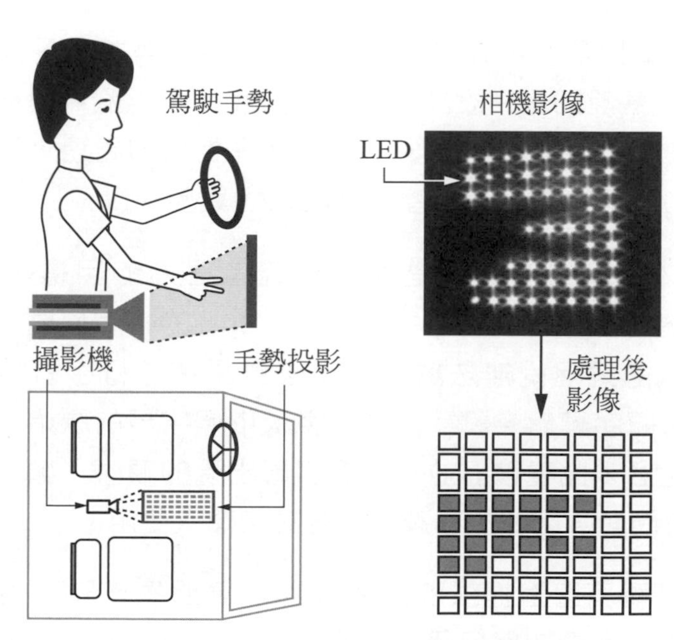

圖12.11　汽車駕駛的手勢感應

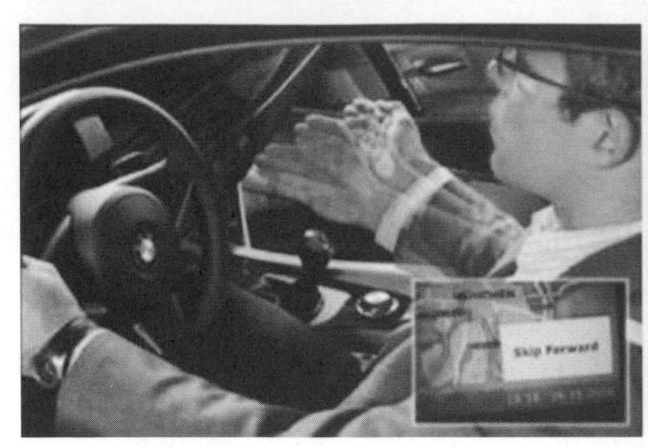

圖12.12　BMW開發的汽車駕駛手勢輸入系統

12.6-2　字母輸入裝置

目前通用的英文字母鍵盤稱為QWERTY鍵盤(參考圖12.13)，這種鍵盤字母的排列和特色在於使用頻次較高的字母均以較遲鈍的手指來按，而英文字中經常先後一併出現的字母(如：th，ch)均被刻意的分開，這種違反人因工程的設計是在1879年發展出來的。英文鍵盤最早均用在打字機上，而最早打字機經常會因為打字速度太快而發生打字桿互相撞擊而故障，QWERTY鍵盤即是從設計上來減緩打字速度以避免機械故障事件。在電子打字機誕生後，已無打字桿相撞的問題，然而，幾乎所有的使用者均已非常習慣QWERTY鍵盤。

英文鍵盤的改良曾是許多研究者努力的目標，例如：Dvorak鍵盤即被確認可以提高10%～20%的打字速度，然而這種改良式的鍵盤尚無法讓使用者放棄原有的打字習慣而採用它。字母順序鍵盤之設計乃是將字鍵依照字母的原始順序排列於鍵盤之上，此種鍵盤並不考慮字母出現的順序、頻率及左右手負荷等問題，因此並不適合一般文字輸入使用。

除了顯示器上提供的訊息以外，鍵盤操作時，可獲得聽覺、視覺及運動知覺三個方面的回饋。Klemmer(1971)指出，大約有70%的按鍵錯誤可由這些回饋在按鍵之後立即被發現。

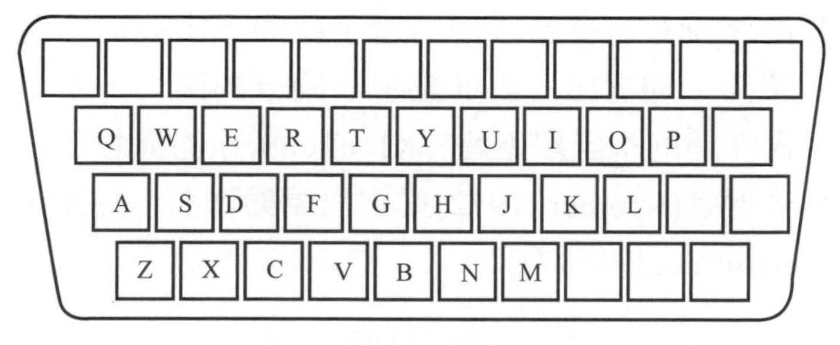

QWERTY 鍵盤

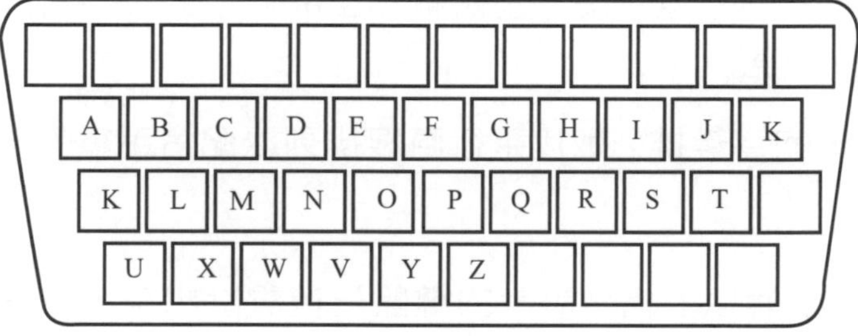

字母鍵盤

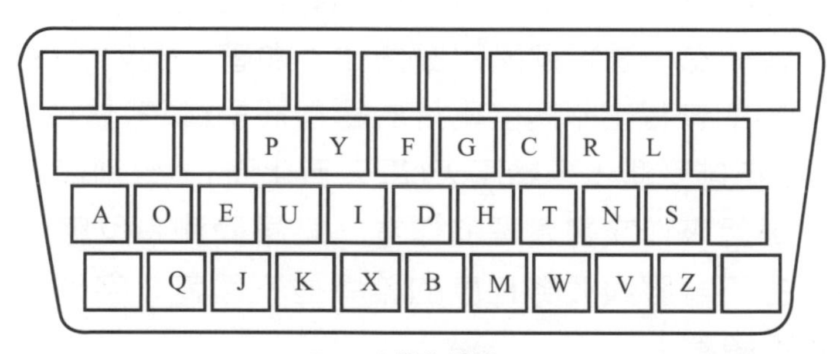

Dvorak 簡化鍵盤

圖12.13　QWERTY、字母順序與Dvorak鍵盤

不當的鍵盤高度會造成使用者以不自然的手部姿勢(如手腕之過度伸展)來操作，這些不自然的姿勢容易導致手部的疲勞，長期的不自然姿勢更可能造成手部的肌肉骨骼傷害。美國人因工程學會(Human Factors Society, 1988)建議鍵盤的高度(空間棒至地面)應介於58.5至71公分之間。此外，鍵盤亦應傾斜0至25度之間。傳統的電腦鍵盤是採用單一長方型的外形設計，字鍵則排列於此長方形的區域內。早在1926年Klockenberg 即指

出，方形的字鍵設計會造成使用者手部的不良姿勢，而容易引起肌肉的疲勞。他提出了將鍵盤由中間分為兩半，兩半各自傾斜以減少操作時的不自然姿勢。Klockenberg的構想在1970年代以後被許多學者(Kromer, 1972)提出討論與修訂，並提出設計的原則(Swanson et al, 1997)：

1. 鍵盤的左、右兩片應分別旋轉10至15度以減少手部的尺偏。
2. 鍵盤的左、右兩片應分別傾斜25至60度以減少手臂的內轉與上臂的外展。
3. 以弧形的字鍵排列取代平行直線排列以配合手掌的形狀與結構。

多種根據以上構想設計的鍵盤已被設計出來，並在市場上銷售。部份文獻指出，與傳統的長方形鍵盤比較起來，這類的鍵盤確實能夠降低上肢的疲勞，並有較高的使用者滿意度。然而也有學者認為，這類鍵盤的優勢並不顯著。例如，(Swanson et al, 1997)即曾提出不同的兩片式鍵盤設計(參考圖12.14 與表12.3)，並安排受測者連續兩天(每天五小時)，分別使用傳統鍵盤與兩片鍵盤來作文書處理的作業。結果受測者反應，使用不同鍵盤間的不舒服與疲勞程度的差異並不顯著，字母輸入速度的差距也不顯著。

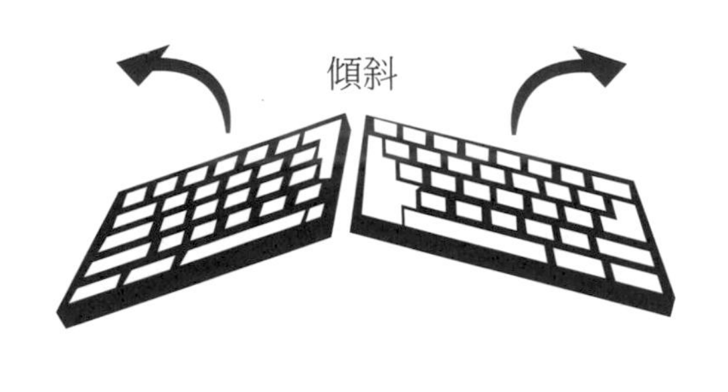

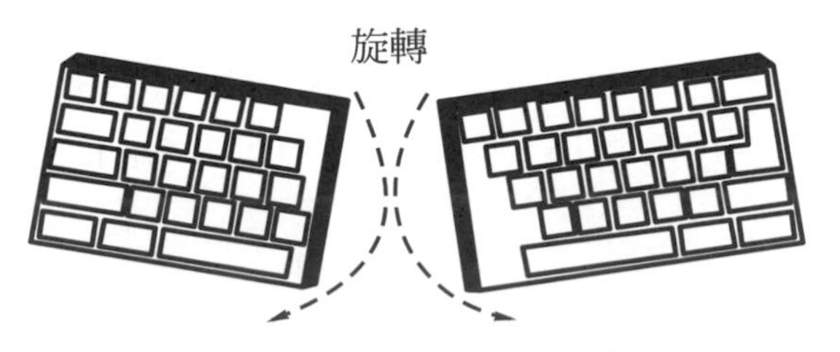

圖12.14　兩片式的鍵盤設計

修改自：*Swanson et al, 1997*

表12.3 Swanson et al (1997)實驗之鍵盤尺寸

	傳統鍵盤	B鍵盤	C 鍵盤	D 鍵盤	E 鍵盤
旋轉(°)	0	0	0	0	25
側向傾斜(°)	0	0	9	12	45
GH鍵間隔(cm)	1.9	1.9	1.9	3.8	10.8

文字鍵盤按鍵所需的壓力應不超過142g，為避免誤觸，其所需壓力至少應為57g。ISO 9241中第四部份之鍵盤需求(keyboard requirements)要求鍵盤必須能夠傾斜、與螢幕分離、容易使用，並不會造成手與手臂之疲勞。目前桌上型的電腦幾乎已全部採用鍵盤與螢幕分離的設計，但是筆記本型的電腦則未能將此二者分離，因此使用者操作時較不易同時滿足手部自然姿勢與眼睛的視覺需求。

12.6-3 數字輸入

數字輸入是人們常需使用的功能，圖12.15顯示了數字輸入鍵之排列形式，其中(a)稱為123排列，這種數字排列常見於各種按鍵電話之鍵盤上，(b)之排列稱為789排列，此種排列已廣為各式的計算器所採用。這兩種數字排列之設計均將10個數字集中在小區域中，使用時僅移動手指即可能觸及所有的鍵，然而兩者之間有無差異呢?若干研究指出，與789排列比較起來，受測者使用123鍵之速度較快(Conrad, 1967)，按錯鍵的比率也較低(Paul et al, 1965)，然而差距並非十分顯著。

圖12.15(c)中之橫列式之排列也可見於若干設計，此種設計之問題在於使用者單靠手指移動無法觸及所有的字鍵，操作中手臂的動作是無法避免的，因此輸入數據所需之動作時間較123排列與789排列為長。除了動作時間外，使用者也需花費較多的時間在視覺目標(特定鍵)的搜尋上。電腦的鍵盤幾乎均同時配備123與橫列的數字鍵供使用者選用。

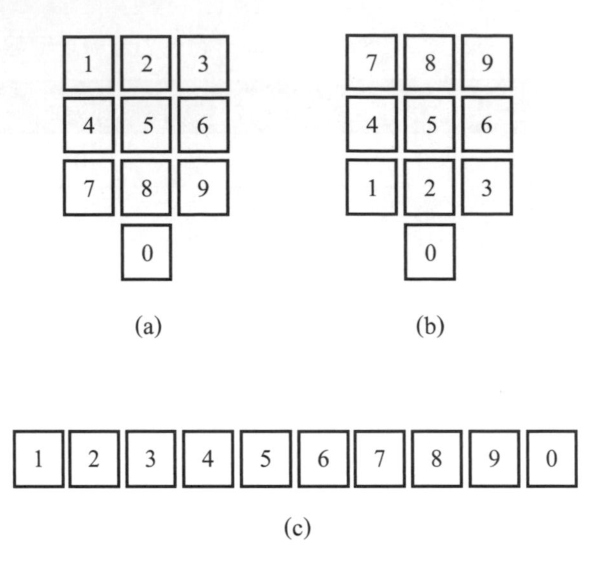

圖12.15　數字輸入鍵之排列

按鍵的大小應以能容納指尖的面積為宜，若是多個按鍵配置在一起，則按鍵之間應有足夠之間距以防止誤觸。行動電話是普及的通訊器材，智慧型手機的字鍵均是顯示於銀幕的虛擬鍵盤呈現，字鍵尺寸受到面板尺寸之限制(參考圖12.16)。

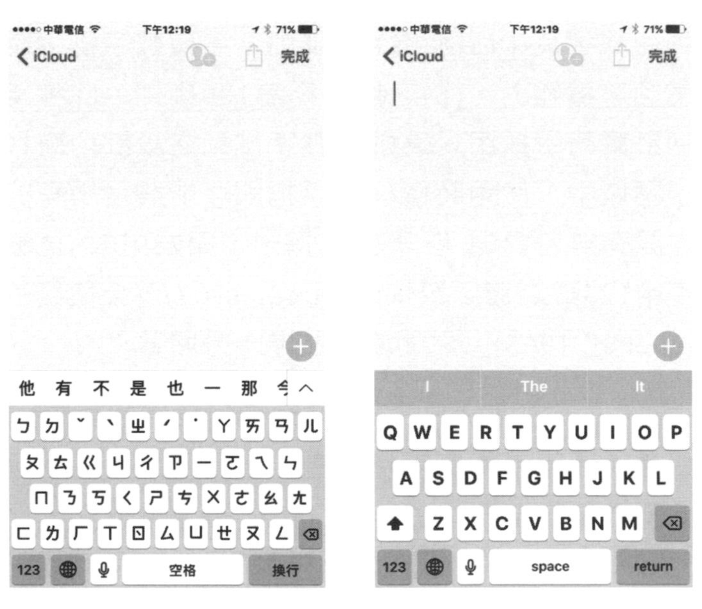

圖12.16　智慧型手機的輸入鍵

12.6-4 薄膜鍵

薄膜鍵(membrane keypads)(或接觸按鍵)已普遍的使用在許多消費性(例如：微波爐、電子計算器及記事本)器材上，薄膜鍵與一般按鍵設計不同之處在於各個按鍵並無突出而獨立之立體形狀，使用者必須依據平面顯示之按鍵位置與標示來區分按鍵的功能。此外，薄膜鍵接觸時產生的移動距離低於傳統按鍵的移動距離。由於極小的移動距離使得薄膜鍵很容易被誤觸而輸入，為了彌補此缺失，設計者往往需提高按鍵的阻力，一般按鍵通常僅需50g至90g之力量即可輸入，薄膜鍵往往需要好幾倍以上的力量才能輸入(200g至500g)。

由於移動距離很小與欠缺立體造型，使得使用者在操作時欠缺適當的回饋，這使得使用者不易確認是否已完成輸入動作。因此，薄膜鍵必須搭配適當的回饋設計。一般的回饋是經由視覺顯示(例如：液晶顯示器)與聽覺顯示(按鍵時產生的嗶聲)來提供。在使用沒有其他回饋的薄膜鍵時，使用者往往會用很大的力量按壓以確認輸入的完成。薄膜鍵的功能標示可直接列在鍵上，但須注意的是，長時間使用會造成標示的磨損與髒物的覆蓋(參考圖12.17)。

圖12.17 微波爐上的薄膜鍵

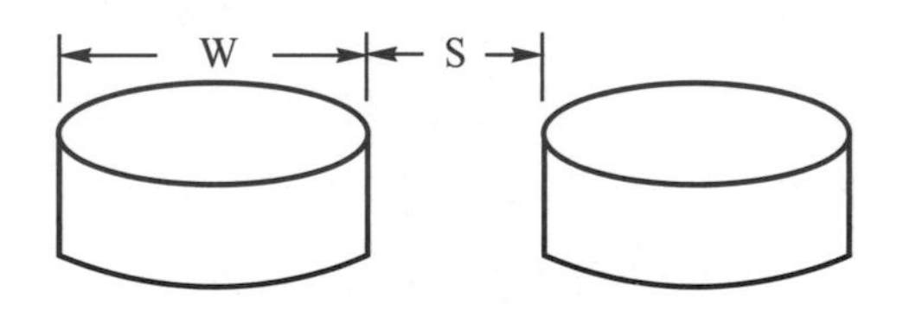

圖12.18 按鈕

12.6-5 按　鈕

按鈕(pushbutton)可說是最常見的控制器，按鈕可供輸入間斷的資訊，而以二元資訊(如：增／減、開／關等)最為常見。常見的按鈕可分為碰觸型及鎖定型兩種。碰觸型是手指觸壓時為接觸狀態，手指鬆開後即為未接觸狀態。鎖定型按鈕則是指手指觸壓並隨後鬆開後即成接觸狀態。若欲恢復到未接觸狀態，則需要再次觸壓該鈕或是其他的解除鈕。按鈕的設計請參考圖12.18與表12.4。

表12.4　按鈕的規格

	寬度或直徑(mm)			阻力(N)				間距(mm)			
								單指		不同手指操作	掌或拇指
	指尖	拇指	手掌	小指	2,3,4指	拇指	手掌	單一操作	連續操作		
最小值	10/13*	19	25	0.25	0.25	1.1	1.7	13/25*	6	6	25
最大值	19	—	—	1.5	11.1	16.7	22.2	—	—	—	—
建議值	—	—	—	—	—	—	—	50	13	13	150

資料來源：*MIL-HDBK 759*，*戴手套

按鈕施力應考量手部負荷與避免誤觸，若造成誤觸可能產生嚴重之效果，則應該需較大施力才可驅動，甚至於設置防誤觸裝置，若是須經常使用，則按鈕施力應該減輕。按鈕施力大小也應該考量機構整體受力之影響，圖12.19中電腦喇叭的電源按鈕即是一個未考量整體受力的例子：圖中的喇叭很輕，使用者按電源按鈕時會將整個喇叭往後推，因此使用者必須以另外一隻手將喇叭壓住才能將按鈕按下。按鈕施力通常可用彈性阻力產生。按鈕之回饋可由按下後瞬間停止並產生卡住之聲音與動作，以小燈顯示手動按鈕已按下也是常見的回饋設計。

圖12.19　未考量按鈕施力的設計

12.6-6　肘節開關

肘節開關(toggle switch)(參考圖12.20)依其可操作之位置可分為二節式與三節式。一般以二節式為主，肘節開關設計上考量之項目可參考表12.5。開關操作方向以上、下為主，上表示開，而下表示關，水平方向的配置應該避免。

12.6-7　搖擺開關

搖擺開關(rocker switch)是常見的間斷控制器，一般建築物的燈開關大多採用搖擺開關。搖擺開關的兩端分別代表開與關的狀態，搖擺開關可能配置在垂直面或水平面上。就一般使用而言，搖擺開關之排列應以垂直而且開在上、關在下的方式排列為宜，水平排列僅適於特殊設備之輸入，其輸入訊息與水平方向存有某種相容性的關係者。搖擺開關之設計建議尺寸請參考圖12.21與表12.6。

最常見

太長容易產生危險

造型有利於
觸覺辨識

易於辨識位置的設計
也可以加顏色編碼

(a) 肘節開關的不同型式

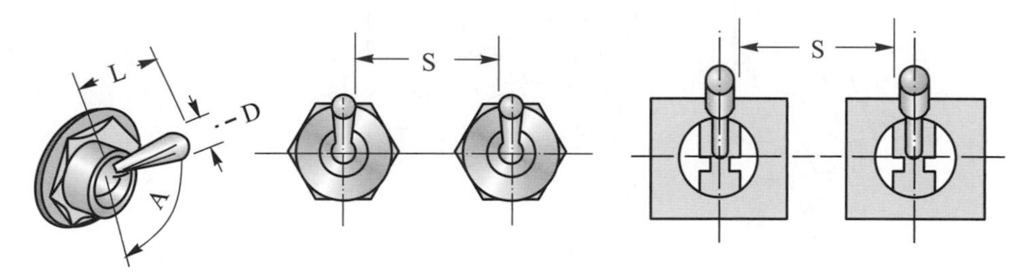

(b) 設計尺寸

圖12.20　肘節開關

表12.5　肘節開關設計

	長度尺寸 (L)(mm)		端點直徑 (D)(mm)	阻力 (N)	
	徒手	載厚手套		小開關	大開關
最小 最大	13 50	38 50	3 25	2.8 4.5	2.8 11

	操作位置間角度 (A)	
	2節	3節
最小 最大	30° 80°	17° 40°

	間距 (S) (mm)		
	單指操作	單指循序操作	多指同時操作
最小 最佳	19 50	13 25	16 19

資料來源：*MIL-STD-1472D*

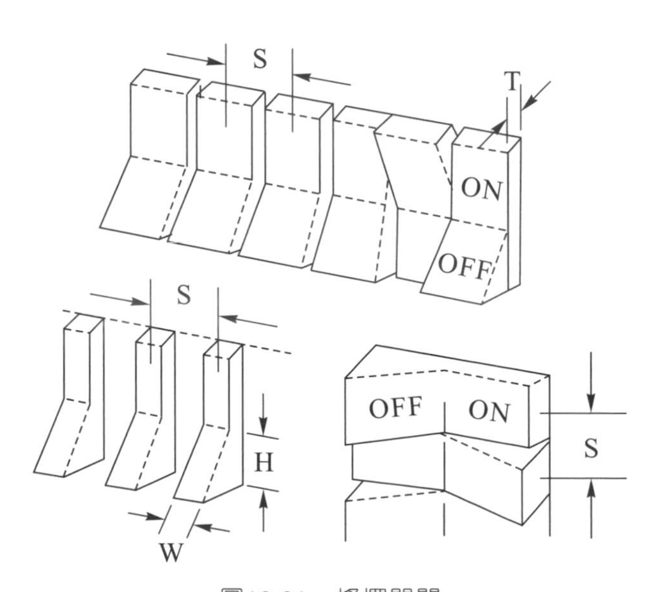

圖12.21　搖擺開關

修改自：*MIL-HDBK-759*

表12.6 搖擺開關設計建議

	寬度(W)	長度(H)	移動角度(A)	按下後突出(T)	間距(S)	阻力(R)
最小值	6.5 mm	13 mm	30°	2.5 mm	19* mm	2.8 N
最大值	–	–	–	–	–	11.1 N

資料來源：*MIL-HDBK-759*，*若戴手套則應用*32mm*

12.6-8 滑　桿

滑桿可用於間斷或連續控制(參考圖12.22)，由於手部操作滑桿的定位精確度不高，因此滑桿僅適於不需要精確控制或控制偏差不致於引起不良後果的狀況(如汽車冷氣的調整滑桿)，滑桿設計應注意以下事項：

- 手指捏握處不能太小
- 手指捏握處至盤面應保留適當空間，以利人員讀取其位置
- 控制阻力應低於0.9 kg
- 有多組滑桿時，其間距應足以容納標示及手部捏握所需空間

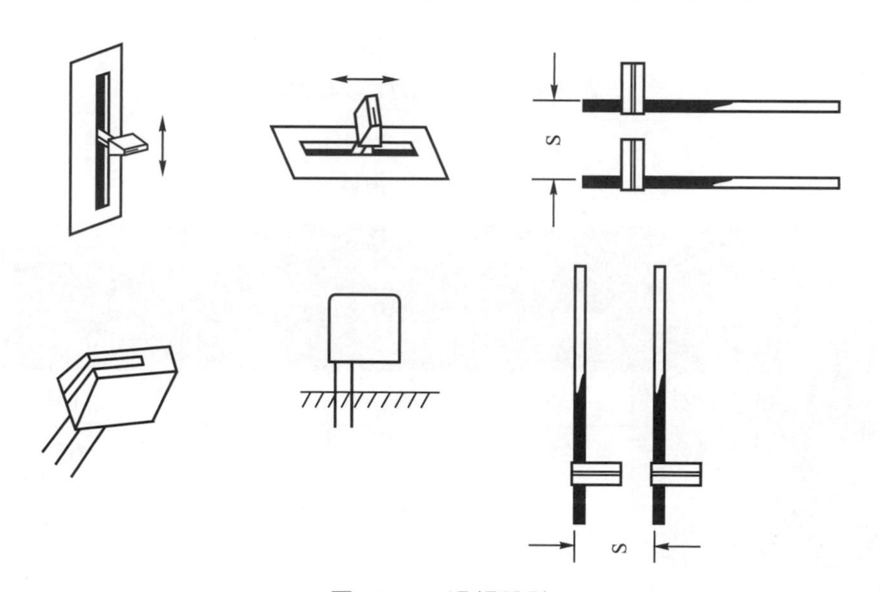

圖12.22　滑桿設計

12.6-9 搖 柄

搖柄(crank)屬於連續控制器，依所需阻力可分為高阻力搖柄(阻力＞22 N)及低阻力搖柄(阻力＜22 N)。搖柄之主要規格在於手柄之長度、半徑及轉輪之半徑(參考圖12.23)，這些尺寸請參考表12.7之建議，若有多個搖柄，則其間距至少應為75 mm。

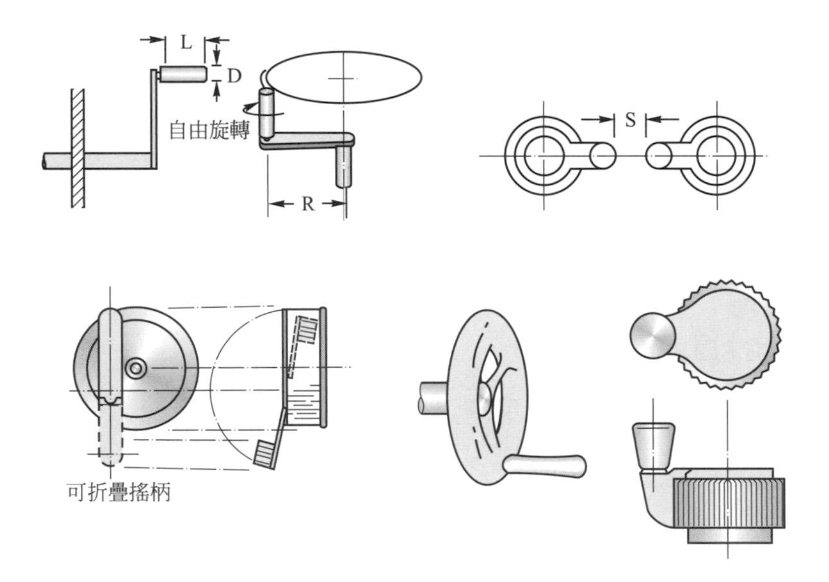

圖12.23 搖柄

資料來源：*MIL-STD-1472D*

表12.7 搖柄設計參考數據

阻力		手柄尺寸(mm)		搖轉半徑(R) (mm)	
		長度(L)	直徑(D)	轉速＜100RPM	轉速＞100RPM
＜22N 手腕與手指移動即可操作	最小	25	10	38	13
	建議	38	13	75	65
	最大	75	16	125	115
＞22N 手臂活動方可操作	最小	75	25	190	125
	建議	95	25	–	–
	最大	–	38	510	230

資料來源：*MIL-STD-1472D*

12.6-10 指標轉鈕

指標轉鈕(pointer knob)(參考圖12.24)可用於輸入間斷型或連續型之訊息，理想的指標轉鈕應擁有以下的特性：

- 指標位置能清楚呈現
- 提供手指扭轉的尖端握柄能提供扭轉所需之槓桿長度
- 扭轉時手指不會遮蓋指標上的標示
- 轉鈕之邊緣提供手指倚靠所需之空間，以免扭轉時手指會磨擦到控制面盤
- 提供彈性阻力，扭轉時阻力逐漸增加，到達定位時阻力突然消失

指標轉鈕的設計規格可參考表12.8。

12.6-11 轉　盤

轉盤(hand wheel)適用於需較大施力的連續控制，小型轉盤常見於水管的閥門，此種轉盤以單手操作即可。大型的轉盤

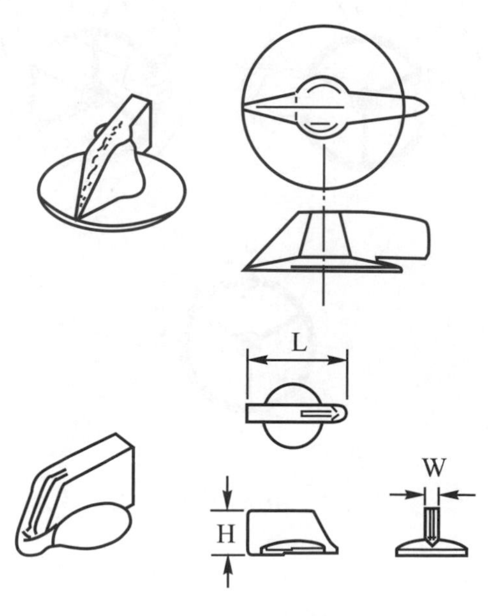

圖12.24　指標轉鈕

表12.8　指標轉鈕之設計規格

	長度(L)cm	寬度(W)cm	高(H)cm	轉角°	
最小	2.54	0.64	1.58	15*	30**
最大	10.16	1.254	7.62	40*	40**

資料來源：*MIL-STD-1472D*，*視覺定位，**非視覺定位

如金庫的門鎖控制盤與水閘的轉盤，則必須以雙手操作。轉盤可設置於垂直面或水平面，盤上應有適合手部握持的凹痕或隆起，以提供旋轉時所需之磨擦力。表12.9列出了轉盤設計尺寸的建議值(參考圖12.25)。

表12.9　轉盤的設計建議

	r(mm) 有動力	r(mm) 無動力	d(mm)	阻力(N)	D (度)
最小值	175	200	19	20	–
最大值	200	255	32	220	120

資料來源：*MIL-HDBK-759*

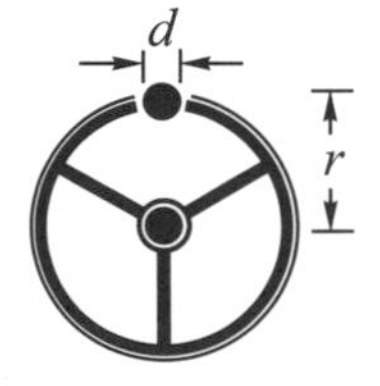

圖12.25　轉盤的設計
修改自：*MIL-HDBK-759*

12.6-12 踏板設計

大部份的控制器均是以手操作來設計的，然而有時候以腳來操作控制是無法避免的，必須需以腳來操作控制器的狀況包括：

- 手必須操作其他更複雜的控制器
- 需要大於手臂能產生之力量時

腳部動作的靈活性與多樣性遠不及手，腳的操作動作以上、下活動為主。因此，控制器適合以踏板來設計。身體的平衡主要由腳部負責，站立時若一腳必須踩踏板，則身體的平衡性將受到影響。若要長時間的運用踏板，則應該設計成坐姿操作。設計踏板要考慮的首要項目是需要多少力量來操作？腳部踩踏時也分為兩種情形。第一種是以腳踝為軸，轉動腳掌向下產生力量，此種踏力較小；第二種是以整個腿部力量來踏，此種踏力較大。腳部產生的力量與坐姿有關，圖12.26顯示了Reebuck et al, (1975)建議踏板設計時考慮產生腿部踏力的姿勢。當腳與坐面同高時，腿部可產生最大的踏力，此時角度建議值為：α：低於30°，β：150°至165°，γ：80°至90°，若踏板不需要大力踩踏時，踏板的高度可降低，各角度的建議值分別為：α：低於10°至15°，β：90°至150°，γ：90°至120°。

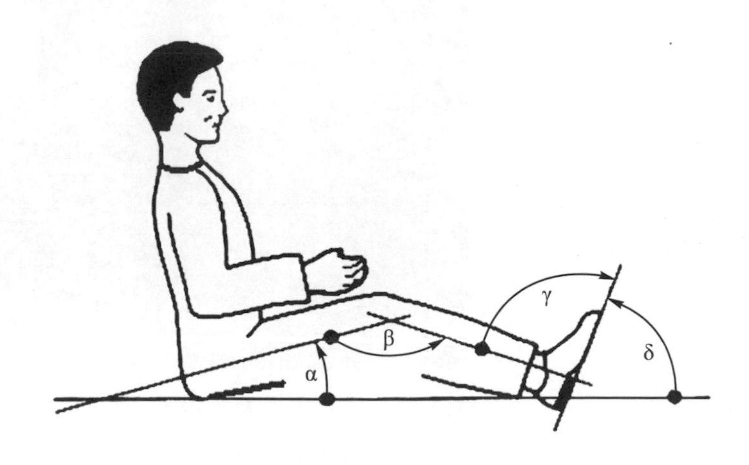

圖12.26　建議踏板設計腿部的姿勢
修改自：*Roebuck et al, 1975*

踏板主要使用於坐姿的作業，因為立姿踩踏板容易造成身體不平衡的問題，然而有些作業，因為人員需經常走動或其他因素而無法坐下，此種狀態下之踏板設計應 (參考圖12.27)：

- 儘可能採用可隨意調整位置之活動式踏板
- 踏板傾斜角度應不超過10°以減輕腳踝負荷
- 踩踏板時腳跟不需離開地面
- 踏板面積不可太小，以方便在沒有視覺之下踩到踏板
- 踏板應有防誤踩之裝置

腳踏車是常見的交通、運動與休閒工具，騎腳踏車時，人與車即形成了一個人機系統，此人機系統乃是人力的系統。乘騎者除了必須運用身體的平衡與手部把手的操作之外，同時必須以腳來踩踏板。腳踏車的踏板是一種特殊的腳操作控制器，然而人員經由此控制器輸入腳踏車的不是資訊而是動力；騎車的人將腿部肌肉新陳代謝所產生的能量經由踏板傳給車子的傳動機構，踏板的轉速決定了車身前進的速度。

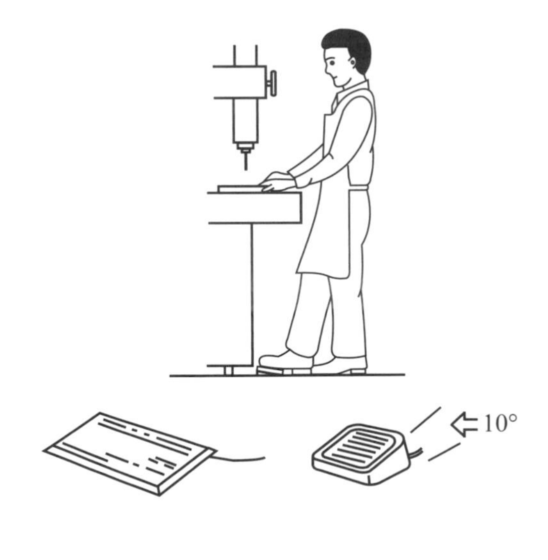

圖12.27　立姿操作之踏板
修改自：*Woodson et al, 1992*

圖12.28　立姿操作時會讓人重心不穩之踏板
此相片由戴鎰家先生提供，謹此致謝

一般腳踏車的踏板大多設於坐墊的下方，這種位置可讓乘騎者能利用腿部(甚至於全身)的重量來幫助踩踏，踏板的最下端位置以讓乘騎者之腿部能約略伸直而腳掌能夠觸及為宜。踏板的尺寸(參考圖12.29)以能容納腳掌(腳弓前端至腳趾)部份之鞋底面積為宜，而踏板的柄長則應考量轉軸至坐墊的位置與踏板轉動中所涵蓋空間。踩踏板是否省力，主要視齒輪比及路面的磨擦力而定，受踏板尺寸之設計影響較小。

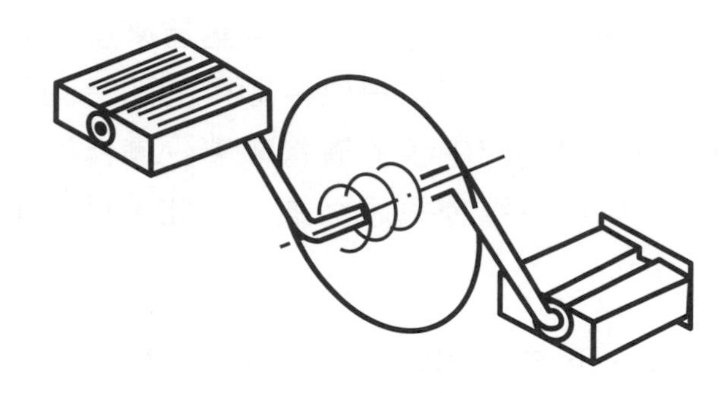

圖12.29　腳踏車踏板設計

12.6-13 語音控制

近年來，語音輸入的控制(voice activated control，或聲控)設計已被應用到產品的設計上，例如電腦文書處理系統的語音輸入裝置及行動電話的語音撥號設計。語音輸入的好處在於不需手部與視覺的操作，在手部與視覺活動頻繁的作業中，語音輸入可大幅減輕人員的負荷，並降低作業中的失誤率。例如，直昇機的駕駛若以語音輸入來設定通訊頻道，及汽車駕駛人行駛中以語音來執行行動電話的撥號，此類控制均可避免增加手—眼動作與注意力之需求。

語音輸入的技術雖然已經達到商品化的階段，然而仍然有許多限制尚未被突破，這些限制包括：同音或近音字的混淆，使用行動電話的語音撥號，若僅輸入0到9的阿拉伯數字較不會發生混淆，但是若使用電腦文書處理的語音輸入就會經常遇到同音字發生混淆的現象。語音輸入的速度也是一項限制，使用者逐字讀出，較易輸入正確的字詞，若是發音速度提高以致語音辨識系統無法分清音節，則輸入的正確率就會大幅的降低。發音的正確性也是語音輸入的一項限制，字正腔圓者較易正確的輸入，特殊的腔調則不易被辨識。此外，每個人在身體狀況不佳(例如感冒)或是情急之下，音質也會改變，這種改變也會影響輸入訊號之品質。

環境中的背景噪音可能對語音形成干擾或遮蔽，在這些環境中語音輸入系統較易失效，例如以操作電腦語音輸入時即不能同時聽流行歌曲；在吵雜的宴會中以語音來撥行動電話也不易成功。最後，語音輸入無法提供控制中的即時回饋，例如以手指操作轉鈕時，可同時由手的觸覺來感受操作的多寡與是否成功，語音輸入則缺乏這種訊息回饋；因此，其應用之普及性將受到限制。

語音輸入法可採用視覺的方式來呈現回饋。視覺方式最常見的是顯示器上立即的呈現輸入的項目以供檢核。以語音來輸入數據的方式已廣泛的被應用在工業檢測及物料處理上，這些作業的特徵都是作業人員在工作中無法以手來輸入數據。許多大型機場的行李處理均已採用語音輸入來做為行李記錄的登錄方式(Lind, 1986)。

12.6-14 眼動控制器

以眼睛的動作作為控制的輸入設計，已使用在軍事裝備的領域裡。眼動控制時，眼睛在目標上移動可經由頭部所戴的光學追蹤器來追蹤，使用者必須另外經由按鍵語言或其他輸入裝置來確認資訊的輸入。一般而言，眼睛在視域中定位的精確度均在10分的視角內。眼動控制也被應用在殘障者電腦輸入設計上，然而這種設計有許多障礙待克服：

- 此種設計增加視覺負荷
- 眼睛非自主的轉動會影響輸入
- 視線訊號的收集與計算使得輸入回饋無法立即產生
- 視線必須注視目標一段時間才能輸入以免誤觸的產生

參考文獻

1. 李永輝，黃証柳(1999)，滑鼠之人因工程與績效評估，人因工程，1(1)，89-94。

2. Albert, AE(1982), The effect of grapgic input devices on performance in a cursor positioning task, Proc. Human Factors Society 26th annual meeting, 54-58.

3. Beaton, R., Weiman, N (1984), Effects of touch key size and separation on mean-selection accuracy, (Tech. Rep. No. TR 500-01), Beaverton, OR: Tektronix, Human Factors Research Laboratory.

4. Card, SK, English, WK, Burr, BJ(1978), Evaluation of mouse, rate-controlled isometric joystick, step key, and task keys for text selection on a CRT, Ergonomics, 21(8), 601-613.

5. Conrad, R(1967), performance with different push-button arrangements, Het PTT-Bedrigfdeel, 5, 110-113.

6. Human Factors Society (1988), American national standard for human factors engineering of visual display terminal workstations, ANSI/HFS 100-1988). Santa Monica, CA: Human Factors and Ergonomics.

7. Jenkins, W, Connor, MB(1949), Some design factors in making setting on a linear scale, Journal of Applied Psychology, 33.

8. Johanson, PE, Tal, R. Switz, W. P. Rempel, DM (1990), Fingertip Forces measured during computer mouse operation: a comparison of pointed and dragging, Proceedings of the International Ergonomics association 1994 meeting, Vol.2, 208-210.

9. Klemmer, ET (1971), Keyboard enter, Applied Ergono-mics 2(1), 2-6.

10. Klockenberg, E(1926), Rationalisierung der Schueibm-aschine und ihrer Bedieung, Berlin: Spring.

11. Kromer, KHE(1972), Human engineering the keyboard, Human Factors, 14, 51-63.

12. Lee, Y.H., Weng, J.(1995), An ergonomics design and performance evaluation of handy scanners by males. Applied Ergonomics, 26(6), 425-430.

13. Lind, AJ(1986), Voice-recognition: an alternative to keyboard, In Proceedings of Speech Tech 86, Voice I/O application Show and conference, 66-67, New York; Media Dimensions.

14. Military Handbook, Human Factors Engineering Design for Army Material, MIL-HDBK-759.

15. *Pual, L, K, Buckley, E(1965), A human factor comparison of two date entry keyboards, paper presented at 6th Annual Symposium of the Professional Group on Human Factors in Electronics IEEE.*

16. *Shneiderman B(1987), Designing the user interface, Addison-Wesley Publishing Company.*

17. *Swanson, NG, Galinsky, TL, Cole LL, Pan CS, Sauter, SL(1997), The impact of keyboard design on comfort and productivity in a text-entry task, Applied Ergonomics, 28(1), 9-16.*

18. *Woodson, WE, Tillman, B, Tillman, P(1992), Human Factors Design Handbook, McGraw-Hill, Inc., N.Y..*

自我評量

1. 請問控制器回饋產生的方式有那些？各有何優、缺點？請舉例說明。
2. 請說明控制器的視覺編碼中，顏色的選取應注意哪些事項？
3. 控制阻力產生的方式有那些？
4. 何謂控制反應比(C/R ratio)？何謂控制顯示比(C/D ratio)？
5. 控制器的設計可以用那些項目加以評估？
6. 什麼是無效間隙？
7. 薄膜鍵的回饋設計可採用些設計？
8. 供立姿操作者之踏板設計應注意哪些事項？

13

視覺顯示設計

我們的日常生活與工作中經常需由各種的機器與設備讀取若干資訊，而資訊必須經由顯示器才能呈現。顯示器依資訊是否隨時間而改變可以分為靜態與動態顯示，依顯示內容可分為量化顯示與質化顯示，依顯示內容可以分為文/數字或圖形或符號顯示。

傳統的顯示器以各種型式的儀表與燈號為主，在產業發展的過程中，各種顯示器也不斷的被開發出來，電視與電腦顯示所用的陰極射線管早已普遍的應用在生活與工作場所裡，液晶顯示器由於體積小的優點，也逐漸的取代陰極射線管，成為未來顯示器的主流。

13.1 數量顯示設計

當機器需要輸出的資訊是數量時，顯示裝置即應當呈現該數值。傳統上，機器輸出的數量可以經由下列的方式來顯示：

1. 數位顯示
2. 類比顯示
   (1) 固定刻度與可動指針
   (2) 固定指針與可移動之刻度

數位顯示是直接將數字呈現出來以供讀取，這類顯示常見於各種的計數器，例如汽車的里程表。而類比顯示則不直接呈現數字，而是以指針及刻度之會合點來指示數值。這兩類顯示裝置的差異在於數位顯示可清楚的呈現精確的數值，而類比顯示則除非指針與刻度恰好會合，否則不易讀取精確的數值。電子錶與傳統錶即可顯示這種差異。類比顯示雖然較無法顯示精確的數值，然而它也有數位顯示所欠缺的優點：

1. 當數值快速變化時，仍能呈現數據大小。(快速跳動中的數字式馬錶幾乎無法讀取)

2. 較可呈現數字變化率的大小。

3. 較易提供數值輔助性資訊。例如：你在9：00有一重要約會，而手錶指針指示目前為8：40，則錶的刻度很容易在視覺上讓我們感受到尚有20分鐘的時間，而此20分鐘也可依刻度很容易區分為2個10分鐘或4個5分鐘。而數位式的電子錶所顯示的8：40在視覺上就無法呈現這種「輔助性」的資訊。

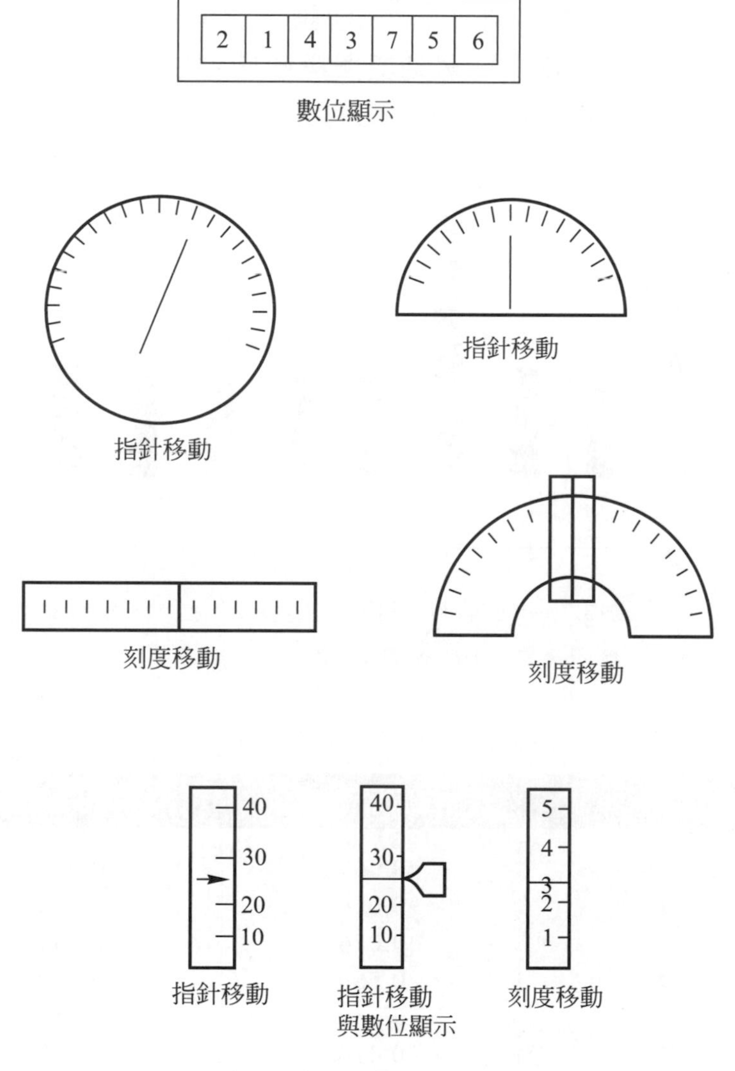

圖13.1　不同外形的顯示器

類比顯示裝置可分為指針移動及刻度移動(如：體重計)兩種，而以指針移動較為常見。常見的顯示器外型又可分為圓形及矩形兩種(見圖13.1)。類比顯示裝置在設計上要注意的項目包括刻度範圍、刻度標示、數值標示及指針設計。

1. 刻度範圍：刻度範圍應該包括可能呈現之最小數值至最大數值之範圍。
2. 刻度標示：刻度標示應能精確的呈現欲呈現之數值。刻度可以區分為主刻度(major marker)、中刻度及小刻度(minor marker)，刻度的長短與粗細視照明水準而定，圖13.2顯示了美軍標準(MIL-STD-1472)建議一般照明下之刻度尺寸，表中的尺寸分為白底黑刻度與黑底白刻度兩種狀況，兩者之間的差異在於前者之厚度較厚。

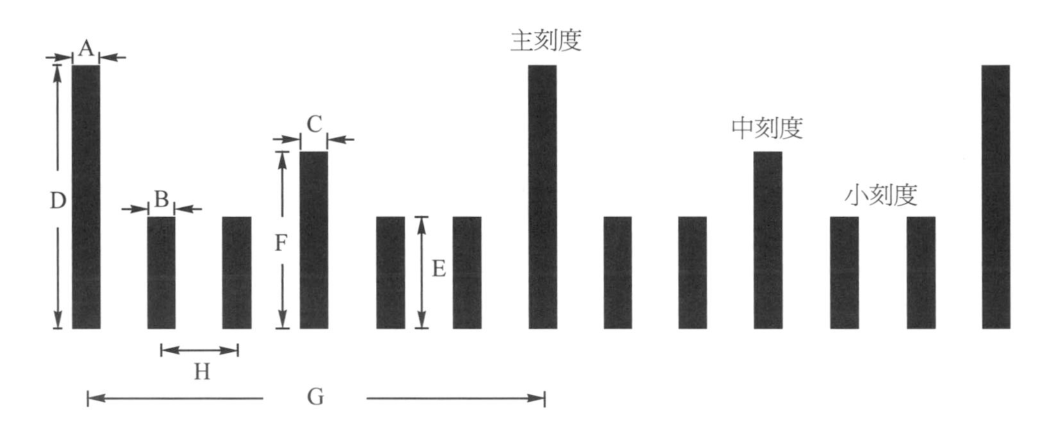

圖13.2　一般照明下刻度規格

資料來源：*MIL-STD-1472*

表13.1　刻度尺寸(單位：cm)

項目	白底黑刻度	黑底白刻度
A	0.069	0.032
B	0.054	0.032
C	0.076	0.032
D	0.560	0.560
E	0.250	0.250
F	0.410	0.410
G	1.780	1.780
H	0.180	0.180

註：視讀距離以71cm為準

3. 數值標示：刻度所呈現之數量應由伴隨之數值來表示，然而，是否每個數值之刻度均應標示呢？答案是應視顯示面之空間大小而異。一般而言，顯示空間大多無法容納所有刻度的數值，在這種狀況下，主刻度之數值應全數標示。主刻度標示後，再考量顯示面是否有剩餘面積容納中刻度及小刻度之標示。

4. 指針設計：指針的長度應和刻度銜接而不重疊，指針和顯示面之水平距離應儘可能減小，以減少視讀誤差，指針之針頭之夾角應不超過20°，指針之顏色應均勻並與顯示面間有良好之對比。

13.2 質化顯示器

許多狀況之下，我們希望能經由顯示器來了解某些數值背後之意義，而非數字本身。例如，汽車的油料表可以經設計來呈現剩餘油量之公升數，然而這並非駕駛人所關切的，駕駛人需要的資訊只是「是否需要加油？」。當顯示器並不呈現出精確的數值，而只呈現概略數值及其相關的資訊，這種顯示器即為質化顯示器(qualitative display)。質化顯示器依功能可以區分為檢核顯示器與狀態顯示器：

1. 檢核顯示器：檢核顯示器之設計目的，通常在於讓人員可以確認讀數是否維持特定的水準。在多個顯示器同時呈現時，心理學家所提出的完整形態原則(或稱格式塔原則)(Gestalt principle)應該加以考慮。所謂完整形態原則是指圖像呈現時的連續性、完整性、一致性及近似性。例如圖13.3所示，整組儀表的指針一致時，指示所有數據均為正常，若其中任何一個指針偏離(異常狀態)時就很容易被人員發覺。

2. 狀態顯示器：狀態顯示器設計之目的在於顯示某些特定之狀態。狀態顯示器依所欲顯示狀態的多寡而有不同之設計形態。當只有兩種狀態時，可以單一之指示燈來顯示，例如電腦磁碟機的指示燈亮時，指示磁碟機正在存取運轉中，此時不能抽放磁片以免造成損壞。許多機器之運轉及停止均採用指示燈之設計，然而以兩個燈(常見者為紅燈及綠燈)來顯示兩種狀況也頗常見，事實上兩個燈所顯示的不僅是兩種而是三種狀況。(運轉、停止、電源開啓中)

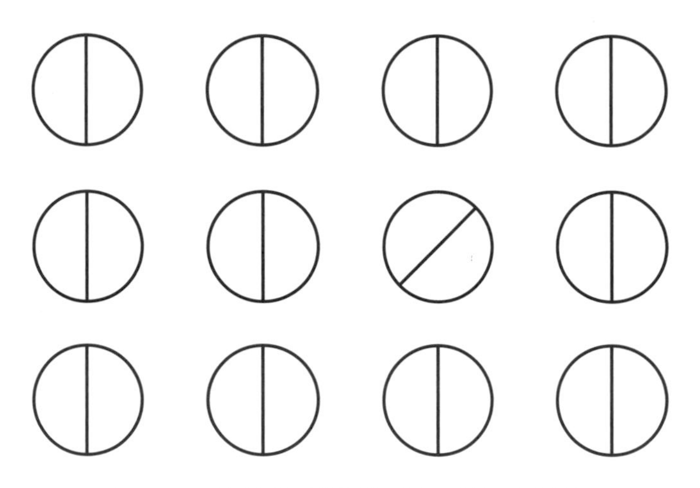

圖13.3　指針偏離時很容易發現異常狀態

燈號經常被用來顯示簡單之系統資訊；這些資訊包括：

1. 電源開關之開啓狀態：許多機器設備的電源開關均有指示開啓之燈。
2. 功能指示燈：機器之特定功能產生時可以燈來指示。
3. 危險狀況指示燈。
4. 操作狀態指示燈。
5. 定位燈：例如多線電話上之線路燈可以告知人員電話鈴響時應接那一線之電話。
6. 功能異常指示燈。

狀態顯示除了燈號外，也可以採用類比式顯示器，例如圖13.4中之儀表以指針來顯示機器的溫度是在過冷、正常或是過熱的狀態。

表13.2　顯示簡單資訊之燈之編碼

尺寸與型式	顏色			
	紅	黃	綠	白
≦12.7mm 直徑或邊長穩定	功能異常、失效、停止	注意、可能有異常	正常、可繼續	指示特定狀態
≦25.4mm 直徑或邊長穩定	總體狀態	特別注意	總體狀態	
≦25.4mm 閃頻(3～5/sec)	緊急狀態			

資料來源：*MIL-STD-1472*

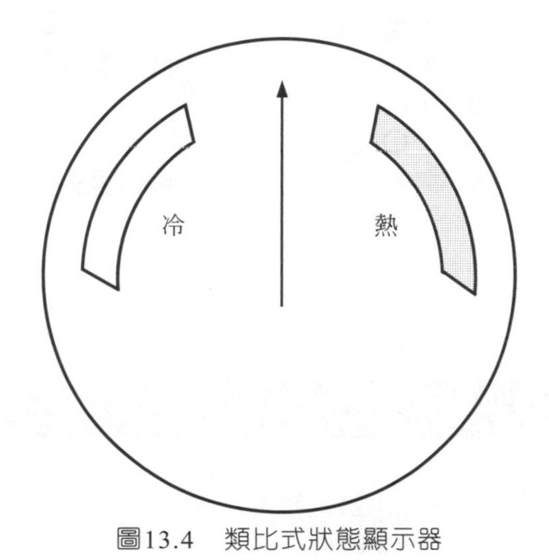

圖13.4　類比式狀態顯示器

13.3　文字顯示

許多文字顯示皆以點陣字或線段字的方式來呈現(參考圖13.5)，點陣字與線段字的可辨性往往取決於點與線段的多寡，以點陣字而言，5×7可用以呈現數字與英文字母，若欲呈現其他符號或中文字，必須增加點數。就線段字而言，7條線段可用以呈現0到9的數值。與線段字相比，點陣字在文字、數字及符號的顯示上較為多樣化，線段字不易呈現曲線，此為視覺顯示上之一大限制。反之，7×9之點陣字已能清楚呈現大多英文字母，然而，呈現小寫英文字母時仍然容易發生混淆之現象。

點陣字可以燈泡的組合來產生，以控制器控制每個燈的開關即可組合成不同的顯示內容。發光二極體(light-emitting diodes，簡稱LED)則是另外一種顯示的媒介，發光二極體是利用某些電極在特定電壓之下會發光的原理來製作顯示器，此種裝置常用來顯示點陣字與線段字。點陣字與線段字之設計請參考表13.3。

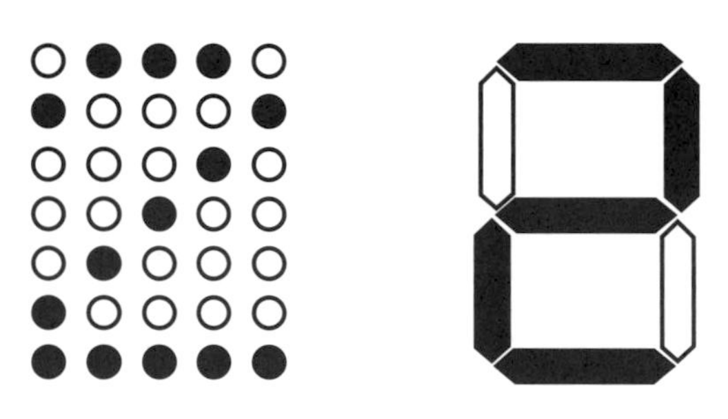

圖13.5　點陣字與線段字

表13.3　點陣字與線段字之設計

種　類	使　用　建　議
點陣字	
5×7	最低限度
7×9	較佳
8×11	若字體會旋轉或變動之最低值
15×21	若字體會旋轉或變動之建議值
線段字	
7線段	僅能呈現數字
14線段	字母與數字
16線段	佳

資料來源：*MIL-STD-1472D*

13.4 圖形與符號顯示

以圖形和符號來呈現訊息的主要問題在於圖形或符號之設計是否能讓使用者理解，這個問題必須經由實驗來確認。在符號的理解性實驗中，設計者可以呈現具有不同含意的設計，並要求受測者將其認知的含意選出，實驗的結果可以理解-混淆矩陣來呈現。

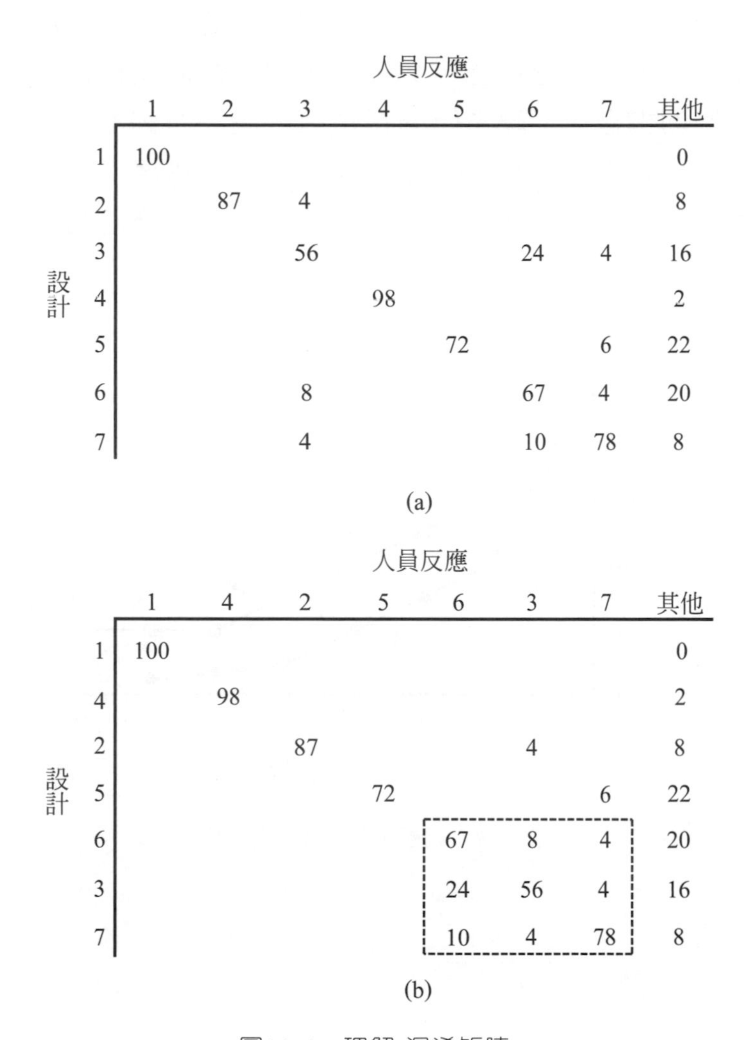

人員反應

設計	1	2	3	4	5	6	7	其他
1	100							0
2		87	4					8
3			56			24	4	16
4				98				2
5					72		6	22
6			8			67	4	20
7			4			10	78	8

(a)

人員反應

設計	1	4	2	5	6	3	7	其他
1	100							0
4		98						2
2			87			4		8
5				72			6	22
6					67	8	4	20
3					24	56	4	16
7					10	4	78	8

(b)

圖13.6　理解-混淆矩陣

圖13.6即為一理解-混淆矩陣的例子，在(a)中不同之符號設計可在1到7列中排列而受測者對於各符號之含意之選擇可依各直行之欄位來排列。因此，左至右對角線上的數字所呈現的是

正確的答案。其他數字均為不正確者。若將(a)中之行列互調以使對角線上之數值由大而小排列，可得到(b)之矩陣，在(b)中各不正確的答案均集中於右下角。因此，對應的設計6、3及7為最容易被混淆而應改善的設計。

符號設計的好壞也可由反應時間來判斷，需要人員花時間思考才能判斷出含意的設計不能算好的設計。辨識符號設計的反應時間也可經由實驗來調查，設計者可呈現各種設計並記錄由呈現至受測者做出正確判斷所經歷的時間。對於使用者必須經由學習才能了解含意的符號設計，學習時間長短往往是判斷設計好壞的指標，而學習時間長短可經由一系列的實驗來建立受測者的學習曲線，圖13.7中A設計之辨識錯誤率在反覆測試中顯著的下降。因此，A設計是比較容易經由學習而了解之設計。

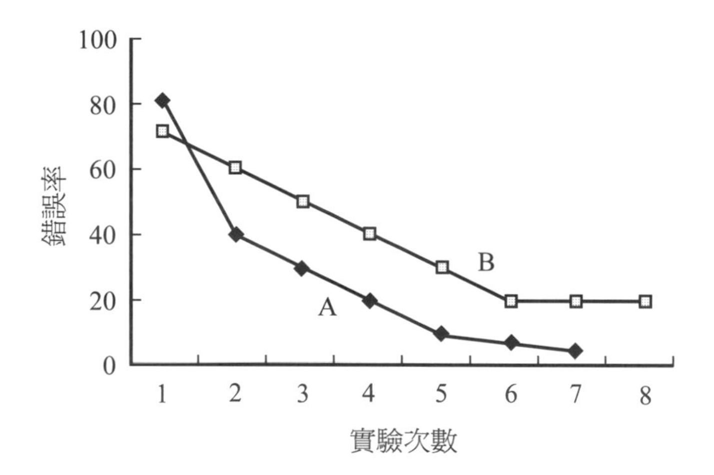

圖13.7　符號判斷之學習曲線

13.5 視覺顯示終端機

視覺顯示終端機(或顯示器)(visual display terminal，簡稱VDT)是自動化設備常用的顯示裝置，顯示器的畫面是由許多水平方向的掃描線所構成，而掃描線上則包括了許多的圖素(pixel)。

顯示器畫面的解析度是由掃描線及圖素的個數來決定的，一般工業用的顯示器以320×200(320圖素×200掃描線)為主，電腦的顯示器之解析度可為640×480、800×600，甚至可高達2000×2000，顯示器的解析度越高，則其畫面之品質和平面印刷越接近。國際標準組織(ISO)頒佈了ISO 9241作為選擇與設計電腦顯示器的國際標準，在ISO 9421第三部份的視覺顯示需求(visual display requirements)中指明電腦螢幕必須對於辦公室作業的使用者達到舒適、安全與效率的視讀要求。

顯示器的好壞可依畫面品質(image quality)(或簡稱畫質)來加以區分，顯示器的畫質的量測可以分為使用者主觀感受之畫質與系統量測到的畫質。畫質的主觀量度可以經由受測者的反應來取得數據，Jorna與Snyder(1991)曾在實驗中將畫質區分為由最糟畫質至最佳畫值的九等級來將受測者的主觀感受加以量化。

許多工業用顯示器是單色的，一般單色顯示器多半採用深色背景與淺色文字或圖案。單色顯示器可用綠、白或琥珀色來表現，文獻上對顏色之間的差異並無定論。Schneiderman(1987)，提出了顯示器畫面設計使用顏色的一些原則：

1. 應先考慮採用單色設計。
2. 使用顏色的數目應加以限制：僅顯示文/數字之監視器之顏色最好不要超過4種，而以7種為其上限。
3. 採用顏色編碼應具有一致性。

4. 顏色的採用可降低所需畫面解析度，應加以考量。

5. 顏色編碼要符合相容性的原則，顏色欲呈現的概念應和人員對此期望間有一致性。

6. 呈現複雜的圖面時，可用顏色來取代部分的線條以降低圖面的複雜程度。

對於呈現文字符號使用的顏色組合，文獻上也無特定的建議，但有些原則可供參考(McCormick, Sanders, 1992)：

1. 字與背景間之顏色對比應該儘可能加大。

2. 顏色種類不宜太多，以免畫面太複雜而不利於視覺目標之搜尋。

3. 在深色背景上，避免使用飽和之紅-藍、紅-綠、及藍-綠組合，以免造成對不同顏色之深度不一之錯覺。

對於呈現文/數字為主之螢幕，Tullis(1984)提出了四項規範畫面複雜度之項目：

1. 整體密度：顯示整個螢幕可供顯示字母空間之百分比。

2. 局部密度：在以某處5°視角範圍內顯示字母佔可供顯示字母空間之百分比。

3. 群組：

   (1) 群組之數目。

   (2) 以群組中字母數目加權計算之平均單位群組視角。

4. 配置複雜性：數據與標示間水平與垂直間距。

Tullis曾調查具600種不同之數據顯示螢幕，他發現平均之整體密度均在25%左右，當以視覺目標的搜尋及錯誤率對作業有重要的影響時，整體密度對於人員績效的影響是顯著的，密度愈高，搜尋時間及錯誤率也愈高。

顯示器內容配置之一般原則：

- 僅顯示與操作有關之重要資訊
- 所有與操作有關之重要訊息都應顯示

- 由左上角開始配置
- 設計標準化格式
- 將內容群組化
- 空間分配應對稱與平衡
- 英文大寫字母應限用於字頭
- 標題與內文要有所區分

13.6 顯示器的位置

顯示器應配置在距離眼睛多遠的地方呢？美國國家標準局(ANSI)指出，使用電腦者眼睛到鍵盤的距離大約在45至50cm之間。視線往往須在顯示器與鍵盤間移動，為了避免反覆的視調節，顯示器至眼睛的距離也應該維持在45到50 cm之水準(Human Factors Society, 1988)。

顯示器的高度應為多少呢？許多文獻均主張顯示器的上緣應和使用者的水平視線同高(參考圖13.8(a))，在此種高度之下，大部份的視覺資訊都會呈現在水平視線的下方(NOHSC, 1989)。Ankrum 與Nemeth(1995)主張顯示器的位置至少應在水平視線以下15°的區域。Human Factors Society(1988)建議顯示器的高度應讓眼睛掃瞄時，視線在水平線以下0到60度之間；Hill & Kromer(1986)則主張視線在水平線下方0到40度之間，可讓使用者維持自然的近距離視讀姿勢(參考圖13.8(b))。然而若顯示器的位置太低，則使用者必須低頭(頸部屈曲)才能視讀，這很容易造成頸部的酸痛，甚至於頸部肌肉骨骼傷害(McPhee，1990)。Columbini et al(1986)提出，當頸部屈曲11至16度之間(注視水平線下方目標)時，第六與第七節頸椎椎間盤間之受力為280 N，若屈曲角度增至34至41度之間(注視桌面的姿勢)時，椎間盤的受力提高到350 N，此受力較先前提高了25%。

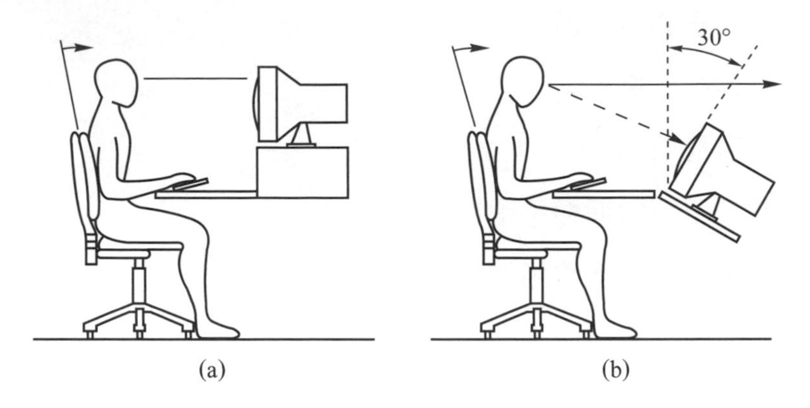

圖13.8　電腦顯示器的位置

圖13.9　使用桌上型與筆記本型電腦的頸部姿勢

顯示器的位置應能彈性的調整以滿足人員的需要，而彈性調整的前提是必須和鍵盤分離，目前桌上型個人電腦幾乎全部採用分離式的設計，然而筆記本型電腦則顯示器與鍵盤相連。Straker et al(1997)發現使用筆記本電腦時，受測者的頸部屈曲的角度顯著的大於使用桌上型電腦時的角度(參考圖13.9)，這使得頸部較容易疲勞而無法長時間使用。目前由於LCD的價格逐漸下降，筆記本型電腦的普及率將逐漸提高，顯示器與鍵盤的分離設計以滿足長時間使用的需求，將是電腦業者的一大挑戰。

碰觸式的LCD已被應用在許多的餐飲與服務業的銷售櫃台上。前面提過，LCD的優點是體積小、不佔空間。Schultz et al(1998) 曾經分析美國餐飲業常用的91.44 cm(36 in)高的結帳櫃台上之碰觸式的LCD之視讀角度，他們定義較佳的視讀區域是由以下三者決定的區域：

1. 一般立姿視線(水平視線下方10°)以下。
2. 眼睛輕易活動(水平視線下方30°)以上。
3. 畫面與雙眼視線垂直。

其中1與2之間形成了視錐(viewing cone)，在分析中他們以日本第2.5百分位的女性身材來代表身材矮小者之下限，發現顯示器的角度應為55°，此時若人員頭部保持正直，則視錐可涵蓋顯示器上半部的區域；若略為低頭(15°)則視錐可涵蓋顯示器的主要部份(參考圖13.10)。當以美國第97.5百分位的男性身材來代表身材高大者之上限，發現顯示器的角度應為30°，此時若人員頭部保持正直則視域的下緣尚可涵蓋顯示器，若低頭40°，則視錐可涵蓋顯示器的主要部份(參考圖13.11)。以上兩種人員代表了極值的狀態。

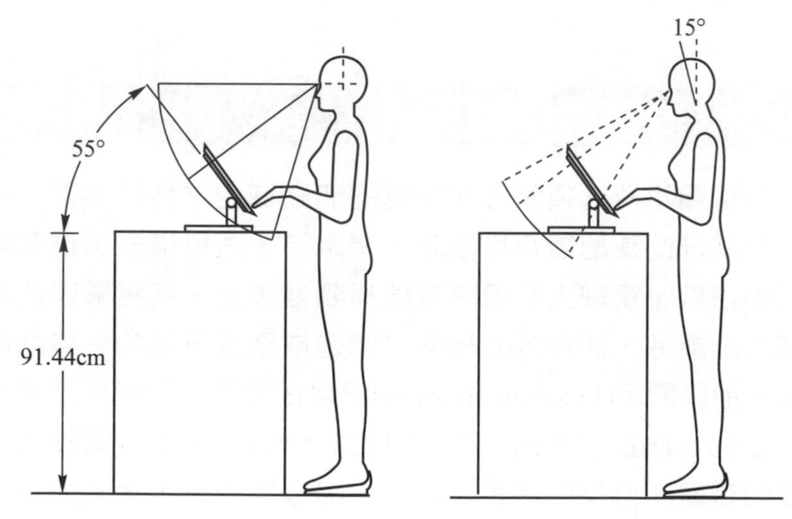

圖13.10　日本第2.5百分位的女性之顯示器的角度

修改自：*Schultz et al, 1998*

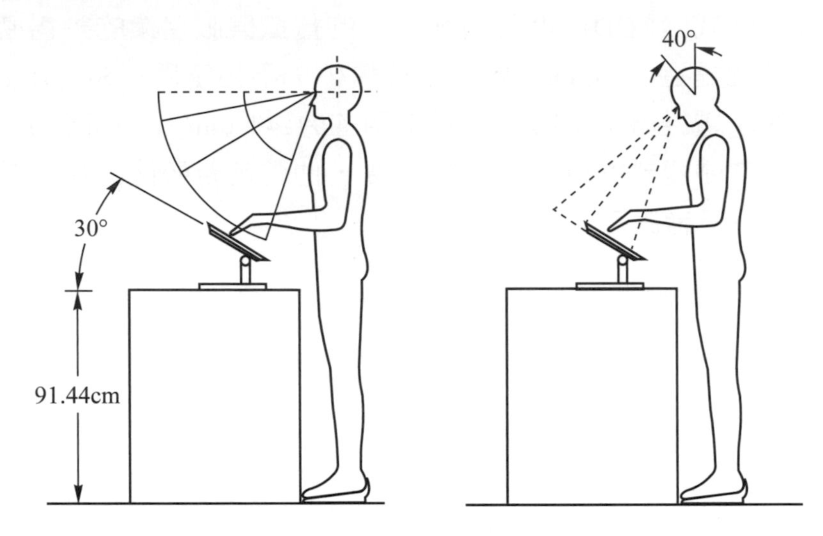

圖13.11　美國第97.5百分位的男性之顯示器的角度

修改自：*Schultz et al, 1998*

在Schultz et al(1998)研究之另外一部份，他們以IBM4659銷售點(POS)系統配置在91.44 cm之櫃台上，要求26位受測者來調整LCD的角度，以找出最佳的視讀角度，結果有92%的受測者所調整的LCD角度介於30°至55°之間，此一數值與先前的結果頗為接近。

13.7 抬頭顯示器

視覺顯示器必須配置在眼睛的清晰域內才能被讀取，然而在許多狀況此種配置有其限制。開車時，汽車儀表出現在駕駛人的中視域，駕駛人必須將視線移到儀表上，或將儀表放在清晰域才能讀取，而視線的轉移可能造成路況資訊的失漏而產生危險。抬頭顯示(head-up display)設計即是利用光投影的原理將儀表上的資訊投射到清晰域(或擋風玻璃)上，使得駕駛人不需要移動視線即可讀取儀表之數值，除了汽車外，抬頭顯示也被應用在飛機駕駛艙的顯示設計上。

抬頭顯示通常使用於人員視覺負荷較高之場合。在這種情況下，抬頭顯示器應該呈現簡單的資訊，以免造成人員視覺負荷過重的情況。因此，飛機與汽車的抬頭顯示器僅呈現對駕駛有關鍵影響的儀表，重要性較低的資訊不宜在抬頭顯示中呈現。

13.8 光投影顯示

將光線投射在布幕上來呈現畫面是傳統的視覺顯示方法之一，這種方法最早是應用在電影上。在產業的快速發展下，光投影顯示(optically projected displays)也普遍的被應用在工、商與教育界。在各種的工商簡報、研討與媒體展示上，光投影顯示都扮演了重要的角色。光投影顯示與本章其他視覺顯示不同之處，在於這類的顯示是以資訊的單向傳播為主，閱讀顯示畫面的人員僅是由畫面讀取訊息，而沒有任何操作/控制的動作。

光投影顯示依顯示內容可分為動態顯示與靜態顯示，電影及以多組幻燈機輪流播放的多媒體顯示是常見的動態顯示。一般的會議、研討、及教育訓練上使用的光投影顯示大多是靜態顯示。靜態光投影顯示常用的器材包括投影機、幻燈機、彩色投影機等。其中投影機由於價格低廉及投影片製作容易，因此最為普及。以投影片來呈現視覺資訊時，應注意以下事項(Woodson et al, 1992)：

1. 文字的尺寸以在眼睛形成10至15分之視角為宜，字太小則不利閱讀，一般紙張上的文字係以平面閱讀為考量，若直接影印製成投影片，其字體投射之影像往往太小而無法閱讀。

2. 文字筆劃粗細應為其高度之1/6 至1/10。

3. 文字不宜太密。

4. 視讀距離約為畫面寬度的4倍為宜。

5. 投影到螢幕上之亮度應至少為34.3cd/m^2(或10fL)。

6. 周邊光線投影到螢幕上之亮度應低於0.068cd/m^2(或0.02fL)。

7. 螢幕畫面應能向不同角度反射相同之亮度。

13.9 控制與顯示之配置

控制裝置與顯示器之配置原則

1. 重要性原則
2. 功能性原則
3. 使用頻率原則
4. 使用順序原則

控制裝置與顯示器之配置應依循以下原則(Sanders & McCormick, 1992)：

1. 重要性原則：較重要之控制裝置要設於容易接觸與操作之位置。同理，較重要之顯示器應配置於資訊較易被接收之處。

2. 功能性原則：控制裝置與顯示器應依其功能性來加以區分及配置。

3. 使用頻率原則：使用頻率較高者應配置在較方便操作/接收之位置。

4. 使用順序原則：人員與控制裝置與顯示器之接觸往往依循特定之順序，控制裝置與顯示器之配置應考慮這種順序。

以上原則不僅可應用在顯示/控制的配置上，同時也可應用在人員周邊的各種物件的配置上。在以上原則中，重要性與使用頻率原則往往用來評估任一單一控制器或顯示器與人員之間的關係；而功能性與使用頻率則常用在評估多項控制器與顯示器的配置上。任何一項控制器或顯示器的重要性可分別由功能、安全等方面來評估。例如由1至10的功能重要性評分，可與由1至10之安全重要性評分以加權平均的方式來求其重要之綜合積分。使用頻率可以由工作分析得到具體的數據。例如在一日的作業中觀察人員和每件控制器與顯示器接觸的次數，即可得到使用頻率的數據。

控制器與顯示器的功能性通常是顯而易見的，例如汽車上收音機之按鈕、轉鈕及頻道顯示器均有共同之功能，即滿足駕駛人收聽廣播所需，這些項目與車輛駕駛之功能無直接之關聯性。因此，可獨立的配置在一個可及的區域裡。

考量多項目之配置時，人員與控制器及顯示器之間的關聯性可以用關聯表(link table)來表示。圖13.12顯示了汽車駕駛座前各控制器與顯示器的關聯表。在表中，任二者之間的關聯性均可由二者交集處之格子顯示，格子的上方裡以字母來表示兩者間配置之重要性，重要性可分別以A、E、I、O、U、X等六個英文字母來表示：其中A代表絕對重要，E代表很重要，I代表重要，O代表普通，U代表兩者間沒有關聯性，而X則表示兩者間有衝突性。而任二者之關聯性字母下方之數字為下方補充說明表之對照號碼。

在許多系統中，人員必須由許多顯示器來讀取資訊，此時多顯示器位置的安排即是一個重要的課題。Fitts等(1950)曾經分析了飛行員在著陸時眼睛在不同顯示器間轉動的情形。圖13.13中的線條與數字表示眼睛在二儀表間連續掃描的百分比，百分比越高者，飛行員的視線在二表之間的掃描越頻繁，將此二儀表配置在一起將有助於減少眼睛掃描花費的時間。

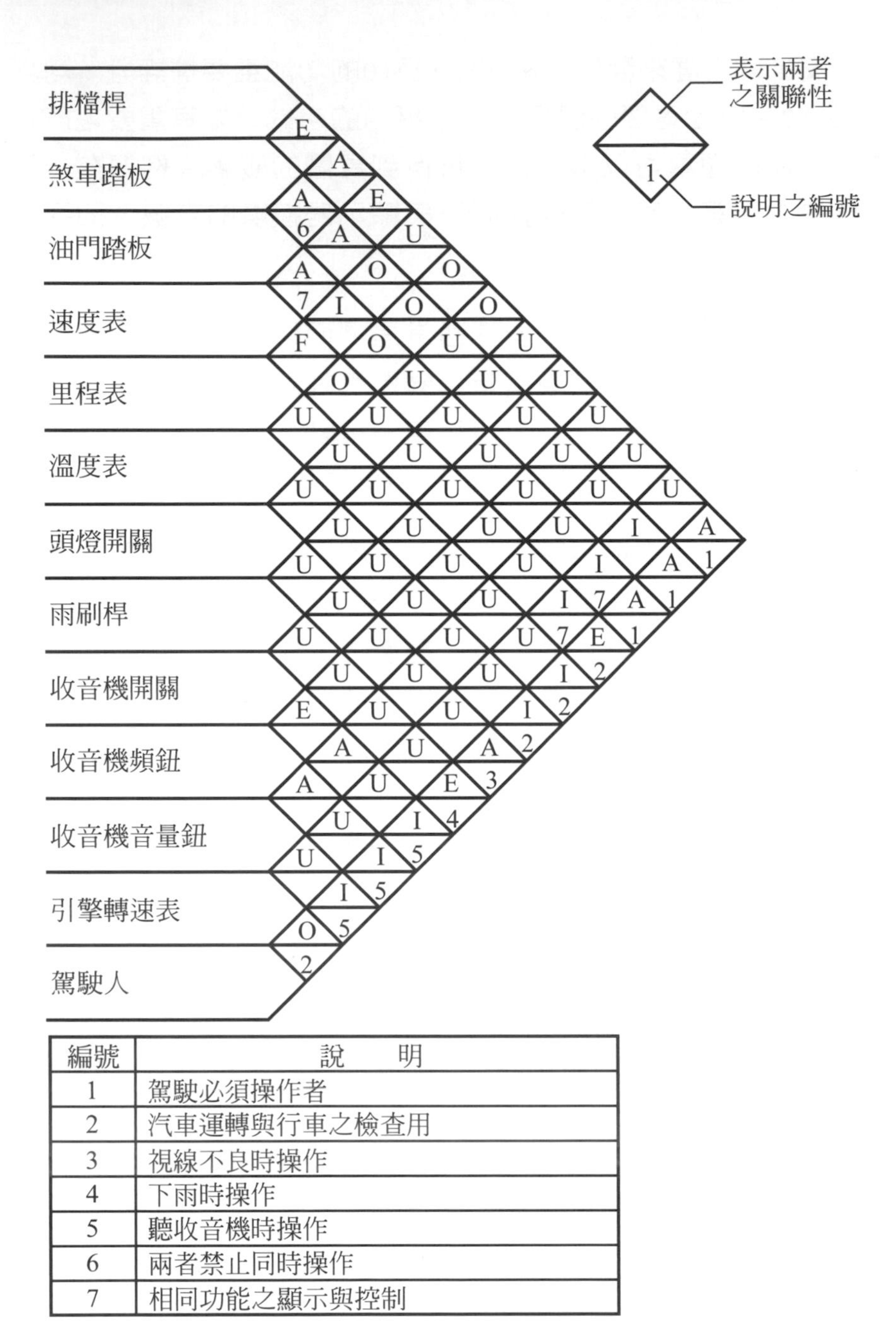

編號	說　　明
1	駕駛必須操作者
2	汽車運轉與行車之檢查用
3	視線不良時操作
4	下雨時操作
5	聽收音機時操作
6	兩者禁止同時操作
7	相同功能之顯示與控制

圖13.12　表現控制器與顯示器配置關聯性之關聯表

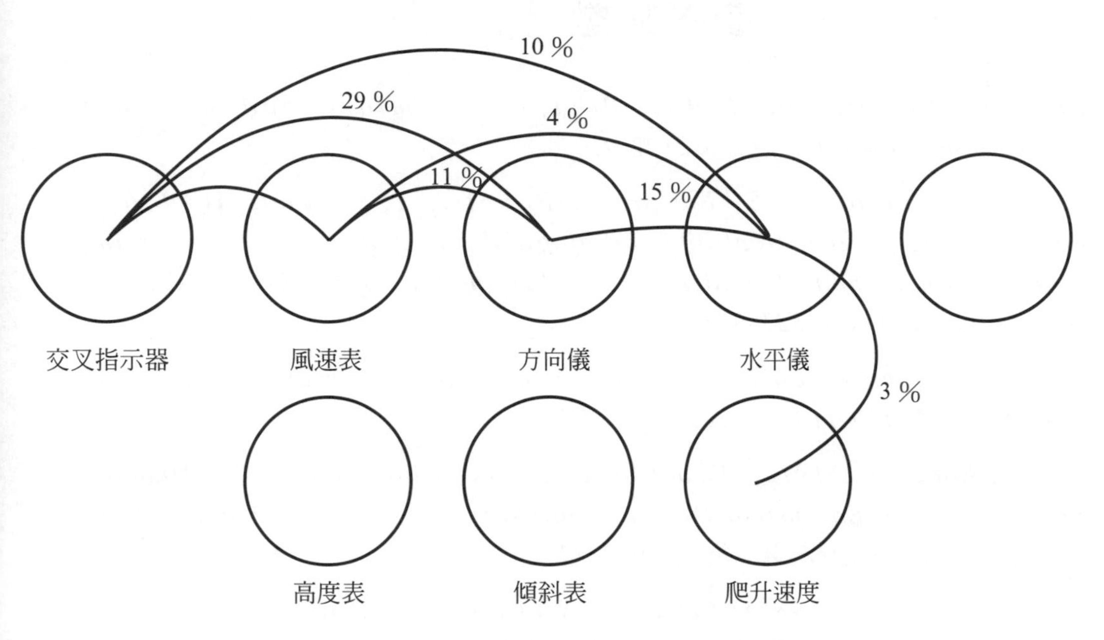

圖13.13　飛行員的視線在顯示器間之掃描

參考文獻

1. *Ankrum, DR, Nemeth, RJ(1995), Postures, comfort, and monitor placement,Ergonomics in Design, 3(2), 7-9.*
2. *Colubini, D, Occhipinti, E, Frigo, C, Pedotti, A, Grieco, A(1986), Biomechanical, electrographical and radiological study of seated postures in Corlett, N, Wilson, J, and Manenica, I(eds), Ergonomics of working postures, Taylor & Francis, London, 331-334.*
3. *Conrad, R(1967), performance with different push-button arrangements, Het PTT-Bedrigfdeel, 5, 110-113.*
4. *Grether, WF, Baker, CA(1972), Visual presentation of information, In: Human Engineering Guide to Equipment Design, Van Cott, HP, Kinkade, RG(Ed), U.S Government Printing Office, Washington, D.C.*
5. *Hill, SG, Kromer, KHE(1986), Preferred declination and the line of sight, Human Factors, 28, 127-134.*
6. *Human Factors Society (1988), American national standard for Human Factors engineering of visual display terminal workstations (ANSI/HFS 100-1988), Santa Monica, CA.*
7. *Jenkins, W, Connor, MB(1949), Some design factors in making setting on a linear scale, Journal of Applied Psychology, 33.*
8. *Johanson, PE, Tal, R. Switz, W. P. Rempel, DM (1990), Fingertip Forces measured during computer mouse operation: a comparison of pointed and dragging, Proceedings of the International Ergonomics association 1994 meeting, Vol.2, 208-210.*
9. *Jorna GJ, Snyder, HL(1991), Image quality determines difference in reading performance and perceived image quality with CRT and hand-copy displays, Human Factors, 33(4), 459-469.*
10. *Klemmer, ET (1971), Keyboard enter, Applied Ergonomics 2(1), 2-6.*
11. *Lind, AJ(1986), Voice-recognition: an alternative to keyboard, In Proceedings of Speech Tech 86, Voice I/O application Show and conference, 66-67, New York; Media Dimensions.*
12. *Lippert, TM(1986), Color-difference prediction of legibility performance for CRT raster imagery, SID Digest of Technical Papers, vol, 3, 86-89.*
13. *McPhee, B(1990), Musculoskeletal complains in workers engaged in repetitive work in fixed postures in Bullock MI(ed)The physiotherapist in the work place, Churchill Livingstone, Melbourne.*

14. *Military Handbook, Human Factors Engineering Design for Army Material, MIL-HDBK-759.*

15. *National Occupational Health and Safety Commission(1989), Guidance note for the prevention of occupational overuse syndrome in keyboard employment, AGPS, Canberra, Australia.*

16. *Preece Jenny (1994), Human Computer interaction, Addison-Wesley.*

17. *Pual, L, K, Buckley, E(1965), A human factor comparison of two date entry keyboards, paper presented at 6th Annual Symposium of the Professional Group on Human Factors in Electronics IEEE.*

18. *Schultz, KL, Batten, DM, Sluchak, TJ(1998), Optimal viewing angle for touch-screen displays: is there such a thing?, International Journal of Industrial Ergonomics, 22, 343-350.*

19. *Shneiderman B(1987), Designing the user interface, Addison-Wesley Publishing Company.*

20. *Straker, L, Jones, KJ, Miller, J(1997), A comparison of the postures assumed when using laptop computers and desk computers, Applied Ergonomics, 28(4), 263-268.*

21. *Tullis, TS (1984), Predicting the usability of alphanumeric displays, ph. D. dissertation, Rice, University, Huston, TX.*

22. *Woodson, WE, Tillman, B, Tillman, P(1992), Human Factors Design Handbook 2nd Edtion, McGrwa-Hill, Inc., N.Y..*

自我評量

1. 請說明類比顯示與數位顯示在視覺資訊呈現上的差別？
2. 什麼是完整形態原則？
3. 電腦顯示器畫質好壞的主觀量度可以用什麼方法來評定？
4. 以呈現文字與數字為主的顯示器，其畫面複雜度可由哪些項目來規範？
5. 請說明顯示器內容配置之一般原則？
6. 控制裝置與顯示器的配置應依循那些原則？
7. 控制裝置與顯示器的關聯表，可用那些英文字母來表示其關聯性？

NOTE

14

事故、人為失誤與產品安全

14.1 事故與人為失誤

在我們的工作、家居與工作場所中總是會有意外事故的發生，這些事故的後果通常是人員傷亡與財產的損失。意外事故是我們不期待、不願意的事件。事故成因的調查可由微觀與宏觀的角度進行，微觀的事故調查通常將調查的焦點放在罹災者或操作者上，宏觀的事故調查則不僅檢視個人的情況同時也檢視整個環境、組織、文化等相關議題。例如，加油站的空氣中含有可燃、揮發性溶劑，若是使用手機時因靜電引起火花即可能發生燃燒甚至爆炸的事故，事故調查若聚焦於使用手機者的不安全行為，則此為微觀的調查；如果將整個加油站的大氣環境監測、駕駛不安全行為的警示、防火防爆措施的規劃與施行等環境與管理的作為都列入考量，此則為宏觀的調查。

事故發生都有成因，不安全行為與不安全環境是許多事故調查中常被列舉的事故成因，其中不安全行為的影響尤為重大。不安全行為可能(但不一定)會導致事故，而不安全行為又受到個人/工作夥伴的影響，個人/工作夥伴的狀況又會受到實體環境、儀器設備、工作、心理/社會環境的影響，四種環境又受到組織管理的影響，此為宏觀的事故成因分析。圖14.1 顯示了組織管理對環境、工作、個人、不安全行為的一系列影響。

J. Ramsey以危害的存在與個人的特質、能力、及行為提出了事故序列模式(accident sequence model)，他認為不安全行為是事故發生的直接原因，而不安全行為可能因為未察覺危害的存在、未認知危害、或未決定要規避危害，即使察覺、未認、決定要規避危害，還有有可能會有事故的，只是事故發生的機率非常小。Ramsey的事故序列模式(參考圖14.2)主張事故的源頭是人暴露在具有危害的環境，如果無法察覺危害的存在就可能有不安全的行為，而不安全的行為；若是察覺危害的存在但無法認知危害的特性與嚴重性就可能產生不安全的行為，若認知與理解事故的特性與嚴重性而決定不需避免則可能產生不安全的行為，若決定避免卻沒有足夠的能力避免則可能會產生不安全的行為。Ramsey的事故序列模式為微觀的事故成因分析。

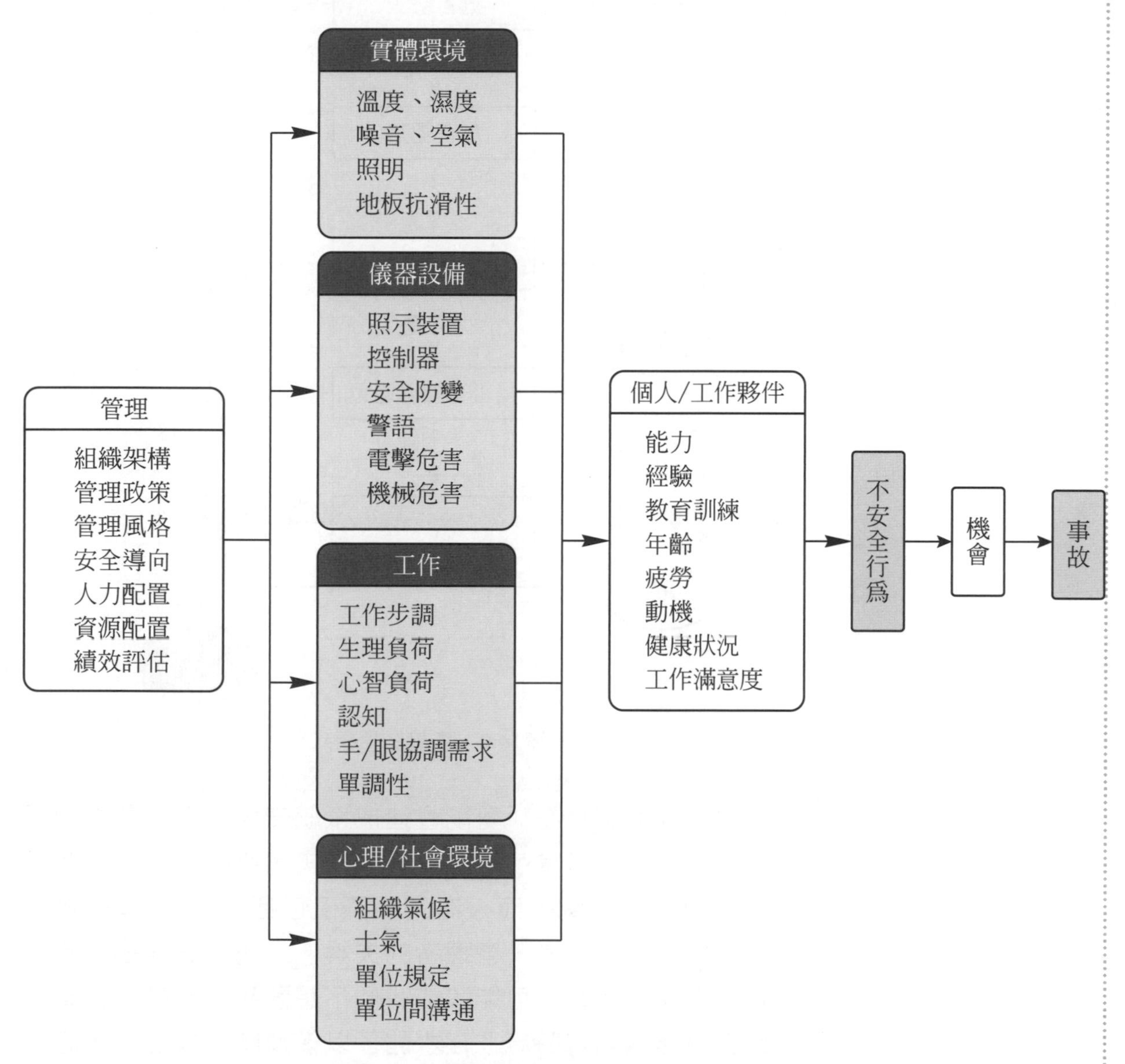

圖 14.1　組織管理對事故發生的系列影響

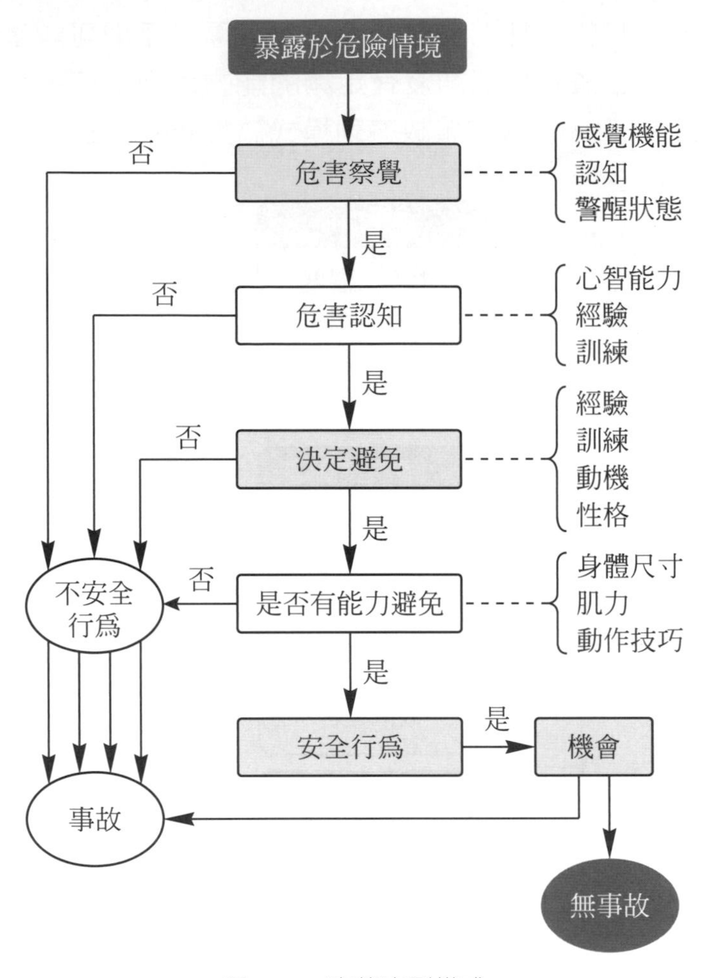

圖14.2　事故序列模式

人為失誤可定義為「可能會造成系統安全、系統效能或系統有效性降低的不適當或不欲見的人員決策或行為」。許多事故都與人為失誤有關，而人為失誤不僅包括操作者/罹災者的失誤，也包括了設計者、管理者的失誤。人為失誤常由人的不適當行為呈現，常會或可能造成我們不想看到的影響或後果。例如以瓦斯爐煮開水時忘了在水開了以後及時關掉爐火，忘了關火是不適當的行為，若因而造成火災則是我們不想看到的後果。

人為失誤可分為

1. 遺漏失誤 (errors of omission)：忘了做。例如以瓦斯爐煮開水時忘了在水開了以後及時關掉爐火，又如貨車司機停車時忘了拉起手煞車、或起重機操作者操作前未確認懸吊區域下方是否有人員。
2. 方法失誤 (errors of commission)：以錯誤的方法執行一項操作，例如電器起火時以水滅火反而造成漏電與人員遭受電擊的後果。
3. 程序失誤 (sequence omission)：以錯誤的工作順序執行某作業，例如未依照程序關掉執行中程式即將電腦上的隨身碟拔除，以至於隨身碟內的檔案損毀。
4. 時間失誤 (timing errors)：未在正確的時間點進行某項操作，常見的情況是太早做或是太晚做。

避免人為失誤之設計

1. 排除性設計：讓人為失誤無法發生的設計，例如若馬達的電路未正確連接時機器將無法啟動。
2. 預防性設計：讓人為失誤不易發生的設計，例如當馬達電路未正確的連接時機器的警示燈會持續的閃爍。
3. 失誤安全設計：讓人為失誤發生不致於造成嚴重的後果的設計，這種設計通常成本較低。例如機器裝置安全防護裝置，馬達電路未正確的連接而機器運轉不致於造成人員受傷。

14.2 產品與環境之危害

隨著工業的進步，形形色色的商品陸續被生產出來，這些商品給我們的生活帶來了舒適與便利，然而有些商品也給人們帶來了不便與傷害，以下就是兩個實際的例子：

案例一　凸罐飲料肇生禍端

淡淡的三月天，南台灣已如初夏般的炎熱，各式冰品與清涼飲料也熱鬧登場，許多消費者都購買市售的整箱飲料放在家裡隨時取用，雖然是很方便，但也產生了新的問題。

在南部有位申先生某日下班回家，拿起一罐國內某知名食品公司生產的罐裝蘆筍汁，開罐時一拉之下，突然“啵”聲爆炸，頓時手部血流如注。因為割傷頗深，只得到診所醫治。後來發現，該飲料在開罐前即因為腐敗(尚未過期)而分解出氣體並增加罐內的壓力，所以申先生在拉拉環時即產生了氣爆。在經過與廠商的交涉之後，廠商承認該事件後由生產過程中之缺失所引起，並賠償申先生二萬元(消費者報導，169期)。

圖14.3　即使是喝飲料也可能被炸傷

案例二　燙傷記

張女士是一位糖尿病患者，由於平日注意保養及飲食控制得宜，身體狀況相當良好，只是常覺得手腳怕冷，因此多年來都有使用電熱毯的習慣。某日張女士的先生抱怨背部酸痛，也要熱敷，因此張女士又另外買了一條新的使用。誰知道用了幾次，某日早上起床之後發現右腳大姆指內側即長水泡，而且周圍有一大片紅腫。由於醫生曾說糖尿病患者皮膚癒合力較差，容易潰爛，往往一個小傷口要拖上幾個月才能痊癒。張女士看到水泡後，便立刻就醫，結果打針吃藥折騰了兩個多月才痊癒。

後來發現，該電熱毯的英文說明注意事項中有糖尿病患者使用的限制及不宜睡眠中使用的說明，但中文的說明書卻沒有將這些事項列出。最後廠商承諾改進說明書與增列警告標示，並賠償張女士三萬元做為醫療費用與慰問金(消費者報導，174期)。

隨著生活素質的提昇，消費者對於產品安全的要求已是全球性的共識，因此與產品安全有關的資訊的設計也逐漸受到重視。根據美國消費者產品安全委員會報導(U.S. Consumer Product Safety Commission, 1982)，因為使用不良設計或製造的產品而受傷的人，每年高達數百萬人以上。在消費者權益日益高漲之際，人們轉而向法庭提出傷害賠償，所以在美國產品責任相關的法令變得愈來愈重要。我國的消費者保護法第七條規定「從事設計、生產、製造商品或提供服務之企業經營者應確保其提供之商品或服務，無安全或衛生上之危險。商品或服務具危害消費者生命、身體、健康、財產之可能者，應於明顯處為警告標示及警急處理危險之方法」。

在許多的公共場所、工作場所或是使用某些產品時，一些特定狀況的發生往往會造成人員的傷害，甚至於死亡。例如，使用電鑽時，若鑽頭在運轉中折斷，就可能彈射到臉上而造成傷害，這些特定的狀況即稱為危害(hazard)。有些危害經常發生，某些則很少發生，各種危害發生之可能性(或機率)稱之為風險(risk)。危險(danger)則是危害與風險兩者的乘積(Sanders & McCormick, 1992)。

危害

在公共場所、工作場所或是使用某些產品時，特定狀況的發生往往會造成人員的傷害，甚至於死亡，這些特定的狀況即稱為危害

風險

危害發生之可能性

Ramsey(1985)指出產品傷害事件的發生多半與人們低估了使用產品時的風險有關，(Wogalter et al, 1993)曾經要求受測者估計消費性產品每年在美國引起的傷害案例件數，受測者的估計值再和國家電子傷害監測系統(national electronic injury surveillance system，簡稱NEISS)登錄的數據比較(見表14.1)，結果發現受測者低估了高傷害頻率產品的風險，而對於低傷害頻率產品的風險卻又高估了。

表14.1　產品傷害案件的估計值與實際值

產品	NEISS登錄值	受測者估計值
吸塵器	11,117	14,385
爆竹	12,602	59,180
漂白劑	15,109	37,259
電風扇	17,454	33,428
汽油	17,768	64,203
電視	25,435	21,654
鍊鋸	41,387	42,077
鐵鎚	48,479	41,403
滑板	81,066	67,112
玻璃杯	81,606	26,541
梯子	90,019	43,388
浴缸	101,886	63,461
玻璃窗	128,777	55,866
釘子／螺絲	214,656	44,830
藥品	216,246	157,250
刀具	333,478	103,438
腳踏車	546,420	96,203

資料來源：*Wogalter et al, 1993*

產品危害的來源

1. 設計不當
2. 製造缺失
3. 警告或安全標示不足

在第一章中曾經提到人因工程之目的在於提昇產品、工具、機器、系統及環境之設計，使得人們可以安全、舒適、有效率的享受這些設計。據統計(Interagency Task Force on Products Liability, 1997)，使用產品時發生意外傷害事故的原因有37%是源自於設計上的不當；35%可歸因於製造上的缺失；其餘的18%則可歸因於警告或安全標示不足或不當。

什麼是設計的不當呢？圖14.4中顯示了一把多功能水果刀，這把刀子和一般的水果刀一樣，可以切割果菜，比較特別的地方是握柄尾部崁入了另外一個刀片，這個刀片可增加刮果皮的功能(此為其設計獨特之處！)，然而使用者握住刀柄時卻很容易被這個刀片割傷，此為設計不當。

什麼是產品製造上的缺失呢？國內以往曾經有過多起消費者開易開罐時手被割傷的案例。舊的易開罐打開鋁罐時需以手指拉拉環以撕開開口處之金屬片，若是產品的製程控制不良，則可能產生金屬片邊緣有細微金屬屑的情況，消費者的手部若是碰觸到金屬屑就很容易被割傷，此乃是製造上的缺失。目前易開罐的設計多以「按入」的方式取代舊有「拉開」的方式，此乃是以設計的改變來避免製造缺失的產生。而拉開式的開罐方式仍然普遍用在罐頭食品的設計上。

警告標示的不足或不當乃是提供產品的廠商未提供警告標示，或是未提供適當的警告標示。圖14.5即顯示了沒有任何警告標示而又具有危害的產品：無煙鹽酸。

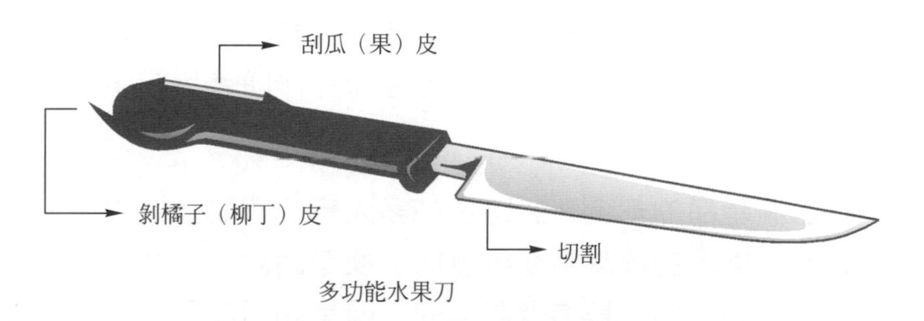

圖14.4　設計不當的水果刀

圖14.5　沒有警告標示而又具有潛在危害的產品

產品及環境之安全是人因工程工作者主要的工作項目之一，要維護人員的安全，最根本的方式就是提供安全的設計，讓環境與產品中完全沒有任何危害因子。然而在實務上，許多危害因子不可能由設計中排除，例如刀刃的存在即具有危害，刀具之設計即不可能將刀刃排除。對於無法經由設計排除之不安全狀況，另外一種保護人員的做法即是提供安全防護。例如刀刃在不用時收入握柄中可以避免無意中之割傷。除了以上二種方式外，警告標示(warnings)之設計與設置也能夠避免意外事故的發生。

14.3 產品安全資訊設計模式

警告標示造成的缺失，是產品沒有對使用產品時可能造成的危害有適當的警示。雖然現有多種的模式與方法來說明如何進行產品的設計，但卻很少深入的去探討伴隨產品安全資訊之設計。

在討論產品的安全資訊時，許多人會把焦點放在對產品的指示或警告標示的優缺點進行評估；換句話說，一個產品的資訊是否為「適當的」是常被討論的；但是如何設計安全資訊則並未被廣泛的討論。Miller et al (1991)提出了一個產品安全資訊設計與評估的模式，來說明產品警示資訊的設計應如何的進行。這個模型的概念強調：

- 設計產品資訊和產品本身的設計連結在一起
- 影響使用者的預期行為之產品特色分析
- 使用時的危害和可能的產品誤用之界定
- 使用者對產品功能及危害特性的認知與預期研究
- 每部份的產品資訊的運用方法及法則之分析

Miller et al模式將產品安全資訊設計與評估視為一項專案，在專案開始之前要先確認主題產品，此產品可能是開發中的新產品，也可能是市面上銷售中的產品。主題產品確認之後即進入六個階段的工作，每個階段的工作內容如下：

階段一：產品類型調查

具體工作包括收集以下資料：

- 產品特性調查
- 現存同類產品之資訊
- 意外事故案例
- 與產品有關之研究
- 標準與法規(如CNS、商品標示法、消費者保護法及國外法規等)
- 廣告與媒體之相關報導
- 訴訟案例

階段二：產品使用與使用族群調查

- 確認設計上使用方法
- 使用族群確認
- 使用者對產品之認知，使用與誤用之調查
- 使用者對產品危害之認知
- 危害之確認與分析
- 使用產品時，使用者之認知與行為
- 確認各種可能誤用之情形

階段三：產品資訊設計的準則與原型

具體工作包括：

- 決定人員活動之種類與各種活動中人員應知道之訊息
- 訊息之選擇
- 訊息傳遞之模式(文字、符號、訊號等)
- 特定訊息之時空配置
- 文字、構圖之原型設計
- 確認與其他產品資訊設計之一致性

階段一與階段二之工作結果，可據以提出產品實體設計之建議，而階段三之結果可據以擬定對現存產品之訊息設計之修正建議。

階段四：評估與修正

工作包括：

- 定義評估時之量測項目
- 決定評估方法
- 選擇調查樣本
- 執行
- 評估結果之解釋
- 產品訊息設計修正
- 最終文字與構圖之修正

產品資訊設計的評估通常是以實驗的方式進行，在實驗中對受測者與產品資訊有關的行為均應予以記錄，得到的結果可供作設計修正的參考。評估與修正可能必須進行多次；經過評估與修正後，產品資訊的最終設計將可定稿。

階段五：付　印

階段六：售後評估

- 消費者滿意度調查
- 保證書登錄與意見卡回收
- 意外事件調查
- 隨時收集更新之標準與法規
- 媒體訊息之收集與安全召回之執行

從售後評估取得的訊息可以回饋給設計者，以作為進一步改善設計的參考。許多人因工程的專業人員均將這類工作之重點集中在階段四之設計評估上，然而這個模式顯示，產品安全資訊之設計與評估是周而復始的工作，每一個階段的工作均有其重要性，惟有不斷的調查、設計、評估、改善才能夠將安全資訊的溝通做到盡善盡美。Miller et al模式中，各階段的工作內容與流程請參考圖14.6。

產品資訊
1. 使用說明
2. 注意事項
3. 警告標示

與產品有關資訊的設計包括「使用說明」、「注意事項」及「警告標示」三種。使用說明主要是傳達如何正確及有效的使用產品的相關資訊；注意事項則是告知使用者應避免的行為，這些行為可能會防礙產品功能的發揮、或是造成產品的損壞或壽命的縮短；警告標示則是警告使用者(正確或不正確)使用產品時可能對身體的安全與健康造成危害的狀況，以及避免這些狀況發生的方法。每一產品上這三種訊息的多寡應依產品的技術的複雜程度、操作(或使用)特性、及具有之危害性決定，技術性與操作性簡單的產品可能不需要使用說明與注意事項，沒有危害的產品自然也不需要警告標示。這三種訊息可同時呈現(均列在說明書中)，也可能分離呈現。

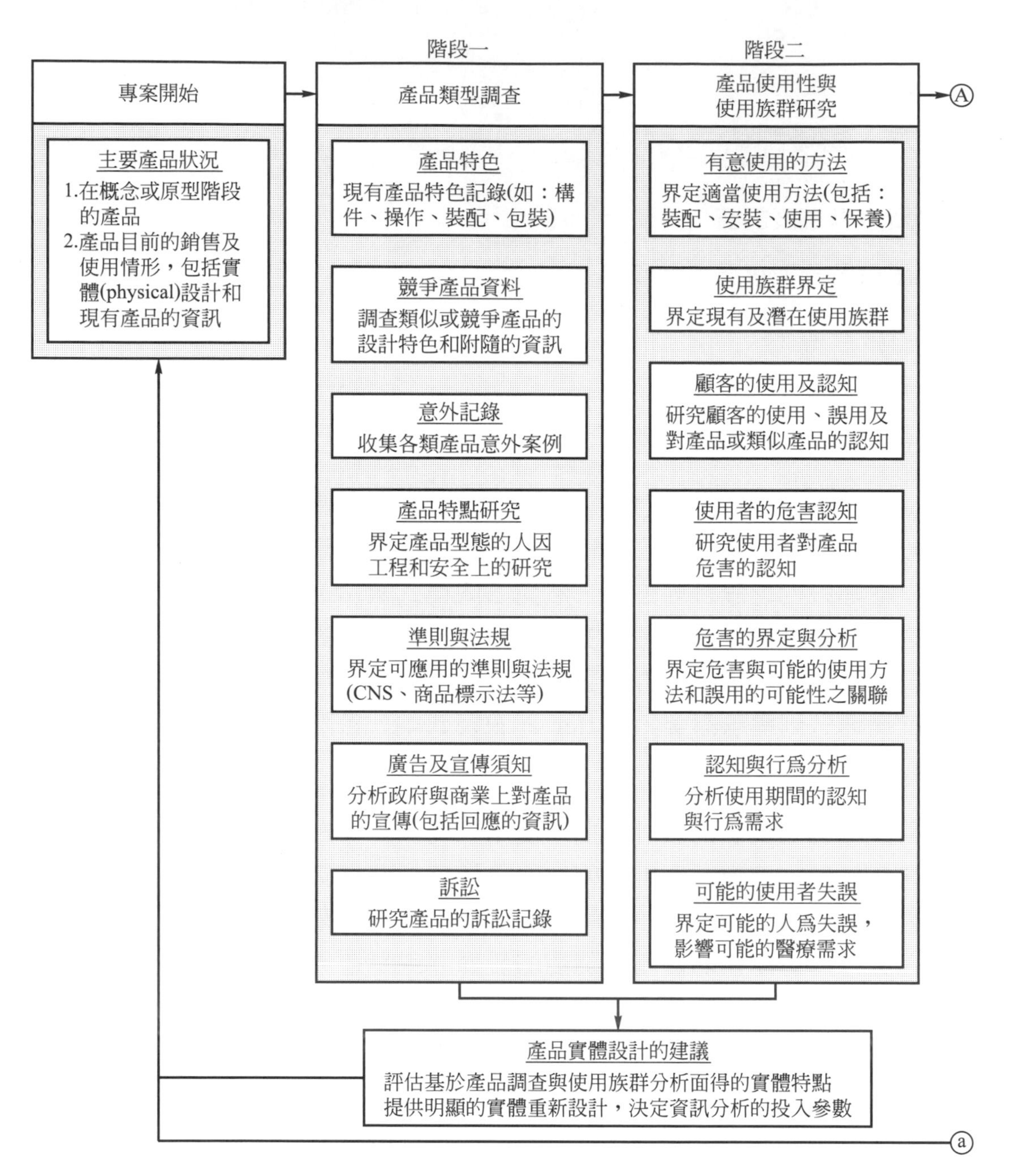

圖14.6　產品安全資訊設計模式

資料來源：*Miller et al, 1991*

多數產品均附有使用說明，訊息簡單的產品以標籤上簡易的文字敘述即可，訊息複雜的產品則必須製作說明書(或手冊)。許多消費者使用說明書的時機均在第一次或初期使用時(尤其是面對必須自己安裝或是未曾使用過的產品)，在第一次

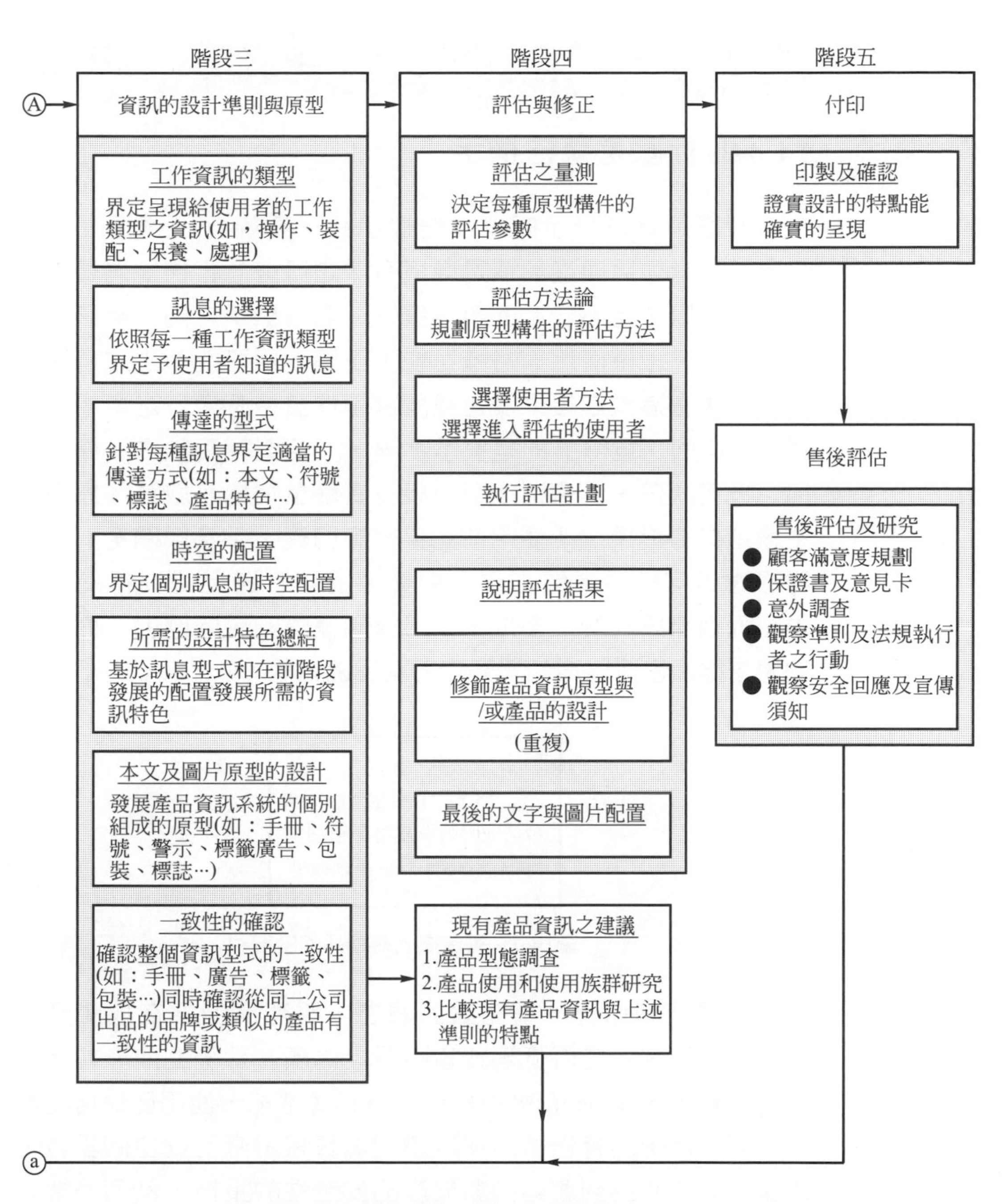

圖14.6　產品安全資訊設計模式(續)

資料來源：*Miller et al, 1991*

或是初期使用之後，能夠完整的保存說明書的人不多。因此，若是將注意事項與警告標示附在說明書中，則其訊息傳遞的功能恐怕只有在產品使用的初期能發揮效用了！

14.4 警告標示

警告標示之內容
1. 警示字眼
2. 可能之危害
3. 危害發生會造成之後果

14.4-1 什麼是警告標示

什麼是警告標示呢？警告標示是一種媒介，透過這個媒介，設計者可將與產品或是環境有關之可能危害告知消費者或使用者，以避免不安全的事件發生。警告標示之內容應該包括警示字眼、正確使用與各種可能不正確使用可能產生之危害、危害發生會造成之後果及避免危害事件發生應遵守之事項。在圖14.7中的「危險」即是警示字眼，「溶劑有腐蝕性」顯示產品之危害狀況，「會造成眼睛與皮膚嚴重灼傷」敘述了危害發生會造成的後果，「使用前先穿戴護目鏡、手套與圍裙」則說明了應遵守事項。警告標示能夠讓使用者避免錯誤行為的發生，而且無須耗費太多成本就可達到保障安全的目的，而明確的警告標示也可以增加消費者對產品的信賴。

危 險
溶劑有腐蝕性
會造成眼睛與皮膚嚴重灼傷
使用前先穿戴護目鏡、手套與圍裙

圖14.7　警告標示應包括的內容

許多廠商均有一種錯誤的觀念，將產品的潛在危險性清楚的告訴消費者會降低消費者購買之意願。實際上並非如此，Laughery & Stanush(1989)指出，具有清楚指出使用產品可能面臨之潛在危險的警告標示可以增加消費者對產品安全的認識，也讓消費者體認到製造商對於產品安全性的重視，然而消費者對產品之購買意願，並不會受到是否有良好的警告標示而改變。Leonard et al (1989)也指出，消費者購買的意願不會因為產品之警告標示而降低。

警告標示之目的在於提供與人員安全有關之訊息，以避免不安全的事件發生。要達到這個目的，警告標示之設計與配置必須能夠(Sanders & McCormick, 1992)：

- 被注意到(可被看到或聽到)
- 訊息被接收到(被閱讀或聆聽)
- 內容被了解
- 警告之事項被遵守

14.4-2 警告標示之設計

因為聽覺的警告標示之訊息在記憶中不易被保存，因此無法被普遍的應用在產品與環境之設計中。文獻探討之警告標示大多以視覺之考量為主。Dorris與Purswell(1977)曾經以100位受測者之實驗來觀察他們在使用鐵鎚時是否會看到握柄之警告標示，結果竟然沒有任何一人注意到有警告標示的存在。在Friedmann(1988)的試驗中，他安排了受測者使用貼有警告標示的產品，結果有88%的受測者注意到了標示之存在，只有46%的受測者實際的閱讀了標示的內容，遵守標示內容之事項，而配戴防護具的受測者則僅有27%。視覺之警告標示若要被人員看到，需考量的項目包括設計與配置兩項的問題。在設計方面，不同的標示之文字之字形、字數、筆劃、尺寸、形狀、顏色、對比、圖案及是否閃亮等設計，均有不同之醒目效果。

採用文字時需先選取適當的字型(體)，警告標示設計的目的在於規範人員的行為，因此標示本身應具有權威性與嚴肅性，容易讓人產生輕鬆、輕佻、不正式的感覺的字型與字體應該避免使用。Woodson et al (1986) 指出，在選用適當之英文字型時應該避免以下狀況(參考圖14.8)：

- 筆劃粗細不一者
- 斜體
- 尾巴延伸
- 手寫字體
- 有陰影或3D效果
- 古體字
- 高度或寬度刻意加強

Woodson et al的建議不僅適用於英文，對於中文也同樣適用。

圖14.8　警告標示應該避免使用字體與字型的例子

Friedmann(1988)發覺受測者對產品具有危害性之認知會影響到他們是否願意去閱讀警告標示之內容，受測者認為產品的危害性較高時，他們比較可能閱讀警示的內容。以特定字眼來顯示產品的危害特性是多數學者贊同的作法，Wogalter et al(1994)即指出，當使用警示字眼時，受測者對於產品危害性的評分顯著的高於沒有使用警示字眼的標示。英文的標示中，danger、warning、caution及notice是常用來表達危害特性的字眼，表14.2列舉了這些字眼的定義。

然而，danger、warning與caution讓使用者感受到的危害性之間是否如表中的定義所示呢？Leonard et al(1986)的實驗發現，這三個英文字讓受測者感受到的危害性之間並無顯著的差異，Wogalter et al(1994)也得到相同的結論：Dunlap et al(1986)的研究顯示，danger與caution在受測者的危害認知上的程度是不同的。Wogalter & Silver(1990)讓受測者來對常見表示危害程度的英文字，依照感受到之危害程度排序，結果依序為：deadly、danger、warning、caution、careful、attention及

表14.2 英文警示字眼的定義

字 眼	出 處	定 義
Danger	ANSI Z535.2, 1998	指示立即的危害的狀況，該狀況如果發生的話，將會造成死亡或是嚴重傷害。
	ISO, 1990	吸引人員注意高度風險狀況所用的字眼。
Warning	ANSI Z535.2, 1998	指示潛在的危害的狀況，該狀況如果發生的話，可能會造成死亡或是嚴重傷害。
	ISO, 1990	吸引人員注意中度風險狀況所用的字眼。
Caution	ANSI Z535.2, 1998	指示潛在的危害的狀況，該狀況如果發生的話，可能會造成輕微或中度傷害。
	ANSI Z535.3, 1998	警示不安全的狀況。
	ISO, 1990	吸引人員注意低度風險的狀況。
Notice	ANSI Z535.2, 1998	指示直接或間接與人員安全或財產保護有關之公司政策。

資料摘錄於：*Drake et al, 1998*

notice。其中warning/caution及careful/attention之間無顯著的差異，其餘的字眼間的差異則是顯著的。deadly 在所有字眼中讓受測者感受到危害性的程度最高、而notice則是最低。中文的警示字眼包括「危險」、「警告」及「注意」，其中以「注意」在產品標示中較為常見。

顏色的選用在警告標示的設計是很重要的一環。顏色對於警告標示的影響包括：醒目性、是否容易記憶、遵守警示內容的行為、及人員對危害程度的認知。Kline et al(1993)指出，以彩色印製的標籤較以黑白標籤更為醒目；Young & Wolgalter (1990)發現以橙色重點標示(high-lighted)的警示文字較未重點標示者容易記憶。Wolgalter et al(1987)指出顏色的採用會影響人員是否遵守警告標示；李再長與王怡仁(1997)也得到相同的結論；然而也有文獻(Braun & Silver, 1995)指出顏色對於人員是否遵守警告標示並無顯著的影響，影響人員是否遵守警告標示的因素頗為複雜，顏色對人員行為的影響是間接而非直接的。

警示字眼與顏色之搭配
危險→紅色
警告→橘色
注意→黃色

顏色的選用會影響人對於危害程度的認知，一般人由顏色來感受之危害程度由高而低依序為紅、橙、黃、藍、綠、白(Dunlap et al, 1986)。紅、橙、黃三種顏色反應較高的危害程度，這一點是許多文獻共同的結論(Bresnahan, Bryk, 1975；Chapanis, 1994； Braun & Silver, 1995)，其中尤以紅色反應危害的程度最高。然而用以反應危害程度的顏色應該和警示字眼配合使用，ANSI Z535.4及Westinghouse(1981)均主張以紅、橙、黃三色分別搭配危險(danger)、警告(warning)及注意(caution)三個字眼，以顯示三種層次的危害狀況。

Wogalter et al (1993)指出警告標示若是能配合警示的語音會有更好的效果，然而警示的語音設計必須注意：

- 語音傳遞的訊息必須簡短
- 語音的音量適中
- 發音的時機適當

14.4-3 圖案設計

一般的警告標示大多以文字敘述為主，圖案在標示中往往扮演輔助性的角色：在許多狀況下，圖案在訊息傳遞的功能均超越文字的敘述，例如無法閱讀文字者(如文盲與外國籍人士)必須仰賴圖案才能了解標示的內容，警告標示內附加圖案也有吸引人員注意的效果。圖14.9顯示了常用的警告標示圖案。人們對於產品危險性之認知有時會受到警告標示內添加警告圖案之影響，Friedmann (1988)發覺受測者閱讀有附加警告圖案之標示，對於產品危險性之認知會高於同樣之標示，但僅有文字而沒有圖案者。Wogalter et al (1994) 則提出附加警告圖案之標示並不會提高人員對於危險性之認知，但卻能有效的吸引受測者閱讀警告標示的內容。

設計者可以採用常用的圖案，也可設計新的圖案來傳達警告標示欲傳遞的概念。Dreyfuss(1984) 指出圖案依設計的方式可分為以下三種：

圖14.9　警告標示圖案的例子

- 表徵設計 (representational design)：將要顯示的狀況以實際的圖案顯示出來
- 摘要設計 (abstract pictorial)：將要傳遞的資訊的主要部份濃縮為一個圖案表現出來
- 隨意設計 (arbitrary design)：設計者自創之圖案，使用者必須經過學習才能了解其含意

圖案傳達概念之設計可分

1. 表徵設計
2. 摘要設計
3. 隨意設計

圖14.10顯示了三種設計的例子。圖案的設計主要是以簡單的圖形來表達清晰而具體的概念。而三種設計容易被了解的程度依序為表徵設計、摘要設計、及隨意設計。表徵設計一般均很容易被理解；摘要設計若是訊息的主題模糊不清或是圖案設計不佳，設計者欲傳遞的訊息可能無法被理解；隨意設計則非經由提示與學習幾乎完全無法被理解。三種設計以表徵設計較為困難，因為在實際狀況中過於複雜的訊息往往不易以簡單的圖案表現。

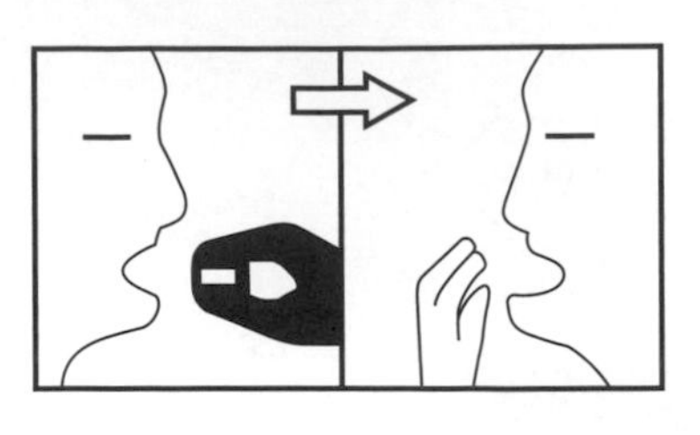

(a)表徵設計　(b)摘要設計　(c)隨意設計之圖案

圖14.10　三種圖案設計

依照警告資訊的內容，Easterby & Hakiel (1977) 將圖案設計區分為以下三類(參考圖14.11)：

- 敘述性(discriptive)： 指示危害的種類
- 規範性(prescriptive)： 指示人員應該採取的行為
- 禁制性(proscritive)： 禁止人員採取的行為

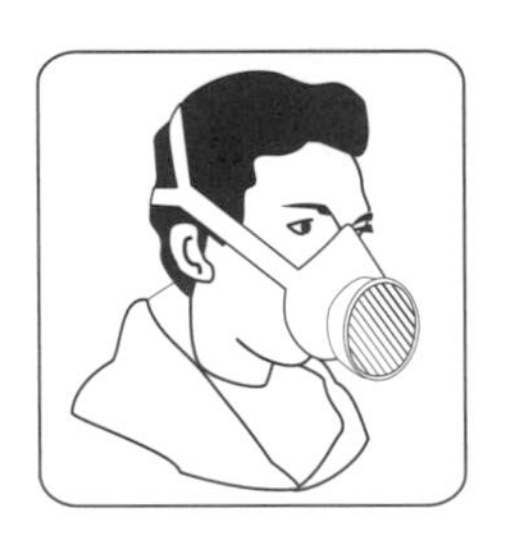

(a)敘述性　(b)規範性圖案　(c)禁制性圖案

圖14.11　依警告資訊分類

設計新圖案時，設計者必須確認該圖案欲傳達的訊息和閱讀者由圖案接收到的訊息之間是否一致；換句話說，圖案必須具有相當的可理解性(comprehensibility)。圖案設計的理解性測試(comprehension test)可以兩種方式進行，第一種是在圖案旁列出可能的含意，並要求受測者由其中選取適當的答案(此為選擇題的方式)；第二種是要求受測者在圖案旁直接寫出圖案的意思(此為填空題的方式)。Wolff & Wogalter, (1998) 認為選擇題的選項設計往往會影響測試的結果，若選項的概念相近，則受測者容易產生混淆，此時理解性的分數會降低；反之，若選項之間的差異很大，則受測者很容易猜到答案，此時理解性的分數又會提高。因此，選擇題的理解性測試的結果的可靠性較低。填空的方式所得的結果之可靠性較高。ISO 9186規定公共資訊傳播圖案的理解性測試中，人員的反應可以區分為(Davies et al, 1998)：

1. 確定被正確理解者。
2. 可能被正確理解者。
3. 最低限度可能被正確理解者。
4. 訊息被反向理解。
5. 人員反應錯誤。
6. 人員反應「不知道」。
7. 人員沒反應。

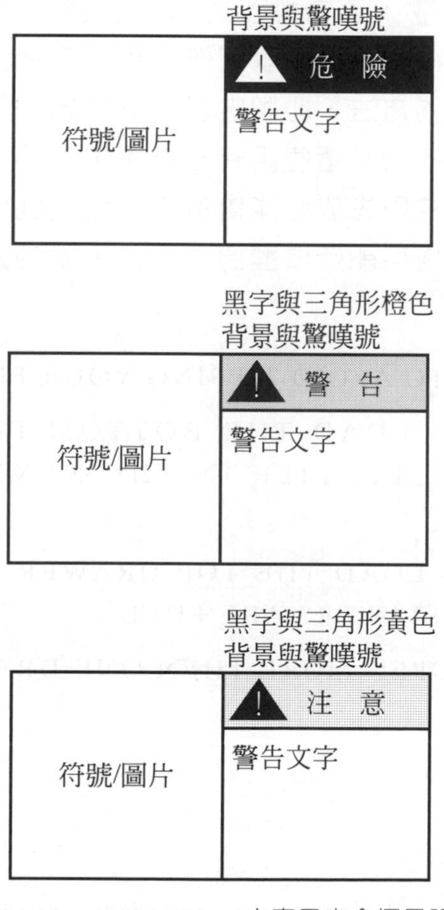

圖14.12　ANSI Z535.4之產品安全標示設計

ISO建議適當的圖案設計在理解性測試中的 1. 與 2. 的比例應該在66%以上。在美國的標準中，理解性測試的人員反應項目應依照正確、錯誤、關鍵混淆(critical confusion)、未作答四項來區分，ANSI Z535.3中建議設計的圖案應有85%以上被正確理解的機率才是可接受的設計(Wolff & Wogalter, 1998)。

警告標示應儘量採用標準化的設計，圖14.12顯示了美國國家標準局(American National Standard Institute，ANSI)訂定之產品安全標示的設計(ANSI Z535.4)，原始文獻中的警示字眼分別是danger、warning及caution。

14.4-4 警告標示的配置

在配置方面，標示出現的空間與時機對人們是否會看到更有決定性之影響。警告標示的時空配置應如何來決定呢？Frantz與Rhoade(1993)指出以工作分析決定警告標示之時空配置是直接而有效的方法，他們曾以二層金屬公文櫃警告標示的配置來說明：新的公文櫃使用時可能產生之不安全的狀況：若是使用者由上層抽屜先放可能會重心不穩而翻倒；兩層抽屜同時打開放置文件也可能造成翻倒。因此，新的公文櫃均有以下之警告標示：

WARNING：TO AVOID TIPPING YOUR FILE：

(1) ALWAYS LOAD THE BOTTOM FIRST, AND WHEN FULL, FILE IN THE NEXT DRAWER ABOVE.

(2) ALWAYS LOAD THE TOP DRAWER AFTER ALL OTHER DRAWERS ARE FULL.

(3) NEVER OPEN MORE THEN ONE DRAWERS AT A TIME.

圖14.13　標示應該貼哪兒？

現有的警告標示是設在公文櫃之包裝紙箱上，作者認為該設計並不適當。因此，分析了人員使用新櫃的過程如表14.3所示。

表14.3　使用新公文櫃之過程

使用新公文櫃之過程
1. 由紙箱中取出
2. 將櫃子放置室內之適當位置
3. 撕掉固定抽屜之膠帶
4. 打開抽屜
5. 整理欲放入櫃中之文件與檔案
6. 文件放入抽屜中
7. 關抽屜

在表14.3所列之步驟中，公文櫃翻倒可能發生之時機是步驟6。而原來在紙箱上之警告標示在步驟1，這種標示的訊息在拆箱之後即不再和使用者有任何互動，若將標示設在步驟4、5、6附近，則應該比較容易被看到。因此，他們另外提出了三種配置，第一種是將警告標誌黏於上層抽屜的底部，如此使用者打開上層抽屜(步驟4)或放文件時即可看到(步驟6)；第二種是

將標示製成黏貼之膠帶來取代原來固定上層抽屜之膠帶，新櫃在打開上層抽屜之前必須先將膠帶撕掉，因此，警示的訊息可在步驟4傳遞給使用者；第三種是將標示貼在一硬紙盒上，該紙盒置於上層抽屜中，若不取出，則無法放入文件，此乃是在步驟6和使用者產生互動。這三種配置及原始之配置分別由15位不知實驗目的受測者來使用，結果發現原始的設計沒有被任何一位受測者看到。而後來提出之三種配置被看到的比例分別是40%、93%及93%，這顯示了警告標示之配置若能在人員活動中之適當時機與空間呈現，甚至和人員的活動產生互動才能被看到。

Wogalter et al(1993)曾以受測者在化學實驗室中是否遵守警告標示的要求事項來比較不同之標示設置與有效性間的關係。在他們的實驗中，相同內容的警告標示分別設置於工作桌前方68 cm處(規格為11 × 45.5 cm)及印在實驗方法的文件上(規格為3.5 × 14.5 cm)。實驗中受測者進入實驗室後需依照實驗方法的說明來完成實驗。研究結果發現，在警告標示獨立設於實驗桌的狀況，只有19%的受測者遵守警告標示的要求穿戴護目鏡、手套及呼吸面罩；而在另外一種狀況，有81%的受測者遵守警告標示的規定來穿戴防護具。雖然在兩種情形下，警告標示都應該被受測者看到，但是結果卻是不同的；當把標示印在實驗方法中時，警示的內容似乎跟工作有了直接的相關性，因此容易受到受測者的重視，單獨設於桌前的標示之警示性則較為模糊，受測者可能會懷疑該標示是規範所有的化學實驗還是僅規範特定的實驗。因此作者認為印在使用方法中的警告標示會較單獨顯示的標示有較佳的效果。然而，此結論的前提是使用者一定會閱讀使用方法。

Wogalter et al(1987)指出，當警告標示印在產品之使用說明之前(相較於印在使用說明之後)可提高人員遵守標示上之規定事項。

14.5 警告標示與人員行為

14.5-1 行為成本

警告標示的內容是否被使用者遵守，與遵守該事項之成本有關(Wogalter, et al, 1989; Dorris, 1997)。所謂成本是指遵守該事項所須多花費之時間、多作的動作、多付出的體力與多承擔的不舒適的感覺。Wogalter et al(1989)曾在化學實驗中之實驗說明前提供警告標示，要求學生實驗前先戴面罩與手套，面罩與手套分別放在a.工作桌上(代表低成本)與b.另外一個距離8公尺之房間之櫃子內(高成本)，結果與觀察面罩與手套在順手可取得之狀況下，有68%的學生看到警告標示之後即穿戴，但若放在另外一個房間，則僅有28%學生會立即的取用並穿戴。走到另外一個房間再走回來即為遵守該事項需額外支付之成本。

行為成本

遵守該事項所須多花費之時間、多作的動作、多付出的體力與多承擔的不舒適的感覺

大部分的機車騎士都知道，騎機車要戴安全帽，但仍有許多人不願意戴，因為戴安全帽必須忍受不舒適(重、不通風、破壞髮型、妨礙聽覺)的感覺。此外，停車後安全帽隨身攜帶，頗為不便(體積大且重)，若不攜帶又擔心遭竊，此皆增加使用安全帽之額外成本。警告標示設計的良窳並無法改變遵守警告標示之行為成本，使用成本由產品的設計與配置決定，例如若可設計出重量輕、容易攜帶(可折疊)的安全帽即可降低使用成本；而在機車騎士停車處設置安全帽放置箱也可降低使用成本。Wogalter et al(1989)的研究也顯示安全防護具是否容易取用也影響其使用成本。

14.5-2 文化的影響

除了成本之外，社會文化也會影響人們是否會遵守警告標示之事項，許多人的行為都會受到他人行動的影響，「別人都這樣做，我也可以這樣做」，「大家都不這樣做，我也不該這樣做」是社會文化之寫照，在高速公路行車遇到阻塞時，常可看到的景象是一旦開始有車輛走路肩，就會有許多車輛跟進。

在Wogalter et al(1989)的另一實驗中，他們安排了假扮學生之實驗者，該實驗者較學生早到實驗室中作實驗，而實驗者看完說明後可能遵守(穿戴面罩、手套)與不遵守，結果發現在隨手可取得面罩與手套之狀況下，當實驗者不遵守標示內容時，學生僅有33%會遵守；若實驗者遵守標示之內容，則學生100%均遵守；若面罩與手套放在另外一個房間，實驗者若不遵守，則學生沒有任何人會遵守；而若實驗者遵守，則學生有67%會遵守。

參考文獻

1. 李再長，王怡仁(1997)，警告標誌圖形危急屬性對使用者行動的影響，中國工業工程學會年會論文集，655-660。
2. 消費者報導(1995)，我的手受傷了-凸罐飲料肇生禍端，169期，51-52。
3. 消費者報導(1995)，燙傷記-電熱毯漏列警告標示闖禍了，174期，59-60。
4. Braun, CC, Silver, NC(1995), Interaction of signal word and colour on warning labels：differences in perceived hazard and behavior compliance, Ergonomics, 38(11), 2207-2220.
5. Bresnahan, TF, Bryk, J(1975), The hazard association values of accident-prevention signs, Professional Safety, Jan, 17-25.
6. Chapanis, A(1994), Hazards associated with three signal words and four colors on warning signs, Ergonomics, 37(20), 265-275.
7. Dunlap, GL, Granda, RE, Kustas, MS(1986), Observer perception of implied hazard：safety signal words and color words, IBM technical report, T00.3428.
8. Davies, S, Haines, H, Norris, B, Wilson, JR(1998), Safety pictograms： are they getting the message across？, Applied Ergonomics, 29(1), 15-23.
9. Dorris, AL(1991), Product warnings in theory and practice： some questions answered and some answers questioned, Proceedings of the Human Factors Society 35th Annual Meeting, 1073-1077.
10. Dreyfuss, H(1984), Symbol Sourcebook：An Authoritative Guide to International Symbols, Van Nostrand. Reinhold, New York.
11. Dunlap, GL, Granda, RE, Kustas, MS(1986), Observers perceptions of implied hazards： safety signal words and color words (research report TR 00.3428) Poughkeepsie, NY： International Business Machine.
12. Drake, KL, Conzola, VC, Wogalter, MS(1998), Discrimination among sign and label warning signal words, Human Factors and Ergonomics in Manufacturing, 8(4), 289-301.
13. Easterby, RS, Hakiel, SR(1977), Safety labeling of consumer products： shape and color code stereotypes in the design of signs, AP report 75, University of Aston in Birmingham, UK.
14. Frantz, JP, Rhoades, TY(1993), A task-analytic approach to the temporal and spatial placement of product warnings, Human Factors, 35(4), 719-730.

15. Friedmann, K(1988), The effect of adding symbols to written warning labels on user behavior and recall, Human Factors, 30(4), 507-515.

16. Kline, PB, Braun, CC, Peterson, N, Silver, NC(1993), Impact of color on warnings research, Proceedings of the Human Factor and Ergonomics Society 37th Annual Meeting, 940-943.

17. Laughery, KR, Stanush, JA(1989), Effects of warning explicitness on product perceptions, Proceedings of the Human Factor Society 33rd.Annual Meeting, 431-435.

18. Leonard ,DC , Matthew, D, Karnes, EW(1986), How does the population interpret warning signals, Proceedings of the Human Factor Society 30th Annual Meeting, 116-120.

19. Leonard ,DC , Ponsi ,KA ,Silver ,NC ,Wogalter ,MS(1989),Pest-Control Products reading warnings and purchasing intentions, proceedings of the Human Factors society 33rd Annual Meeting, 436-440.

20. Miller, JM, Frantz JP, Timothy, P, Rhoades, P(1991), A model for designing and evaluating product information, Proceedings of the Human Factors Society 35th Annual Meeting, 1063-1067.

21. Ramsey, J(1985), Ergonomics Factors in task analysis for consumer product safety,Journal of Occupational Accident, 7, 113-123.

22. Sanders, MS, McCormick, EJ(1992), Human Factors in Engineering & Design, 7th ed,Mcgraw-Hill Inc, N.Y..

23. Silver, NC, Braun, CC(1993), Perceived readability of warning labels with varied font sizes and styles, Safety Science, 16, 615-625.

24. Wogalter, MS, Godfrey, SS, Fontenelle, GA, Desaulniers, DR, Rothstein, PR,Laughery, KR(1987), Effectiveness of Warnings, Human Factors, 29, 599-612.

25. Wogalter, MS, Allison, S, McKenna, NA(1989), Effects of cost and social influence on warning compliance, Human Factors, 31(2), 133-140.

26. Wogalter, MS, Silver, NC(1990), Arousal Strength of Signal Words, Forensic Reports,3, 407-420.

27. Wogalter, MS, Brems, DJ, Martin, EG(1993), Risk perception of common consumer products： judgement of accident frequency and precautionary intent, Journal of Safety Research, 24, 97-106.

28. Wogalter, MS, Kalsher, MJ, Racicot, BM(1993), Behavior compliance with warnings：effects of voice, context, and location, Safety Science, 13, 637-654.

29. *Wogalter, MS, Jarrard, SW, Simpson, SN(1994), Influence of warning label signal words on perceived hazard level, Human Factors, 36(3), 547-556.*

30. *Wolff, JS, Wogalter, MS(1998), Comprehension of pictorial symbols：effects of context and test method, Human Factors, 40(2), 173-186.*

自我評量

1. 人暴露於具危害的環境中是否一定會發生事故？請以Ramsey事故序列模式說明。
2. 人為失誤可分為哪幾種？請說明。
3. 避免人為失誤之設計有哪幾類？請說明。
4. 與產品有關資訊的設計包括那幾種？
5. 產品警告標示的內容應該包括那些？
6. 產品警告標示要達到設計目的，其設計與配置應該注意那些事項？
7. 警示字眼與警示顏色應如何搭配？
8. 依據Dreyfuss (1984)，圖案的設計方式分為那幾種？
9. 依據警告資訊的內容，圖案的設計可以分為那三類？
10. 什麼是警告標示設計中使用者之行為成本？

NOTE

A

英中名詞對照

A

abduction 外展
acclimatization 熱適應
adduction 內收
adhesion 附著力
aerobic process 有氧過程
all-or-none law 全有全無律
anaerobic process 無氧過程
anterior chamber 前房
anterior 前方
anthropometer 人體測量器
anthropometry 人體測計學
attention 注意力
  ,selective ，選擇性
  ,focused ，焦距性
  ,divided ，分割性
attenuation 衰減
audiogram 聽力圖
audiometer 聽力計

B

backlash 背隙
basal metabolism 基礎代謝
binocular cue 雙眼線索
biomechanical approach 生物力學法
blind spot 盲點
blink rate 眨眼率

C

cadence 步頻
calorimeter 量熱計
calorimetry 量熱學
candlela 燭光
cathode ray tube，CRT 陰極射線管
carbohydrate 碳水化合物
cardiac output 心輸出量
cardiovascular system 心臟血管循環系統
carpal tunnel syndrome，CTS 腕道症候群
choroid 脈絡膜
chunk 字串
ciliary muscule 睫狀肌
circadian rhythms 日韻律
climate chamber 氣候室
cold stress index 冷應力指數
color 顏色
  ,hue ，色調
  ,saturation ，飽和度
  ,brightness ，明度
compatibility 相容性
  ,conceptual ，概念性
  ,movement ，動作
  ,spatial ，空間
  ,modality ，感覺型式
comprehensibility 理解性
comprehension test 理解性測試
compressed work week 壓縮工作週
conduction 傳導
cons 桿狀體
control resistance 控制阻力
  ,elastic ，彈性
  ,friction ，磨擦
  ,inertia ，慣性
  ,viscous ，黏滯

control-display ratio，C/D ratio 控制顯示比

control-response ratio，C/R ratio 控制反應比

convection 對流

convergence 輻輳

core temperature 核心溫度

cornea 角膜

coronal plane 冠狀面

correct rejection 正棄

crank 搖柄

critical fusion frequency，CFF 臨界融合頻率

cut-off length 截斷長度

cumulative trauma disorder，CTD 累積性傷害

cycle ergometer 腳踏車健身器

D

danger 危險

dark-adaptation 暗適應

dead space 無效間隙

decibel，dB 分貝

defection device 偵測器

dehydration 脫水

distal 遠端

Douglas bag Douglas袋

drift 漂移

dry bulb temperature 乾球溫度

E

ear drum 鼓膜

effect temperature 有效溫度

electro-encephalo-graph，EEG 腦波

electromyogram，EMG 肌電圖

endurance time limit 耐力時間限度

equal comfort contours 等舒適曲線

equivalent sound level 等量音壓位準

equivalent wind chill temperature 等風寒溫度

ergonomics 人因工程

evaporation 蒸發

expiratory reserve 呼氣儲備

extension 伸展

F

false alarm 虛警

fatigue 疲勞
,physical ，生理的
,mental ，心智的

Fitts' law Fitts定理

flexion 屈曲

flicker-fusion frequency，FF 閃動融合頻率

foot candle 呎燭光

force plate/force platform 測力鈑

Fourier transformation 傅利葉轉換

fovea 中央小窩

friction	摩擦：摩擦力
,available	，供應量
,coefficient	，係數
,demand	，需求量
frostbite	凍瘡

G

gain	增量
gestalt principle	完整形狀原則、完整原則、格式塔原則
glare	炫光
globe temperature	黑球溫度
goniometer	角度計
gasometer	氣體測量計

H

hand-arm-vibration syndrome	手部震動症候群
hand wheel	轉盤
hardness	硬度
hazard	危害
head-up display	抬頭顯示器
heart rate	心跳率
heat Stress Index，HSI	熱應力指數
heat stress	熱應力
hearing loss	聽力損失
heart rate	心跳率
hit	命中
humidity	濕度
hypothalamus	下視丘
hypothermia	體溫過低
hysteresis	遲滯力

I

icon	符號
illuminance	照度
Index of difficulty	困難指數
inferior	下方
inspiratory reserve	吸氣儲備
insulation	絕緣性
intervertebral disc	椎間盤
iris	虹膜
ischemia	局部缺血
isometric contraction	等長收縮
isotonic contraction	等張收縮

J

job analysis	工作分析
just-noticeable difference，JND	最小可辨差

L

lamp	燈
,filament	，鎢絲
,fluorescent	，日光
lateral	外側
lens	水晶體
light-adaptation	明適應
light-emitting dioder，LED	發光二極體
liquid crystal display，LCD	液晶顯示器
link table	關連表
loudness	響度
,level	，位準

lumen 流明

luminance 亮度

luminous contrast 亮度對比

luminous flux 光通量

M

manikin 人體模型

man-machine interface 人機介面

man-machine system 人機系統

manual materials handling 人工物料處理

masking effect 遮蔽效應

maximum acceptable weight of load 最大可接受負重

maximum voluntary exertion level 大意志施力水準

maximum voluntary ventilation 最大意志通氣量

mechanical advantage 機械效益

mechanical impedance 機械阻抗

medial 內側

membrane keypad 薄膜鍵

memory 記憶
 ,episodic ，插曲
 ,prospective ，未來
 ,semantic ，語意
 ,event ，事件
 ,shortterm ，短期
 ,longterm ，長期

menstrual cycle 月經週期

mental model 心智模式

microslip 微滑

miss 錯失

modulation transfer function，MTF 調幅轉置函數

modulation transfer function area，MTFA 調幅轉置函數面積

monochrome 單色

monocular cues 單眼線索

motion sickness 動暈症

motor unit 運動單位

muscle fiber 肌纖維

musculoskeletal injuries 肌肉骨骼傷害

myofibril 肌原纖維

N

noise 噪音，雜訊

noise rating curves 噪音率定曲線

nomogram 計算圖

normative decision making 標準決策過程

nordic musculoskeletal questionnaire，NMQ 北歐肌肉骨骼問卷調查表

O

optically projected display 光投影顯示

optic disc 視盤

organ of corti 柯蒂器官

otoconia 內耳石

ovako working posture analyzing system，OWAS Ovako工作姿勢分析系統

ovulatory	排卵(期)的
oxygen consumption	耗氧量
oxygen deficit	氧不足
oxygen uptake	攝氧量

P

permanent shift	固定班
phonemics	音素
photopic vision	明視
phototropism	向光性
physical demand analysis	體能需求分析
physiological approach	生理學法
pitch	音調
pointer knob	指標轉鈕
posterior	後方
postovulatory	後排卵(期)的
predicted four hour sweat rate，PSR	預測四小時流汗率
preferred noise criterion curves	優先噪音定規曲線
preferred speech interference level	優先語言干擾位準
preovulatory	前排卵(期)的
premenstrual syndrome	前經症候群
profilometer	斷面量測器
proprioceptive receptor	本體感受器
pronation	內轉
proximal	近端
psychrometric chart	溫濕圖
psychophysical approach	心理物理學法
pulmonary ventilation	肺通氣
Purkinje effect	Purkinje效應
push bottom	按扭

Q

Q10 effect	Q10效應
qualitative display	質化顯示器
quantitative display	數量顯示器

R

radiation	輻射
rapid-eye-movement	快速眼動
rapid upper limb assessment	快速上肢評估
rating of perceived exertion level	認知負荷水準
Raynaud's disease	雷諾氏疾病
reaction time ,simple ,choice	反應時間 ，簡單 ，選擇
repetitive trauma disorers	重複性傷害
receptor	感受器
reflectance	反射比
residual volume	餘容積
resonance	共振
rest allowance	休息寬放
retina	網膜
risk	風險
rocker switch	搖擺開關
rods	桿狀體

rotating shift	輪班
,continental	，大陸型
,metropolitan	，都會型
roughness	粗糙度

S

saccadic	急動
saccule	球狀囊
sagittal plane	矢狀面
schemas	輪廓
sclera	鞏膜
scotopic vision	暗視
selective filter	選擇式過濾器
semantic net work	語意網路
semicircular canal	半規管
sensory modality	感覺型式
sensitivity to contract	對比敏感度
sensory storage	感覺儲存
shift work	排班作業
signal detection theory，SDT	信號偵測理論
situation awareness	情境知覺
skin temperature	皮膚溫度
slip resistance	抗滑性
slipmeter	摩擦量測器
sound	聲音
,frequency	，頻率
,wavelength	，波長
,period	，週期
,cycle	，週
,power	，功率
,intensity	，強度
,pressure	，壓力
,pure	，純音
,complex	，複合音
sound level	
,power PWL	聲音功率位準
,intensity SIL	聲音強度位準
,pressure SPL	聲音壓力位準
sound localization	聲源定位
spatial frequency analyzes	空間頻率分析
speech interference	語言干擾
squeeze-film effect	壓縮薄膜效應
stance phase	著地期
step length	步長
stimulus	刺激
storage	儲存
,iconic	，殘像
,echoic	，餘音
strength	
,static	靜態肌力
,dynamic	動態肌力
stride length	步幅
stroke volume	心縮排血量
superior	上方
supination	外轉
swing phase	擺動期

T

task analysis	作業分析
tennis elbow	網球肘
tendonitis	肌鍵炎
tenosynovitis	腱鞘炎
thoracic outlet syndrome	胸腔出口症候群
treadmill	跑步機

threshold 閾
,absolute ，絕對閾
,difference ，差異閾

tidal volume 潮容積

toggle switch 肘節開關

total lung capacity 肺總容量

trackball 軌跡球

transmissibility 傳導度

tribology 摩擦學

trichromaticity diagram 三色圖

trigger finger 扳機指

U

utility 效用

utricle 橢圓囊

V

vertebrae 脊椎
,cervical ，頸
,thoracic ，胸
,lumbar ，腰

vibration 震動
,free ，自由
,forced ，強制

viewing cone 視錐

viscosity 黏度

visual accommodation 視調節

visual acuity 視銳度

visual display terminal 視覺顯示終端機

visual field 視域

vital capacity 肺活量

vitreous body 玻璃體

W

warning 警告，警告標示
,representational-design ，表徵設計
,abstractdesign ，摘要設計
,arbitrarydesign ，隨意設計

white finger 白指病

wet bulb temperature 濕球溫度

wet-bulb globe temperature，WBGT 濕黑球溫度

windchill index，WCI 風寒指數

working posture 工作姿勢

B

人體測計之應用－安全防護

表B.1　上肢可及的安全距離值(公分)

		肩膀至指尖	肘部至指尖	腕部至指尖	手掌至指尖
安全距離 r	EN294	$r \geqq 85$	$r \geqq 55$	$r \geqq 23$	$r \geqq 12$
	大　陸	$r \geqq 82$	$r \geqq 51$	$r \geqq 22.5$	$r \geqq 12$
	本研究	$r \geqq 80$	$r \geqq 50$	$r \geqq 21$	$r \geqq 11$
	本會勞研所(1996) 95th%ile	$r \geqq 79$	$r \geqq 46$	$r \geqq 20$	$r \geqq 11$

資料來源：勞工安全衛生研究所(*1998*)，*IOSH87-H327*

表B.2　穿過條形縫隙的可及建議安全距離值(公分)

		指尖	手指	至姆指跟手掌	手臂
縫隙寬度 a	EN294	$0.4 < a \leqq 0.8$	$0.8 < a \leqq 2$	$2 < a \leqq 3$	$3 < a \leqq 13.5$
	大陸	$0.4 < a \leqq 0.8$	$0.8 < a \leqq 2$	$2 < a \leqq 3$	$3 < a \leqq 13.5$
	本研究	$0.4 < a \leqq 0.8$	$0.8 < a \leqq 2$	$2 < a \leqq 3$	$3 < a \leqq 13.5$
安全距離 b	EN294	$\geqq 1.5$	$\geqq 12$	$\geqq 20$	$\geqq 85$
	大陸	$\geqq 1.5$	$\geqq 12$	$\geqq 19.5$	$\geqq 82$
	本研究	$\geqq 1.5$	$\geqq 12$	$\geqq 19.5$	$\geqq 80$

資料來源：勞工安全衛生研究所(*1998*)，*IOSH87-H327*

表B.3　穿過正方或圓形孔隙的可及建議安全距離値(公分)

		指尖	手　　指	至姆指跟手掌	手　　臂
縫隙寬度 a	EN294	$0.4 < a \leqq 0.8$	$0.8 < a \leqq 2$	$2 < a \leqq 3$	$3 < a \leqq 13.5$
	大　陸	$0.4 < a \leqq 0.8$	$0.8 < a \leqq 2$	$2 < a \leqq 3$	$3 < a \leqq 13.5$
	本研究	$0.4 < a \leqq 0.8$	$0.8 < a \leqq 2$	$2 < a \leqq 3$	$3 < a \leqq 13.5$
安全距離 b	EN294	$\geqq 1.5$	$\geqq 12$	$\geqq 20$	$\geqq 85$
	大　陸	$\geqq 1.5$	$\geqq 12$	$\geqq 19.5$	$\geqq 82$
	本研究	$\geqq 1.5$	$\geqq 12$	$\geqq 19.5$	$\geqq 80$

資料來源：勞工安全衛生研究所(*1998*)，*IOSH87-H327*

C

肌肉骨骼系統評估

本附錄之資料取材自勞工安全衛生研究所研究報告IOSH85-M343，表C.1可用以記錄勞工的個人資料與基本體能記錄，而各項肌肉骨骼系統的評估可依以下所列方式進行，表C.2可用以記錄工作之體能需求狀況，而表C.3可用來評定勞工體能的等級。

一、脊椎側彎

1. 請受測者自然站立，腳與肩同寬，雙手合併於前以保持身體正中。
2. 受測者上身前彎至胸椎處與地面呈水平，將脊椎側彎繼之中心點對正脊突，輕放於背部最高處，讀取水銀向左或向右偏移的角度。
3. 再讓受測者上身前彎至腰椎處與地面呈水平，重複步驟 2。

二、上身傾斜

1. 受測者自然站立，腳與肩同寬。鉛垂線懸於受測者之背面，通過其身體之正中線。
2. 觀察其身體中線是否偏離鉛垂線。

三、頭前傾

1. 受側者採坐姿，腰背儘量靠在直立椅背，腳平放於地，雙手垂放體側。
2. 先從側面觀察受測者的姿勢，記錄其有無頭前傾的姿勢。
3. 將測量器以綁帶固定於受測者頭上，加裝頭前傾量尺的延伸臂。
4. 令受測者在自然放鬆的姿勢，測量者站在其側面，先使量器的角度歸零。
5. 將脊柱定位器的底端置於C7的脊突上，則其上端會與前傾量尺的延伸臂交會，注意上端處之水平儀的氣泡在中間水平處後，再讀取與前傾量尺上之交會刻度，記錄之。
6. 再令受測者儘量將頭往後收下巴，重複 3. 及 4. 步驟測量其自我矯正能力。

四、手肘及手腕

1. 網球肘

(1) 受測者採坐姿，手臂靠近體側手肘彎曲約至九十度，手腕用力做出背屈及橈偏的動作，同時對抗測量者施加之最大力量。

(2) 詢問受測者在手肘肌鍵處有無疼痛不適或無力感。

(3) 兩手分別測試，記錄有無症狀。

2. deQuivian疾病

(1) 受測者採坐姿、手臂及前臂放鬆予以適當支撐，測量者一手握住受測者的手腕上方，一手將其拇指內收置掌中握拳後，被動的將拇指腕側做尺偏牽張。

(2) 詢問受測者在拇指腕肌鍵處有無疼痛不適或無力感。

(3) 兩手分別測試，記錄有無症狀。

3. 腕道症候群

(1) 受測者採坐姿，手臂靠近體側手肘彎曲約至九十度，兩手腕曲屈將手臂互靠於胸前處，保持此姿勢至少一分鐘。

(2) 詢問受測者在第一、二、三指及手掌處有無酸痲疼痛之不適感。

五、McKenzie背痛評估

1. 請受測者站直腳與肩同寬，身體慢慢向前彎曲至最大程度，測量者在其後側觀察動作過程有無偏歪，及詢問受測者有無疼痛或不適感。

2. 請受測者再重複向前彎曲的動作約十次，詢問受測者的疼痛或不適感有無增加、減少或不變，記錄之。

3. 請受測者站直腳與肩同寬，手叉腰，身體慢慢地向後仰至最大程度，測量者在其後側觀察動作過程有無偏歪，及詢問受測者有無疼痛或不適感，並記錄之。

4. 同樣再重複向後仰的動作約十次，詢問受測者的疼痛或不適感有無增加、減少或不變，記錄之。

表C.1　勞工體能評估記錄表(1)

身體組成				
測　驗　項　目	測　量　結　果		註　明	
身　高				
體　重				
腰　圍				
臀　圍				
肱三頭肌皮脂厚				
身體質量指數(BMI)				
心　肺　適　能				
登階測驗	1°～1°30'	2°～2°30'	3°～3°30'	體力指數
肌　力　、　肌　耐　力				
握　力				
功能性腿肌力測試				
屈膝仰臥起坐				
俯臥仰體運動				

柔　軟　度　、　關　節　活　動　度			
測驗項目	動　作	測　量　結　果	註明(動作時若有痛感請註明)
頸部活動	頸部彎曲		
	頸部伸直		
	頸部左轉		
	頸部右轉		
	頸部左側彎		
	頸部右側彎		
上肢活動	肩前屈	左：　右：	
	肩外展	左：　右：	
	肩外轉	左：　右：	
	肩內轉	左：　右：	
	肘彎曲／伸直	左：　右：	
下肢活動	併腳蹲下	左：　右：	
腰部活動	腰椎彎曲		(S1-T12起始位置)／(起始角度)
			(最後彎曲角度)
			(實際彎曲角度)
	腰椎伸直		(最後伸直角度)
			(實際伸直角度)
	腰椎左側彎		
	腰椎右側彎		

表C.1 勞工體能評估記錄表(2)

測驗項目	測量結果	註明
立姿體前彎		
腳伸直抬高測試		
左腳	右腳	
□ 0°～34°	□ 0°～34°	
□ 35°～69°	□ 35°～69°	
□ 70°～79°	□ 70°～79°	□＞80°～90°
	□＞80°～90°	且毫無其它症狀，表正常
平衡協調反應		
測驗項目	測量結果	註明
來回定點指物	秒	測三次，取最好的一次
單腳站立	左： 秒 右： 秒	測三次取最好的一次超過30秒即不用再測

肌肉骨骼系統鑑別評估			
姿勢評估	頭前傾	□有 □無	放鬆之頭前傾：cm 矯正後頭前傾：cm
	脊椎側彎	□有 □無	胸椎： 腰椎：
	上身側傾	□有 □無	
麥氏評估	站立前彎曲	□會痛 □不痛	痛發生於： □動作中 □動作末端
	重複前彎曲	□↑□↓□	
	站立後仰	□會痛 □不痛	痛發生於： □動作中 □動作末端
	重複前彎曲	□↑□↓□	
結果判讀：□ □ □ □			
手肘及手腕肌腱測試：	測試項目	測量結果	註明
	網球肘	左： 右：	(＋：有，－：無)
	高爾夫球肘	左： 右：	(＋：有，－：無)
	狄文生氏症	左： 右：	(＋：有，－：無)
		左： 右：	(＋：有，－：無)

表C.2　工作體能需求量表

身體動作特質		動作時數				休息間隔			說明
		沒有	偶而 ＜1小時	標準 1 3時	持續 ＞3時	偶而 ＜1小時	標準 1 2時	持續 ＞2時	
工作姿勢	1.站立								
	2.坐著								
	3.蹲著								
	4.走路								最長距離 平均距離
	5.跑步								
	6.躺著								
	7.跪著								
	8.爬行								
	9.爬坡								
攀登平衡	1.攀登								最大高度 平均高度
	2.平衡								
軀體活動	1.頸部轉動								
	2.彎腰								
	3.轉身扭腰								
上肢活動	1.手臂伸舉								高度： (可複選) □腰部 □肩部 □ 肩 部 以上
	2.投擲								
	3.握持								
	4.手指抓取								
	5.手部觸擊								
下肢活動	1.踩踏								
	2.膝部彎曲伸直								

表C.2　工作體能需求量表(續)

活動重複性及負重情形	平均重覆次數						平均負荷重量(公斤)						說明
	沒有	＜1次／1時＜10次	1次／30-60分 11－20	1次／15-30分 21－50	1次／5-15分 51－100	＞1次／5分 大於100次	沒有	＜5	5－10	10－25	25－50	＞50	
1.舉物(搬運)													
2.背物													
3.肩挑													
4.推動													
5.拉													
6.握物													
7.手指抓取													
8.手部觸擊													
9.投擲													
10.踩踏													
11.膝部彎曲伸直													
12.頸部轉動													
13.彎腰													
14.轉身扭腰													

資料來源：勞工安全衛生研究所，*IOSH85-M343*

表C.3　30-50歲健康體能評估參考值

項目百分比範圍(%)	劣 0～10	差 11～30	可 31～70	良 71～90	優 91～100
立姿體前彎(公分)	男：＜－11 女：＜－5.7	10.3～4.6 5.0～0.5	－4.5～4.5 1.0～9.4	5.0～10.5 9.5～15.5	＞11.0 ＞16.0
一分鐘仰臥起坐(次)	男：＜16 女：0	17～21 1～12	22～27 13～20	28～32 21～25	＞33 ＞26
登階指數	男：＜46 女：＜43	47～50 44～49	51～58 50～57	59～65 58～64	＞66 ＞65

	理想	具危害健康因子
身體質量指數(kg/m^2) 體重／(身高)^2	男：19.8～24.2 女：19.8～24.2	＞26.4 ＞26.4
腰臀圍比	男：＜0.92 女：＜0.88	

	不足	正常值	過高
肱三頭肌皮脂厚(mm)	男：＜5.5 女：＜11.5	6.0～17.5 12.0～25.5	＞18.0 ＞26.0

	動作	正常參考值
頸部活動	頸部彎曲	55～60度
	頸部伸直	70～75度
	頸部左(右)轉	77～83度
	頸部左(右)側彎	42～48度
腰部活動	腰椎彎曲	25～35度
	腰椎伸直	10～15度
	腰椎左(右)轉	8～12度
	腰椎左(右)側彎	20～30度

表C.3　30-50歲健康體能評估參考值(續)

		活動正常	輕微受限	受限宜治療
上肢活動	肩前屈	5	4	0～3
	肩外展	5	4	0～3
	肩外轉	4	3	0～2
	肩內轉	4	3	0～2
	肘彎曲／伸直	5	4	0～3
下肢活動	併腳蹲下	3	2(有青蛙腿)	1
姿勢評估	脊柱側彎	無：＜7度　　有：≧7度		

NOTE

D

MSD_s 檢核表

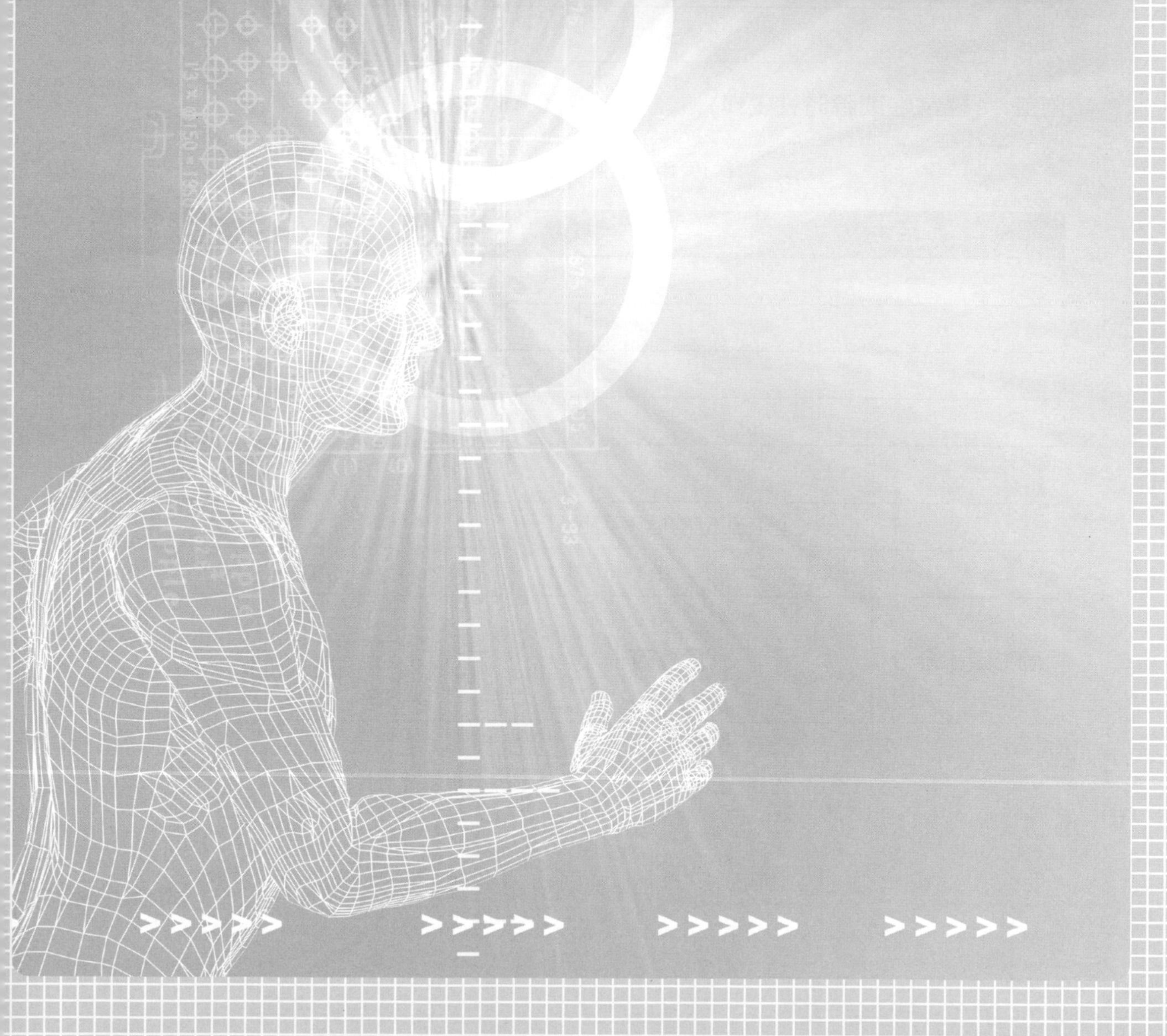

說明：

本檢核表為美國NIOSH開發之檢核表，表中共分為甲、乙、丙三個部份，此三部份分別針對上肢、背與下肢、及人工物料搬運作業進行檢核。資料來源：肌肉骨骼傷害人因工程研習會講義，勞工安全衛生研究所，民國八十五年三月。

日　　期：________________________________

工作名稱：________________________________

部門名稱：________________________________

作業員名稱：______________________________

分析員名稱：______________________________

附註：(經常性或臨時性工作)

D.1　甲表上肢部位的危險因子

作業項目	時間評估	危險因子	時間／危險因子

	上肢部位的危險因子評分	第一頁			
A	B	C	D	E	F
危險因子分類	危險因子	作業時間			
		2～4小時	4～8小時	>8小時	評分

重複性作業(手指、手腕、手肘、肩或頸部動作)	1. 每數秒鐘即重複相同或類似的動作 類似動作每15秒內即重複施行	1	3		
	2. 密集的鍵盤輸入工作 密集文字或密集數字輸入工作和其他重複性作業分開評估	1	3		
	3. 間歇性的鍵盤輸入工作 鍵盤輸入作業和其他類型工作交雜其他作業佔50%～75%的工作量	0	1		

手部施力(重複性作業或靜態負荷)	1. 抓握物超過4.5公斤 單手握持重物超過4.5公斤或以力握之方式用力	1	3		
	2. 捏握施力超過1公斤 捏握施力超過1公斤以上如用指尖開啓易開罐	2	3		

	上肢部位的危險因子評分	第二頁			
A	B	C	D	E	F
危險因子分類	危險因子	作業時間			
		2～4小時	4～8小時	>8小時	評分

不當姿勢	1. 頸部：扭轉及側彎 扭轉頸部大於20°；屈曲大於20°； 或伸展大於5°	1	2		
	2. 肩部：上肢作業範圍高於胸部 以無手部支撐之方式從事精密控制作業或抬高手肘在高處作業	2	3		
	3. 前臂：旋轉 使用螺絲起子用前臂旋轉動作或施力於電動手工具	1	2		
	4. 手腕：彎曲或尺(橈)偏 手腕屈曲大於20°；伸展大於30°； 尺偏；橈偏	2	3		
	5. 手指 手指握持或用力抓握物件，如使用滑鼠或用力削肉去骨	0	1		

接觸壓力	1. 皮膚接觸硬或銳利物件，接觸位置包含手掌、手指、手腕及肘	1	3		
	2. 用手掌拍打	2	3		

震動	1. 局部振動(無避震器功能) 手部握持電動手工具	1	2		
	2. 乘坐或站立於震動源上 (無避震器功能)	1	2		

環境	1. 照明不佳(不良照度或炫光) 看不清楚(如電腦螢幕上的炫光)	0	1		
	2. 低溫 手部暴露於16°C以下的坐姿工作，5°C以下的輕體力勞動，－6°C低度之重體力勞動；或冷氣直吹手部	0	1		

作業速度的控制	作業速度無法自行控制 輸送帶作業、機械作業、持續性之監控或每日工作必須完成之作業，如上述因子存在評分為1；如果有兩項或以上之因子存在評分為2	0	1		

甲檢核表之分數加總 (第一頁至第二頁的總和)

日　　期：＿＿＿＿＿＿＿＿＿＿＿＿＿＿＿＿＿＿＿＿

工作名稱：＿＿＿＿＿＿＿＿＿＿＿＿＿＿＿＿＿＿＿＿

部門名稱：＿＿＿＿＿＿＿＿＿＿＿＿＿＿＿＿＿＿＿＿

作業員名稱：＿＿＿＿＿＿＿＿＿＿＿＿＿＿＿＿＿＿＿

分析員名稱：＿＿＿＿＿＿＿＿＿＿＿＿＿＿＿＿＿＿＿

附註：(經常性或臨時性工作)

D.2　乙表背部及下肢部位的危險因子

作業項目	時間評估	危險因子	時間／危險因子

	背部及下肢部位的危險因子評分	第一頁			
A	B	C	D	E	F
危險因子分類	危險因子	作業時間			
		2～4小時	4～8小時	>8小時	評分

不當姿勢(重複性姿勢或靜態姿勢)	1. 身體側彎或屈曲大於20°；但少於45°	1	2		
	2. 身體屈曲大於45°	2	3		
	3. 身體伸展	1	2		
	4. 身體扭轉	2	3		
	5. 長時間站立且無足夠的背部支撐 長時間無靠背支撐	1	2		
	6. 長時間站立且無腳部支撐 長時間站立無半站半靠或移動的機會	0	1		
	7. 跪立或半蹲	2	3		
	8. 重複的腳踝動作 如縫紉機使用足部控制操作	1	2		

	背部及下肢部位的危險因子評分	第二頁			
A	B	C	D	E	F
危險因子分類	危險因子	作業時間			
		2～4小時	4～8小時	＞8小時	評分

接觸壓力	1. 皮膚接觸硬或銳利物件	1	2		
	2. 用膝蓋踢撞	2	3		

震動	乘坐或站立於震動源上(無避震器功能)	1	2		

推／拉	1. 中度負荷 推或拉裝滿物料之推車	1	2		
	2. 重度負荷 在地毯上推或拉裝滿衣物之衣櫥	2	3		

作業速度控制	作業速度無法自行控制 輸送帶作業、機械作業、持續性之監控或每日工作必須完成之作業，如上述因子存在評分為1；如果有兩項或以上之因子存在評分為2	1	2		

人工物料搬運分數(來自檢核表丙)

乙檢核表之分數加總 (第一頁至第二頁的總和)

中度負重：施力9公斤以上推拉物件，如推或拉裝90公斤的推車

重度負重：施力23公斤以上推拉物件，如在地毯上推或拉兩層的衣櫥

D.3 丙表人工物料搬運

步驟一： 利用身體和手之距離決定作業是近距離、中距離或遠距離搬運 * 如每10分鐘就有一次搬運動作，則用平均水平距離決定 * 如每10分鐘或以上才有一次搬運動作，則用最大水平距離決定	近距離搬運	中距離搬運	遠距離搬運
	腳尖至手握持處之距離介於0到10公分之間	腳尖至手握持處之距離介於10到25公分之間	腳尖至手握持處之距離大於25公分

步驟二： 估計搬運重量 * 如每10分鐘就有一次搬運動作，則用平均重量 * 如每10分鐘或以上才有一次搬運動作，則用最大重量 * 重量少於4.5公斤，分數為0	近距離搬運		中距離搬運		遠距離搬運	
	危險區	大於23公斤 5分	危險區	大於16公斤 6分	危險區	大於13公斤 6分
	小心區	8至23公斤 5分	小心區	6至16公斤 3分	小心區	3.5至13公斤 3分
	安全區	少於8公斤 0分	安全區	少於5公斤 0分	安全區	少於4.5公斤 0分

*倘若每分鐘的搬運次數超過15次，則給6分　　步驟二的分數：________________

步驟三： 決定其他危險因子評分 * 如每10分鐘或以上才有一次搬運動作，則定義為偶發性搬運 * 若每次搬運動作皆屬危險，或持續搬運超過1小時者，則以持續搬運1小時的評分	因素	偶發性抬舉每班工作中搬運時間少於1小時	每班工作中搬運時間多於1小時	評分
	搬運時扭轉身體			
	單手搬運			
	搬運物重心不固定(如搬運人、液體或重量無法固定者)			
	每分鐘搬運1至5次			
	每分鐘搬運5次以上			
	搬運終點過高			
	搬運起點低於中指指節高			
	攜物行走3至10公尺			
	攜物行走10公尺以上			
	坐或跪搬運			

步驟三的分數：______________

丙檢核表之分數加總 (步驟二至步驟三的總和分數，將此總分填入檢核表乙中)

NOTE

NOTE

NOTE

國家圖書館出版品預行編目資料

實用人因工程學 / 李開偉編著. -- 六版. -- 新北市 : 全華圖書股份有限公司, 2021.05
面 ; 公分
ISBN 978-986-503-713-0(平裝)
1.人體工學
440.19 110006041

實用人因工程學(第六版)

作者 / 李開偉
發行人 / 陳本源
執行編輯 / 楊軒竺
封面設計 / 盧怡瑄
出版者 / 全華圖書股份有限公司
郵政帳號 / 0100836-1 號
印刷者 / 宏懋打字印刷股份有限公司
圖書編號 / 0371505
六版二刷 / 2022 年 11 月
定價 / 新台幣 540 元
ISBN / 978-986-503-713-0
全華圖書 / www.chwa.com.tw
全華網路書店 Open Tech / www.opentech.com.tw
若您對本書有任何問題，歡迎來信指導 book@chwa.com.tw

臺北總公司(北區營業處)
地址：23671 新北市土城區忠義路 21 號
電話：(02) 2262-5666
傳真：(02) 6637-3695、6637-3696

南區營業處
地址：80769 高雄市三民區應安街 12 號
電話：(07) 381-1377
傳真：(07) 862-5562

中區營業處
地址：40256 臺中市南區樹義一巷 26 號
電話：(04) 2261-8485
傳真：(04) 3600-9806(高中職)
(04) 3601-8600(大專)

歡迎加入 全華會員

● 會員獨享

會員享購書折扣、紅利積點、生日禮金、不定期優惠活動…等。

● 如何加入會員

掃 QRcode 或填妥讀者回函卡直接傳真（02）2262-0900 或寄回，將由專人協助登入會員資料，待收到 E-MAIL 通知後即可成為會員。

如何購買 全華書籍

1. 網路購書

全華網路書店「http://www.opentech.com.tw」，加入會員購書更便利，並享有紅利積點回饋等各式優惠。

2. 實體門市

歡迎至全華門市（新北市土城區忠義路 21 號）或各大書局選購。

3. 來電訂購

(1) 訂購專線：(02) 2262-5666 轉 321-324
(2) 傳真專線：(02) 6637-3696
(3) 郵局劃撥（帳號：0100836-1 戶名：全華圖書股份有限公司）
※ 購書未滿 990 元者，酌收運費 80 元。

全華網路書店 www.opentech.com.tw
E-mail: service@chwa.com.tw

※ 本會員制如有變更則以最新修訂制度為準，造成不便請見諒。

廣 告 回 信
板橋郵局登記證
板橋廣字第540號

行銷企劃部 收

23671 新北市土城區忠義路21號
全華圖書股份有限公司

讀者回函卡

掃 QRcode 線上填寫 ▶▶▶

姓名：＿＿＿＿＿＿ 生日：西元＿＿＿年＿＿＿月＿＿＿日 性別：□男 □女

電話：（　）＿＿＿＿＿＿ 手機：＿＿＿＿＿＿

e-mail：（必填）＿＿＿＿＿＿

註：數字零，請用 Φ 表示，數字 1 與英文 L 請另註明並書寫端正，謝謝。

通訊處：□□□□□＿＿＿＿＿＿

學歷：□高中．職 □專科 □大學 □碩士 □博士

職業：□工程師 □教師 □學生 □軍．公 □其他

學校／公司：＿＿＿＿＿＿ 科系／部門：＿＿＿＿＿＿

．需求書類：

□ A. 電子 □ B. 電機 □ C. 資訊 □ D. 機械 □ E. 汽車 □ F. 工管 □ G. 土木 □ H. 化工 □ I. 設計

□ J. 商管 □ K. 日文 □ L. 美容 □ M. 休閒 □ N. 餐飲 □ O. 其他

．本次購買圖書為：＿＿＿＿＿＿ 書號：＿＿＿＿＿＿

．您對本書的評價：

封面設計：□非常滿意 □滿意 □尚可 □需改善，請說明＿＿＿＿＿＿

內容表達：□非常滿意 □滿意 □尚可 □需改善，請說明＿＿＿＿＿＿

版面編排：□非常滿意 □滿意 □尚可 □需改善，請說明＿＿＿＿＿＿

印刷品質：□非常滿意 □滿意 □尚可 □需改善，請說明＿＿＿＿＿＿

書籍定價：□非常滿意 □滿意 □尚可 □需改善，請說明＿＿＿＿＿＿

整體評價：請說明＿＿＿＿＿＿

．您在何處購買本書？

□書局 □網路書店 □書展 □團購 □其他＿＿＿＿＿＿

．您購買本書的原因？（可複選）

□個人需要 □公司採購 □親友推薦 □老師指定用書 □其他＿＿＿＿＿＿

．您希望全華以何種方式提供出版訊息及特惠活動？

□電子報 □ DM □廣告（媒體名稱＿＿＿＿＿＿）

．您是否上過全華網路書店？（www.opentech.com.tw）

□是 □否 您的建議＿＿＿＿＿＿

．您希望全華出版哪方面書籍？＿＿＿＿＿＿

．您希望全華加強哪些服務？＿＿＿＿＿＿

感謝您提供寶貴意見，全華將秉持服務的熱忱，出版更多好書，以饗讀者。

填寫日期：　　/　　/

2020.09 修訂

親愛的讀者：

感謝您對全華圖書的支持與愛護，雖然我們很慎重的處理每一本書，但恐仍有疏漏之處，若您發現本書有任何錯誤，請填寫於勘誤表內寄回，我們將於再版時修正，您的批評與指教是我們進步的原動力，謝謝！

全華圖書　敬上

勘 誤 表

書 號		書 名		作 者	
頁 數	行 數	錯誤或不當之詞句		建議修改之詞句	

我有話要說：（其它之批評與建議，如封面、編排、內容、印刷品質等・・・）